군사과학총서 3
로켓과 미사일

이진호(李振鎬)

1986년에 ROTC 24기 병기 장교로 임관 후 경북대학교에서 기계공학 박사를 취득하였다. 1988년부터 육군3사관학교 기계공학과 교수로 재직 중이며, 교학처장, 이공학처장, 충성대연구소장 등 주요 보직을 역임하였다. 저서로는 무기체계, 미래 전쟁, 무기 공학, 군사과학기술, 군사과학 총서 1권, 2권 등 20여 종이 있으며, 현대로템, POSCO, 방위사업청, 육군본부 등에서 저격용 소총, 차기 대공포, 군 가상교육체계, 유·무인 전투체계, 국내 유일의 탄약 기능시험장 설계, 차륜형 전투차량 OMS/MP 연구 등의 연구과제를 수행하였다. 학술논문으로는 K7 소음기관단총, 전자장비 냉각, 극미량 광센서 설계 등 최근까지 국내외 저명학술지에 100여 편을 게재하였다. 특히 미국 위스콘신대 연수 중에 9.11테러 사건 일주일 전에 현장을 방문하면서 전쟁과 무기에 관한 연구에 집중하고 있다.

군사과학총서 3
로켓과 미사일

2022년 12월 25일 초판 인쇄
2022년 12월 30일 초판 발행

지은이 이진호 | **펴낸이** 이찬규 | **펴낸곳** 북코리아
등록번호 제03-01240호 | **전화** 02-704-7840 | **팩스** 02-704-7848
이메일 ibookorea@naver.com | **홈페이지** www.북코리아.kr
주소 13209 경기도 성남시 중원구 사기막골로 45번길 14 우림2차 A동 1007호
ISBN 978-89-6324-976-6 (93390)

값 39,000원

군사과학총서 3

로켓과 미사일

이진호 지음

북코리아

머리말

　군사학은 전쟁의 본질과 현상, 안보정책, 군사력 운용, 군사력 건설과 유지 등을 연구하는 종합적인 학문으로서 기존의 인문사회, 이공학 등 다양한 분야의 전문 영역을 군사 분야에 적용한 융합학문이라 할 수 있다. 이러한 특성 때문에 다른 학문 분야보다 비교적 전문가를 양성하기 어렵다. 지난 20여 년간 국내 대학에 개설된 군사학과 수는 비약적으로 증가하였다. 하지만 이에 비해 교과체계와 콘텐츠 개발, 전문성 있는 교수 초빙 등 교육의 질을 결정하는 분야의 발전은 상대적으로 미흡하였다.

　저자는 평소 국가에 헌신하겠다는 남다른 사명감과 경험 그리고 군사전문지식을 갖추어야 진정한 군사전문가라고 생각하고 있다. 특히 장교와 부사관은 체력과 정신력만으로는 적과 싸워 이길 수 있는 전사가 될 수 없다. 저자가 30여 년간 사관학교에 재직하며 느낀 점은, 교육의 시작은 양질의 교재이며, 이는 군사전문가를 양성하는데 가장 중요한 첫걸음이라고 절감하였다. 오랜 군 생활을 통한 다양한 경험만으로는 군사전문가가 될 수 없다. 군사전문가가 되기 위해서는 사관학교처럼 양성과정에서부터 꾸준히 전문지식을 습득하면서 다양한 경험이 있어야 할 것이다.

　우리는 현대과학기술이 성숙기로 접어든 4차 산업혁명 시대와 제3차 세계대전이라고 부를 정도로 인류에게 엄청난 충격으로 다가온 'COVID-19 전염병 대유행에 따른 인플레이션'과 러시아가 핵무기 사용까지 위협하는 '우크라이나 전쟁'을 계기로 새로운 냉전 시대의 서막에 들어섰다. 그리고 인류는 언제 사라질지 모르는 전염병과 강대국의 패권 전쟁으로 인해 에너지와 식량 그리고 기술전쟁을 동시에 겪으면서도 뚜렷한 해결책을 찾지 못하고 있다. 약소국은 강대국이라는 블랙홀에 빨려 들어가지 않으려고 몸부림치고 있다. 이러한 국제관계 속에서 작지만 강한 우리나라가 제2의 한강의 기적을 만들려면 튼튼한 안보가 가장 중요할 것이다. 최근 우크라이나 전쟁에서 무기와 병력이 절대적으로 우세했던 러시아군이 그들의 계획대로 속전속결로 승리하리라는 예상이 빗나갔다. 우크라이나는 국민의 결사 항전 의지와 대통령을 중심으로 국제사회로부터 많은 지원을 얻으면서 예측이 어려운 전쟁이 계속되고 있다. 특히 미국과 유럽의 대전차 미사일, 자주포, 다연장로켓 등과 같이 그들에게는 생소한 첨단무기를 원조받아 단시간에 사용법을 습득하여 전장에 투입하였다. 이는 첨단무기에 관한 전문지식이 우수한 병력이 있었기에 가능하였을 것이다. 따라서 우리 군도 다양한 무기체계와 관련된 지식을 습득한 군사전문가 양성에 힘써야 할 것이다. 이를 위해서는 무엇보다 기초 이론과 원리에 대한 군사과학 기술교육이 중요하다.

저자는 군사과학에 관심이 있는 초심자들에게 조금이나마 보탬이 될 수 있도록 기초 이론과 원리 그리고 응용 분야를 총망라하여 교재를 집필하게 되었다. 그 첫 단계로 군사과학 총서 1권 '총포와 기동무기', 두 번째 단계인 군사과학 총서 2권은 '전술 차량과 장갑차'에 관한 내용을 수록하였다. 세 번째 단계인 본서에서는 '로켓과 미사일'의 설계 이론, 작동원리, 응용 및 발전추세 등을 상세히 기술하였다. 특히 초심자도 이해하기 쉽게 기술하려고 노력하였으나 중언부언하는 내용이 있다면 독자의 넓은 양해를 부탁드린다. 향후 군사과학 총서 4권에서는 '로봇과 비살상무기'에 관한 이론과 응용 및 발전추세를 소개할 계획이다.

끝으로 바쁜 가운데 원고를 교정해주신 기계공학과 김하준, 조진우, 태원석 교수, 항상 최고의 양서를 고집하는 도서출판 북코리아 이찬규 대표님, 늘 서로 사랑하는 아내와 자랑스러운 아들에게 감사드린다. 부족하나마 본서가 '爲國獻身 軍人本分'을 가슴에 새기며 조국의 안보를 지키는 대한민국 국군의 발전에 조금이라도 보탬이 되었으면 하는 마음이다.

2022년 8월
저자 드림

차례

제3장   대전차 로켓과 다연장 로켓포

제4장 미사일의 기체와 유도시스템

표 목차

제1장
과학기술의
발전과
미래 전쟁

제1절 과학기술의 발전과 미래 전장

1. 미래 전장 환경의 변화 요소

21세기 전쟁에서는 혁신적인 기술과 새로운 전쟁 수행방식이 전쟁 양상을 바꿀 수 있을 것이다. 그 요인으로 〈표 1.1〉과 같이 하드웨어(무기 시스템 및 새로운 기술 자체), 소프트웨어(교리, 훈련 및 이러한 새로운 기술이 적용되는 방식) 그리고 사용자(이러한 무기와 교리를 사용하는 국가 또는 비국가 행위자)가 있다. 미래 전쟁에서는 새로운 기술의 응용과 결합이 기술 자체만큼이나 중요하다.

표 1.1 미래 전장 환경의 주요 구성과 변화 요소

구성 요소	하드웨어 (신기술을 적용한 신무기)	소프트웨어 (신개념 교리 개발)	사용자 (신무기와 새로운 작전/전술 적용)
영역별 변화 요소	연결성, 살상력, 자율성, 지속능력	급속 공격, 지역 방어, 분산 전쟁, 하이브리드 전쟁 및 비동적 전쟁	국가 또는 민간 군사기업 등 비국가 세력, 반란군 또는 테러분자

예를 들어, 1차 세계대전(1914~1918) 당시에는 항공기, 항공모함, 전차, 잠수함, 로켓 등이 2차 세계대전(1939~1945)에서 사용될 것이라는 예측이 어렵지 않았을 것이다. 각기 다른 군사 경험, 인식과 전통을 가진 교전국들은 상대국의 앞선 기술과 다양한 전술을 예측하기 가장 어려워했으며 오늘날에도 해결하기 어려운 문제 중 하나이다.[1]

새로운 기술의 응용과 기존의 기술을 결합한 대표적인 사례로는 최근에 개발된 극초음속 미사일이 있다. 이 미사일은 기존의 탄도 미사일과 순항 미사일의 장

---

[1] "The Future of the Battlefield", National Intelligence Council's Strategic Futures Group, NIC-2021-02493, USA, 2021.4; https://en.wikipedia.org/wiki/World_War_I; https://en.wikipedia.org/wiki/World_War_II

점을 결합하여 음속의 5배 이상 속도로 지구상 어느 곳이든 1~2시간 이내에 타격할 수 있게 되었다. 이러한 혁신적인 신무기는 미래 전장의 판도를 크게 바꿀 수 있을 것이다.[2]

2. 미래 전쟁의 양상

(1) 현대 전쟁의 양상

전쟁 양상의 변천 과정을 세대별로 분류하면 다음과 같다. 먼저 1세대 전쟁은 18세기 나폴레옹 시대의 전쟁(1797~1815)으로, 주로 인력에 의해 전쟁을 수행하였다. 2세대 전쟁은 19세기 이후부터 베트남전쟁(1960~1975)까지의 화력을 이용한 소모 전쟁을 말한다. 3세대 전쟁은 정보화 시대의 네트워크 전쟁이며, 4세대 전쟁은 심리전, 미디어 전쟁, 사이버전, 테러전 등을 포함한 비대칭 전력과 비정규 전력에 초점을 맞춘 전쟁이다. 이는 정치, 경제, 군사 등 모든 면이 열세인 상황에서 대규모 정규전을 수행할 수 없을 때의 전쟁 수행방법이다. 4세대 전쟁은 2001년 9.11 테러 사건 이후 급격하게 부상한 새로운 형태의 비정규전과 테러전을 말한다. 대표적인 사례로 아프가니스탄 전쟁(2001~2021), 이라크 전쟁(2003~2011) 등이 있다.[3]

(2) 미래 전쟁 양상

1 하이브리드 전쟁의 개념

미래 전쟁은 최근에 벌어진 우크라이나 전쟁(2008, 2022)에서도 알 수 있듯이 다양한 유형의 전쟁이 혼재된 하이브리드 전쟁(hybrid warfare)이 될 것이다. 하이브리드 전쟁 개념은 2005년 미국의 Hoffman이 〈그림 1.1〉과 같이 군사적 측면에서 최초로 정의하였다. 하지만 그는 하이브리드 전쟁의 영역을 군사적 영역인 작전술(operational art)과 전술(tactics) 영역만으로 한정하였다.

그러나 오늘날 하이브리드 전쟁이란 〈그림 1.1〉에 제시된 다양한 영역에서

---

2 Brin Najžer, "The Hybrid Age International Security in the Era of Hybrid Warfare", Bloomsbury Publishing, 2020; Amos C. Fox, "Hybrid Warfare: The 21st Century Russian Way of Warfare", United States Army Command and General Staff College, 2017.

3 https://www.rand.org/pubs/research_reports/RR2849z1.html; https://www.darpa.mil/work-with-us /darpa-tiles-together-a-vision-of-mosiac-warfare

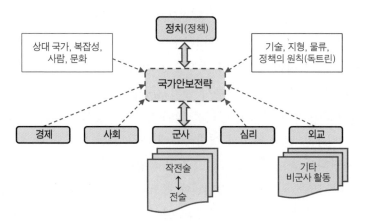

그림 1.1 하이브리드 전쟁의 개념

벌어지는 전쟁을 말한다. 즉 군사력과 경제력, 정치력, 기술력, 외교력, 심리전력 등을 총망라한 전쟁을 말한다. 그리고 2013년 러시아에서는 '선전포고 없이 이루어지는 정치, 경제, 정부, 기타 비군사적 조치와 현지 주민의 잠재적인 저항이 복합적으로 작용한 비대칭적 군사행동'이라고 정의하였다. 여기서 작전술이란 국가안보전략 지침에서 제시된 군사전략의 목표를 달성하기에 유리한 상황을 조성하는 방향으로 일련의 작전을 계획 및 실시하며 전술적 수단들을 결합 또는 연계시키는 활동을 말한다. 그리고 전술이란 전투에서 전투력을 운영하는 기술을 말한다. 즉, 작전 목적을 달성하기 위해 부대나 개인을 가장 효율적인 방법으로 배치하고 기동하며 운영하는 방법과 기술이다.

② 하이브리드 전쟁의 특징과 사례

하이브리드 전쟁은 1990년대 이전까지 통신 기술의 한계 때문에 불가능하였다. 1990년대 이전에 벌어진 전쟁은 일반적으로 선전포고를 시작으로 정규군이 상대방을 공격하는 전면전의 형태였다. 하지만 21세기에 벌어진 전쟁에는 군사적 수단과 정치, 경제, 외교, 과학기술 등의 비군사적인 수단까지 동원되고 있다. 특히 가짜 뉴스, 심리전, 사이버 공격, 여론 조작, 정치공작 등 다양한 형태의 공격도 병행하고 있다. 하이브리드 전쟁은 직접적인 무력을 사용하지 않고 상대국 국민에게 공포와 혼란을 일으킬 수 있으며 국제사회에서의 지지를 얻어 전쟁을 유리하게 하기도 한다. 그리고 과학기술의 발달로 인한 국제사회와의 접근성이 확대됨에 따라 미래에도 하이브리드 전쟁은 계속될 전망이다.

하이브리드 전쟁은 비대칭 전쟁이라고도 하며 대표적인 사례는 다음과 같다. 먼저 2008년에 러시아가 조지아를 대상으로 벌인 조지아 전쟁으로, 이 전쟁에서 국방부를 비롯한 정부 기관과 언론사 등의 컴퓨터가 마비되는 등 조지아의 국가 주요기관들이 러시아의 사이버 공격을 받아 무력화되었다. 특히 그 결과 조지아 정부와 군 수뇌부는 전쟁 지휘와 서방국가에 대한 지원 요청도 할 수 없었고, 전쟁 정보가 차단되어 공포에 사로잡힌 조지아 국민은 저항 의지도 없어 개전 5일 만에 패전하였다. 또한, 러시아가 2014년에 우크라이나의 크림반도를 병합하기 위한 전쟁에서, 러시아는 재래전, 비정규전, 사이버전, 전자전, 미디어 전쟁 등 여러 가지 형태의 혼재된 전쟁을 감행하였다. 그 이후 2022년에는 러시아가 우크라이나를 침공한 전쟁의 양상은 하이브리드 전쟁이라고 할 수 있다. 이 전쟁은 개전 초기에는 양국 간의 전면전쟁의 양상이었으나 이후 미국을 비롯한 북대서양조약국 (NATO) 등이 러시아를 견제하기 위해 정치, 경제, 외교 그리고 무기 및 정보지원 등 다양한 방법으로 우크라이나를 간접적으로 지원하는 대리전쟁의 형태로 진화되고 있다. 그 결과 러시아가 최초 계획했던 속전속결로 승리하겠다는 전쟁 목표는 빗나갔으며, 최근 전쟁보다 더 복잡하고 예측하기 어려운 하이브리드 전쟁이 진행 중이다. 이러한 전쟁 양상은 과학기술 및 사회의 변화에 따라 미래 전쟁에서 더욱 진화된 모습으로 발생할 것이다.[4]

③ 동적 전쟁과 비동적 전쟁의 혼합화

전쟁은 지상, 해상, 공중에서 벌어지는 동적 전쟁(kinetic warfare)과 보이지 않는 공간에 벌어지는 비동적 전쟁(non-kinetic warfare)으로 분류할 수 있다. 여기서 비동적 전쟁은 다시 정보, 이데올로기, 미디어 등을 통한 전쟁과 군사적 조언, 간첩 활동 등과 같은 전쟁으로 분류할 수 있다.[5]

비동적 전쟁의 정의는 "자국의 이익과 목표를 달성하기 위해 과학기술과

---

4 https://behorizon.org/hybrid-warfare-through-the-lens-of-strategic-theory/; Dan G. Cox, Thomas Bruscino, "Why Hybrid Warfare Is Tactics Not Strategy : A Rejoinder to 'Future Threats and Strategic Thinking'" Infinity Journal 2, no. 2, 2012.

5 Martti Lehto, "Non-kinetic Warfare – The new game changer in the battle space", 15th International Conference on Cyber Warfare and Security, pp. 316~325, 2020.3.

심리적, 외교적, 경제적, 사회적 및 기술적 도구를 사용하여 적국의 의지를 묵인하거나 약화하는 것"을 뜻한다. 이들 개념을 구체적으로 알아보면 〈그림 1.2〉와 같다. 그림에서 제시된 전쟁의 전략들을 비동적 전쟁이라 하며 적을 살상하거나 시설이나 전투 장비를 파괴하지 않고도 싸우는 전쟁을 일컫는다. 이러한 전쟁에는 사이버전, 정보전, 전자전 등이 있으며 이들 전쟁을 동시에 수행하면 일반적으로 승수효과(multiplier effect)를 기대할 수 있다. 예를 들어, 전면전이 아닌 비정규전 수단으로 사이버상에서 공격하여 핵과 미사일의 연구나 사용을 저지하거나 전자파 공격으로 통신을 마비시키는 군사적 활동도 비동적 전쟁 중 하나이다. 이들 전쟁을 세부적으로 알아보면 다음과 같다.[6]

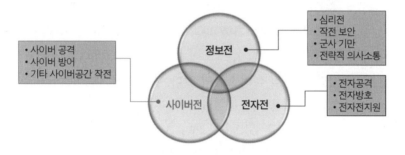

그림 1.2 비동적(非動的) 전쟁의 개념

사이버전은 컴퓨터 네트워크를 통해 디지털화된 정보가 유통되는 가상적인 공간에서 다양한 사이버 공격수단을 이용하여 적의 정보체계를 교란(공격 대상의 정보 흐름을 방해), 거부(공격자의 접근과 사용을 차단), 통제, 파괴(공격자 또는 공격 관련 도구가 원래 기능을 수행하지 못하도록 손상하거나 복구가 불가하도록 함) 하는 등의 공격과 이를 방어하는 활동을 말한다. 이를 세부적으로 알아보면 다음과 같다. 첫째, 사이버 방어는 국방부정보망을 운영, 보호, 방어하는 행위로 사이버 위협으로부터 탐지(공격자의 행위 정보를 발견), 차단, 추적, 대응 등을 수행하는 활동을 말한다. 둘째, 사이버 공격은

---

6   Silviu Nate, Aurelian Ratiu, "Non-Kinetic Warfare Challenges of the Information Ecosystem's Phenomenology – The Pattern to a New Battleground", International conference Knowledge-Based Organization, pp. 148~156, ISSN 1843-6722, 2018.

적의 정보, 정보시스템과 네트워크를 변경하거나 통제하고, 사이버 공격 시 발생하는 피해를 예측하고 전투결과를 확인하는 행위이다.[7] 사이버 공격 방법에는 특정 서버(server)에 목표를 정해놓고 그 서버만을 대상으로 불법으로 접속하는 방법과 불특정 서버에 보안 소프트웨어의 설계 오류 등으로 생긴 약점을 악용하여 사회 전체를 혼란에 빠뜨리도록 데이터를 무차별적으로 보내는 방법이 있다. 셋째, 기타 사이버 공간에서의 작전은 사이버 공간의 정보 · 감시 · 정찰(ISR, Intelligence, Surveillance and Reconnaissance), 사이버 공간의 운용 환경의 준비, 방어적 사이버 작전, 공세적 사이버 공간 작전이 있다.

정보 전쟁은 정보 우위를 달성하기 위해 수행되는 포괄적이고 전반적인 국가 총력전 차원의 개념이며, 군사 및 비군사 분야의 정보 및 정보체계의 영역을 포함한다. 이는 정보 우위를 달성하기 위해 자국의 정보 및 정보체계는 보호하고 상대국의 정보 및 정보체계를 교란하거나 파괴하기 위해 실시하는 광범위한 제반 활동이다. 이러한 활동에는 심리전(적군 혹은 적국의 국민을 설득하거나 동요시키기 위한 공작), 작전 보안, 군사 기만, 전략적 의사소통이 있다. 대표적인 사례로 이라크 전쟁에서 미국은 인공위성과 정찰기를 이용하여 1m 이내 해상도의 초정밀 지리정보를 수집하여 폭격 대상을 선정하고, GPS(Global Positioning System)를 이용한 정밀유도폭탄인 JDAM(Joint Direct Attack Munition)으로 정밀타격하였다. 이러한 정보전으로 종전보다 훨씬 지능화되고 고도화된 전쟁을 수행하였다. 한편 2022년에 벌어진 우크라이나 전쟁에서도 우크라이나군은 러시아군보다 훨씬 전력이 열세였다. 하지만 드론(drone)을 이용한 정찰이나 적의 휴대전화를 해킹하여 얻은 정보와 미국이나 우방국에서 제공한 첩보를 이용하여 러시아군의 구축함, 전차 등을 침몰시켰다. 그뿐만 아니라 장성급 지휘관을 10여 명을 제거하는 전과를 거두어 전력의 열세를 만회하였다.

전자전(electronic warfare)은 공격과 방어의 우위를 확보하기 위하여 전자적 수단에 의해 행해지는 군사 활동이며 전자 공격(EA, Electronic Attack), 전자 보호(EP, Electronic Protection), 전자전 지원(ES, Electronic Warfare Support)으로 구분할 수 있다. 전자전은 적이 전자파를 효과적으로 사용하지 못하도록 방해하고 아군이 이를 효과적

---

7   Sung-Joong Kim etc, "A Study on the Operation Concept of Cyber Warfare Execution Procedures", JICS pp. 73~80, 2020.

으로 사용할 수 있도록 보장하기 위한 활동이다. EA는 통신망, 레이더, 각종 센서 등의 전파를 교란하여 성능을 떨어뜨리고 무력화하는 공격 방법과 그에 대한 대응책이다. ES는 아군의 군사 작전을 지원하기 위하여 적의 전파를 수신·분석·식별하는 전자전의 형태이다. 반면에 대-전자전 지원(Anti-ES)은 적의 전자전 지원 능력을 감소 또는 무력화시키기 위한 아군의 대응책이다. EP는 적의 EA에도 방해를 받지 않고 아군의 전자파 에너지를 효과적으로 사용하도록 하여 본연의 임무 또는 기능을 수행할 수 있도록 하는 모든 대응책이다.

참고로 〈그림 1.3〉은 적군의 레이더를 무력화시킬 수 있도록 다양한 유형의 전파를 조사할 수 있는 영국의 BAE사와 미국의 DARPA가 공동으로 개발 중인 차세대 전자전 시스템의 개념도이다. 이와 관련된 세부 내용은 '제8장 전자전' 단원에서 자세히 다루었다.[8]

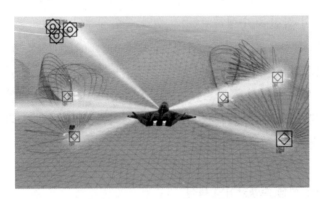

그림 1.3 레이더를 무력화시킬 수 있는 전자전 시스템 개념도

(3) 미국의 미래 전쟁 수행계획

미국은 4차 산업혁명의 주요 기술을 적용하여 전장 상황에 따라 무기를 적재적소에서 조합할 수 있도록 다양한 무기체계를 초연결(hyper-connected)함으로써 신속하게 결심하고 대응하는 결심중심(decision centric)의 전쟁 수행방식인 '모자이크 전쟁(Mosaic warfare)'을 구상하고 있다. 여기서 초연결이란 사람과 사람, 사람과 사물,

---

8   https://www.nationaldefensemagazine.org/articles/2017/5/23/bae-pushes-advancements-in-electronic-warfare

사물과 사물이 연결된 상황을 일컫는다.[9]

1 모자이크 전쟁 수행방식의 출현 배경

미국은 중국과 러시아의 일명 '회색지대(gray zone) 전략'이라고 불리는 새로운 전쟁방식에 대응하고자 새로운 전쟁방식을 구상하게 되었다. 회색지대 전략이란 전시와 평시의 구분이 모호하고, 공격 주체가 불분명하며, 전쟁수단이 모호하여 상대방에게 위협의 분류와 군사적인 선택을 어렵게 만드는 전략이다. 대표적인 사례로 중국의 남중국해 인공섬 건설(2013~)과 러시아의 우크라이나의 크림반도 합병(2014) 등이다.

2 모자이크 전쟁 수행방식의 개념

모자이크 전쟁이란 인간의 지휘에 인공지능(AI, Artificial intelligence) 기술을 결합하여 결심중심의 작전을 수행하고, 유·무인 복합체계와 지휘·통제(C2, Command and control) 노드와 같은 다영역 전투공간(multi-domain battlefield, 지상, 해상, 공중, 우주, 사이버 공간)에 분산된 전력을 마치 모자이크처럼 자유롭고 신속하게 재편성하여 적군에게 불확실성과 복잡성을 강요하는 새로운 전쟁 수행방식이다. 참고로 미래 전쟁은 5차원 전투영역에서 벌어질 것이며 전투영역에 대한 자세한 내용은 '군사과학 총서 1권 제1장'에 서술되어 있다.[10]

3 모자이크 전쟁 수행방식의 특징

첫째, 마치 장난감 레고처럼 전투력을 발휘하는 최소 단위인 모듈(module)을 생산 연도나 제조 회사 등과 상관없이 전장 상황과 임무에 따라 조합할 수 있는 다영역 임무 부대(MDTF, Multi-Domain Task Force)를 편성한다는 개념이다.[11] MDTF의 편성은 〈그림 1.4〉에서 보는 바와 같이 전략 화력 대대(SFB, Strategic Fires Battalion), 방공대대, 여단 지원대대(BSB, Brigade Support Battalion), 지능·정보·사이버·전자전·우주

---

9   https://www.darpa.mil/work-with-us/darpa-tiles-together-a-vision-of-mosiac-warfare; https://www.darpa.mil/news-events/2021-05-07; https://www.tradoc.army.mil/wp-content/uploads/2020/10/MDB_Evolutionfor21st.pdf

10   https://en.wikipedia.org/wiki/Command_and_control

11   https://sgp.fas.org/crs/natsec/IF11797.pdf

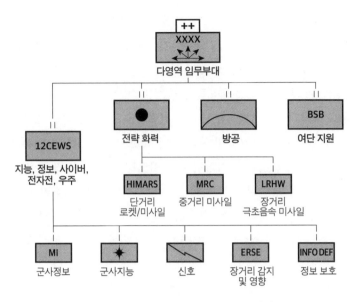

그림 1.4 미국의 다영역 임무 부대의 편성

(I2CEWS, Intelligence, Information, Cyber, Electronic Warfare and Space) 대대로 편성될 계획이다. SF 대대는 HIMARS(HIgh Mobility Artillery Rocket System) 중대, 중거리 미사일(MRC, Mid-Range Capabilities) 포대, 장거리 극초음속 미사일(LRHW, Long-Range Hypersonic Weapon) 중대로 구성되어 있고, I2CEWS 대대는 군사정보(MI, Military Intelligence) 중대, 군사 지능(military intelligence) 중대, 신호(signal) 중대, 장거리 감지 및 영향(ERSE, Extended Range Sensing & Effects) 중대, 정보 보호(INFO DEF, INFormation DEFense) 중대로 구성되어 있다. 따라서 MDTF의 편성과 기능은 다영역 작전에 필요한 I2CEWS 대대와 단거리부터 장거리까지 정밀타격 능력이 있는 SF 대대와 장거리 감지능력이 있는 ERSE 중대가 편성되어있는 것이 큰 특징이다.[12]

　　한편 미국은 연안 전투함(LCS, Littoral Combat Ship)을 하나의 레고처럼 다른 유·무인 무기체계와 조합할 수 있는 모듈화 부대의 플랫폼으로 활용할 계획이다. 기존의 연안 전투함은 연안에서 비대칭 위협(소규모 기습 공격)에 대하여 효과적인 작전

12　Bryan Clark, Dan Patt, Harrison Schramm, "Mosaic warfare exploiting artificial intelligence and autonomous systems to implement decision-centric operations", Center for Strategic and Budgetary Assessments(CSBA), 2020; https://api.army.mil/e2/c/downloads/2021/10/06/869ca62b/afc-concept-for-fires-2028-oct21.pdf

수행을 할 수 있는 함정이다. 하지만 이 함정에 다양한 유·무인 무기체계를 초연결 네트워크로 연결하여 해상전, 대잠수함전, 기뢰 제거 작전, 정보·감시·정찰 등 다양한 임무를 수행할 수 있도록 하나의 모듈로 만들 계획이다. 그리하여 소규모인 함정으로도 광범위한 작전지역을 담당할 수 있도록 인공지능으로 전장 상황과 임무에 따라 실시간 최적화된 유·무인 전력을 사용하여 작전 효과를 극대화할 계획이다. 이 계획이 성공한다면 현재와 같이 대규모로 편성되어있는 항모강습단(CSGE, Carrier Strike Group Eleven)의 취약점인 단일임무 수행에도 생존성 보장을 위해 강습단 전체가 작전에 투입되어 적에게 노출되기 쉽고, 이에 따라 극초음속 미사일과 같은 초고속 초정밀 장거리 무기에 취약한 문제를 해결할 수 있을 것이다. 즉, 연안 전투함으로 대체할 수 있게 될 것이다. 이 때문에 2017년부터 연안 전투함을 모듈 부대로 편성하여 전투 실험을 통해 효율성을 검증하고 있다.[13]

둘째, 모자이크 전쟁방식은 적응성과 회복 탄력성을 갖춘 유·무인 전력을 운용할 수 있다. 현재 일반적인 군사 작전은 육·해·공군의 전력을 통합한 단일체계로 강력한 전투력을 한 방향으로 집중함으로써 적보다 상대적으로 우위를 차지한다는 개념이다. 이러한 개념은 적이 주요 전력을 다른 방향으로 전환하거나 아군의 취약점을 식별하여 공세적인 작전을 전개한다면 이러한 상대적 우위를 지속할 수 없는 문제점이 있다. 그러나 모자이크 전쟁은 전 영역에 분산된 전력을 적이 예상치 못한 시간과 장소에서 동시·다발적으로 집중하여 적의 상황판단, 결심, 대응에 혼란을 더욱더 불러일으킬 수 있다. 특히, 초연결된 네트워크와 인공지능의 도움으로 적의 행동에 따라 작전을 실시간 '감시(정보수집)-인식(정보분석, 방향 제시)-결심-대응(OODA, Observe-Orient-Decide-Act)'을 동시에 통합할 수 있게 다양한 특성의 '레고 부대'를 조합함으로써 적의 취약점을 연속적으로 타격할 수 있는 장점이 있다.[14]

셋째, 다영역에 분산된 전투력을 사람이 단시간에 임무에 최적화된 전력의 종류와 규모를 쉽게 결정하기 어렵다. 이를 모자이크 전쟁에서는 상황 중심(context-centric)의 인공지능을 탑재한 C3(지휘·통제·통신, Command, Control & Communications)

---

13 https://crsreports.congress.gov/product/pdf/IF/IF11991; https://www.army.mil/article/217620/smdc_supports_the_development_of_i2cews_battalions_for_multi_domain_operations; https://www.surfpac.navy.mil/ccsg11/

14 https://en.wikipedia.org/wiki/OODA_loop; https://www.oodaloop.com/

체계로 대체한다는 개념이다. 즉, 〈그림 1.5〉에서 보는 바와 같이 군사전략 제대의 명령을 받은 지휘관은 지능형 C3 체계에 각 제대의 임무와 과업을 하달하면, C3 체계에 탑재된 인공지능이 각 제대의 특성에 맞게 명령을 하달한다. 명령을 받은 유인 제대, 유·무인 제대, 무인 제대는 임무 수행 가능 여부와 전투 수행방법을 결정하여 C3 체계에 보고 및 지원 요청하고, 이를 기반으로 C3 체계는 수정 또는 보완된 방책과 각 제대의 임무를 할당한 결과를 지휘관에게 보고한다. 지휘관은 이를 토대로 최종적으로 결심하여 과업을 하달하게 된다. 결론적으로 인간 중심의 의사 결정에서 발생하는 단점을 보완하여 전술적 고려 요소인 임무, 적, 지형 및 기상, 가용부대, 가용시간, 민간인(METT+TC, Mission, Enemy, Terrain and Weather, Troops and Time Available Civilian Considerations)에 따라 적시에 적절한 의사 결정을 할 수 있는 '지능형 의사결정체계'이다. 참고로 〈그림 1.5〉에서 무인 제대의 주요 무기체계는 무인기(UAV, Unmanned Aerial Vehicle), 무인 차량(UGV, Unmanned Ground Vehicle), 무인 함정(USV, Unmanned Surface Vehicle), 인공위성 등이 있으며, 유·무인 제대에는 구축함,

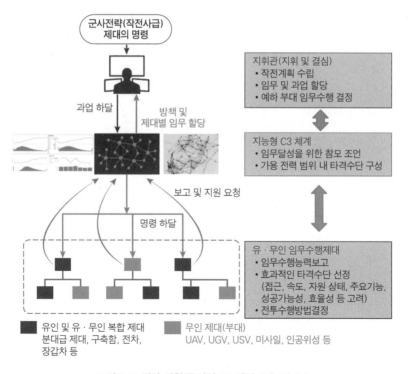

그림 1.5 전장 상황 중심의 C3 체계 운용 개념도

전차, 장갑차 등 다양한 무기로 편성되어있다.[15]

넷째, 모든 전력이 하나의 통합된 체계에 연결된 기존의 네트워크 중심 작전 환경(NCOE, Network Centric Operation Environment)에서 전투 수행의 한계를 극복할 수 있고 효과 중심 작전(EBO, Effect Based Operations)을 수행할 수 있다. 그리하여 전투 효과는 극대화하고 인명손실은 최소화할 수 있다.[16]

---

15 https://www.sciencedirect.com/science/article/pii/S0262885621002158; https://csbaonline.org/uploads/documents/Mosaic_Warfare.pdf; https://apps.dtic.mil/sti/pdfs/ADA469884.pdf; http://koreascience.or.kr/article/JAKO201606776009573.page

16 John Garstka, "Network Centric Operations Conceptual Framework(Version 1.0,)", Evidence Based Research, Inc, 2003.11; https://www.rand.org/content/dam/rand/pubs/monograph_reports/2006/MR1477.pdf

제2절 하드웨어 기술과 미래 무기

앞에서 알아본 바와 같이 전쟁은 과학기술의 변화와 발전에 따라서 계속 변화되고 있다. 이러한 과학기술의 발전도 하드웨어와 소프트웨어 기술로 나누어볼 수 있으며 본 절에서는 하드웨어 기술에 대해 알아보자. 향후 20여 년 동안에 군사 과학 기술은 연결성(connecting)의 확대, 치명성(lethality) 향상, 자율성(autonomy) 적용, 지속능력(sustainability)의 향상이라는 네 가지 영역에서 혁신적으로 변화될 전망이다. 이들 영역에 대해 자세히 살펴보면 다음과 같다.[17]

1. 연결성의 확대

연결성이란 전투원들이 적을 탐지하고 위치를 파악하고, 서로 통신하고, 작전을 지시하는 방식이다. 미래의 전쟁은 화력보다는 정보의 힘과 지휘, 통제, 통신, 컴퓨터, 정보, 감시 및 정찰의 개념을 통해 군대를 연결하는 방식에 더 중점을 둘 것이다. 무엇보다 적보다 먼저 중요한 정보를 수집하여 정확하고 신속하게 분석한 후 정보 관련 지침을 신속하고 안전하게 전달해야 적보다 유리할 것이다. 이를 위해서는 저가의 센서와 빅데이터(big data) 분석을 결합한 실시간 탐지 및 정보처리 기술의 혁명이 요구된다. 이러한 정보의 잠재력을 인식하여 세계 각국에서는 지속적인 감시 정찰과 인공지능(AI, Artificial Intelligence) 기술을 적용하여 신속하고 정확한 의사 결정 시스템 구축을 위한 많은 연구가 진행 중이다.[18]

한편 전쟁의 전술적, 작전적 또는 전략적 수준에서 자신의 활동을 숨기려는 자와 이를 식별하고 추적하려는 자의 경쟁이 치열해지고 있다. 예를 들어 해저에

---

17 https://www.globalsecurity.org/intell/library/policy/army/fm/100-6/ch5.htm

18 https://www.shephardmedia.com/news/digital-battlespace/viasat-delivering-link-16-capable-leo-usaf/

서 저렴하면서도 고성능의 센서가 개발되고 있어서 다수의 센서에 의해 스텔스 잠수함도 탐지할 수 있게 될 확률이 높아지고 있다. 따라서 이러한 탐지기술은 적의 중요한 표적이 될 가능성이 증가하고 있다. 더 많은 연결이 한 쪽에게 결정적인 이점으로 여겨질수록 다른 쪽은 고도로 연결된 정보에 의존하는 시스템을 방해, 성능 저하 및 비활성화하려고 할 것이다. 따라서 핵심 기반 시설과 노드를 제거하기 위해 첨단 또는 기존 무기를 사용하는 전술적 수준이나 사이버 또는 전자전 등으로 GPS(Global Positioning System) 신호를 변경하여 상대방의 길을 잘못 안내할 수 있다. 또는 사이버 공격과 전자전 등을 이용하여 C4I-SR(Command, Control, Communications, Computers, Intelligence-Surveillance, Reconnaissance) 기반 시설의 기능을 떨어뜨려 군의 지휘 통제에 필요한 의사 결정을 방해하거나 중지시켜 전투 능력을 크게 떨어뜨리는데 사용될 수도 있을 것이다. 특히 현대화된 군대는 GPS와 C4I 시스템의 기능이 마비되면 유·무인 항공기, 정밀 유도탄, 미사일 등을 운용하는데 매우 취약하다. 예를 들어, 미군은 2010년에 소프트웨어 결함으로 인해 10,000여 개의 군용 GPS 수신기가 일시적으로 정지한 사고가 발생하여 미국 해군의 X-47B 무인기를 운용할 수 없었다. 만일 전쟁에서 이러한 사고가 발생하였다면 유무인 무기체계의 운용에 엄청난 피해를 보았을 것이다. 대표적으로 미래 전쟁에서 사용될 인공위성 요격 무기(anti-satellite weapon)나 지향성 에너지 무기(directed energy weapon) 등에 더 큰 위험에 처하게 될 것이다.

그림 1.6 미국의 하이브리드 네트워크 개념도

참고로 〈그림 1.6〉은 상업용과 군사용 위성을 연결한 하이브리드 네트워크 (hybrid adaptive network) 개념도이다. 이러한 시스템은 네트워크의 정체 현상, 사이버 위협 및 기타 유형의 의도적 및 비의도적 간섭을 받아도 최초의 연결상태로 복원할 수 있는 기능을 갖게 될 것이다.[19]

2. 치명성의 향상

치명성이란 새로운 무기와 무기체계가 전장에서 적에게 피해를 줄 수 있는 능력이다. 미래 전쟁에서는 다양한 감시 기술로 적군을 탐지, 식별하여 더 치명적인 무기로 적군을 타격하게 될 것이다. 무기체계 분야에서 혁신적인 연구 분야 중 하나는 고속화, 장거리 타격 및 파괴력 향상, 고정밀 타격 능력 향상이다. 예를 들어 미국은 향후 20년 이내에 대부분의 무기 시스템에서 위성이 제공하는 영상과 위치, 시간, 항법 정보를 통합 처리하여 무기의 정확도가 더욱 향상될 것이다. 그리고 이는 유도 로켓, 유도 포탄 및 박격포탄과 같은 전술적 무기에도 적용될 전망이다. 특히 이들 기술을 적용한 탄도 및 순항 미사일의 수가 증가할수록 적의 지휘소, 통신 시설, 비행장, 항만 등 물류 기반 시설, 기타 주요 표적에 심각한 위협이 될 것이다. 특히 고기동 발사대를 이용한 장거리 극초음속 정밀타격이 가능한 극초음속 무기가 증가할 것이다. 그리고 이러한 시스템을 탐지, 추적, 요격할 수 있는 대응 수단을 개발하는 것이 군사 강국의 방어전략의 핵심 중 하나가 될 것이다.[20]

〈그림 1.7〉은 미국이 개발 중인 극초음속 비행체(hypersonic vehicle)의 운용 개념도이다. 지상 발사대, 항공기, 미사일, 잠수함에서 발사된 극초음속 비행체는 마하 5 이상의 극초음속에 도달한 후 스크램제트 엔진(scram jet engine) 또는 램제트 엔진 (ram jet engine)의 추진력을 이용하여 마하(Mach) 15~20의 속도로 표적에 충돌하거나 재래식 폭탄을 투하한다. 극초음속 비행체는 주로 GPS로 유도되어 초정밀 타격이 가능하고 이를 요격할 수 있는 수단으로는 미 해군의 SM-6(RIM-174) 미사일과 러시아 S-500 방공 시스템이 있다고 알려져 있으며, 향후 미국에서 개발 중

---

19 https://www.airforce-technology.com/news/viasat-hybrid-adaptive-network-afwerx/; https://www.defenceonline.co.uk/tag/hybrid-adaptive-network/

20 https://www.graphicnews.com/en/pages/38225/CHINA-Hypersonic-waverider-vehicle; https://www.darpa.mil/program/hypersonic-air-breathing-weapon-concept

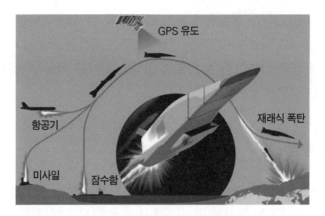

그림 1.7 극초음속 비행체의 운용 개념도

인 글라이드 브레이커(glide breaker) 등과 같은 보다 다양한 방어체계가 출현할 것이다.[21]

한편 2022년 기준으로 극초음속 비행체를 개발한 국가는 러시아와 중국이며, 미국은 2022년 4월에 B-52H 전략폭격기에서 극초음속 비행체(ARM-183A, 마하 5 수준) 시험 발사에 성공하였다. 특히 러시아는 MIG-31BM 전투기에서 발사할 수 있는 사거리 2,000km, 마하 10(종말속도)인 Kh-47M2 킨잘(Kinzhal) 미사일과 사거리 5,800km인 ICBM에 탑재된 마하 20(종말속도)의 RS-26 아방가르드(Avangard) 미사일을 전력화하였다. 이 미사일은 2022년 우크라이나 전쟁에서도 사용되었다. 그밖에 러시아에는 수상함에 탑재되어 420km 밖 표적을 마하 8~9의 속도로 타격하는 3M22 지르콘(Zircon) 미사일도 있다.[22]

참고로 〈그림 1.8〉은 발사 단계에서는 일반 로켓 엔진에 의해 추진되어 극초음속에 도달한 후 탄두에서 극초음속 비행체가 분리되는 장면이다. 이때 분리된 비행체에는 가속과 극초음속 비행을 위해 스크램제트 엔진이 장착되어 있다.

---

21 https://www.csis.org/analysis/complex-air-defense-countering-hypersonic-missile-threat; https://en.wikipedia.org/wiki/List_of_intercontinental_ballistic_missiles; https://www.lockheedmartin.com/en-us/products/icbm.html

22 Tom Karako and Masao Dahlgren, "Complex Air Defense Countering the Hypersonic Missile Threat", CSIS Missile Defense Project, 2022.2; https://www.diariojornada.com.ar/262557/paismundo/rusia_puso_en_servicio_el_poderoso_misil_hipersonico_intercontinental_avangard/

그림 1.8 Avangard 극초음속 미사일의 페어링 장면

3. 자율성의 적용

자율성이란 로봇과 인공지능(AI)이 싸우고 결정을 내리는 사람(또는 무기)을 변경이 가능한 방법이며, 자율 시스템과 AI는 다양한 기능에 광범위하게 적용할 수 있다. 따라서 AI를 활용한 자율 시스템은 미래의 전쟁에서 중요한 역할을 할 것이다. 특히 AI 기술이 하드웨어의 자율성 기능을 갖는데 핵심기술이 될 것이다. AI란 인간의 지능이 필요한 작업을 수행할 수 있는 스마트 기계(smart machine)를 구축하는 것과 관련된 컴퓨터 과학의 한 분야로 일반적으로 지적인 작업을 수행하는 디지털 컴퓨터나 컴퓨터 제어 로봇의 능력이다. AI의 목표는 지능적이고 독립적으로 기능할 수 있는 시스템을 만드는 것이며, 무인 무기 등 지휘 및 통제를 위해 C4I-SR에 대한 적용이 점차 증가할 것이다.

일반적으로 AI의 개념은 〈그림 1.9〉에서 보는 바와 같이 다양한 분야에 적용할 수 있는 소프트웨어 기술이다.[23] AI 기술에는 기계학습, 말하기, 시각, 언어처리, 전문가시스템, 계획 및 최적화, 로봇 등 다양한 기능이 있다. 이들 중에서 기계학습(machine learning)이란 인간의 학습 능력과 같은 기능을 컴퓨터에서 실현하고자 하는 기술과 기법을 말한다. 즉 사람이 학습하듯이 컴퓨터에도 데이터들을 제공하여 학습하게 함으로써 새로운 지식을 얻어내게 하는 분야이다. 기계학습에는 컴퓨터가 예측분석(predictive analysis) 기능과 컴퓨터가 사람처럼 생각하고 배울 수 있도록 하는

---

23 https://www.executionedge.net/artificial-intelligence-and-the-future-of-work/

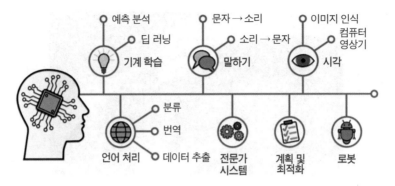

그림 1.9 인공지능 기술의 구성

딥러닝(deep learning) 기능으로 분류할 수 있다. 예측분석 기능은 데이터 마이닝(data mining) 기법이다. 예를 들어 기존 데이터나 미래 상황에 대한 가정을 활용하여 특정 군수품의 소요제기를 요청할 확률이나 기타 전술적 활동 결과를 예측할 수 있다. 딥러닝 기능이 있으면 인간의 '가르침'이라는 과정을 거치지 않아도 스스로 학습하고 미래의 상황을 예측할 수 있다. 또한, 컴퓨터가 스스로 여러 가지 전차(battle tank)의 사진을 찾아보고 '전차'에 대해 학습한 다음 새로운 전차 사진을 보고 '전차'라고 구분할 수 있다. 그 밖에 AI 기능은 인간처럼 스스로 판단할 수 있는 로봇 등 다양한 무인 무기체계에 적용되어 인간과 로봇, 로봇과 로봇의 상호작용까지 가능하게 될 것이며, 미래 무인 무기체계에 적용될 핵심기술 중 하나가 될 것이다.

자율 시스템(autonomous system)은 더 치명적인 환경에서 인간의 상호작용 수준을 낮추면서 장시간 작동할 수 있게 할 것이다. 예를 들어 무인 차량이나 무인기는 아프가니스탄 전쟁, 이라크 전쟁, 우크라이나 전쟁 등에서 이미 중요한 전투 수단으로 활용되었다. 따라서 지상, 해상, 수중 플랫폼에 이르기까지 다양한 무인 차량이 더 많이 전력화될 것이다. 이러한 차량은 유인 플랫폼에 대한 재보급 임무와 같은 일상적이고 반복적인 활동을 수행할 뿐만 아니라 적의 벙커 및 거점지역에 대한 정찰, 지뢰나 기뢰를 설치하거나 제거하고 잠수함을 수색하는 등 위험한 임무 수행에 대한 사용이 증가할 것이다.[24]

한편 자율 기술과 같은 치명적인 기술이 발전하면 병력 감축에 따른 사회적으

---

24 https://www.unmannedsystemstechnology.com/2022/02/swarming-drones-application-for-uas-unveiled-at-umex-2022/

로 실업 문제 등의 문제가 발생할 것이다. 그리고 무인 무기의 사용에 대한 관련 윤리적 및 법적 문제도 발생할 것이다. 한편 오늘날보다 고도로 자율화된 치명적인 무기가 전장을 돌아다니며 스스로 표적을 선정하고 교전 결정을 내릴 수 있는 무인기가 등장할 것이다. 이들 무인 무기에 군집 활동 기능이 추가되어 점점 더 많아지고, 더 강력해지고, 더 저렴해지게 될 것이다. 이미 현재에도 소형 무인기(SUAV, Small UAV)가 새떼처럼 군집 기동이 가능한 수준에 도달하였으므로 군집 무인기의 대규모 공격이 가능하게 될 것이다. 예를 들어 2016년에 미국 특수부대가 이슬람 국가(IS, Islamic State)와 이라크의 모술지역을 탈환하기 위해 싸웠을 때 수류탄과 급조폭발물(IED, Improvised Explosive Device)을 투하하는 약 12대의 무인기의 공격을 받았다. 이러한 군집 무인기의 공격은 마치 벌떼처럼 공격하여 숫자 그 이상의 위력을 발휘할 수 있다. 이들 군집 무인 무기는 전장 상황 변화에 따라 서로 통신하면서 다양한 전술과 목표를 조정할 수 있기에 미래 전쟁에서 큰 위협이 될 것이다.

〈그림 1.10〉은 2022년에 UAE에서 개최된 무인 시스템 전시회(UMEX 2022)에서 소개된 군집 드론(swarming drones)이다. 이 드론은 미국의 Hunter 2 무인기를 기반으로 개발한 지상에서 발사하는 방식이다. 전투에서 결정적인 우위를 점할 수 있도록 드론은 편대를 이루어 비행하고 인공지능 기술이 적용되어 각각의 드론이 임무를 조정할 수 있으며, 비행 중에 드론 간에 정보를 공유하여 상대 위치를 추적 및 유지하면서 표적과 효과적으로 교전할 수 있다. 최대 이륙 중량이 8kg인 드론 집단(떼)은 표적을 향하는 동안 민첩하게 기동하며 적의 공격에 대한 반응성이 우

그림 1.10 UAE가 개발한 군집 드론의 군집비행(2022)

수하도록 설계되었다.[25]

　　한편 자율 시스템의 개발 및 진화는 인공지능의 발전과 밀접하게 연결되어 있다. 인공지능은 이미 정밀 탄두의 표적 인식과 같은 다양한 기존 무기 시스템의 성능 향상에 사용되고 있다. 그리고 의사 결정 도구를 포함한 인간과 기계들 사이에서 인간을 지원하거나 의사 결정에 원동력으로 사용할 수 있다. 그리고 우주 기반 데이터를 통합한 인공지능을 이용한 의사 결정 시스템으로 군사 작전에 실시간 활용이 가능하게 될 것이다. 예를 들어 전쟁 게임, 시뮬레이션, 훈련용 그리고 지휘 의사 결정에 적용될 것이다. 하지만 인공지능은 전장에서 극복해야 할 기술적 장애물과 단점이 있다. AI와 이를 뒷받침하는 기계학습 알고리즘은 경계가 분명한 작업에서는 탁월하지만 혼란스럽거나 예상치 못한 데이터가 입력되어 잘못된 정보를 제공할 수도 있다. 예를 들어, 인공지능에 의해 구동되는 자율 무기에 다수의 입력이 동시에 발생하는 전투시스템을 마비시키거나 혼란을 줄 수 있을 것이다. 심지어 아군을 표적으로 잘못 판단할 수도 있는 위험성이 있어서 무제한으로 적용하기에는 한계가 있을 것이다.

4. 지속능력의 향상

　　지속능력이란 군사목표 달성을 위한 작전 활동에 필요한 전투력의 수준을 소요기간 동안 유지할 수 있는 능력을 말한다. 군사 활동 지원에 필요한 소모 부분과 부대가 기본적으로 필요로 하는 군수품의 일정 수준을 유지하고 보충하는 능력, 즉 임무를 끊임없이 수행할 수 있는 능력이다. 지속능력의 변화 추세를 알아보면 다음과 같이 다섯 가지로 요약할 수 있다.

　　첫째, 미래 전쟁에서는 로봇, 적층 제조(3D 또는 4D 프린팅), 생명공학, 에너지 기술 등을 신기술을 적용한 군수지원을 통하여 전투 지속능력이 크게 향상될 것이다. 둘째, 후방지역에서 위험지역을 통과하여 전장(battlefield)으로 군수 지원하기 위해 무인 차량과 무인기, 무인 함정 등을 활용할 것이다. 셋째, 첨단 금속이나 세라믹을 포함한 새로운 고분자 재료를 사용한 3D 프린팅과 같은 적층 제조법을 적용

25　https://www.unmannedsystemstechnology.com/events/umex/; https://www.defenseadvancement.com/events/umex-2022/

하여, 부품이나 장비를 저렴하고 신속하게 생산함으로써 군수지원 분야에 혁명을 일으킬 가능성이 크다. 넷째, 각개 전투원이 전장에서 싸우고 생존하는 능력이 향상되도록 생명공학의 활용이 증가할 것이다. 예를 들어 의료 기기를 사용하여 체력 상태를 파악하고 전투 중에도 건강 문제나 부상을 진단하고 약물을 주입할 수 있게 될 것이다. 다섯째, 전방에 배치된 시설과 장비를 운용하는데 필요한 연료의 양을 줄이거나 대체 동력원을 사용하게 될 것이다. 예를 들어 소형 원자로나 고밀도 전력 저장 장치(전기 배터리, 수소저장 탱크 등)와 같은 새로운 에너지를 활용하여 고밀도 에너지 무기를 운용하는 등 지속능력이 향상될 것이다.[26] 대표적인 사례로 미 육군은 2017년에 출력이 60인 차량탑재용 레이저 무기를 시험했다. 미 공군은 2018년 출력이 50인 고체 레이저 무기에 대한 지상 실험을 거쳐서 2019년에 F-15 전투기에 탑재하여 시험 운용했다. 그리고 미 해군은 2013년에 상륙수송함 Ponce에 유효사거리가 1.6km이며 출력이 33인 고체 레이저 무기를 시험적으로 탑재하였다.[27]

한편 최근에는 〈그림 1.11〉에서 보는 바와 같이 2020년부터 상륙수송함 Portland에 고체 레이저 무기를 탑재하여 운용 중이다.[28] 그림에서 오른쪽 밑에

그림 1.11 미국의 상륙수송함에서 운용 중인 레이저 무기(2020)

26 https://doi.org/10.1016/j.polymer.2021.123926

27 https://www.airforce-technology.com/projects/high-energy-liquid-laser-programme/; https://en.wikipedia.org/wiki/High_Energy_Liquid_Laser_Area_Defense_System

28 https://en.wikipedia.org/wiki/Amphibious_transport_dock; https://www.navalnews.com/naval-news/2020/05/uss-portland-conducts-laser-weapon-system-demonstrator-lwsd-test/

있는 사진은 야간에 레이저 무기를 발사하는 적외선 사진이다. 이 무기는 드론이나 소형 선박을 무력화하거나 물리적으로 파괴하기 위해 운용 중이며, 유효사거리는 5km, 출력은 100이다.[29]

---

29 https://en.wikipedia.org/wiki/AN/SEQ-3_Laser_Weapon_System?msclkid=c13e27e9cf6c11ecb99c00
    5597e43df3; 이진호, "미래 전쟁", 북코리아, 2011.

제3절 소프트웨어 기술과 미래 전쟁

1. 신무기와 신기술의 전장 적용

새로운 무기와 기술이 전장에서 운용되는 방법은 기술 자체만큼이나 중요할 것이다. 특히 군사적으로 혁신적인지 아니면 군사 기술의 진보된 결과인지를 결정하는 데 있어 더욱 중요하다. 1차 세계대전과 2차 세계대전 이전에도 당시 새로운 교리적 개념이 논의되었으나 시도할 수 없었던 사례도 있다. 오늘날에도 각국에서 새로운 전쟁 도구가 어떻게 사용될 것인지에 대한 교리(소프트웨어) 개발을 연구하고 있다. 이들 중에서 향후 적용될 전술과 전략 중에서 상호 배타적이지 않은 전쟁 양상을 살펴보면 크게 다음과 같이 네 가지가 있다.

(1) 급속 공격(fast offense)
미래 전쟁에서는 첨단 재래식 무기와 극초음속 무기를 결합하여 적을 선제 타격함으로써 적이 대응하기 전에 군사 시설과 민간 기반 시설을 거의 동시에 공격할 수 있을 것이다. 따라서 공격자는 사거리가 길고 정확도가 높은 무기를 보유하고 있으면 사전에 광범위한 지역에 병력을 배치할 필요가 없게 될 것이다.

(2) 지역 방어(zone defense)
미래의 신기술을 이용하여 농구 경기에서 선수 하나하나를 방어하는 1대 1의 수비처럼 적의 다양한 공격으로부터 방어할 수 있을 것이다. 예를 들어, 오늘날 무인 시스템은 주로 원거리에 있는 적의 영토까지 이동시켜 임무를 수행하게 한다. 따라서 원거리에서 작동할 수 있으려면 연료 탱크의 용량이 크고 엔진 등 구성품이 크고 복잡해질 수밖에 없다. 그리고 지역 방어를 하면 특정한 지역만 중점적으로 방어하기 때문에 저가의 소형 무인 시스템으로도 효과적인 운용이 가능하다.

(3) 분산 전쟁(distributed warfare)

미래 전장에서는 빠르고 정확하며 치명적인 무기가 증가할수록 값비싼 플랫폼과 무기체계를 신속히 대체하기 어려워지게 될 것이다. 따라서 병력을 분산시키는 새로운 작전 형태를 개발하게 될 것이다. 그리고 전장의 상황 인식과 통신과 타격 등을 위해 시간과 공간상에서 부대를 밀집 및 집중하여 운용할 필요성이 줄어들며 분산 전쟁의 양상으로 변화될 것이다. 하지만 적 또는 적대세력에 의해 통신 등이 손상, 중단 또는 파괴될 위험이 있다. 군대의 전체 전투시스템이 상호 연결된 네트워크에 연결이 끊어지면 효과적인 전투 작전을 수행할 수 없고 마치 모자이크처럼 네트워크가 단절된 상태로 작동될 것이다.

(4) 하이브리드 전쟁과 비동적 전쟁

미래 전쟁에서는 국가는 민간 군사 회사(PMC, Private Military Company)를 포함하여 비공식적이거나 그럴듯하게 부인할 수 있는 대리인을 활용하여 경쟁할 가능성이 크다. 물론 대리인 활용이 완전히 새로운 현상은 아니나 점점 더 많이 연결되는 네트워크 환경에 영향을 받아 도구와 기술도 변화되고 있다. 예를 들어, 냉전 시대에 미국과 소련의 경쟁은 대부분이 대리 충돌, 준-군사세력(군대와 비슷한 세력) 및 허위 정보 캠페인 등과 관련이 있었다. 이러한 유형의 충돌에는 대리 군대나 준-군사세력이 수행하는 실제 전투 작전 외에도 해저 광섬유 케이블에 대한 공격, 사이버 작전, GPS 교란 및 스푸핑(spoofing), 정보 작전 등이 있는데 이를 비동적 전쟁이라 할 수 있다.

참고로 스푸핑은 승인받은 사용자인 것처럼 시스템에 접근하거나 네트워크상에서 허가된 주소로 가장하여 접근 제어를 우회하는 공격 행위를 말한다. 예를 들어 임의로 인터넷 웹 사이트를 구성해 일반 사용자들의 방문을 유도하고 인터넷 프로토콜인 TCP/IP(Transmission Control Protocol/Internet Protocol)의 구조적 결함을 이용해 사용자의 시스템 권한을 획득한 뒤 정보를 빼 가거나 허가받은 IP를 도용해 로그인한다. 그리고 수신된 이메일로 가짜 웹 사이트로 유도하여 사용자가 암호와 기타 정보를 입력하도록 속이는 방법이다.[30]

---

30 Kent DeBenedictis, "Russian 'Hybrid Warfare' and the Annexation of Crimea The Modern Application of Soviet Political Warfare", ISBN: HB: 978-0-7556-3999-1, 2022; Timothy McCulloh, Richard

2. 미래의 소프트웨어 기술

(1) 소프트웨어의 발전추세

2018년에 미국의 시장조사 및 컨설팅 전문회사인 Gartner사에서 2,000개 이상의 신기술 중 근미래에 핵심기술로 활용될 수 있는 35개 기술을 선정하였다.[31] 이는 〈그림 1.12〉의 미래 기술의 성숙도를 시각적으로 나타낸 하이프 사이클(hype cycle)에서 보는 바와 같다. 그림에서 기술에 대한 기대는 태동기에는 급속히 높아지다가 거품기를 거치면서 급격히 낮아진 후 안정기에 접어들면서 완만하게 높아지는 경향이 나타난다. 예를 들어, 2021년에서 2023년에 높은 수준의 경쟁 우위를 제공할 가능성이 있는 기술로는 가상비서, 심층신경망, 5세대 이동통신 기술이다. 그리고 바이오칩(bio chip)이나 디지털 트윈(digital twin) 기술처럼 이 기댓값이 최고인

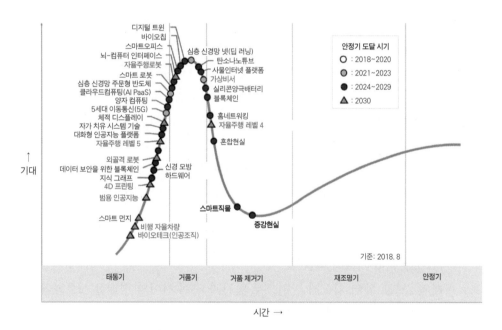

그림 1.12 미래 소프트웨어 기술의 성숙도

Johnson, "Hybrid Warfare", Joint Special Operations University, U.S. Air Force, 2013.8.

31 https://www.gartner.com/en/newsroom/press-releases/2018-08-20-gartner-identifies-five-emerging-technology-trends-that-will-blur-the-lines-between-human-and-machine

기술이더라도 2024년에서 2029년에 안정기에 접어들 전망이다. 이들 기술이 안정기에 접어들면 상업용과 군사용으로 급속히 활용될 것이다. 따라서 무기체계에 안정기에 접어든 신기술이 적용되면 미래 전쟁의 양상이 크게 변화될 것이다.

한편 하이프 사이클에서 기술 발전과정은 크게 태동기(innovation trigger), 거품기(peak of inflated expectation), 거품 제거기(trough of disillusionment), 재조명기(slope of enlightenment), 안정기(plateau of productivity) 과정으로 발전한다. 이를 단계별로 특징을 알아보면, 첫 번째, 태동기란 잠재적 기술이 관심을 받기 시작하는 시기를 말한다. 따라서 개념 모델과 언론의 관심이 대중의 호기심을 촉발하나 상용화 제품이 아직 없고 상업적 가치에 대한 증명이 되지 않은 상태를 말한다. 두 번째, 거품기는 초기의 부풀려진 기대로 시장에 알려지게 되어 다수의 실패 사례와 일부의 성공 사례가 양산된다. 일부 기업은 사업에 착수하나 대부분이 관망 상태에 있으며 얼리어답터를 위한 제품들이 대부분인 시기이다. 세 번째, 거품 제거기는 실험과 구현의 결과가 좋지 않아 대중의 관심이 쇠퇴하는 시기이다. 제품화를 추진했던 기업들은 포기하거나 실패하게 된다. 초기에 개발된 제품들의 실패 사례들이 알려지면서 시장의 반응은 급격히 냉각되는 시기이다. 네 번째, 재조명기는 기술의 가능성을 알게 된 기업들의 지속적인 투자와 개선으로 수익 모델을 나타내는 우수한 사례들이 늘어나는 시기이다. 따라서 기술의 성공 모델에 대한 이해가 증가하기 시작한다. 다섯째, 안정기는 제품과 서비스가 출현하고 시장과 대중이 본격적으로 수용하기 시작하는 시기이다. 따라서 관련 시장이 급격히 열리고 매출은 급증하며 기업의 생존 가능성 평가에 대한 기준이 명확해진다. 그리고 관련 기술이 시장에서 주류로 자리 잡는 시기이다.[32]

(2) 소프트웨어 기술의 적용

미래의 소프트웨어 기술의 발전으로 인간과 기계 사이의 경계를 모호하게 할 것이다. 이들 기술에는 크게 인공지능(AI) 기술, 디지털화된 생태계 기술, 바이오 해킹(bio hacking) 기술, 몰입 경험(immersive experience) 기술, 유비쿼터스 인프라 구조(ubiquitous infrastructure) 기술 등이며 세부 내용과 특징은 다음과 같다.

첫째, AI 기술은 2030년대까지 무기체계 등 거의 모든 분야에서 사용될 전망

---

[32] 박종현·방효찬 등, "IoT 기술의 위치", 사물인터넷의 미래, 2014. 11.

이다. 예를 들어 클라우드 컴퓨팅(cloud computing), AI 플랫폼(PaaS, Platform as a Service), 일반 인공지능, 자율 주행(레벨 4 및 5), 자율 이동 로봇, 대화형 AI 플랫폼, 심층신경 망(deep neural net), 비행 자율 차량(flying autonomous vehicle), 스마트 로봇(smart robot), 및 가상비서(virtual assistant) 등이다. 참고로 자율 주행 레벨은 0~5로 나뉜다. 레벨 5는 완전 자율 주행, 레벨 4는 운전자 개입 없이 자율 주행이 가능하나 위험 상황에 운 전자의 개입이 필요하고, 레벨 3은 조건부 자율 주행으로 시스템이 교통 상황을 파 악하여 운전하고 시스템이 요청 시 운전자가 운행해야 하며, 레벨 2는 고속도로 주 행보조 수준이고, 레벨 1은 차선 이탈 경보 및 정속주행이 가능한 단계이다.

둘째, 디지털화된 생태계는 인간과 기술 사이를 잇는 다리를 형성하는 새로 운 비즈니스 모델을 기반으로 한다. 새로운 기술을 사용하려면 필요한 데이터의 양, 고급 컴퓨팅 성능, 유비쿼터스 지원 생태계를 제공하는 기반체계를 혁신해 야 한다. 이와 관련된 대표적인 기술로는 블록체인, 데이터 보안을 위한 블록체인 (blockchain for data security), 디지털 트윈, 사물인터넷 플랫폼(IoT Platform), 지식 그래프 (knowledge graphs) 등이 있다. 참고로 디지털 트윈 기술이란 물리적인 사물과 컴퓨터 에 똑같이 표현되는 가상 모델을 만드는 기술이다. 실제 물리적인 자산 대신 소프 트웨어로 가상화한 자산의 디지털 트윈을 만들어 모의실험으로 실제 자산의 특성 (현재 상태, 생산성, 동작 시나리오 등)에 대한 정확한 정보를 얻을 수 있다. 이 기술은 에 너지, 항공, 자동차, 국방 등의 분야에서 자산 최적화, 돌발 사고 최소화, 생산성 향 상 등 설계부터 제조, 서비스에 이르는 모든 과정의 효율성을 높일 수 있다.

셋째, 바이오 해킹이란 전문 연구 기관에 소속되지 않은 사람이 생명 과학 연 구를 통해 사회적으로 유익한 결과물을 창출하기 위한 해킹 활동을 말한다. 바이 오 해커(hacker)는 다른 사람의 네트워크 등에 불법 침입하여 정보를 빼내거나 프로 그램을 파괴하는 사람이 아닌, 생명공학 분야에 해커 윤리(hacker ethic)를 적용하여 활동하는 사람을 말한다. 그들은 생명공학 지식이 이를 통해 이익을 얻을 수 있는 사람들과 널리 공유되어야 하며 중요한 자원이 낭비되지 않고 활용되어야 한다고 생각한다. 그리고 현재의 생명공학 연구는 정부, 기업, 대학 등에 속한 소수 전문 가가 독점하고 있고 그 연구 내용도 대규모 프로젝트에만 집중되어 있다고 생각한 다. 즉, 생명공학 연구를 통해 인류가 얻을 수 있는 혜택이 큼에도 불구하고 그 혜 택이 일반인들에게까지 확대되지 못한다는 문제의식을 지닌 사람들이다. 이들은 생활 습관, 주요 관심 분야나 건강 등의 요구사항에 따라 해킹할 것이다. 이와 관련된 기술로는 바이오칩(Biochip), 배양 또는 인공 조직(cultured or artificial tissue), 뇌-컴퓨터 인터페이스(brain-computer interface), 증강 현실(AR, Augmented Reality), 혼합 현실(MR, Mixed Reality), 스마트 직물(smart fabrics) 기술 등이 있다.[33]

여기서 증강 현실 기술이란 사용자의 현실 세계에 3차원 가상물체를 겹쳐 보여주는 기술이다. 즉 〈그림 1.13〉에서 보는 바와 같이 실제 전장을 보면서 적 또는 아군의 무기나 병력 배치 등의 전장 상황을 이미지 또는 지도 등을 가상으로 보여 줄 수 있다. 그 결과 실제 지형과 대조하면서 정확한 정보를 바탕으로 효율적으로 전투를 할 수 있다. 한편 혼합 현실 기술이란 가상 세계와 현실 세계를 합쳐서 새로운 환경이나 시각화 등 새로운 정보를 만들어 내는 기술을 말한다. 특히, 현실과 가상에 존재하는 것 사이에서 실시간 상호작용할 수 있다.

그림 1.13 증강 현실을 이용한 미군의 훈련장면

넷째, 사용자가 가상에 있지만 마치 현실이라 느낄 정도의 실감을 체험할 수 있는 몰입 경험을 할 수 있게 될 것이다. 이를 위해 가상현실, 혼합 현실, 증강 현실 기술을 적용하여 디지털 세상에서 사용자와 상호작용하고 인식하게 될 것이다. 이와 관련된 기술로는 4D 프린팅(4D printing), 홈네트워킹(connected home), Edge AI, 자가치유시스템(self-healing system), 실리콘 양극 배터리(silicon anode batteries), 스마트 먼지(smart dust), 스마트오피스(smart workspace), 체적 디스플레이(volumetric display) 기술

---

33 https://medium.com/@info_35021/augmented-reality-in-military-ar-can-enhance-warfare-and-training-408d719c2baa

등이 있다.[34] 여기서 스마트 먼지란 먼지처럼 뿌려 놓으면 무선 네트워크를 통해 온도, 빛, 진동, 주변 물질의 성분 등을 감지하고 분석할 수 있는 초소형 센서를 말한다. 센서의 크기가 눈에 보이지 않을 정도로 작아 마치 먼지처럼 흩뿌릴 수 있는 센서라는 뜻으로 주로 군사용으로 개발되고 있으며, 시스템온칩(system on chip)과 무선통신 장비를 결합한 센서를 적지에 살포하면 센서가 적의 생화학 무기의 색깔이나 성분 등을 감지할 수 있다. 그 밖에 적을 추적하거나 전장 감시, 표적 탐지, 국경선의 모니터링이나 추적 및 감시, 화생방 공격 탐지 등에 활용될 수 있다. 한편 체적 디스플레이는 3차원 공간상에 직접 영상을 형성하는 기술로 공간상의 픽셀인 체적 픽셀(volumetric pixel)을 이용해 물리적인 3차원 공간에 입체 영상을 만드는 방식이다. 참고로 〈그림 1.14〉는 미국의 몰입기술을 적용한 군사 훈련 시스템을 이용한 훈련장면이다.[35]

다섯째, 유비쿼터스 인프라 기술의 발전으로 무수히 많은 지능화된 사물들로부터 언제 어디서나 편안하고 안전한 서비스를 받을 수 있는 환경이 조성될 전망이다. 따라서 조직의 목표를 달성하는데 인프라 기술의 부족 때문에 방해받지 않을 것이다. 특히 클라우드 컴퓨팅으로 제한이 없는 인프라 컴퓨팅 환경이 가능해지게 될 것이다. 이와 관련된 기술로는 5세대 이동통신(5G), 탄소 나노튜브(carbon nanotube), 심층신경망 주문형 반도체(deep neural network ASIC), 신경 모방 하드웨어(neuromorphic hardware), 양자 컴퓨팅 기술 등이 적용될 것이다.

그림 1.14 몰입형 군사훈련시스템의 운용 개념도(미국, 2022)

---

34 https://people.eecs.berkeley.edu/~pister/SmartDust/SmartDustBAA97-43-Abstract.pdf

35 https://www.immersivetechnologies.com/contact/experience-centers.htm; https://insights.samsung.com/2017/11/29/immersive-technologies-give-military-new-tools-for-training

1. 미래 전장의 구성 요소인 하드웨어, 소프트웨어 그리고 사용자 측면에서 변화요인을 설명하시오.

2. 하이브리드 전쟁의 개념을 나타낸 〈그림 1.1〉을 설명하고 최근 전쟁의 사례를 통해 설명하시오.

3. 동적 전쟁과 비동적 전쟁의 차이점을 비교하여 설명하고 최근 전쟁의 사례를 조사하여 그 특성을 설명하시오. 그리고 근미래에 벌어진 전쟁의 양상에 대해 논하시오.

4. 미래의 전투 수행방식 중 하나가 될 '모자이크 전쟁'의 개념과 장단점을 간략히 설명하시오.

5. 미래 무기에 적용될 하드웨어 기술을 연결성, 치명성, 자율성, 지속능력 측면에서 설명하시오, 그리고 이들 분야에서 최근 개발되거나 개발 중인 무기의 사례와 그 특성을 설명하시오.

6. 미래 전쟁에서 사용될 소프트웨어 기술의 성숙도를 나타낸 〈그림 1.8〉을 설명하시오. 그리고 기술의 발전을 태동기부터 안정기까지 진화과정을 사례를 들어서 설명하시오.

7. 미래에 사용될 소프트웨어 기술 중에서 가상현실, 증강 현실, 혼합 현실 기술의 개념과 차이점 그리고 실제 군사적으로 적용 분야를 설명하시오.

8. 인공지능 기술의 개념과 적용 분야 그리고 미래 전장의 양상에 미치는 영향에 설명하시오.

9. 자율주행 차량과 비행 자율 차량에 적용되는 주요 기술과 미래 전장의 변화에 미치는 영향에 대해 논하시오.

10. 미래 소프트웨어 기술의 종류와 이들 기술의 활용 분야를 간단히 설명하시오.

11. 신무기와 신기술이 급속 공격, 지역 방어, 분산 전쟁, 하이브리드 전쟁과 비동적 전쟁 측면에서 전장에 적용될 방식을 예를 들어 설명하시오.

제2장
미사일의 분류와
일반 특성

제1절 로켓과 미사일의 정의와 차이점

1. 미사일과 정밀유도무기

　미사일이란 어원적으로는 투창, 화살, 총포 등 날아가는 무기를 뜻한다. 오늘날에는 "유도기능이 있는 날아가는 무기"를 미사일(guided missile)이라 한다. 러시아에서는 미사일도 로켓(rocket)이라고 부르고 있으나 일반적으로는 미사일을 로켓과 구분해서 부른다.

　미사일은 대포에서 발사되는 포탄처럼 조준해서 발사하는 것이 아니라, 그 체계 안에 사람의 감각, 신경, 두뇌와 같은 장치를 가지고 지상, 해상, 공중으로부터의 지령을 받아 발사 후에도 속도와 방향을 수정하여 표적에 명중시키는 기능이 있다. 미사일의 센서로는 레이더, 레이저 장치, 적외선 장치, 소나(SONAR, SOund NAvigation and Ranging), 가속도계, 자이로, 지령 신호의 수신장치 등이 사용되며, 두뇌 기능을 하는 컴퓨터, 기억 장치, 프로그램이 사용되며, 신경 기능을 하는 자동제어 장치(서보 기구)가 있다.[1] 그리고 미사일은 〈표 2.1〉에서 보는 바와 같이 자체 내에 추진 장치를 갖추고 주로 공기 중을 비행한다. 이때 외부장치 또는 미사일 탑재 유도장치로 비행경로를 수정해 가면서 탄두를 표적까지 운반하여 폭발시키는 무인 비행체이다.

　한편 정밀 유도무기란 단발 격추 확률이 0.5 이상인 유도 폭탄이나 유도 포탄을 말하여 'PGM'이라고도 한다. 여기서 SSKP란 표적에 대해 발사된 단일 발사체가 주어진 조건에서 표적에 명중할 확률을 나타낸 것이다. 예를 들어 SSKP가 0.5인 정밀 유도무기라면 유도탄 2발을 사격했을 때 반드시 1발이 표적에 명중되는 무기라는 뜻이다.

---

[1]　Karthikeyan, Kapoor, "Guided Missiles" Defence Research & Development Organization Ministry of Defense U.S, 1990.

표 2.1 미사일과 정밀 유도무기의 차이점 비교

용어	미사일 (missile)	정밀유도무기 (PGM, Precision Guided Missile)
정의	자체추진과 유도 조종방식으로 공중을 비행하여 표적까지 탄두를 운반하여 폭발시키는 무인 비행체	단발 격추 확률(단발 격추 확률(SSKP, Single-Shot Kill Probability)이 0.5 이상인 유도 폭탄이나 유도 포탄
종류	지상, 해상, 공중, 잠수함 발사 각종 미사일	합동 정밀 직격탄, 레이저 유도 폭탄, 유도 포탄, 유도 다연장로켓(GMLRS, Guided Multiple Launch Rocket System)탄 등

현재 운용 중인 정밀유도무기로는 미국의 합동 정밀 직격탄(JDAM, Joint Direct Attack Munition), 레이저 유도 폭탄(LGM, Laser Guided Munitions), 유도 포탄(GM, Guided Munitions) 등이 있다. 여기서 JADAM은 재래식 폭탄에 GPS(Global Positioning System)와 관성 항법장치(IMU, Inertial Measurement Unit)를 탑재하고 추가로 유도 키트(kit)를 장착한 폭탄이다. 별도의 유도 관련 조작이 필요 없이 항공기에서 투하하는 방식이어서 항공기의 생존성이 높다.[2] 예를 들어, 〈그림 2.1〉과 같이 항공기에서 투하한 후 비행 중간 단계에서는 사전에 입력된 표적 위치 정보와 GPS/IMU 장치에서 얻은 위치 정보를 대조하면서 유도된다. 이후 표적에 근접하면 조종사가 적외선 또는 TV 영상으로 표적의 정확한 위치 정보를 수정하고, 적이 쉽게 탐지할 수 없는 협대역(narrow-band) 전파로 JDAM에 전송하여 정밀타격하도록 하는 방식이다. 참고로 JDAM은 유도 세트의 종류에 따라 유도방식이 다양하다.[3]

한편 레이저 유도 포탄은 포탄에 레이저 유도장치를 추가하여 유도 지령을 받아 표적을 타격하는 정밀유도 포탄의 일종이다. 이 포탄은 일반적으로 지상의 특수부대나 항공기에서 표적에 레이저를 조사하면 포탄 전면부의 레이저 탐색기가 표적에서 반사된 레이저를 감지하고, 반사된 방향으로 활공용 핀을 움직여 포탄을 표적까지 유도하는 정밀유도무기이다.[4]

---

2   https://www.vectornav.com/resources/inertial-navigation-articles/what-is-an-inertial-measurement-unit-imu; https://www.arrow.com/en/research-and-events/articles/imu-principles-and-applications

3   https://www.thinkdefence.co.uk/guided-multiple-launch-rocket-system-gmlrs/; https://en.wikipedia.org/wiki/Joint_Direct_Attack_Munition; https://www.boeing.com/defense/weapons/

4   https://www.boeing.com(GBU-15, AGM-130)

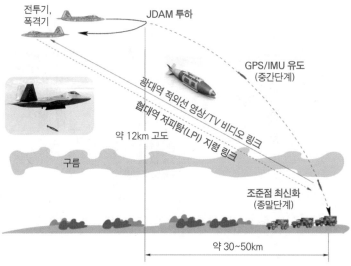

그림 2.1 일반적인 JDAM 유도 폭탄의 유도 원리(미국)

2. 로켓과 미사일

무기체계에서 로켓 엔진(rocket engine)을 사용하면서 유도기능이 없으면 로켓이라 분류하고, 유도장치가 탑재되어 유도기능이 있으면 미사일로 분류한다. 최근 로켓 무기에도 유도기능이 추가된 로켓포(rocket artillery, 통상 로켓이라 칭함)가 등장하고 있으므로 미사일과 로켓의 차이는 점차 모호해지고 있다. 하지만 유도 로켓에는 기본적으로 로켓 무기에 유도기능을 추가한 것이라 미사일의 유도성능보다 낮으며, 일반적으로 로켓과 비슷하게 운용되고 있어서 유도 로켓을 미사일과 구분하고 있다.[5]

한편 '로켓(rocket)'이란 〈그림 2.2〉와 같이 작용과 반작용(action and reaction)을 이용한 추진기관 또는 이 로켓 엔진으로 추진되는 비행체를 뜻한다. 보통 우주 공간을 비행할 수 있는 추진기관을 가진 비행체를 말한다. 로켓은 공기가 없는 곳에서도 연료를 연소하여 고압가스를 분출하여 앞으로 나아가는 추진기관이다. 로켓은 비행하는 데 필요한 힘을 연료와 산화제의 연소로 생성된 연소 가스를 엔진의 노

---

5 http://www.latin-dictionary.net/search/latin/mittere

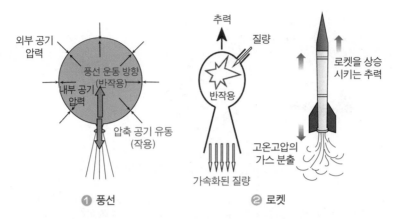

그림 2.2 풍선과 로켓에 작용하는 작용력과 반작용의 발생 원리

즐 밖으로 분출하여 얻는다. 가스를 밖으로 보내면 작용–반작용 법칙 또는 운동량 보존 법칙(law of conservation of momentum)에 따라 그 가스가 가진 운동량만큼 로켓이 추진력을 얻는다. 만일 로켓에 인공위성 등 우주 비행체를 실어 발사하면 우주발사체이고, 만일 로켓에 탄두 등 무기를 실으면 미사일이 된다. 미사일이란 어원은 라틴어로 멀리 보내는 것이란 뜻인 'mittere'에서 유래되었다.[6]

6 https://www1.grc.nasa.gov/beginners-guide-to-aeronautics/newtons-laws-of-motion/; https:// spacecenter.org/science-in-action-newtons-third-law-of-motion/; https://www.britannica.com/ science/law-of-action-and-reaction

제2절 로켓과 미사일의 발전과정

1. 로켓의 발전과정

세계 최초의 로켓 무기는 1232년 중국의 금나라 군대가 타타르군과의 전쟁에서 사용한 날아가는 불의 창이라는 뜻인 비화창(飛火槍)이다. 이 무기는 〈그림 2.3〉❶에서 보는 바와 같이 창의 앞부분에 매달아 놓은 대나무 통에 연료(흑색화약)를 넣고 발사하면 대나무 통 속의 연료가 맹렬히 타면서 연소 가스를 뒤로 분출하며, 그 반작용으로 창이 앞으로 날아가도록 고안되었다. 이때 사용한 화약은 마(麻, hemp), 수지(resin), 황(sulfur), 목탄(charcoal), 질산칼륨(KNO$_3$) 등이며, 이러한 화학연료를 대나무 통속에 넣고 이 화약과 연결된 도화선(導火線, fuse)에 불을 붙여 연소하게 되어있다.[7]

우리나라에서는 〈표 2.2〉에서 보는 바와 같이 1377년에 최무선이 로켓방식의 화살 무기인 달리는 불이라는 뜻의 주화(走火)를 발명하였다. 주화는 길이

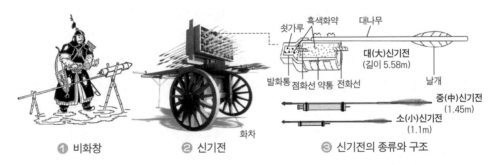

❶ 비화창 ❷ 신기전 ❸ 신기전의 종류와 구조

그림 2.3 비화창과 신기전

---

[7] http://www.dbpia.co.kr/journal/articleDetail?nodeId=NODE01371504; https://en.wikipedia.org/wiki/Lockheed_U-2

표 2.2 로켓과 미사일의 주요 발전사

연도	개발 기술 및 활용사례	연도	개발 기술 및 활용사례
7세기	최초로 중국에서 흑색화약 발명	1846	미국군이 회전하는 로켓을 개발하여 멕시코군과의 전투에 사용
1232	중국이 로켓을 사용하여 몽골군을 격퇴	1908	미국은 무연화약, 자이로스코프 탑재 로켓개발
1377	고려말 우왕 3년에 최무선이 우리나라의 최초의 로켓 무기인 주화를 발명	1929	독일의 폰 브라운이 V-1, V-2 로켓개발
1448	조선 세종 대왕 30년에 오늘날 다연장 로켓포와 비슷한 개념의 신기전 화차 개발	1944	독일의 V-1 무인기 개발 독일의 V-2 로켓으로 영국 런던 폭격
1668	독일에서 화약 로켓 발명	1960	미국의 U-2 고공정찰기를 소련의 SA-2 미사일로 격추
1792	인도의 로켓군이 대나무에 로켓을 부착한 무기로 영국군과 전투	1991	미국이 걸프전에서 토마호크 순항 미사일, PAC-2 미사일, 각종 공대지 미사일 등 사용

10~15cm, 지름 2~3cm인 종이통을 화약통으로 사용했으며 길이가 120cm인 화살을 날려 보낼 수 있었다. 이 무기는 1448년에는 〈그림 2.3〉 ❷와 같이 화차(火車)에 탑재시킨 신기전(神機箭)으로 발전하였다. 신기전은 100m에서 250m의 거리를 날아가는 소신기전과 중신기전, 그리고 600m를 날아가는 대신기전 등 다양한 모델이 있었다. 그중 가장 큰 형태인 대(大)신기전은 당시의 실제 전투에서 큰 위력을 발휘하였다. 대신기전은 〈그림 2.3〉 ❸에서 보는 바와 같이 발화통과 약통으로 구분된다. 이들 구성품은 쇠화살촉이 부착되지 않은 대나무의 위 끝부분에 묶어 놓았으며, 아래 끝부분에는 발사체가 안정적으로 날아갈 수 있도록 균형을 유지해주는 날개가 달려있다. 그리고 몸체 역할을 하는 대나무의 맨 위에는 폭탄인 발화통을 장착하고, 그 발화통의 아래쪽에 화약을 넣어 위 끝을 종이로 여러 겹 접어 막은 약통을 연결하였고, 약통은 표적을 향해 날아가도록 역할을 한다. 약통 밑부분의 점화선에 불을 붙이면 점화선이 타들어 가면서 약통 속의 화약에 불이 붙어 연소 가스가 발생하고, 연소 가스는 약통 아래에 뚫려 있는 분사 구멍(jet hole)을 통하여 약통 밖으로 분출되며, 이 분출 가스의 압력에 의해 추력이 발생한다. 그리고 약통의 윗면과 발화통 아랫면의 중앙에 각각 구멍을 뚫어 둘을 도화선으로 연결한다.

이는 신기전이 날아가는 도중 또는 거의 표적에 도달하였을 때 발화통이 자동으로 폭발할 수 있도록 하기 위한 목적이다. 즉 발화통이 오늘날 미사일의 탄두에 해당하며, 발화통 내부에 화약 무게의 약 27% 정도는 거친 입자의 쇳가루를 혼합시켜 발화통에 넣어 발화통이 폭발하면서 쇳가루가 사방으로 파편이 되어 흩어지게 제작되었다.

대신기전은 전체 길이가 약 5.6m의 대형 로켓으로 한 번에 여러 개를 날릴 수 있는 화차를 개발하여 사용하였다. 화차에는 바퀴가 달려있어 적진(enemy camp)의 위치에 따라 이동해 가는 데 매우 편리했다. 주화와 신기전은 화약의 힘으로 적진에 날아감으로써 사거리가 길고, 비행 중에 연기를 분출함으로써 적에게 공포심을 일으키며, 앞부분에 발화통이 달려있어서 적진에 이르러 폭발하는 등 위력적인 무기였다. 이 무기는 조선군이 주요 전투에서 승리하는데 핵심적인 역할을 하였다. 신기전은 주화에 이어 탄생한 장거리 공격용 무기로서 당시에 최첨단의 전투용 로켓이었다. 이들 무기는 오늘날 다연장 로켓포(MLRS, Multiple Launch Rocket System)로 이어져 왔다.[8]

한편 그 이후부터 19세기 초까지 로켓은 전쟁에서 거의 사용되지 않았다. 하지만 영국의 William Congreve 장군에 의해 현대식 로켓의 토대가 되는 로켓포가 탄생하게 되었다. 그가 제안한 로켓 설계안은 영국군 무기로 채택되었고, 1806년 프랑스 도시 불로뉴에 대한 공격에서 영국 해군에 의해 처음으로 사용되었다. 이후 1807년 영국의 Horatio Nelson 제독 함대가 코펜하겐을 공격했을 때 무려 2만 5천여 발의 로켓을 발사하여 도시를 완전히 불태웠다. 그리고 1813년에 영국 해군은 〈그림 2.4〉에 제시된 Congreve가 설계한 로켓으로 미국 해군을 공격하였다.[9]

19세기 중반에는 Congreve 로켓에 회전기능을 추가한 로켓을 개발하여 정확도를 획기적으로 높였다. 또한, 그는 첫 번째 가속 단계에서 로켓을 지지하기 위해 레일을 사용하여 정확도를 높였다. 그가 고안한 로켓은 1840년대 미 육군이 멕시코와의 전쟁에서 사용하였으며 미국의 남북 전쟁 기간(1861~1865)에 성능이 크게 개선되었으나 1차 세계대전(1914~1918)에서는 중요한 역할을 하지 못했다.[10]

---

8 박재광, "하늘을 나는 우리나라 최초의 로켓병기 '주화'와 '신기전'", 과학과 기술, 2007.1.

9 Ove Dullum, "The Rocket Artillery Reference Book", Norwegian Defence Research, 2010.6,(ISBN 978-82-464-1828-5);https://www.britannica.com/biography/Horatio-Nelson

10 https://www.britannica.com/technology/Congreve-rocket

그림 2.4 Congreve가 설계한 로켓의 발사장면(1813)

2. 미사일의 발전과정

1차 세계대전 이전에는 발사 후 탄도를 수정할 수 없는 유도기능이 없는 로켓이었다. 그러나 1차 세계대전을 거치면서 그간 축적한 로켓 기술과 개발된 유도장치를 탑재한 미사일이 등장하게 되었다. 미사일과 관련된 기술의 발전과정을 시대별로 살펴보면 다음과 같다.

(1) 18세기 이전

사냥이나 전쟁을 위해 멀리서 던질 수 있는 화살과 창을 사용한다는 아이디어는 선사 시대부터 있었다. 이러한 무기는 사거리와 파괴력이 제한되어 있어서 제한된 용도로만 사용되었으며, 이후 이들 무기의 효율성을 높이는 연구를 집중하였다.

7세기 콘스탄티노플 전쟁에서 그리스인들이 아랍인들에게 불화살을 사용하였다는 기록이 있다. 이 무기는 불이 붙은 횃불이 묶인 화살이나 창이었다. 10세기에는 중국인이 폭발성 가루로 채워진 대나무 튜브를 사용하여 튜브를 일정 거리까지 추진하는 화살을 사용하였다. 이 무기는 전쟁에서 사용되는 최초의 고체 추진 로켓이었다. 이 로켓은 13세기 후반부터 14세기 후반에 4회에 걸쳐 당시 해상 세력이었던 베네치아와 제노바의 전쟁을 통해 유럽에 전해졌다. 그리고 13세기에 독일의 Albert Magnus(1200~1280)와 영국의 Roger Bacon(1219~1292), 15세기에 이탈리아의 Leonardo da Vinci(1452~1519) 등이 관련된 연구를 하였다는 기록이 문서와 그림으로 전해져오고 있다. 그 후 16세기 독일 엔지니어 Conrad Haas가 다단 로켓을 스케치한 기록이 〈그림 2.5〉 ❶과 같이 남아 있다. 그는 로켓의 안정성을 높이기 위해 후퇴 핀 배열을 제안했다.

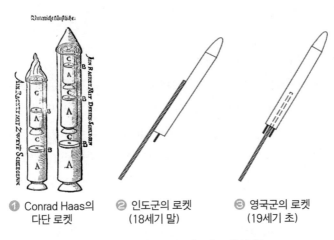

❶ Conrad Haas의 다단 로켓　　❷ 인도군의 로켓 (18세기 말)　　❸ 영국군의 로켓 (19세기 초)

그림 2.5　18세기 인도와 영국의 로켓 설계도

(2) 18세기~1차 세계대전 이전

18세기에 영국군과 프랑스군은 인도의 여러 왕실의 군대와 전투를 벌이고 있었다. 이 기간에 인도 군인들은 소이 로켓(incendiary rocket)을 사용하여 유럽 군인들에게 많은 어려움을 주었다. 이 로켓의 무게는 약 3~6kg이었고, 탄도 경로나 지상에 가까운 수평 경로에서 발사될 수 있었다. 이러한 종류의 로켓은 〈그림 2.5〉 ❷에서 보는 바와 같이 화약으로 채워진 원통형 통과 측면에 부착되어 후방으로 뻗어 있는 막대기로 구성되어 있었다. 이 로켓의 파괴력은 다소 제한적이었지만 적에게는 새로운 무기였기에 인도군에게 전략적인 이점을 제공했으며 기병의 말을 겁주는 것 외에도 병사들에게 두려움을 불러일으켰다. 이 로켓은 구조가 단순하고 쉽게 운반하고 조작할 수 있었으며 생산도 쉬웠다. 이러한 특성은 현대 미사일에도 바람직한 특성이다.

한편 영국군 대령인 William Congreve(1772~1828)는 인도군이 사용하고 있었던 로켓의 유용성을 인식하고 19세기 초기에 로켓을 개발하기 시작했다. 그는 〈그림 2.5〉 ❸에서 보는 바와 같이 막대기를 뒤쪽으로 확장하고 나중에 실린더 중앙으로 이동하여 로켓을 더욱 안정시킬 수 있었다. 또한, 로켓의 발사 무게를 약 150kg으로 늘릴 수 있었고 로켓의 전면부에 약 25kg의 탄두를 운반하도록 설계했다. 그리고 이 로켓의 무게와 무게 중심이 비행 중에 변한다는 사실을 알고 로켓 설계에 반영하였다. 그 결과 Congreve 로켓은 영국인들에게 인기를 얻었고 19세기 초 나폴레옹 전쟁에서 프랑스군이 많이 사용하였다.[11]

(3) 1차, 2차 세계대전 기간 중

1차 세계대전에 패배한 독일은 1919년 베르사유 조약(treaty of Versailles)의 결과로 중구경(medium-caliber) 이상의 대포를 사용할 수 없게 되었다. 하지만 독일은 1920년대부터 액체 로켓을 연구했고 1930년대 후반에는 장거리 로켓개발을 위해 육군 병기연구소를 설립하였다. 이 연구소에서 A-1부터 A-10의 10개 모델을 개발하였고 이들 중에서 초음속 로켓인 A-4 모델을 기반으로 1944년에 V-2 로켓을 전력화하였다. 이 로켓에는 910kg의 아마톨 폭약(질산암모늄과 TNT의 혼합물)이 탑재되었다. V-2 로켓은 정확성이 낮아 군사적 가치가 없다고 판단하였으나 어느 곳에 로켓이 떨어질지 모르는 불확실성 때문에 심리적으로 영국 시민을 공황 상태에 빠뜨리는데 효과가 컸다. 그리고 독일 공군은 2차 세계대전 말기에도 펄스제트 엔진(pulse jet engine)을 탑재한 V-1 무인기를 개발했다. 이 무인기에는 850kg의 아마톨 고폭약을 탑재하였으며 V-2 로켓보다 먼저 영국의 런던을 공격할 때 사용하였다. 이들 V-1과 V-2 로켓은 최초의 미사일이라 부를 수 있으며, 오늘날 순항 미사일과 장거리 탄도 미사일의 기원이 되었다.

2차 세계대전 후 V-2 로켓을 개발한 페네뮌데 육군 연구센터에서 V-2 로켓을 완성한 폰 브라운(Von Braun) 등은 미국으로 건너갔다. 그들은 미국 최초의 Hermes 미사일 개발 사업을 General Electric 회사와 공동으로 수행했다. 그 결과 사거리 250km, 탄두 중량 450kg인 에르메스 지대공 미사일을 개발하였으나 전력화에는 성공하지 못했다. 그러나 이후에 개발된 많은 탄도 미사일의 기초 설계에 활용되었다. 그 밖에 폰 브라운은 Corporal(사거리 130km, 길이 15m, 발사 중량 5,500kg), Sergeant(사거리 40-140km, 길이 11m, 발사 중량 4,500kg), Redstone(사거리 400km, 길이 22m, 발사 중량 30,000kg) 등 다양한 지대지 미사일 개발에 참여했다. 그리고 Sergeant와

---

11 https://en.wikipedia.org/wiki/Sir_William_Congreve,_2nd_Baronet

Redstone은 모두 온 보드 관성 유도장치를 탑재했으며, Redstone 미사일은 약 1,000기를 생산하여 서독에서 1963년까지 배치되었다. Redstone 미사일은 1961년 5월 최초의 미국 우주비행사를 준궤도(sub-orbital) 비행으로 발사한 로켓의 기본 시스템이다. 그리고 미국에서 제작하여 시험 평가한 최초의 미사일은 독일 V-2를 기초로 제작한 Convair MX-774 미사일이다. 이 미사일은 최초의 대륙간탄도미사일(ICBM, Inter Continental Ballistic Missile)인 Atlas 개발에 귀중한 데이터를 제공했다.[12]

당시에 소련은 V-2 설계도를 사용하여 M-101이라는 미사일을 제작했으며, 이는 오늘날 러시아의 많은 대륙간탄도미사일의 전신이 되었다. V-2 미사일은 〈그림 2.6〉에서 보는 바와 같이 액체 로켓을 사용하였다. 주요 구성품은 탄두, 유도 및 제어 장치, 액체 연료 탱크, 액체 산화제 탱크, 터빈, 펌프, 연소실, 핀 등으로 구성되어 있다. 이 미사일은 액체산소(산화제)와 액체 알코올(연료)을 별도의 탱크에 저장한 후 이들 액체를 펌프로 가압시켜 분사기에서 연소실로 분사시켜서 연소하면서 발생한 추력에 의해 날아간다. 이때 연소 가스 중 일부를 이용하여 터빈을 작동하여 얻어진 회전력으로 펌프를 작동시켜 산화제와 연료의 압력을 높여 분사기로

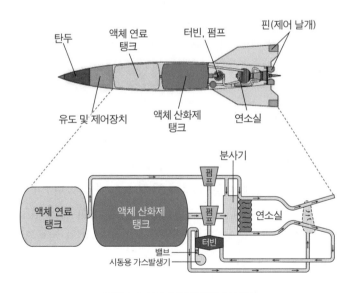

그림 2.6 V-2 로켓의 주요 구성품

12 https://www.enginehistory.org/Rockets/RPE05/RPE05.shtml

공급한다. 그리고 액체 로켓 엔진의 시동은 시동용 가스 발생기에서 발생한 가스 압력으로 터빈을 구동하며 연소실에서 연소가 정상화되면 연소 가스의 압력으로 터빈을 작동하는 방식이다.

한편 1957년 10월 세계 최초의 인공위성 스푸트니크를 우주에 배치한 부스터 로켓도 이 초기 설계를 기반으로 했다. 독일 V-1 미사일의 설계는 러시아와 미국이 순항 미사일을 개발하는데 적용되었다.

(4) 1950~1980년대 기간 중

미국, 소련 등 많은 국가에서 미사일 개발이 활발하게 이루어졌다. 대표적으로 미국에는 Firebird 공대공 미사일, Kingfisher 대함 및 대잠수함 미사일, Terrier/Tartar 함대공 미사일, Talos 지대공 미사일, Typhon 함대공 미사일, Sparrow 공대공 미사일, Nike 지대공 미사일, Hercules 지대공 미사일, Falcon 공대공 미사일, Phoenix 장거리 공대공 미사일, Maverick 공대지 미사일, Sidewinder 공대공 미사일, Chaparral 지대공 미사일, Northrop SM-62 Snark 순항 미사일, SM-64 Navaho 핵무기 탑재 순항 미사일, Pershing 지대지 미사일, Hawk 지대공 미사일, Patriot 지대공 미사일이 있다. 특히 Patriot 미사일은 1990년 걸프전에 많이 사용하여 많은 전과를 얻었다. 이후 미국과 소련이 대형 로켓개발에 치열하게 경쟁하면서 각종 미사일 관련 기술이 발전하게 되었다.[13]

(5) 1990~2010년대 기간 중

미국, 러시아, 중국, 유럽 등을 중심으로 극초음속 비행체에 관한 연구가 진행되었다. 극초음속 비행체는 비행속도와 추진 에너지 관련 기술 수준이 증가함에 따라 추가적인 물리적 현상에 대한 고려가 더 중요하게 되었다. 이 비행체는 비행체 표면에서의 공기의 경계층 유동(boundary layer flow)에 의한 에너지 소산과 마찰 그리고 열전달 등 열역학, 공기역학과 관련된 문제가 비행에 큰 영향을 미치며, 비행속도가 빠를수록 영향이 더 크다.[14]

---

13 M.W. Fossier, "The development of radar homing missiles, Journal of Guidance", Control, and Dynamics, Vol. 7, No. 6, pp. 641-65, 1984. 12; https://www.pbs.org/wgbh/pages/frontline/gulf/weapons/patriot.html; https://missilethreat.csis.org/missile/ss-26-2/

14 https://www.grc.nasa.gov/www/k-12/airplane/boundlay.html

한편 마하 5 이상으로 비행하는 비행체를 극초음속 비행체(hypersonic vehicle)라고 하는데 극초음속 비행체와 관련된 핵심기술 분야는 공기역학, 추진체, 고온 재료 및 구조, 열 보호 시스템 및 유도, 탐색 제어기술 등이 필요하다. 이 비행체는 지난 수십 년 동안 연구되었으며 실험용 시스템과 실제 운영시스템이 모두 개발되었다. 그리고 일반적으로 사거리가 400km 이상인 탄도 미사일의 비행속도는 극초음속 이다. 따라서 2차 세계대전 중 개발된 V-2 로켓의 제작기술은 극초음속 비행체에 도 많이 적용되었다.

미국은 3대의 X-15 연구용 항공기를 1959년에서 1968년 사이에 제작하여 최대 2km/s의 속도로 199회 비행하면서 극초음속 비행체에 대한 공기역학, 열 보호 및 재사용 가능한 항공기 구조설계 등에 많은 데이터를 얻을 수 있었다. 그리고 1966년부터 1975년 사이에 19개의 Apollo 재진입 캡슐을 개발하여 발사한 결과 11km/s의 지구 재진입 속도를 달성하여 매우 높은 공기 열부하를 견딜 수 있었다. 그리고 5대의 우주 왕복선을 개발하여 135회 발사하였고 8km/s의 재진입 속도를 달성하여 극초음속 상태의 공기역학과 재사용 가능한 단열기술(insulation technique) 을 확보하였다.[15]

(6) 2020년대 이후 현재까지

오늘날 많은 요격 미사일은 2~5km/s의 극초음속 영역에서 비행하면서 적의 미사일이나 항공기 등을 요격할 수 있다.[16]

특히 극초음속 순항 미사일, 부스트-활공 시스템(boost glide system), 요격 미사일, 재사용 가능한 항공기, 우주발사체, 총포 발사체와 관련된 새로운 극초음속 비행 이 가능한 비행체를 개발하고 있다. 특히 극초음속 비행체에 사용되는 스크램제트 엔진(scram jet engine)은 〈그림 2.7〉과 같이 장기간에 걸쳐 개발되었다. 2020년대부터 본격적으로 등장하고 있는 미사일 중에는 동력 순항 미사일과 극초음속 부스트-활공 시스템이 있다. 동력 순항 미사일은 고체 로켓 추진력을 사용하여 발사한 후 스크램제트 동력으로 극초음속을 비행하는 다단 극초음속 비행체이다. 극초음속

---

15 https://www.jhuapl.edu/Content/techdigest/pdf/APL-V01-N06/APL-01-06-Hill.pdf

16 David M. Van Wie, "Hyper sonics : Past, Present, and Potential Future", Johns Hopkins APL Technical Digest, Vol 35, 2021. 11(www.jhuapl.edu/techdigest)

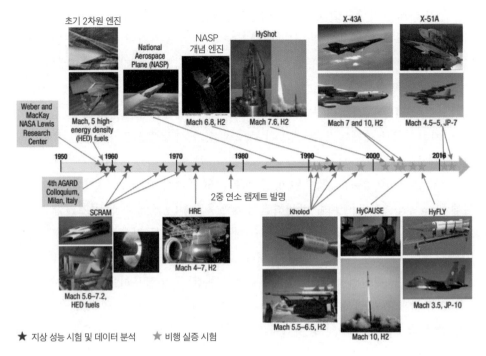

그림 2.7 스크램제트 엔진의 개발 역사

부스트-활공 미사일은 극초음속까지 다단 고체 로켓으로 가속한 후 비행체를 표적에 도달할 때까지 활공하는 방식의 미사일이다. 따라서 〈그림 2.8〉과 같이 부스트 종료 최대 속도는 비운동 에너지와 지수 함수(exponential function)의 관계로 나타낼 수 있다.[17]

　한편 〈그림 2.8〉은 부스트 종료 상태에서 극초음속 무기의 비운동 에너지(specific kinetic energy)의 상태를 나타낸 그림이다. 이 그림은 비행거리가 증가함에 따라 에너지 상태가 증가하는 영향, 속도 및 비행거리에 따라 필요한 에너지 소멸의 증가(1km/s에서 최종 충돌 가정), 동력 순항 미사일의 화학 에너지 잠재력(chemical energy potential)을 나타낸 것이다. 이때 순항 미사일의 중량에 연료의 중량이 10%라고 가정하였다. 이 그림에서 비퍼텐셜 에너지(specific potential energy)는 무시한 경우이며 부스트 종료 상태에서 사용 가능한 에너지에서 0.3~0.5 MJ/kg 만큼 비운동 에너지가

---

17 https://sgp.fas.org/crs/natsec/IF11459.pdf

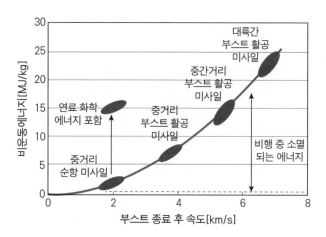

그림 2.8 부스트 종료 후 미사일의 속도와 비운동 에너지의 관계

추가로 필요하다. 참고로 탄도 미사일은 사거리에 따라 단거리(1,000km 미만, SRBM), 중거리(1,000~3,000km MRBM), 중간거리(3,000~5,500km, IRBM) 및 대륙 간(5,500km 이상, ICBM) 탄도 미사일로 구분하고 있다. 부스트-활공 시스템의 경우 최대 사거리는 주로 활공 비행체의 양력(lift force) 대 항력(drag force)의 비율과 최대 부스트 종료 속도의 영향을 받는다. 또한, 무기가 1km/s의 속도로 표적에 충돌하는 것으로 가정하면 부스트 종료 상태와 지상 충돌 사이에 비행 중 소멸이 되는 에너지를 알 수 있으며, 이 에너지는 사거리 연장과 기동에 사용할 수 있다.[18]

　극초음속 부스트-활공 시스템 개발의 주요 과제는 비행 중 에너지 소산(energy dissipate) 문제를 해결하는 것이다. 효율적인 장거리 비행을 위해 필요한 높은 양력(lift force) 대 항력(drag force) 비율을 달성하려면 활공 비행체가 가늘어야 한다. 하지만 이러한 형상은 공기역학적 마찰을 통해 많은 열이 발생하며 이는 비행체의 가열로 이어진다. 모든 공기역학적 가열로 비행체의 표면이 고온이 되면 복사 열전달에 의해 방열이 되어 냉각되며 일부는 비행체 내부 구조로 전달된다. 따라서 열 보호 시스템의 개발에는 날카롭고 저항이 적은 비행체 선단부의 내열 설계(thermal protection design)가 매우 중요하다. 이때 가볍고 저렴하면서 고온에 견딜 수 있는 열 저항이 매우 큰 단열재로 탄소-탄소 복합 재료(carbon-carbon composites, C/C) 또는 세

---

18 https://www.researchgate.net/publication/298807331_Energy_Dissipation_in_Thin_Metallic_Shells_under_Projectile_Impact

라믹-매트릭스 복합 재료(ceramic-matrix composite) 등을 내부 단열재를 사용하고 있다. 여기서 탄소-탄소 복합 재료는 탄소계의 골재(입자, 섬유)와 탄소계의 매트릭스(모체) 등 두 종류 이상을 조합하여 구성한 재료이다. 탄소 제품 중에서 입자를 골재로 한 것으로는 인조흑연 전극 및 등방성 흑연 재료들이 있다. 그리고 탄소섬유를 골재로 만든 것을 탄소섬유 강화복합재료라 하는데 탄소의 결점인 취약성을 탄소섬유로 강화한 재료이다. 이때 미사일의 내열 설계 시 단열재 부피는 중거리 미사일(MRBM)에서 중간거리 미사일(IRBM)로 전환할 때 두 배로 증가하며, 대륙간탄도미사일(ICBM)의 경우 50% 이상의 단열재 부피가 더 많이 필요하다.[19]

극초음속 순항 미사일은 〈그림 2.8〉에서 보는 바와 같이 일반적으로 2km/s 부근에서 작동하며 사거리 측면에서 보면 중거리 미사일이다. 동력 순항 미사일의 경우 부스트 종료 시 에너지 상태에는 탑재된 연료의 화학 에너지도 포함되어야 한다. 그림과 같이 탑재 연료 비율이 10%라고 가정하면 순항 미사일의 에너지 상태는 훨씬 느린 속도로 작동하면서 부스트-활공 IRBM의 에너지 상태에 접근할 수 있다. 이것은 열 관리, 추적장치 통합 및 전체 무기 시스템 크기에 큰 영향을 미친다. 동력 순항 미사일의 주요 기술 과제는 스크램제트 엔진과 열 관리 기술이다. 스크램제트는 덕트 내에서 고온의 연소 가스가 유동하기 때문에 엔진 내부 표면에서 복사 열전달에 의한 냉각이 불가능하고, 외부 표면보다 내부에서 더 복잡한 열 관리 문제가 발생한다. 이 때문에 2021년 기준으로 미국의 스크램제트 엔진 기술 수준은 마하 6 정도로 알려져 있다.

한편 러시아는 〈표 2.3〉에 제시된 Kinzhal 공중발사 탄도 미사일(2017~현재), 3M22 Zircon 순항 미사일(2021~현재), Avangard 대륙 간 극초음속 미사일을 전력화하였다. 그들은 또한 육상 및 해상 목표물을 공격할 수 있는 함정 발사 극초음속 Tsirkon 미사일을 개발하고 있다. 중국은 중거리 DF-17 극초음속 부스트-활공 미사일을 개발하였다. 앞으로 군사 강국이 되려면 극초음속 공격 무기는 필수 요소가 될 것이다. 따라서 강대국을 중심으로 극초음속 무기가 계속 개발될 것이며, 군사적 교착 상태에서 신속대응 타격 능력을 제공할 것이다. 공기역학, 추진 장치, 재료, 부품 소형화, 센서 및 탄두 기술이 발전하면서 더 작고 저렴한 효과적인 무기

---

19 https://en.wikipedia.org/wiki/Hypersonic_Technology_Vehicle_2; https://www.mae.ncsu.edu/cxu/wp-content/uploads/sites/20/2019/06/Hypersonic-Vehicle-600x450.png

표 2.3 러시아의 극초음속 미사일의 제원 및 특성

구분	Kh-47M2 Kinzhal 미사일	3M22 Zircon 순항 미사일
형상 및 제원		
크기 및 중량	전장 8m, 지름 1m, 중량 800kg	전장 11~12m, 지름 1m, 중량 300~400kg
탄두 / 탄두 중량	고성능 폭약 파편형 탄두, 전술핵(100~500kt) / 480kg	고성능 폭약 파편형 탄두, 전술핵(200kt) / 300~400kg
대상 표적	공대지, 공대공	대함정 및 지상 표적 공격용
사거리	1,500~2,000km	1,000km
비행 고도 / 속도	20km / 마하 10~20	28km / 마하 8~9
추진 장치	고체 추진 로켓	2단 고체 추진 로켓 + 스크램제트 엔진
유도장치 / CEP	RF 탐색기 / 1m	적외선(IR) 탐색기, 관성항법장치(INS) / NA
유도방식	원격 조종, GPS/INS + 광학식 호밍유도	능동 및 수동 유도
발사 플랫폼	M-31K, TU-22M3, Su-57 전투기	항공기, 잠수함, 함정, 지상 발사기지

를 생산하고 훨씬 더 많은 무기를 확보하게 될 것이다.[20]

참고로 〈표 2.3〉에서 제시된 미사일의 정확도를 측정하는 방법은 원형 공산오차(CEP, Circular Error Probable)의 개념으로 나타내며 표적에 발사된 미사일의 50%가 표적의 중심에서 떨어진 원의 반경이 CEP 값이다. 예를 들어 〈그림 2.9〉에서 보는 바와 같이, 20발의 미사일을 표적을 향해 발사하였는데 표적으로부터 가깝게 떨어진 10발의 탄착점의 위치와 표적과의 반경이 CEP 값이다. 즉, 미사일의 CEP 값이 50m라고 한다면, 발사한 미사일의 50%가 표적으로부터 50m 이내 지점에 떨어진다는 의미이다.[21]

---

20 https://en.wikipedia.org/wiki/Kh-47M2_Kinzhal; https://en.wikipedia.org/wiki/3M22_Zircon;
    https://missilethreat.csis.org/missile/kinzhal/

21 https://core.ac.uk/download/pdf/127678696.pdf; https://apps.dtic.mil/sti/pdfs/AD1043284.pdf

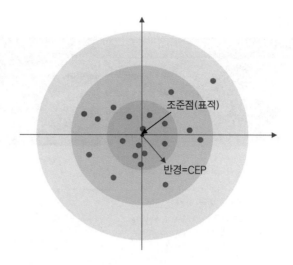

그림 2.9 미사일의 원형 공산오차 개념

제3절 미사일의 분류기준과 방법

1. 대(大)분류 방법

일반적으로 미사일은 탄도, 발사방식, 탄두, 유도시스템, 사거리, 추진시스템 등의 기준에 따라 〈그림 2.10〉과 같이 분류하며 세부 내용은 다음과 같다.[22]

첫째, 탄도가 불규칙한 순항 미사일과 포물선 형태의 일정한 탄도를 그리는 탄도 미사일(ballistic missile)이 있다. 순항 미사일(cruise missile)에는 순항 속도에 따라서 아음속(마하 1 미만), 초음속(마하 1 이상~5 미만), 극초음속(마하 5 이상) 순항 미사

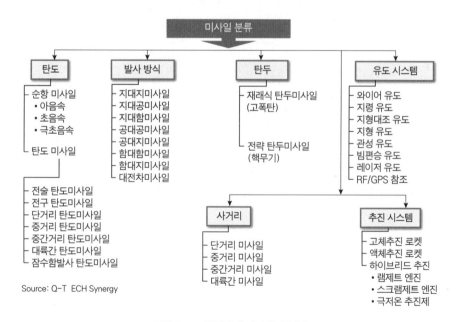

그림 2.10 일반적인 미사일의 분류

---

22 https://www.researchgate.net/publication/329200639_Archaeological_Classification

일로 분류한다. 탄도 미사일은 군사 작전 목적에 따라서 전술 탄도 미사일(TBM, Tactical Ballistic Missile), 전구 탄도 미사일(TBM, Theater Ballistic Missile), 단거리 탄도 미사일(SRBM, Short Range Ballistic Missile), 중거리 탄도 미사일(MRBM, Medium Range Ballistic Missile), 중간거리 탄도 미사일(IRBM, Intermediate Range Ballistic Missile), 대륙 간 탄도 미사일(ICBM, Inter Continental Ballistic Missile), 잠수함 발사 탄도 미사일(SLBM, Submarine Launched Ballistic Missile)로 분류할 수 있다. 둘째, 발사 위치와 표적의 위치, 즉 발사방식에 따라서 지대지 미사일(SSM, Surface to Surface Missiles), 지대공 미사일(SAM, Surface to Air Missiles), 공대공 미사일(AAM, Air to Air Missiles) 및 공대지 미사일(ASM Air to Surface Missiles) 등으로 분류할 수 있다. 예를 들어, SSM은 일반적으로 지상에서 발사하나 함정에서 다른 함정으로 발사될 수도 있다. 잠수함에서 발사되는 수중 무기도 이에 속한다. SAM은 대공포와 함께 적 항공기를 요격하기 위한 현대 방공 시스템의 필수적인 무기이다. AAM은 전투기, 폭격기 간의 공중전을 위한 무기로 일반적으로 항공기의 날개 또는 동체 아래에 장착되며 조종사가 버튼을 눌러 공중 표적에 발사한다. 이때 조종사는 지상 기반의 데이터링크뿐만 아니라 항공기에 탑재된 컴퓨터와 레이더의 지원을 받는다. 미사일은 발사 전에 점화되거나 발사 후 점화되는 것도 있다. 셋째, 탄두의 유형에 따라서 고성능 폭약을 탑재한 재래식 탄두와 핵무기 탑재 미사일로 분류할 수 있다. 넷째, 유도시스템에 따라서 와이어 유도(wire guidance), 지령 유도, 지형대조 유도, 지형 유도, 관성 유도, 빔 편승 유도, 레이저 유도, RF(Radio Frequency)/GPS(Global Positioning System) 미사일로 분류할 수 있다.[23] 다섯째, 사거리에 따라서 단거리 미사일, 중거리 미사일, 중간거리 미사일, 대륙간미사일 등으로 분류할 수 있다. 여섯째, 추진시스템에 따라 고체 추진, 액체 추진제, 극저온 추진제와 같은 로켓 추진 로켓 추진방식, 하이브리드(hybrid) 추진 엔진과 램제트(ram jet engine), 스크램제트 엔진(scram jet engine)과 같은 공기 흡입식 추진 미사일로 분류할 수 있다. 끝으로 사용 목적이나 운반 수단 등에 따라 다양한 기준으로 미사일을 분류하고 있다. 예를 들어 표적의 종류에 따라 대-전차 미사일(ATGM, Anti-Tank Guided Missile), 대-장갑 미사일(AAGM, Anti-Amour Guided Missile), 대인 미사일(Anti-Personnel Guided Missile), 대-항공기 미사일(Anti-Aircraft Guided Missile), 대-헬기

---

23 https://military-history.fandom.com/wiki/Wire-guided_missile; https://en.wikipedia.org/wiki/Missile _guidance

미사일(Anti-Helicopter Guided Missile), 대-함/대-잠 미사일(Anti-Ship/Anti-Submarine Guided Missile), 대-인공위성 미사일(Anti-Satellite Guided Missile), 요격 미사일(Anti-Missile Guided Missile) 등이 있다. 또한, 항공역학적 제어 측면에서 날개 제어(wing control), 꼬리날개 제어(tail control), 귀 날개 제어(canard control) 등으로 분류할 수 있다.[24]

2. 소(小)분류 방법

일반적으로 미사일은 탄도의 유형, 발사지점과 표적의 위치, 표적의 종류, 운반 수단, 사용 목적, 사거리, 엔진 또는 로켓, 유도방식에 따라 분류한다. 이들 분류 기준에 따른 미사일의 차이점과 적용 사례를 살펴보면 다음과 같다.

(1) 탄도와 발사지점-표적 위치에 따른 분류

첫째, 탄도에 따라서 미사일을 순항 미사일과 탄도 미사일로 분류한다. 탄도 미사일은 발사 후 로켓 추진제를 연소하면서 일정한 궤도와 방향으로 비행하며, 연소가 종료된 후에는 탄도 궤도를 따라 표적을 향해 비행하는 미사일을 말한다. 하지만 순항 미사일은 적의 레이더를 피하여 초저공 비행이나 우회 비행을 할 수 있는 미사일이다. 주로 제트엔진이 탑재되어 있으며 사전에 입력된 데이터와 실시간 측정한 영상정보 데이터를 처리하여 정밀한 자율 비행이 가능하다.[25]

둘째, 발사지점과 표적의 위치에 따라서 미사일은 지대지, 함대공, 지대함, 공대공, 공대지, 함대함, 함대지, 잠대지 미사일로 분류한다. 이들 미사일의 약어 표기와 정의는 〈표 2.4〉에서 보는 바와 같다.

표 2.4 탄도와 발사방식(발사지점-표적 위치)에 따른 분류

기준	분류 내용	약어	용어 정의
탄도	탄도 미사일(Ballistic Missile)	BM	일정한 궤도와 방향으로 비행이 가능한 미사일
	순항 미사일(Cruise Missile)	CM	초저공비행이나 우회 비행이 가능한 미사일

---

24 https://en.wikipedia.org/wiki/Canard_(aeronautics)

25 https://science.howstuffworks.com/cruise-missile.htm

기준	분류 내용	약어	용어 정의
발사 지점과 표적의 위치	지대지 미사일 (Surface-to-Surface Missile)	SSM	지상에서 발사하여 지상 표적을 공격하기 위한 미사일
	함대공 미사일(Ship To Air Missile)	SAM	함정에서 대공 표적을 공격하기 위한 미사일
	지대함 미사일 (Ground To Surface Missile)	GSM	주로 해안에 배치하여 함정을 공격하기 위한 미사일
	공대공 미사일(Air-to-Air Missile)	AAM	항공기에서 공중 표적에 대하여 사격하는 미사일
	공대지 미사일 (Air-to-Ground(Surface) Missile)	AGM, ASM	항공기에서 지상 표적을 공격하기 위한 미사일
	함대함 미사일(Ship To Ship Missile)	SSM	함정에서 수상 표적을 공격하기 위한 미사일.
	함대지 미사일 (Sea-to-Surface(Ground) Missile)	SSM, SGM	함정에 탑재하여 지상 표적을 공격하기 위한 미사일
	잠대지 미사일 (Submarine-to-Surface Missile)	SSM, SLBM	잠수함에 탑재하여 지상 표적을 공격하기 위한미사일

(2) 사용 목적과 사거리 및 표적에 따른 분류[26]

첫째, 〈표 2.5〉와 같이 미사일은 사용 목적에 따라서 전술용과 전략용으로 분류한다. 전술 미사일은 단기간에 근거리 소형 표적에 대한 전술적 임무를 수행할 때 사용되는 미사일이다. 미사일의 크기가 작고 사거리가 짧으며 파괴력이 제한적인 특징이 있다. 주로 단기간 수행하는 임무로 지대공 또는 공대공 미사일로 침투하는 적 항공기를 파괴하거나, 공대지 미사일을 사용하여 적 전차나 보급 기지 등과 같은 지상에 있는 소형 표적을 파괴에 사용된다. 이러한 임무에 사용되는 미사일 중 대형 지대지 미사일은 거의 없다. 전술 미사일은 임무에 따라 주로 공격 능력이 제한된 방어 무기이다. 하지만 전구(또는 전략) 미사일은 장기간에 걸쳐 목표를 달성하는 데 사용되는 미사일이다. 따라서 기능의 특성상 크기가 크고 사거리가 길며 파괴력이 크다. 주로 지대지 미사일을 사용하며 적의 영토 또는 대도시의 거대한 산업 단지 등을 파괴하는데 사용하는 공격용 무기이다.

---

26 R.G. Lee, C.A. & Sparkes, D.E. Johnson, "Guided Weapons", Brassey's Inc, 3rd Edition, 2000.

표 2.5 사용 목적과 사거리 그리고 표적의 종류에 따른 분류

기준	분류 내용	약어	분류기준 또는 사례
사용 목적	전술용 미사일(Tactical Ballistic Missile)	TBM	M270 MLRS, ATACMS 등
	전구용 미사일 (Theater Missile or Strategic Missile)	SM	SM-2, SM-3 미사일(미국)
사거리	단거리 미사일(Short Range Missile)	SRM	최대 사거리: 100km 미만
	중거리 미사일(Medium Range Missile)	MRM	최대 사거리: 100~2,400km
	중간거리 미사일 (Intermediate Range Ballistic Missile)	IRBM	최대 사거리: 3,000~5,500km
	대륙간탄도 미사일 (Intercontinental Ballistic Missile)	ICBM	최대 사거리: 5,500km 이상
	잠수함 발사 탄도 미사일 (Submarine Launched Ballistic Missile)	SLBM	최대 사거리: 다양
사거리	항공기 발사 탄도 미사일 (Air Launched Ballistic Missile)	ALBM	최대 사거리: 다양
표적 종류	대-전차 미사일(Anti Tank Missile)	ATM	현궁, 천검(한국), AT-4(미국) 등
	대-레이더 미사일(Anti Radar Missile)	ARM	Harpy(이스라엘), HARM(미국) 등
	대-헬기 미사일(Anti Helicopter Missile)	AHM	FOG-MPM(브라질) 등
	탄도탄요격 미사일(Anti Ballistic Missile)	ABM	THAAD, PAC-3, SM-3 등(미국)
	C-RAM (Counter Rocket, Artillery, and Mortar)	–	아이언돔(이스라엘) 등

예를 들어, 전술 미사일은 제1선의 포병·미사일 전력이나 전선의 후방지역 약 1,000km 이내의 군사목표를 공격하는 미사일을 말한다. 포병 미사일에는 유도 기능이 없는 로켓탄이나 관성 유도방식의 로켓이 있다. 전략 미사일이란 전략목표 공격용의 미사일로서 전략공군과 유사한 용도에 사용한다. 주로 장거리의 표적에 대해 큰 파괴력을 가진 미사일이다. 통상 최대 사거리가 2,500km 이상인 미사일을 전략용으로 분류하지만 국가별 군사적 환경에 따라서 차이가 있을 수 있다. 우리 나라와 같이 작전지역이 좁은 경우에는 지구 전체가 작전지역인 미국과는 개념적 차이가 있다. 예들 들어, 최대 사거리 300km의 전술 미사일 시스템(ATACMS, Army Tactical Missile System) 미사일은 미국에서는 전술용으로 분류하나 우리나라에서는

전략용 미사일이다.[27]

둘째, 사거리에 따라서 단거리(SRBM), 중거리(MRM), 중간거리(IRBM), 대륙 간탄도 미사일(ICBM)로 분류하고 있다. 그리고 이들 미사일의 약어 표기와 분류 기준은 〈표 2.5〉에서 보는 바와 같다. 참고로 IRBM은 전략적 목적에 사용되는 3,000~5,500km 내외의 사거리를 가진 탄도 미사일이다. 이 미사일의 발사원리, 비행방법, 탄두 종류 등은 ICBM과 비슷하나 사거리가 짧다. ICBM은 대양을 횡단하여 대륙 간 사격이 가능한 사정거리 5,500km 이상의 전략용이며, 주로 핵탄두를 탑재하고 있다. 하지만 잠수함 발사 탄도 미사일과 항공기 발사 탄도 미사일은 사거리가 매우 다양하다.

셋째, 표적의 종류에 따라서 대-전차, 대-레이더, 대-헬기, 대-함정, 대-잠수함, 탄도탄요격 미사일 등으로 분류하고 있으며 대표적인 사례는 〈표 2.5〉에서 보는 바와 같다.

(3) 추진 엔진에 따른 분류

미사일은 〈표 2.6〉에서 보는 바와 같이 로켓 엔진, 공기 흡입식 엔진, 하이브리드 엔진 추진방식으로 분류하며 이를 세분하면 다음과 같다.

첫째, 로켓 엔진 추진방식에는 추진제 상태에 따라서 고체, 액체, 하이브리드 추진제, 극저온 추진제 미사일로 세분할 수 있다. 이들 중에서 고체 추진제를 사용하는 미사일은 발사 직전에 추진제를 넣을 필요가 없다. 따라서 신속하게 발사할 수 있는 장점이 있어서 군사용에 적합하다. 하지만 고체 추진제 방식을 대형 미사일에 적용하기 위해서는 기술적인 어려움이 있어서 기술 후진국에서는 액체 추진제를 사용하고 있다. 이에 비해 하이브리드 추진제나 극저온 추진제 방식은 대형 로켓에 적합하여 우주선이나 인공위성 발사체와 같은 민수용에 많이 사용되고 있다.

둘째, 공기 흡입식 엔진 추진방식에는 터보제트 엔진, 터보팬 제트엔진, 램제트 엔진, 스크램제트 엔진의 추력으로 비행하는 미사일로 세분할 수 있다. 이들 방식의 작동원리는 〈표 2.6〉에서 보는 바와 같으며, 주로 순항 미사일에 적용하고 있다.[28]

---

27 https://missiledefenseadvocacy.org/missile-threat-and-proliferation/missile-basics/ballistic-missile-basics/

28 G. Lewis, "Prompt Global Strike Weapons and Missile Defenses : Implications for Reductions in Nuclear Weapons", Cornell conference, 2015.11; http://www.ibtimes.co.uk/china-successfully-tests-

표 2.6 미사일의 추진 엔진의 종류와 특징

기준	분류 내용	작동원리와 특징
로켓 엔진	고체 추진제 (solid propellant)	일정 형태의 고체 추진제를 내장한 로켓으로 간단하고 저장성이 우수함. 주로 과염소산 암모늄(Ammonium Perchlorate) 같은 산화제와 탄화수소계 고분자를 연료로 사용하며 알루미늄 등 금속 분말을 첨가하는 경우가 많음
	액체 추진제 (liquid propellant)	액체 연료를 연소시켜 추력을 얻으며 로켓. 연소실, 분사구, 터빈 장치, 펌프 장치, 가스 발생기, 자동 조종 장치, 점화 장치, 보조 장치 등으로 구성되어 있음
	하이브리드 추진제 (hybrid propellant)	연료와 산화제 중 어느 하나를 고체 형태로 연소실에 설치하고 다른 하나는 액체 형태로 별도 용기에 저장하는 추진제임
	극저온 추진제 (cryogenic propellant)	추진제를 저장하는 데 극히 낮은 온도를 요구하는 연료를 사용하는 로켓 추진방식. 대부분 액화 수소 연료와 액화 산소 산화제를 로켓 추진제로 사용함
공기 흡입식 엔진	터보제트 엔진 (turbojet engine)	출력의 100%를 배기 제트의 에너지로 추출하고 그 반동을 이용하여 직접 추력을 얻는 엔진임. 아음속에서는 연료 소모가 많고 배기 소음이 크다. 하지만 초음속에서 성능이 우수하여 군사용에 많이 사용하고 있음
	터보팬 엔진 (turbofan engine)	터보제트 엔진의 터빈 뒤쪽에 다시 터빈을 추가하여 이것으로 배기가스 속의 에너지를 흡수시켜 그 에너지를 사용하여 압축기의 입구에 추가한 팬(fan)을 구동시키고, 그 공기의 대부분을 연소에 사용하지 않고 우회 유로를 통해 엔진 뒤쪽으로 분출시켜 추력을 더욱 증가시킨 엔진임. 아음속에서 연료 소모량과 배기 소음도 크게 줄인 엔진임
	램제트 엔진 (ramjet engine)	램(ram)에 의해서 압축된 공기에 연료를 분사하여 연소시켜 발생한 연소 가스를 직접 분출하여 추력을 얻는 제트엔진 중 하나임
	스크램제트 엔진 (scram jet engine)	램제트 엔진은 유입되는 공기가 흡입구를 통과하면서 아음속으로 감속되어 마하 6 이하에서는 작동이 제한된다. 그러나 이 방식은 유입 공기의 속도를 초음속으로 유지한 상태에서 연료를 연소시켜 추력을 얻을 수 있어서 최대 마하 15의 속도까지 비행이 가능하다. 하지만 엔진을 작동하려면 마하 2 이상의 속도로 비행해야 하며 로켓 엔진이나 터빈 엔진을 보조 엔진으로 사용해야 함
하이브리드 엔진	로켓 엔진 + 스크램제트 엔진	고체 추진 로켓으로 가속한 후 스크램제트 엔진 또는 램제트 엔진으로 극초음속으로 비행하는 추진방식임. 극초음속 미사일이나 극초음속 비행체에 적용하며, 최근 SABRE(Synergetic Air-Breathing Rocket Engine) 등이 다양한 엔진을 개발하고 있음

7000-mph-df-2f-hypersonic-missile-says-pentagon-source-1557121; https://hyperloop-one.com/

셋째, 하이브리드 엔진 추진방식에는 로켓 엔진과 스크램제트(또는 램제트 엔진) 엔진을 미사일에 탑재하여 로켓 엔진의 추력에 의해 가속한 후에 스크램제트 엔진의 추력으로 극초음속 비행이 가능한 방식이다. 이 방식을 적용한 비행체를 극초음속 비행체(HGV, Hypersonic Glide Vehicle)라고 한다. 이런 비행체(미사일 포함)에는 ICBM처럼 발사체를 이용하여 고고도(high altitude)로 상승한 다음 활공하면서 비행하는 활공 방식과 스크램제트 엔진이나 로켓 엔진과 제트엔진을 조합한 하이브리드(hybrid) 엔진의 추력을 이용하여 비행하는 공기 흡입식이 있다. 이들 방식 중에서 로켓 엔진과 공기 흡입식 엔진의 특성을 비교하면 〈표 2.7〉에서 보는 바와 같다.[29]

표 2.7 공기 흡입식 엔진과 로켓 엔진의 비교

고려 요소	로켓 엔진	공기 흡입식 엔진
작동 가능 고도	제한 없음(우주까지 사용 가능)	일정한 고도이상에서 제한
고도 상승에 따른 추력	추력이 약간 증가	공기압력이 낮아져서 추력이 감소
비행속도와 엔진의 램(ram) 현상	엔진 램 현상이 없어서 추력은 속도에 따라서 일정함	비행속도와 비례하여 발생
비행속도와 제트 속도	비행속도는 제한이 없으며 제트 속도보다 빠름	비행속도는 제트 속도보다 항상 느림
엔진의 효율	극초음속으로 비행하는 경우를 제외하고 효율이 낮으며 비행시간이 짧음	로켓 엔진보다 효율이 높으며 비행시간이 길음

(4) 유도방식에 따른 분류

미사일의 유도방식의 분류법은 〈그림 2.11〉과 같이 표적 종말(GOT, Go-Onto-Target) 유도와 지역 종말(GOLIS, Go-Onto-Location-in-Space) 유도방식이 있다. 그리고 미사일에 적용되는 유도방식은 표적의 고정 여부와 규모 그리고 특성 등에 의해서 차이가 있으며, 유도방식의 원리와 특성은 다음과 같다.

---

29 http://www.reactionengines.co.uk/image_library.html; http://www.reactionengines.co.uk/space_skylon_tech.html

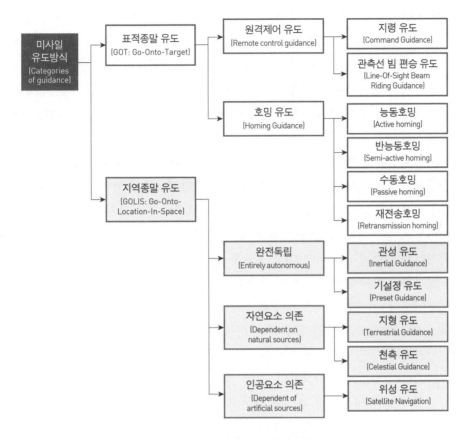

그림 2.11 미사일의 유도방식 분류

1 표적 종말 유도방식

표적 종말 유도방식, 즉 GOT 방식은 표적(target)이 이동 중이거나 정지 중인 경우, 모두 사용되는 방식으로 표적 탐색기(tracker or seeker), 미사일 탐색기, 유도 컴퓨터(guidance computer)로 구성된다. 이 방식은 원격제어 유도와 호밍유도로 구분되는데 원격제어 유도방식은 유도 컴퓨터가 미사일과 떨어져 있는 경우, 호밍유도방식은 유도 컴퓨터가 미사일 내부에 장착된 경우이다. 그리고 원격제어 유도 중에서 지령 유도방식은 미사일 탐색기가 미사일 외부인 발사장치에 장착된 경우이며, 미사일은 전적으로 발사장치의 유도를 받아야 비행궤도를 수정할 수 있다. 반면 관측선 빔 편승 유도방식은 미사일 탐색기가 미사일에 장착되어 있어 미사일은 스스로 조사되고 있는 빔의 범위 내에서 비행하도록 스스로 제어된다. 하지만 빔은 계속해서 발사장치 또는 다른 광원(light source) 장치로부터 조사되어야만 유도할 수 있다. 이러한 원격제어 유도방식은 유도 컴퓨터가 미사일 외부에 위치하여 미사일은 소모되더라도 원격제어에 필요한 유도 컴퓨터는 반복해서 사용할 수 있으므로 미사일 자체의 생산 비용을 절감할 수 있다. 따라서 원격제어 유도방식은 주로 단거리 대전차 미사일과 같이 지형을 구분하여 정확한 표적에 명중을 요구하는 무기에 많이 사용되고 있다.[30]

한편 호밍유도 방식은 미사일 내부에 표적의 위치와 운동에 관한 정보를 직접 수신할 수 있는 수신기와 이 정보를 기초로 비행경로를 수정할 수 있는 유도 컴퓨터가 내장되어 있다. 호밍유도 방식은 능동, 반능동, 수동 그리고 재전송 호밍유도 방식으로 분류된다. 능동 호밍유도 방식은 표적의 위치를 탐색하기 위하여 자체 레이더를 이용하여 표적에 대한 정보를 얻는다. 그러므로 이 방식은 최초의 표적만 탐지하여 미사일에 표적을 인계해주고 나면 발사 이후 모든 과정이 전자동으로 이루어진다. 이러한 기능으로 인해 능동 호밍유도 방식은 대표적인 발사 후 망각(fire and forget) 방식으로 알려져 있다. 반능동 유도방식은 표적 탐지에 필요한 레이더 전파를 미사일 외부에서 조사하고 미사일이 표적으로부터 반사된 레이더 파장을 탐지하여 유도되는 방식이다. 능동 호밍유도 방식의 가장 큰 단점이 미사일의 자체 레이더를 사용하기 때문에 레이더 크기에 제한이 따르고 이로 인하여 탐지 성능에도 한계가 있다는 것인데 반능동 호밍유도 방식은 이러한 단점을 극복할 수 있다. 즉, 지상이나 항공기의 고출력 레이더를 이용하여 표적 탐지에 필요한 레이더 조사가 이루어져 탐지거리가 길고, 미사일에서 자체 레이더가 차지하는 부분에 대한 절약이 가능하다. 수동 호밍유도 방식은 다른 호밍유도 방식과 달리 표적이 발산하는 적외선 신호나 가시 영상정보를 탐지하여 미사일을 유도한다. 미사일에서는 표적을 탐지하기 위해 어떠한 신호도 발산하지 않고 오직 표적이 자체적으로 방출하는 신호만을 검출하기 때문에 단거리 공대공 미사일처럼 작지만 민첩하게 비행하는 미사일의 유도에 사용되는 방식이다. 재전송 호밍유도 방식은 일종의 하이브리드 유도방식으로 미사일 경유 추적방식(TVM, Track Via Missile)으로도 불리며, 작동원리는 〈그림 2.12〉에서 보는 바와 같다. 이 방식은 지령 유도와 반능동 호밍유도 및 능동 호밍유도 방식을 모두 사용하는 방식이다. 최초 발사 단계에서는

---

30 이진호·김우람, "무기 체계(제4판)", 북코리아, 2020.12; 이진호, "무기 공학", 북코리아, 2020.12.

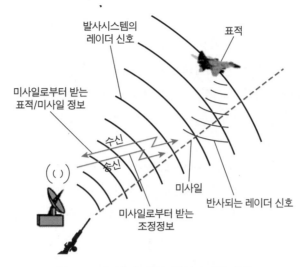

그림 2.12 재전송 호밍유도 방식의 작동 개념도

지령 유도방식으로, 중간 단계에서는 반능동 호밍유도 방식으로 탐지한 표적 정보를 미사일이 수신하여 이를 다시 발사대로 전송하고, 최종적으로 발사대로부터 받은 피드백(feed back)과 미사일 자체의 레이더를 통하여 능동 호밍유도 방식으로 표적에 최종 유도되는 방식이다. 재전송 호밍유도 방식은 중거리 이상의 지대공 미사일 유도에 많이 사용되고 있다. 이처럼 표적 종말 유도방식들은 실시간으로 변화하는 표적 정보를 기초로 미사일의 비행경로를 수정하는 방식이다.

표 2.8 미사일의 유도방식의 종류 및 장·단점 비교

유도방식	작동방식의 개념	주요 장점	주요 단점
수동 호밍 유도	적외선, 전파, 가시광선 등 표적에서 나오는 신호를 바탕으로 표적을 추적하는 방식	• 탐색기의 구조가 간단하며 다양한 센서 사용이 가능함 • 적이 미사일을 사전에 탐지하기 어렵고 발사 후 망각이 가능	• 기상 및 표적의 조건에 따라 명중률의 기복이 큼 • 탐지거리가 짧음
반능동 호밍 유도	아군이 표적에 조사한 신호가 반사되어 나오는 반사 신호를 바탕으로 표적을 추적하는 방식	• 탐색기가 비교적 간단하며 원거리에 있는 표적도 공격할 수 있음	• 적이 미사일을 사전에 탐지 가능 • 발사 후 망각 불가능
능동 호밍 유도	미사일이 스스로 신호를 보내고 그 신호를 이용하여 표적을 추적하는 방식	• 기상 및 표적의 상태에 영향을 받지 않고 공격 가능함 • 원거리 표적도 공격할 수 있으며 발사 후 망각 가능	• 적이 미사일을 사전에 탐지 가능 • 탐색기가 복잡함

지금까지 살펴본 호밍유도 방식의 일반적인 장단점을 요약하면, 〈표 2.8〉에서 보는 바와 같다. 이들 유도방식은 요격하고자 하는 표적의 상태와 기상조건과 비용 대 효과를 고려하여야 한다. 따라서 어떤 방식이 최상의 방식이라고는 단정 지을 수 없다. 자세한 내용은 '제4장 기체와 유도시스템' 단원에서 제시하였다.[31]

② 지역 종말 유도방식

대륙간탄도미사일(ICBM)은 주로 도시나 군사 시설과 같은 표적을 공격할 것이다. 따라서 이들 표적의 위치 정보는 실시간으로 변화하지 않는 고정 표적이다. 그리고 미사일에 표적 정보를 실시간으로 시차 없이 전송하는 것도 큰 의미가 없어서 지역 종말 유도방식을 주로 사용하고 있다. 지역 종말 유도방식은 미사일의 비행경로 설정에 필요한 기준이 무엇인가에 따라 완전독립 유도방식, 자연요소 의존 유도방식, 인공요소 의존 유도방식으로 나눌 수 있다. 완전독립 유도방식은 관성 유도(Inertial Guidance)와 기설정 유도(Preset Guidance)로 구분되며, ICBM은 일반적으로 기계식 및 레이저 자이로스코프에 기초한 관성항법장치(INS, Inertial Navigating System)로부터 얻어지는 가속도를 적분하여 비행경로를 확인하는 관성 유도방식을 채택하고 있다. 기설정 유도방식은 독일의 V-2와 같은 초창기 미사일에 주로 이용되었으며, 비행경로를 미리 설정하여 특정 시간 이후에 간단한 비행 제어가 이루어지도록 하는 방식으로 현재는 거의 사용되지 않고 있다. 자연요소 의존 유도방식은 미국의 토마호크 순항 미사일과 같이 특정 지역의 영상지형정보를 디지털화하여 미리 입력된 경로 주변의 지형을 비교하며 비행을 제어하는 유도방식이다. 이 방식은 주로 비행 고도가 낮고 아음속으로 비행하는 순항 미사일에 적합하다. 인공요소 의존 유도방식은 미국의 GPS(Global Positioning System) 위성과 같이 미리 구축된 인공 기준점을 이용하여 미사일의 유도에 필요한 정보를 얻는 것이다. 하지만 GPS 유도방식은 적의 전파방해에 취약하다. 이 때문에 최근에는 GPS 유도방식과 관성 유도방식이 결합하여 사거리 수천 km에도 공산오차는 수십 m에 불과한 ICBM도 개발되었다.

---

31 https://en.wikipedia.org/wiki/Missile_guidance

제4절 탄도 미사일과 순항 미사일의 특성

1. 탄도학적 일반 특성

미사일은 유도방식에 따라 원격제어(remote control) 방식과 자율 제어(autonomous control) 방식이 있으며, 비행특성에 따라서 탄도 미사일과 순항 미사일로 구분한다. 이들 미사일의 탄도학적 차이점은 다음과 같다.

먼저 탄도 미사일은 고대 로마 시대 화살이나 돌을 던지기 위해 사용하였던 발리스타(ballista)로부터 유래되었다. 탄도 미사일은 사거리가 길고 속도가 빠르며 중간 비행단계는 대기권 밖에서 비행한다. 보통 탄두부의 관성항법장치(INS, Inertial Navigation System)나 GPS(Global Positioning System) 유도장치에 입력된 발사 위치와 표적 위치 그리고 중간확인 위치의 좌표를 확인한 후 표적에 낙하하며 순항 미사일보다 정확도가 떨어진다. 그리고 발사 초기에 추진체가 연소하여 미사일의 무게 중심이 변화되고, 종말 단계에서 대기권으로 재진입할 때 공기밀도가 급격히 증가하면서 비행안정성이 떨어져 탄도가 불규칙하게 바뀌기 때문에 오차가 커진다. 하지만 미사일의 속도가 빠르고 탄도를 정확히 예측하기 어려워 쉽게 요격할 수 없는 장점이 있다.

다음으로 순항 미사일은 탄도 미사일과 달리 일정한 속도로 대부분의 경로를 비행하고 레이더에 탐지되기 곤란한 저고도(약 30~200m)로 지표면을 따라서 비행할 수 있다. 따라서 모든 비행 구간에서 항법장치를 이용하며 예정된 비행경로와 대조하면서 표적에 도달하는 방식이다. 일반적으로 제트엔진의 추력으로 아음속으로 비행하나 최근에는 초음속 비행 가능한 순항 미사일도 개발되었다.

2. 추진방식과 유도방식의 일반 특성

탄도 미사일은 발사 후 로켓 추진제를 연소하면서 일정한 궤도와 방향으로 비행하며, 연소가 종료된 뒤에는 탄도를 따라 표적을 향해 비행한다. 예를 들어 러시아가 개발한 잠수함 발사 3M-54T 탄도 미사일은 초음속으로 약 300km의 표적을 명중시킬 수 있다.

다음으로 순항 미사일은 공중발사용 순항 미사일(ALCM, Air-Launched Cruise Missile), 지상 발사용 순항 미사일(GLCM, Ground-Launched Cruise Missile), 수중발사용 순항 미사일(SLCM, Sea-Launched Cruise Missile) 등이 있다. 순항 미사일은 무인 항공기와 비슷하며 비행 중에는 공기로부터 산소를 흡입해야 하는 제트엔진으로 추진하는 방식이다. 그리고 표적 위치까지의 미사일에 탑재된 컴퓨터에 전자 지도를 입력시켜 레이더로 탐지한 지형과 대조하면서 비행경로를 수정하는 지형대조항법(TERCOM, Terrain Contour Matching)과 GPS/INS를 적용하여 타격 정밀도가 높다. TERCOM 방식은 인공위성을 사용해서 발사 전에 표적까지의 지형을 촬영하고, 그것을 수 km 간격으로 바둑판처럼 구획해서 미사일에 입력시켜 둔다. 따라서 발사된 미사일은 비행하면서 계속 지형을 측정하고, 기억한 지형과 대조하면서 궤도를 수정하므로 초정밀 타격이 가능하다.

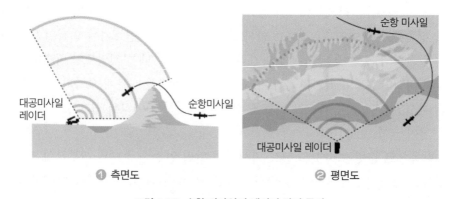

그림 2.13 순항 미사일의 레이더 탐지 특성

대부분의 순항 미사일은 아음속 비행을 하며, 초저공 비행이 가능하여 탄도 미사일보다도 레이더가 포착하기 힘들다. 예를 들어 〈그림 2.13〉 ❶에서 보는 바와 같이 저고도 비행이 가능하여 적의 대공미사일이나 레이더 기지에 설치된 레이더로부터 탐지를 회피할 수 있다. 그리고 산이나 건물 등의 장애물의 후방에서 비행하는 동안에는 탐지가 어렵고 이들 장애물의 전방에서 탐지되더라도 대응시간이 짧아서 대공미사일의 공격이 어렵다. 한편 〈그림 2.13〉 ❷에서 보는 바와 같이 레이더 탐지거리 밖이나 레이더 신호를 회피하기 위해 산이나 건물과 같은 지형지물 뒤에서 비행할 수도 있다. 따라서 순항 미사일을 탐지하려면 고도별 다양한 탐지 레이더가 필요하다.[32]

참고로 최초의 순항 미사일은 2차 세계대전에 사용한 독일의 V-1 미사일이며, 이후 미국의 토마호크 미사일, 우리나라의 현무 미사일 등이 있다.[33]

---

32 Kenneth P. Werrell, "The Evolution of the Cruise Missile", Air University Press(U.S), 1985.9; https://www.jstor.org/stable/24953889?seq=1#metadata_info_tab_contents

33 https://www.lockheedmartin.com/en-us/products/m270.html; https://www.faa.gov/about/office_org/headquarters_offices/avs/offices/aam/cami/library; https://www.heritage.org/sites/default/files/2020-01/BG3460.pdf

제5절 미사일 위협의 특성과 억제

1. 현대 미사일의 특성

다수의 국가에서 탄도 미사일과 순항 미사일은 비용 대비 효과가 우수한 무기이며, 국가 권력의 상징으로 간주하고 있다. 특히 미사일에 대량살상용 탄두를 탑재하는 경우에 더욱 군사력의 핵심으로 여기는 경향이 많다.

최근 개발된 미사일은 정확도가 크게 향상되었고, 핵탄두뿐만 아니라 재래식 탄두를 선택적으로 사용할 수 있는 효과적인 무기가 되었으며, 일부는 탄도 미사일과 순항 미사일의 특성을 모두 가진 미사일도 개발되었다. 예를 들어, 탄도 미사일로 발사한 극초음속 활공 비행체(HGV, Hypersonic Glide Vehicles)는 대기 중에서 순항 미사일처럼 기동할 수 있다. 그리고 초음속이나 극초음속 순항 미사일은 대형 추진 로켓(rocket booster)으로 발사하는 미사일도 있다.[34]

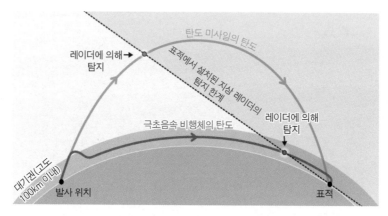

그림 2.14 극초음속 비행체(HGM, HCM)와 탄도 미사일의 탄도

---

34 https://www.everycrsreport.com/reports/R45811.html; Bradley Perrett etc, "U.S. Navy sees Chinese HGV as part of Wider Threat," Aviation Week, 2014.1.27; David Vergun, "DOD Scaling Up Effort to

〈그림 2.14〉는 일반적인 탄도 미사일과 극초음속 활공 비행체의 탄도의 차이점과 지상에 설치된 탐지체계에 의한 최초의 탐지 위치를 비교한 그림이다. 저고도로 접근할 수 있는 극초음 비행체는 탄도 미사일보다 훨씬 더 근접해야 탐지를 할 수 있다. 따라서 이를 추적하여 요격하려면 인공위성과 같은 우주 기반의 탐지 및 추적시스템과 레이저 무기와 같은 지향성 요격체계가 필요하다.

2. 미사일의 위협과 억제 효과

미사일은 2차 세계대전 중에 독일이 V-1 순항 미사일과 V-2 탄도 미사일로 영국과 북유럽을 공격할 때 처음 사용되었다. 이들 미사일은 정확도는 떨어졌으나 수만 명의 연합군과 민간인이 사망하거나 부상하였으며 심리적으로 상당한 충격을 주었다.

따라서 탄도 미사일은 〈표 2.9〉에서 보는 바와 같이 2차 세계대전부터 여러 국가에서 개발하였다. 그 주된 이유를 살펴보면, 유인 항공기는 강력한 방공 시스템을 갖춘 적 지역을 공격하기 어렵고 비용도 많이 소요된다. 이에 비해 미사일은 항공기보다 저비용으로 효과적으로 공격 가능한 우수한 공격수단 중 하나이다. 그리고 유인 항공기보다 유지 보수, 훈련 및 군수지원 소요가 적으며 화학, 생물학 또는 핵탄두를 탑재하면 치명적인 결과를 초래할 수 있다. 이러한 특성 때문에 각국에서 미사일 기술의 고도화를 위해 활발한 연구개발을 하고 있으며 이로 인한 위협과 분쟁이 증가하고 있다. 예를 들어 지난 1990년대 이후 미사일은 이란-이라크 전쟁, 아프가니스탄 전쟁, 예멘 전쟁, 걸프전, 이라크전, 시리아 내전 등에 여러 분쟁에 사용되었다. 특히 2011년에 시리아 분쟁 중에 러시아는 ISIS(Islamic State of Iraq and Syria) 기지로부터 1,500km 떨어진 해상에 있던 구축함에서 함대지 순항 미사일 26발을 발사하여 11개 표적을 모두 파괴하였다. 하지만 민간인 피해는 없었다고 전해질 정도로 초정밀 타격하였다. 미국, 유럽 등 순항 미사일을 개발하는 국가별 기술 격차가 낮아질 정도로 이러한 정밀타격 기술 수준은 전반적으로 상향 평준화되었다. 하지만 아직도 극초음속 비행, 스텔스 기능, 다탄두 제어기술 등은 국가별로 많은 격차가 있다. 한편 미사일에 대한 억제전략은 발사 전과 비행 중 미사일에

Develop Hyper sonics," DoD News, 2018.12.13.

대한 공격과 미사일 지원 인프라에 대한 공격이 있다.[35]

표 2.9 주요 탄도 미사일의 개발 현황(2020 기준)

연도	모델명	사거리 [km]	개발	연도	모델명	사거리 [km]	개발
1942	V-2 SRBM	320	독일	1993	노동 MRBM	1,200+	북한
1948	SS-1 SRBM	270	소련	1998	대포동 MRBM	2,000+	
1949	SS-2 MRBM	1,200	소련	1998	Shahab 3 MRBM	2,000+	이란
1957	SS-6 ICBM	8,000+	소련	1999	Agni-II MRBM	2,000+	인도
1963	SS-9 ICBM	10,200+	소련	1999	CSS-10 ICBM	7,000+	중국
1964	CSS-1 MRBM	1,250	중국	2002	Agni-I SRBM	700	인도
1966	CSS-2 MRBM	2,500	중국	2002	Fateh-110 SRBM	300	이란
1966	SS-13 ICBM	9,500	소련	2005	CSS-5(Mod 5) MRBM	1,500+	중국
1970	CSS-3 ICBM	5,500+	중국	2006	대포동 2호 MRBM	12,000+	북한
1971	CSS-4 ICBM	12,000+	중국	2009	Sejjil MRBM	2,000	이란
1973	SS-18 ICBM	10,000+	소련	2015	Emad-1 MRBM	2,000	이란
1976	SS-19 ICBM	9,000+	소련	2015	Shaheen-3 MRBM	2,750	파키스탄
1976	SS-20 ICBM	5,500	소련	2017	Ababeel IRBM	2,200	파키스탄
1970	JL-1 SLBM	1,700	중국	2017	북극성 2호	1,100+	북한
1982	SS-24 ICBM	10,100+	소련	2017	화성 12호 IRBM	4,500+	북한
1983	SS-25 ICBM	11,000+	소련	2017	화성 14호 ICBM	10,000+	북한
1984	SCUD-B SRBM	300	북한	2017	화성 15호 ICBM	12,000+	북한
1985	CSS-5 MRBM	1,750+	중국	2019	SS-19 Mod 4 ICBM/HGV	10,000+	러시아

---

35 "2020 Ballistic Missile and Cruise Missile Threat", Defense Intelligence Ballistic Missile Analysis Committee, National Air and Space Intelligence Center(U.S), 2020.7; https://www.globalsecurity.org/wmd/world/china/df-21.htm; https://epthinktank.eu/2017/09/29/understanding-nuclear-weapons-and-ballistic-missiles/key-characteristics-of-ballistic-and-cruise-missiles/

3. 탄두와 표적의 특성

미사일은 재래식(conventional type) 또는 현대식 탄두로 무장할 수 있다. 재래식 탄두는 고성능 폭발물의 폭발에 의존하며 다양한 효과를 얻을 수 있다. 현대식 탄두는 대량 살상용 무기(핵무기, 생물학 무기, 화학무기)와 장비를 무력화시키도록 설계된 비살상 탄두가 있다. 그리고 탄두의 개수에 따라서 단일 탄두와 다탄두 미사일이 있으며, 이들 탄두에 자탄(sub-munition)이 있는 경우와 자탄이 없는 탄두가 있다. 자탄이 있는 경우에는 미사일이 일정한 고도에 도달한 후 탄두에 내장된 다수의 소형 폭탄이 표적 상부에서 분산 후 낙하하여 타격하도록 설계되어 있다. 일반적으로 재래식 탄두는 특정 유형의 표적을 타격하기에 적합하도록 설계되어 있다.

예를 들어, 재래식 탄두는 항공기 활주로나 항공모함 갑판에 웅덩이를 만들거나 대규모 병력이 밀집된 지상에 자탄을 분산시켜 대량살상 등에 적용하고 있다. 또는 지하 침투에 적합하도록 탄두를 설계하여 지하 시설이나 장비를 파괴하는데 적용하고 있다. 현대식 탄두 중에서 핵무기 탄두는 도시 지역이나 대규모 군사력을 상대로 사용할 때 적용하는 전략 무기이다. 따라서 파괴력이 매우 커서 미사일의 정확도는 중요하지 않다. 화학 및 생물학 무기 탄두는 소형 자탄으로 만들어 한번에 넓은 지역에 분산시켜 공격할 수 있으나 탄도 미사일보다 순항 미사일에 탑재하는 것이 적합하다. 현대식 탄두는 대부분 막대한 사상자가 발생하고 민간인에게 공황과 혼란을 초래하므로 일반 군사 작전에는 적합하지 않다.[36]

4. 순항 미사일의 성능과 특성

(1) 아음속 순항 미사일

〈표 2.10〉은 터보 제트와 터보팬 엔진을 적용한 아음속 순항 미사일의 제원 및 특징을 나타낸 그림이다. 아음속 순항 미사일은 비행기처럼 엔진에서 발생하는 일정한 추력과 날개에 의한 양력을 이용하여 일정한 속도로 순항하면서 표적까지 비행하는 유도무기이다.[37]

---

36 https://fas.org/man/dod-101/navy/docs/fun/part13.htm; https://www.army.mod.uk/who-we-are/our-schools-and-colleges/artillery/; https://missilethreat.csis.org/missile/hong-niao/

37 https://en.wikipedia.org/wiki/C-301 & CX-1

표 2.10 아음속 순항 미사일의 제원 및 특징

구분		Tomahawk(미국)	JASSM(미국)	Taurus(독일)	HN-3(중국)
형상					
전력화		1983	1998	2005	1996
크기	전장[m]	5.56	4.26	5.10	6.40
	날개폭[m]	2.67	2.4	2.0	2.5
	외경[m]	0.52	55.0	1.02	0.75
중량[ton]		1.44	1.02	1.40	1.8
최대 사거리 [km]		1,300~2,500	1,900	500	3,000
항속[마하]		0.74	0.8	0.6~0.95	0.7~0.9
비행 고도[m]		30~50	20~50	30~70	40~100
탄두 형태		재래식(고폭탄, 자탄 분산형), 핵탄두	재래식(침투탄)	재래식(침투탄)	재래식(고폭탄, 침투탄), 핵탄두
추진기관		터보팬 엔진 + 고체 연료 부스터	터보제트 엔진	터보팬 엔진	터보팬 엔진
발사 플랫폼		수직발사대, 잠수함 어뢰발사관	항공기	항공기	지상, 항공기, 함정, 잠수함
유도방식		INS/TERCOM/ DSMAC	INS/GPS/IIR	INS/GPS/TRN	INS/TERCOM/IIR
CEP[m]		3	3	3	5
기타		발사 초기에 로켓 부스터로 약 10초 간 연소하여 고도, 속도, 방향 전환	스텔스 성능이 있으나 지형대조항법 기능은 없음	6m 두께의 콘크리트 구조물 관통 가능	Taurus와 형상이 비슷함

아음속 순항 미사일은 순항 속도가 전투기나 탄도 미사일보다 저속이기 때문에 일단 탐지되면 적의 방공무기나 전투기 공격에 더 취약하다. 이러한 취약점을 보완하기 위해 대부분의 비행 구간을 100m 이하의 저고도로 비행한다. 산이나 계곡, 빌딩 등 지형지물을 이용하여 비행하기 때문에 적의 레이더 등 각종 탐지시스

템으로 탐지하기가 어렵다. 특히 미국의 JSSM(Joint Air-to-Surface Standoff Missile) 미사일은 스텔스 기능이 있어서 레이더로 탐지가 매우 어렵다.

(2) 초음속 순항 미사일

〈표 2.11〉은 램제트와 스크램제트 엔진을 적용한 초음속 순항 미사일의 제원 및 특징을 나타낸 그림이다. 이들 미사일은 고속 기동이 가능하여 미사일의 생존 가능성이 크다. 따라서 주로 적지 종심에 있는 대량살상무기(WMD, Weapons of Mass Destruction)와 같은 표적이나 항공모함 등을 파괴하거나 보복공격에 적합한 무기이다.[38]

표 2.11 대표적인 초음속 순항 미사일의 제원 및 특징

구분		Fasthawk(미국)	Yakhont(러시아)	CX-1(중국)
형상				
전력화		2010	2002	2014
크기	전장[m]	4.27	8.9	8.85
	날개폭[m]	–	1.7	NA
	외경[m]	0.53	0.7	0.70
중량[ton]		0.90	3.00	3.50
최대 사거리[km]		1,100	600/800	280
항속[마하]		6.0+	3.0+	3.0
비행 고도[m]		NA/21km	10+/14km	10+
탄두 형태		재래식(침투탄)	재래식(침투 및 고폭약 혼합형 탄두, 지연 신관)	재래식(고폭탄)
추진기관		스크램제트 엔진	램제트 엔진	램제트 엔진 + 로켓 부스터

---

38 https://www.globalsecurity.org/military/systems/munitions/jsscm.htm; https://en.wikipedia.org/wiki/CX-1_Missile_Systems; https://www.globalsecurity.org/military/systems/munitions/lcms.htm

구분	Fasthawk(미국)	Yakhont(러시아)	CX-1(중국)
발사 플랫폼	항공기	함정, 해안 기지	이동식 발사대, 함정
유도방식	INS/GPS/IIR	INS/레이더 능동 호밍 유도, 수동 레이더 탐색기	INS/능동 레이더 탐색기
CEP[m]	3(?)	1.5	20
기타	GPS 항-재밍(anti-jamming) 기능, 모듈화된 탄두 적재공간, 15m 콘크리트 관통력	주로 해군의 대함미사일로 사용하며, 초저고도 해수면 비행하여 미사일이 요격될 확률을 낮춤	1980년대 Silkworm 지대함미사일을 개조한 HY-3 순항 미사일보다 사거리를 100km 연장하였고 항속은 2배 정도 증가시킴

5. 탄도 미사일의 성능과 특성

〈표 2.12〉는 대표적인 단거리 탄도 미사일의 제원과 특징을 나타낸 그림이다. 이들 미사일의 특징은 순항 미사일과 달리 고체 로켓으로 추진하며 대규모로 밀집된 병력이나 경장갑 차량 공격에 적합하도록 모탄 속에 다량의 자탄(대인 및 경장갑 관통용)이 들어있다. 또한, 지능형 자탄, 핵탄두나 전자기펄스(EMP, Electro Magnetic Pulse)탄 등 다양한 탄두도 개발되어 이들 미사일의 플랫폼에서 발사할 수 있게 개발되었다. 특히 탄두 모델에 따라서 다양한 유도방식을 적용함으로써 최근에는 Iskander-E 미사일의 원형공산오차(CEP)에서 보는 바와 같이 초정밀 타격이 가능한 수준에 도달하였다.[39]

표 2.12 대표적인 단거리 탄도 미사일의 제원 및 특징

구분	ATACMS BL-1 (미국)	ATACMS BL-1A (미국)	DF-15(CSS-6/M-9) (중국)	Iskander-E (러시아)
형상				
전력화	1991~	1995~	1990~	2006~

---

39 https://en.wikipedia.org/wiki/DF-15; https://en.wikipedia.org/wiki/9K720_Iskander

구분		ATACMS BL-1 (미국)	ATACMS BL-1A (미국)	DF-15(CSS-6/M-9) (중국)	Iskander-E (러시아)
크기	전장[m]	3.98	3.98	9.10	3.80
	날개폭 [m]	1.40	1.40	NA	NA
	외경[m]	0.61	0.61	1.0	0.92
중량[ton]		1.66	1.32	6.20	3.8
사거리[km]		25~165	70~300	200~600	400~500
반응 시간[min]		1~5	1~5	30	30 이내
종말속도 [마하]		3+	3+	6+	6+
탄두 형태		대인 및 경장갑 차량 공격용 자탄 (950개)	대인 및 경장갑 차량 공격용 자탄 (275개)	재래식 또는 50~350kt 핵탄두	재래식(고폭탄, 대인 및 경장갑 탄), EMP, 핵탄두
추진기관		고체 로켓(1단)	고체 로켓(1단)	고체 로켓(1단)	고체 로켓(2단)
발사 플랫폼		이동발사대 (M270, HIMARS)	이동발사대 (M270, HIMARS)	이동식 수직발사대	이동식 수직발사대
유도방식		INS	INS + GPS	LINS + GPS	INS/GPS/DSMAC/IIR
300km에서 CEP[m]		30	30	30~45, 5~10 (능동 탐색기)	5~7

제6절 미사일의 위협 요소와 대공미사일의 특성

1. 탄도 미사일의 영향 요소

탄도 미사일의 군사 또는 전략적인 영향 요소는 크게 세 가지이다. 첫째, 미사일의 탄두가 일관되게 표적에 도달할 수 있다. 일반적으로 미사일의 정확도는 원형공산오차(CEP, Circular Error Probability)로 정의한다. CEP는 표적 중심으로부터 임의의 반경 내에 있는 원에 미사일이 50% 떨어졌을 때 반경을 뜻한다. 둘째, 탄두가 제공하는 치명적인 영향이다. 셋째, 미사일 표적의 취약성(vulnerability)에 영향을 받는다.[40]

2. 방공 작전과 대공미사일

(1) 일반적인 방공 작전의 개념 및 형태

방공 작전(air defense operation)이란 영공 또는 작전지역의 공중으로 침입을 기도하거나 침투한 공중세력을 탐지, 식별, 요격해서 격파하는 방어개념이다. 즉, 아군의 전투력 보존, 행동의 자유를 보장하기 위해 적의 공중위협을 무력화하는 개념이다. 예를 들어 방공 자산(레이더, 인공위성 등)이 탐지한 표적이 방공포대의 방어지역으로 접근하여 진입하는 경우에 방공전력(대공미사일, 대공포 등)을 사용하여 표적과 교전하는 것을 말한다. 그리고 작전지역(operation area)이란 방공부대가 적 항공기와 교전하는 데 최대의 자유를 보장하고 방공 작전과 기타작전을 할 때 상호 방해 및 간섭을 최소화하기 위하여 작전절차가 수립된 일정한 범위의 지역이다. 방공 작전에는 지구 대기권에서 공격하는 적 항공기 또는 미사일을 파괴하거나 그러

---

40 Michael Elleman, "Iran's Ballistic Missile Capabilities: a net assessment", London IISSO, pp. 121~129, 2010.

한 공격의 효과를 무력화하거나 감소시키기 위해 고안된 모든 방어 조치가 포함된다. 방공 작전은 순전히 방어적인 것으로 볼 수 없다. 방공망을 통합하면 국지적 공중 우위를 유지하는 데 도움이 되며, 아군은 적의 공군이나 미사일 부대의 공격에 제약을 받지 않고 자유롭게 행동할 수 있다.

한편 방공 작전의 형태는 지역 방공(area air defense)과 국지 방공(local air defense)으로 분류할 수 있다. 지역 방공은 국가의 전 공역 또는 광범위한 지역을 적의 공중공격으로부터 보호하는 대공 방어를 말한다. 예를 들어 항공기, 지대공 요격 무기, 넓은 지역을 방어하기 위한 전자전 무기가 있다. 통상 중장거리 지대공 유도무기나 항공기를 이용하여 작전 임무를 수행하고 있다. 국지 방공은 적의 공중공격으로부터 특정한 지역이나 기동부대 또는 고정시설을 방어하기 위하여 수행되는 방공 작전을 말한다. 예를 들어 군부대 또는 중요 시설 방어가 있다. 통상 작전부대 지휘관이 설정한 방공 우선순위에 따라 방공 작전을 하며 단거리 방공무기나 중고도 또는 고고도 방공무기를 운용하고 있다.[41]

(2) 능동형 방공 작전

능동형 방공(active air defense) 작전은 목표를 달성하기 위해 사용 가능한 항공기, 방공무기 및 전자전을 사용한다. 일반적으로 방공 역할에 사용되지 않는 무기를 사용할 수도 있으며, 주요 활동은 감시, 무기 통제 및 조정, 파괴 등이다.

1 감시(surveillance)

감시 활동은 정확하고 식별할 수 있는 항공 사진을 제공하기 위해 모든 항공로를 탐지, 식별 및 평가하는 과정이다. 지휘관은 감시 데이터의 통합 및 제공을 통해 생성된 식별이 가능한 항공 사진을 통해 표적에 대한 교전 우선순위를 지정하여 방공 자산을 할당하게 된다. 일반적인 표적 할당 방법은 위협 거리 내의 표적을 교전 대상으로 선정하고 표적의 위협가치가 크고 가까울수록 최우선으로 교전하며 표적 정보를 실시간으로 갱신(update)해야 한다. 결론적으로 효과적으로 감시하면 무기를 보다 효율적으로 통제, 조정 및 사용할 수 있다.

---

41 https://www.globalsecurity.org/military/library/policy/usmc/mcwp/3-22/ch3.pdf

② 탐지(detection)

탐지는 적의 방공 무기체계와 그 주변의 항공로를 찾기 위해 레이더, 각종 무기체계, 감시 장비 또는 정보원이 탐지 임무를 수행하는 것이다. 식별, 무기 선택 및 사용에 필요한 반응 시간을 최적화하려면 탐지 범위를 넓게 할수록 효과적으로 방공 작전을 할 수 있다.

③ 식별(identification)

효과적인 통합 방공 시스템을 운용하려면 방공 작전지역에서의 모든 비행체의 항로를 신속하고 정확하게 식별해야 한다. 따라서 아군 간의 교전을 방지하고 조기에 표적을 식별해야 아군의 중요 지역으로부터 가능한 한 원거리에서 적의 항공기나 미사일 등을 파괴할 수 있다. 효과적인 식별 수단으로는 전자, 시각 및 지능 수단이 있고 이를 조합하여 사용해야 한다. 또한, 적의 공격으로부터 귀환하는 아군 항공기를 보호하고 동시에 아군의 오인사격으로부터 보호하기 위해 확실히 피아식별할 수 있어야 한다. 이를 토대로 아군 항공기의 귀환 절차, 최소 위험 경로, 항공 회랑(corridor) 등 정확하고 신속하게 공역(airspace)과 항로를 통제하는 것은 방공 작전에서 매우 중요한 요소이다. 여기서 항공 회랑이란 항공기가 다니는 길로 특정 고도만 비행이 가능한 구역으로 일반 항로에서는 상황에 따라 고도를 바꿀 수 있으나 이 지역에선 변경할 수 없다.

④ 무기 통제 및 조정

무기의 통제 및 조정에는 특정 비행로에 적절한 무기를 선택하고 표적을 할당하여 무기 사용을 지시하고 통제하며 조정하는 활동이다. 무기 할당은 식별된 표적의 위치와 사용 가능한 방공무기의 위치에 따라 다르다. 효과적인 통합과 조정을 통해 교전과 무기 사용의 일부가 경계를 넘을 수도 있다. 방공 작전 임무는 가능한 한 신속하게 가장 위협이 되는 표적과 교전하는 데 초점을 맞춰야 한다. 따라서 통합 방공 시스템 내에서 상호 지원에 문제가 없어야 하며 초기 교전 중 하나 이상이 실패하는 경우에는 다른 무기 시스템이 지원하도록 할당해야 한다.

(3) 수동형 방공 작전

수동형 방공 작전은 전구 미사일을 포함한 적대적인 공중 행동의 영향을 줄이거나 무력화한다. 수동형 방공은 아군의 핵심 자산이나 개인 또는 집단 보호를 제공하며 적의 표적 획득을 어렵게 하여 생존 가능성을 높이는 목적이 있다.

1 전술적 경고

전술적 경고는 항공기 또는 전구 미사일(theater missiles)에 의한 공격 가능성이 있거나 임박한 위협에 대한 정보를 적시에 제공하는 것이다. 전술적 경고는 항공기가 접근하거나 미사일 발사가 발생했다는 일반적인 경고나 공격 위험이 있는 지정된 부대나 지역에 대한 특정한 경고일 수도 있다. 전술적 경고에는 경고 자체와 가능한 표적이 포함되어야 한다. 위협이 전구 미사일의 경우 예상되는 CEP 값으로 표시되는 미사일의 타격 가능성이 있는 지역과 미사일의 충돌 또는 항공기 공격까지의 시간이 포함되어야 한다. 전술적 경고는 광역 또는 근거리 통신망, 무선 메시지, 소리 또는 시각적 경보, 음성을 통해 전달될 수 있다.

2 작전 보안(operations security)

아군의 부대 활동과 기도를 적이 탐지하지 못하게 하는 제반수단으로서 아군의 부대 활동 통제, 방첩, 기만 등이 포함된다. 작전 보안은 적의 센서 및 정찰 자산이 적시에 아군 표적을 식별하는 것을 방해한다. 수동 방공에 사용되는 작전 보안 조치의 예는 방사, 엄폐 및 은폐 등이 있다.

3 위장(camouflage)

위장은 적의 눈에 뜨이지 않게 병력, 장비, 시설 따위를 꾸미는 일을 말한다, 즉, 적을 혼란 또는 오도하거나 회피할 목적으로 사람, 물건 또는 전술적 위치에 천연 또는 인공 재료를 사용하여 아군 위치를 위장하는 행위이다.

4 기만(deception)

기만은 아군 행동을 조작, 왜곡 또는 위조하는 활동으로 오도하는 것이 목적이다. 기만은 아군 부대의 위치, 유형 또는 의도에 대해 적을 오도하는 것이다. 잘된 기만행위는 적이 잘못된 목표를 공격하거나 의도한 목표를 놓치고 적의 정확한 전투 피해 평가를 거부함으로써 적의 항공기와 미사일 자원을 고갈시킬 수 있다.

5 기동성(mobility)

기동성은 항공기와 미사일의 공격에 대한 취약성을 줄이고 정찰 및 표적에 대한 노출을 제한함으로써 특정한 시스템의 생존 가능성을 높인다. 기동성은 자산을 자주 이동하여 아군의 자산을 찾는 데 적의 정찰 노력을 오도함으로써 기만 작전에 도움이 된다.

6 방호 시설 건설

자산을 보호하는 시설을 건설하여 적의 공격으로부터 아군의 취약성을 줄일 수 있다. 예를 들어, 아군 시설 주변에 모래주머니, 방호벽 쌓기 등이 있다.

7 이중화 및 견고성

전투력을 유지하려면 항공기와 미사일의 공격에 특히 취약한 치명적인 취약점에 대한 이중화 시스템(duplicate system)을 구축하는 것이다. 주요 명령 및 제어 노드, 센서 및 비행장과 같은 고정된 핵심시설을 이중화하는 것이다. 예를 들어, 중복 또는 대체 통신 경로를 확보하고 이들 시설을 견고하게 만들어 적의 공격에 대비하는 것이다.

8 자산의 분산

자산을 분산시켜 밀집도를 낮추면 적의 공격에 대한 취약성을 줄일 수 있다. 분산된 자산은 적이 더 많은 항공기나 미사일 등을 사용하거나 정찰 등 다양한 활동을 많이 하도록 강요하며, 적을 오도하는 데에도 유리하다.

9 핵, 생물학 및 화학 방어

항공기와 미사일은 대량으로 살상시킬 수 있는 무기를 운반하는 대표적인 운반 수단 중 하나이다. 이러한 위협을 무력화하는 가장 좋은 방법은 무기를 요격 또는 발사 단계에서 파괴하거나 적의 무기 제조 능력을 파괴하는 것이다. 특히 생물학적 또는 화학적 공격에 대비하고, 화학적 또는 생물학적으로 오염된 지역 내에서 작전을 수행하려면 필요한 사항이다. 따라서 이들 무기에 대한 수동 방공에는 오염 방지, 방호 및 오염 제거 활동이 있다. 오염 방지에는 핵, 생물학적 또는 화학적 작용제 또는 오염 물질을 감지, 식별 및 보고하여 조치하는 활동이 있다. 그리고 다양한 물질 또는 물질의 영향을 제거하거나 최소화하기 위한 개인 또는 집단 방호 조치가 포함된다. 오염 제거는 인력과 장비의 위험을 제거하고 오염 물질의 확산을 최소화하며 정상 작동으로 복원시키는 작전이다.

⑩ 복구 및 재건

복구 및 재건은 공격 후 임무 요구사항 및 가용 자원에 상응하는 수준의 부대를 복원시키는 능력이다. 이러한 노력에는 인력, 장비 및 보급품 교체 및 손상 복구 등이 있다.

3. 대공미사일의 종류와 특성

미사일은 요격 고도에 따라 저고도(약 8km 이내), 중고도(약 8~30km), 고고도(약 30km 이상) 미사일로 분류하며 대표적인 미사일의 특성은 다음과 같다.

(1) 저고도 대공미사일

대표적인 저고도 미사일에는 〈표 2.13〉과 같다. 저고도 미사일은 가속 시간이 짧아서 중고도와 고고도 미사일보다 종말속도가 상대적으로 느리다. 또한, 근접 폭발보다는 표적에 직접 충돌하는 방식(hard to kill)을 채택하는 추세이다. 참고로 우리나라의 대표적인 저고도 미사일에는 '천마(K31) 미사일'이 있다. 이 미사일은 고도 5km 이내의 저고도 대공 방어용이며 궤도형 장갑차량에 레이더와 사격통제장치 그리고 미사일 8발을 탑재하였다. 레이더의 탐지거리는 20km, 추적거리는 16km이고 주·야간 전천후 사격이 가능하다.[42]

(2) 중고도 대공미사일

미국은 RIM-7 단거리 함대공 미사일을 개량한 RIM-162 ESSM(Evolved Sea Sparrow Missile) 중거리 미사일을 2002년 유럽과 공동으로 개발하여 전력화하였다.

---

42 https://www.globalsecurity.org/military/world/rok/ksam.htm; https://en.wikipedia.org/wiki/RIM-7_Sea_Sparrow; Parsch, Andreas, "Raytheon RIM-162 ESSM", Directory of U.S. Military Rockets and Missiles, 2016.4.

표 2.13 대표적인 저고도 대공미사일

구분	RIM-7(미국)	Crotale(프랑스)	Roland (프랑스 · 독일)	ADATS (스위스 · 미국)
형상				
전력화	1976	1970	1977	1981
발사관[발]	1	8	4	8
전장[m]	3.70	2.89	2.40	2.05
외경[m]	0.20	0.15	0.16	0.15
중량[kg]	230	80	67	51
최대 사거리[km]	19	11~16	8	10
사정 고도[km]	0.3~1.5	6~9	5.5	7
종말속도[마하]	3.5	2.3~3.6	1.6~3.5	3
탄두 형태	41kg 고리 모양의 파편 탄두(접근 신관, 팽창 막대형 파편)	15kg 지향성 파편 탄두	9.2kg 고폭탄두 성형 작약	12.5kg 고폭탄두 성형 작약(충격 및 근접 신관)
추진기관	고체 로켓	고체 로켓	고체 로켓(2단)	터보 제트
발사 플랫폼	함정	차량, 전차 차체	전차 차체	전차 차체
유도방식	• INS/지령 유도 • 반능동(semi-active) 추적방식(Track Via Missile)	• 시선 지령 유도 (CLOS)디지털 무선링크	• 반자동 CLOS 무선링크	• 레이더 추적유도 (전자-광학 센서)
대상 표적	대함 미사일	지대공 미사일	지대공 미사일	대공 및 대전차 미사일
요격방식	직접 충돌	직접 충돌	직접 충돌	직접 충돌

이 미사일은 유도장치를 개량하고 이중 펄스 로켓 모터(dual pulse rocket motor)를 탑재하여 중거리 요격이 가능하다. 탄두 중량은 RIM-7 미사일과 같으나 최대 사거리는 50km, 최대 속도는 마하 4+, 유효사거리 30km이다. 특히 이중 펄스 로켓 모터(dual pulse rocket motor)는 1단 펄스 모터와 2단 펄스 모터 사이에 존재하는 펄스

분리 장치(PSD, Pulse Separation Device)로 의해 효과적인 추력 배분이 가능한 고체 추진 로켓이다. 따라서 이중 펄스 로켓은 체적대비 사거리가 길며, 추력 편향 노즐이 있어 미사일의 기동성과 명중률을 높일 수 있다. 그리고 탄두는 비행 시 해면 반사파만 수신하다가 표적과 접촉할 때 신호의 변화를 감지하여 작동하는 접근신관이 작동한다. 유도방식은 적 항공기의 해면 저고도 비행(sea skimming)에 대응할 수 있는 관성항법장치(INS, Inertial Navigation System)가 있어 자동비행이 가능하며, 레이더 조사기가 표적에 X-band 빔을 조사해주는 방향으로 따라가는 빔 편승 유도(beam riding guidance) 방식의 반능동 레이더 탐색기(semi active radar seeker)가 있다. 특히 Block 2 모델은 종말요격단계에서 레이더 빔(radar beam)의 조사가 없어도 자체 탐색기가 표적을 탐지하여 추적하여 요격할 수 있는 레이더 호밍(radar homing) 방식이다. 끝으로 발사기에는 4발의 미사일이 1개의 팩(pack)으로 구성되어 있으며 수직 또는 경사 발사대를 플랫폼으로 사용할 수 있다.[43]

참고로 〈그림 2.15〉에서 보는 바와 같이 RIM-7 미사일은 비행 시 날개로 방향을 제어하나 RIM-162 ESSM은 추력 벡터 노즐로 방향을 제어한다는 사실을 형상만 보아도 알 수 있다. 미사일 경유 추적방식은 레이더 빔을 목표물에 조사하여 돌아오는 빔을 추적하여 반응하는 반능동(semi-active) 레이더 유도방식과 무선 지령에 따라 자동으로 조종되는 무선 지령 유도방식의 장점을 결합한 유도 기술이다.[44]

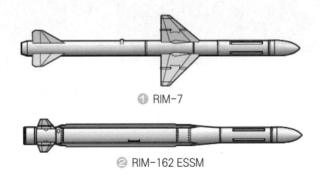

① RIM-7

② RIM-162 ESSM

그림 2.15 미국의 RIM-7과 RIM-162 ESSM 미사일

---

43 https://www.janes.com/defence-news/

44 http://www.fi-aeroweb.com/Defense/Patriot-PAC-3.html; http://www.military-today.com/missiles/thaad.htm; https://dras.in/s-400-triumph-missiles-for-air-defence-part-3-of-3/

(3) 고고도 미사일

대표적인 고고도 미사일에는 미국의 종말 단계 고고도 지역방어체계(THAAD, Terminal High Altitude Area Defense)와 러시아의 S-400 등이 있으며, 주요 제원은 〈표 2.14〉와 같다. 이들은 종말 단계에서 요격할 수 있도록 속도가 빠르며 레이더의 탐지거리가 길다.

한편 2020년 러시아는 ICBM과 초음속 순항 미사일, 공중조기경보기, 전자전 항공기 등을 요격하기 위해 S-400을 개조한 S-500 미사일을 개발을 완료하여 시험평가 중이다. 이 미사일의 최대 사거리는 500~600km, 고도 100~200km이고 극초음속(최대 속도 마하 20)으로 비행하는 탄도 미사일을 요격할 수 있다.[45] 이 미사일은 〈그림 2.16〉에서 보는 바와 같이 차량탑재형이며, 2019년 시리아 내전에서 성능시험을 하였다.[46]

그림 2.16 러시아의 S-500 고고도 요격 미사일(2020)

---

45 https://www.janes.com/defence-news/news-detail/russia-begins-series-production-of-s-500-air-defence-system

46 https://www.nextbigfuture.com/2016/07/russias-s-500-missile-system-still-in.html

표 2.14 대표적인 중고도 및 고고도 지대공 미사일

구분	MIM-104C PAC-2 Patriot (미국)	MIM-104F PAC-3 Patriot(미국)	S-400 40N6E (러시아)	THAAD(미국)
형상				
전력화	1990	2010	2007	2008
발사관[발]	4	16	4	8
전장[m]	5.31	5.21	7.5	6.17
외경[m]	0.87	0.25	0.52	0.34
중량[kg]	911	300	1,893	900
최대 사거리[km]	70~160	40	400	150~200
사정 고도[km]	25	20	30~185	40~150
종말속도[마하]	5.0	5.0	14	8.2
탄두 형태	91kg 폭풍 및 파편 (HE-FRAG)	73kg 폭풍 및 파편 (HE-FRAG)	180kg 폭풍 및 파편(HE-FRAG)	폭약 탄두가 없고 직접 충돌하는 직격 비행체(hit to kill vehicle)
추진기관	고체 로켓(1단)	고체 로켓(1단)	고체 로켓(2단)	고체 로켓
발사 플랫폼	이동식 발사대	이동식 발사대	이동식 수직발사대	이동식 발사대
유도방식	• 지령 밑 수동 호밍 유도방식 • 경유 추적방식 (Track Via Missile)	• INS / 능동식 레이더 호밍유도 • 180개의 소형 자세제어 모터(Aerojet Rocket-dyne)로 경로 수정 • 경유 추적방식 (Track Via Missile)	• 추력 편향 노즐에 의한 경로 수정 • 반능동 또는 능동식 레이더 호밍유도 • 경유 추적방식 (Track Via Missile)	• 적외선 수동 호밍유도 • 유도탄 경유 추적방식(Track Via Missile)
대상 표적	항공기, 순항 미사일	탄도 미사일, 항공기, 순항 미사일	탄도 미사일, 항공기, 순항 미사일, 레이더 기지, 벙커	탄도 미사일
요격방식	폭풍과 파편	직접 충돌	직접 충돌	직접 충돌

1. 미사일과 정밀 유도무기의 차이점과 비교하고 각각의 장단점과 대표적인 사례를 들어 설명 하시오.

2. 독일의 V-1과 V-2 로켓의 구조와 작동원리 그리고 실전에서 사용 사례를 설명하시오.

3. 부스트 종료 상태에서 극초음속 속도와 미사일의 비운동 에너지의 관계를 나타낸 〈그림 2.8〉을 설명하시오.

4. 러시아의 극초음속 미사일의 제원 및 특성을 설명하고 2022년 우크라이나 전쟁에서 사용된 러시아의 미사일 공격사례를 설명하시오.

5. 미사일의 정확도를 측정하는 방법은 원형 공산오차(CEP, Circular Error Probable)의 개념의 개념을 설명하고 최신 미사일의 CEP의 수준에 대해 논하시오.

6. 일반적인 미사일의 분류방법과 탄도와 발사방식(발사지점-표적 위치)에 따른 미사일의 분류 방법을 설명하시오.

7. 탄도 미사일과 순항 미사일의 차이점을 그림을 그려서 설명하고 장단점을 비교하시오.

8. 순항 미사일을 비행속도에 따라 아음속과 초음속 순항 미사일로 분류하는데 이들 미사일의 추진방식과 탄도학적 특성 그리고 장단점을 비교하여 설명하시오.

9. 미사일의 유도방식 중에서 수동 호밍유도, 반능동 호밍유도, 능동 호밍유도 방식의 작동원리 와 장단점을 비교하시오.

10. 능동형 방공 작전과 수동형 방공 작전의 개념을 설명하시오.

11. 미사일은 요격 고도에 따라 저고도, 중고도, 고고도 미사일로 분류하는데 이들 미사일의 특성 과 대표적인 사례를 설명하시오.

제3장
대전차 로켓과
다연장 로켓포

제1절 대전차 로켓 무기의 종류와 특성

1. 1차 세계대전의 대전차 무기

(1) 대전차 소총의 등장

장갑차는 전차(battle tank)가 출현하기 이전에 개발되었다. 1차 세계대전(1914~1918) 이전에는 주로 경장갑을 관통할 수 있도록 탄환(bullet, 총알이라고도 함)의 경도를 높이는 연구에 집중하였다. 예를 들어, 독일군은 적의 장갑차량을 공격하기 위해 'K 탄환'이라고도 불렀던 Patrone SmK 소총탄(7.92×57mm)을 개발하였다. 이 탄환에는 강철탄심이 있고 끝이 뾰족하여 장갑 관통력이 향상되었다. 이 때문에 Mauser Gew 98 소총과 MG08 기관총 등 독일군 표준무기로 사용하였다. 하지만 1916년 9월 Somme 전투에서 영국군 전차를 공격하였으나 SmK 탄환이 튕겨 나갔다.[1]

독일군은 1917년 4월 Bullecourt 공격 이후에 2대의 영국군 전차를 노획할 때까지 SmK 탄환의 효과에 대해 제대로 인식하지 못했다. 당시 여러 발의 탄환이 단순히 전차 장갑에 튕겨 나갔으나 종종 장갑판 내부에서 파편이 떨어져 승무원에게 상처를 입혔다. 이후 영국군은 Mk I 전차의 장갑이 SmK 탄환 공격에 취약하다고 판단되어 1917년 6월 Messines 전투에는 장갑의 방호성능을 개선한 Mk IV 전차를 투입하였다. 이 전차는 0.5인치(12.7mm)의 강화된 장갑판을 장착하여 독일군 대전차 소총의 효용성을 더욱 감소시켰다. 1917년 4월 16일 프랑스군 전차의 공격으로 전차가 향후 전장의 핵심 무기가 되리라는 인식을 하게 되었다.

당시에 독일군은 포병을 전차에 대한 주요 방어 수단으로 생각했으나 최전선 참호에서 전차에 대한 공포를 해소하기 위해 어떤 형태의 보병 무기가 필요하다고 인식하게 되었다. 전차는 참호 전투에서 심리적으로 공포의 대상이었기 때문이다.

---

1 https://en.wikipedia.org/wiki/Recoilless_rifle

전차의 새로운 위협은 참호를 넓히고 더 많은 야포를 전진 배치하는 것과 같은 전술적 변화로 어느 정도 해결될 수 있었으나 독일군도 새로운 대전차 기술을 개발해야만 했다.

그림 3.1 T-Gewehr 대전차 소총(1917)

독일군은 1917년 11월에 〈그림 3.1〉과 같은 250m 거리에서 두께 25mm 장갑을 관통할 수 있는 구경 13mm T-Gewehr 단발식(bolt action) 소총에 사용할 수 있는 신형 탄약(13.2×92mm)을 개발하였다. 이 탄약은 반걸림 탄피(semi-rimmed cartridge)를 사용하며 13g의 추진제를 충전시켜 총구속도를 913m/s로 높였다. 그 결과 탄약의 충돌 에너지를 구경 7.92mm Gew 98 소총보다 4배 이상으로 증대시켰으나 사격 시 반동력도 4배 이상 강해졌다. 그리고 T-Gewehr 소총의 초기 모델은 무게가 18.9kg이고 총열의 길이는 860mm이었다. 하지만 약 300정이 생산된 이후에는 소총을 개량시켰으며, 개량 소총에는 길이가 983mm인 L/77 표준총열을 사용하였다. 여기서 '77'은 총열의 구경장(caliber length)을 의미한다. T-Gewehr 소총은 너무 무거워서 양각대(무게 2.5kg)로 지지한 상태에서 엎드려 쏴 자세로 사격하였다.[2] 이 소총은 〈그림 3.2〉에서 보는 같이 2인 1조로 운용하였다. 그리고 관측병은 망원경으로 표적을 관측하여 사수에게 사격 지시와 경계 및 무기운반 등의 임무를 수행하였고 사수가 사격하는 방식이었다. 따라서 오늘날 저격수의 편성 및 임무와 비슷하였다.

---

2 https://en.wikipedia.org/wiki/Mauser_1918_T-Gewehr

그림 3.2 T-Gewehr 대전차 소총의 사격장면(1918)

(2) 성형 작약 탄두 기술의 개발

1 성형 작약의 개발과 성형 작약 효과

성형 작약(shaped-charge or hollow-charge, 또는 중공 작약이라 함)은 19세기 미국 해군 사관학교 교수이자 발명가인 Charles E. Munroe의 이름을 따서 명명된 "먼로 효과(Munroe effect)"로 알려진 원리를 적용한 탄약이다. 그는 1888년 강판에 폭약을 설치하여 폭발시키는 실험을 통해 관통력이 증대되는 효과를 입증했다. 이러한 효과는 작약(고성능 폭약)을 탄환(탄두)에 충전할 때 탄두부에 공간을 두고 그 뒤쪽에 작약을 충전해서 작약을 점화 폭발시키면, 추진 방향으로 강력한 폭파 에너지가 발생해서 보통 탄환보다 관통 효과가 커지는 현상이다. 즉, 〈그림 3.3〉과 같이 작약과 금속 라이너(구리, 구리합금 등)가 슬러그 제트(slug jet)로 급속히 가속화되면서 고온의 제트로 장갑판을 관통시킬 수 있다. 이때 라이너(liner) 앞쪽은 원뿔 모양의 중공(hollow cavity) 상태인 구조이다. 기타 세부 내용은 '군사과학 총서 1권 제4장'에 수록하였다.[3]

1차 세계대전 중 독일의 Egon Neumann은 공동을 얇은 금속으로 덮고 금속 표면에 직접 닿지 않게 한 후, 폭약을 가까이서 폭발시키는 실험을 하였다. 그는 지름의 2~3배에 달하는 거리에 폭발을 집중시키면 관통력이 더 증대된다는 사실을 밝혔다. 이후 1938년에 스위스의 Henri J. Mohaupt가 성형 작약의 원리를 적용

---

3 이진호, "군사과학 총서1 화포와 전차", 북코리아, 2020.12.

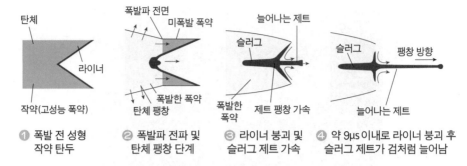

탄체	폭발파 전면 미폭발 폭약	늘어나는 제트 슬러그	슬러그 팽창 방향
라이너	폭발한 폭약 탄체 팽창	폭발한 폭약 제트 팽창 가속	늘어나는 제트
작약(고성능 폭약)			
❶ 폭발 전 성형 작약 탄두	❷ 폭발파 전파 및 탄체 팽창 단계	❸ 라이너 붕괴 및 슬러그 제트 가속	❹ 약 9μs 이내로 라이너 붕괴 후 슬러그 제트가 검처럼 늘어남

그림 3.3 성형 작약 효과의 기본 원리

한 시제품을 만들어 시연했다. 그는 1941년에는 미국으로 건너가서 바주카포(대전차 로켓 발사기) 개발 사업에 참여했다. 그 결과 성형 작약이 들어있는 대전차 고폭탄두(High Explosive Anti-Tank warhead)는 2차 세계대전 직전에 완성되었다. 이 혁신적인 무기는 수류탄과 총유탄 대전차포, 전차포, 대전차 로켓 발사기, 무반동포, 야포 및 수동식 폭파 장치 등에 널리 사용되었다. 이 현상을 1920년대에 미국과 독일의 과학자들이 발견하여 미국에서는 '먼로 효과', 독일에서는 '노이만 효과'라고 하였다. 참고로 중공(中空, hollow cavity)이란 비어 있는 공간이며 성형 작약이 폭발할 때 폭발 충격파가 탄약의 중심으로 집중되어 탄두 방향으로 진행할 수 있게 한다.

② 성형 작약의 적용 및 장점

일반적으로 대전차 무기는 전차의 장갑을 관통하기 위한 탄의 속도와 폭발력에 의해 위력이 결정된다. 따라서 대전차 탄약은 대구경이거나 탄두의 무게가 무겁다. 그리고 탄두를 가볍게 하여 보병이 발사할 수 있도록 하려면 성형작약탄이 유리한 방식이다. 성형 작약기술이 개발되면서 장갑설계에 혁명을 일으켰다. 미국에서 대전차 고폭탄은 2차 세계대전 중에 장갑으로 보호된 표적을 파괴하는데 널리 사용되었다. 또한, 성형 작약은 수류탄, 총유탄, 폭약, 대전차포(anti-tank gun), 대전차 공격용 소총, 대전차 로켓 발사기, 무반동총(recoilless gun), 중구경 대포(medium-caliber gun), 대공포(지상 목표물에 대한), 공중 폭탄 등에 사용하였다. 하지만 성형작약탄은 주로 경장갑 전차에는 효과적이나 오늘날 복합장갑(composite armor)이나 폭발반응장갑 (ERA, Explosive Reactive Armour) 등에는 적합하지 않다.

성형 작약 발사체의 가장 큰 장점은 장갑을 관통하기 위해 속도나 운동 에너지에 의존하지 않는다는 점이다. 이러한 발사체(projectile)는 손으로 던지거나 화포에서 발사되는 경우와 차이가 거의 없다. 그리고 발사체의 두께가 얇아도 관통력의 차이가 없어서 발사체가 가볍고 저렴한 장점이 있다. 또한, 원뿔 지름의 2~3배의 두께인 장갑을 관통할 수 있다. 그리고 충돌 시 발사체는 금속(구리 또는 구리와 텅스텐 분말)의 원뿔 라이너가 약 10,000m/s의 속도로 고온의 슬러그에 의해 장갑을 관통한다. 따라서 강판 장갑에 관통 효과가 우수하다.

2. 2차 세계대전의 대전차 무기

2차 세계대전(1914~1918)에서 전차가 널리 사용되면서 군대는 보병의 편성과 전술 그리고 무장을 변화시켜 대응하였다. 예를 들어, 소련군 보병은 기본적으로 대전차포, 대전차 소총(antitank rifles), 대전차 총유탄(antitank rifle grenades), 대전차 수류탄(antitank hand grenades) 및 수류탄(hand-delivered charges)의 네 가지 유형의 대전차 무기를 갖고 전투에 참전하였다.

(1) 대전차 포

일반적으로 대전차포는 대대와 연대급 부대에서는 구경 37mm, 45mm를 사용했다. 이들 대전차포는 바퀴가 두 개 달린 '2륜 견인포'인데 험준한 지형에서 사용하기 어려웠고, 은폐나 엄폐가 제한적이며 사격준비시간이 오래 걸렸다. 그리고 생존에 필수적인 진지 이동을 신속하게 하기 어려웠다. 하지만 이들 대전차포는 전차의 장갑과 설계가 개선되면서 1941년 이후에는 사용되지 않았다. 이후 구경 75mm급 대전차포가 개발되어 사용하게 되었다.

(2) 대전차 소총

일반적으로 대전차 소총은 소대당 1정씩 편제 무기로 제공되었다. 이 무기는 기관총(machine gun)보다 무겁고 부피가 커서 휴대하기 어려웠다. 그리고 전차의 장갑을 관통하더라도 거의 피해를 주지 못했다. 당시 독일군과 폴란드군은 구경 7.9mm 소총을 사용하였으며, 영국군은 구경 0.55inch(13.97mm) 소총을 사용하였다. 하지만 소련군은 구경 14.5mm (0.56cal) 소총을 사용하였으며 '0.56cal'란 구경이 0.56인치라는 뜻이다.

2차 세계대전에서 사용된 대표적인 대전차 소총은 폴란드의 7.92mm Kb.Ppanc 소총이다. 1938년에 개발된 이 총의 총열은 L/151 또는 L/152 총열을 사용하였으며, 단순 볼트(노리쇠) 액션(simple bolt action) 방식, 즉 수동식 소총이었다. 여기서 숫자 '151'과 '152'란 구경장을 의미하며, 이들 총기는 당시 폴란드군의 보병과 기병 부대에서 사용하였다. 이 총의 길이는 1.7m이었으며 별도의 운반용 벨트가 있어야 운반할 수 있었다. 그리고 〈그림 3.4〉에서 보는 바와 같이 탄알집에는 5발을 삽입할 수 있으며, 분당 최대 10발을 발사할 수 있었다. 이 총은 1937년에 1,000정, 1938년에 2,000정 등 총 6,000정을 생산하였다.[4]

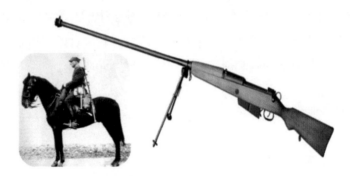

그림 3.4 7.92mm Kb.Ppanc 대전차 소총(1938)

(3) 대전차 총유탄

유탄(grenade explosions)이란 소량의 폭발물이나 화학 작용제를 충전하여 사람이 투척하거나 소총 등 발사기를 장치하여 발사하는 탄약을 의미한다. 유탄은 발사기를 떠난 탄약이 표적에 폭발하여 파편으로 피해를 준다. 이러한 유탄에는 손으로 던지는 수류탄(hand grenade)과 총으로 발사하는 총유탄(rifle grenade) 그리고 유탄발사기용 유탄이 있으며 당시에는 수류탄과 총유탄을 사용하였다. 총유탄은 소총의 총구에 별도의 발사기를 장착한 후, 탄환은 없고 탄피와 추진제만 있는 총유탄 전용 탄약에 의해 발생하는 추진 가스의 압력으로 유탄을 발사하며, 이를 총유탄이라 한다. 1940년에 최초로 개발된 대전차 총유탄은 독일군과 영국군이 먼저 사용했

---

4   https://en.wikipedia.org/wiki/Wz._35_anti-tank_rifle

으며, 이후 미국군과 소련군도 사용한 무기이다.[5]

총유탄의 탄두는 〈그림 3.5〉와 같이 최초로 성형 작약 탄두를 적용하였으며 분대당 1정씩 휴대하였으나 대전차 공격 무기로는 큰 역할을 하지 못했다. 그 당시 사용하였던 총유탄은 그림과 비슷한 구조였으며, TNT(trinitrotoluene, $C_6H_2(NO_2)_3CH_3$) 폭약을 반구 형태의 성형 작약으로 충전하였고 유탄의 앞쪽에는 공기저항을 줄이는 탄도 모자(ballistic cap)가 있었다. 그리고 총유탄이 표적에 충돌하여 충격을 받으면, 공이 뭉치가 전진 관성력에 의해 앞쪽으로 이동하면서 공이가 기폭약에 충격을 가하여 성형작약의 폭발로 인해 전차의 장갑을 관통하게 되어 있다. 또한, 총유탄이 날아갈 때 탄두의 전방과 후방의 공기압력의 차이로 발생하는 탄도의 불안정성을 줄이기 위해 안정 핀(날개)이 있으며, 총구에 설치된 발사관에 총유탄을 삽입용 꽂을대(rammer)가 있다. 총유탄은 다른 대전차 무기보다 훨씬 더 가벼웠으나 사거리가 100m 미만이었고, 관통력이 약했다. 이는 구조적으로 탄두가 너무 크고 무거웠기 때문이다. 따라서 소련군은 1943년 이후에는 이를 대전차 소총으로 대체하였다.[6]

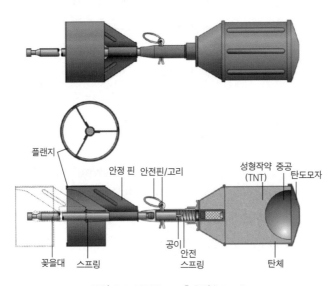

그림 3.5 VPGS-41 총유탄(1941)

---

5 https://www.lexpev.nl/grenades/sovietbalkan/russia/vpgs41.html

6 https://en.wikipedia.org/wiki/Armor-piercing,_capped,_ballistic_capped_shell

① 노리쇠 개방　② 약실에 탄약 장전　③ 노리쇠 폐쇄

④ 발사기에 총유탄 삽입　⑤ 안전핀 제거　⑥ 조준 및 사격

그림 3.6 일반적인 총유탄의 사격절차

한편 〈그림 3.6〉은 당시에 사용하였던 총유탄의 사격절차를 나타내며 사격절차는 다음과 같다. 먼저 사수가 소총의 노리쇠를 후퇴시켜 개방한 다음 총유탄 발사용인 탄약을 장전한 다음 노리쇠를 폐쇄한다. 그리고 총구에 있는 발사기에 총유탄을 삽입시킨 후 총유탄의 안전핀을 제거한 다음 조준 후 사격한다. 참고로 총유탄 전용 탄약에는 탄두는 없고 추진 장약만 들어있다.

(4) 대전차 성형 작약 수류탄

대전차 성형 작약 수류탄(hand-delivered antitank charges)은 당시에 보병으로서 최후 수단의 무기였다. 당시에 수류탄의 투척 거리는 20m 미만이었고 관통 효과도 작았다. 보병이 들어서 적의 전차에 자석이나 접착제로 부착한 후 폭발시켜야 했기에 공격 시 매우 위험하였다. 이 때문에 공격하다 사망하는 경우가 많았으며, 공격 형태는 적 전차에 돌진한 후 전차의 장갑판을 깨거나 충격을 가할 때 사용하는 폭약과 비슷하였다. 따라서 고도로 훈련된 병사만이 성형 작약 수류탄으로 적 전차를 파괴할 수 있었다.[7] 참고로 당시에 대전차 무기의 공격으로 전차를 보호하기 위해 차체와 포탑의 측면에 강판을 추가로 장착하거나 포탑 위에 모래주머니를 얹

7　https://weaponsandwarfare.com/2015/09/22/rpg-436-rkg-3/; https://en.wikipedia.org/wiki/RPG-43

어 놓았다. 그리고 필요시에는 보병을 포탑 뒤쪽에 승차시켜 수류탄이나 총유탄 등으로 근접공격하는 적을 공격하는 전술을 적용하기도 하였다.

대표적으로 〈그림 3.7〉 ❶에 제시된 독일의 RPG-43 대전차 수류탄이 있다. 이 무기는 그림과 같이, 탄두는 성형작약탄(당시에는 TNT를 충전하였음)이고 신관은 충격 신관을 사용하였다. 그리고 무게는 1.3kg으로 〈그림 3.7〉 ❷와 같이 쉽게 투척할 수 있었고, 균질압연강판(RHA, Rolled Homogeneous Armour) 기준으로 75mm 정도를 관통시킬 수 있었으며, 이후 성능이 개량된 RPG-6 대전차 수류탄 등이 사용되었다. 여기서 RHA란 강재(steel material)를 냉간압연 가공으로 만든 장갑 재료이며, 가장 많이 사용하는 표준 재료이다. 따라서 RHA 이외의 다양한 장갑 재료를 사용하고 있는 오늘날에도 전차 포탄의 관통력이나 방호력을 수치화할 때 RHA 강판의 환산 수치를 적용하며, 전차나 장갑차 차체 등의 구조물을 제작할 때 주로 사용하고 있다. 이 재료는 주조 장갑보다 방호력이 우수하나 가공법이 복잡하여 생산성이 낮다. 한편, 냉간압연 가공은 재결정온도(recrystallization temperature)보다 낮은 상온 또는 상온에 가까운 온도에서 압연가공(rolling)한 것으로, 가열하지 않기 때문에 표면에 철 산화물(iron scale)이 발생하지 않는다. 그리고 가열이나 냉각으로 일어나는 팽창이나 수축이 적어서 정확한 치수와 정확한 형태의 강재를 얻을 수 있다. 특히 재료의 인성은 낮아지나 경도나 인장 강도가 커지는 소성가공법(plastic working)이다. 재결정온도란 응력에 의해 변형된 결정 입자가 처음 상태로 회복하려는 복원력에 의해 작은 결정 입자로 변화하는 온도이다.[8]

날개 고정 장치

우산형 날개 충격신관 성형 작약

❶ 수류탄의 구조   ❷ 투척 방법

그림 3.7 RPG-43 대전차 수류탄(1943)

8　https://science.howstuffworks.com; https://defense-update.com/products/r/rpg.htm; Sutton, George

제2절 대전차 무반동총의 작동원리와 특성

1. 무반동총의 발전과정

초기의 대전차 무기는 소총과 비슷하였으나 전차의 장갑 방호성능이 향상되면서 대전차 무기에도 관통력은 높이면서도 무게를 감소시킬 수 있는 무반동(recoilless) 방식을 적용하게 되었다. 이 방식은 일반 화포보다 포신이 얇으면서 사격시 발생하는 반동력을 흡수해야 하는 주퇴장치가 필요가 없는 것이 최대의 장점이다. 물론 일반 포탄보다 추진제가 많이 필요한 단점이 있다.[9]

무반동 방식의 대전차 무기는 초기에는 〈그림 3.8〉 ❶에서 보는 바와 같이 총신의 양쪽에 같은 크기와 무게를 갖는 탄약을 장전한 후 이들 사이에 추진제를 폭발시켜 발생한 가스압으로 이들 탄자를 가속하는 방식을 채택하였다. 하지만 이 방법은 발사 시 무게가 무겁고 뒤쪽으로 날아가는 포탄에 의한 에너지 손실이 너무 커서 표적에 실제 가하는 에너지가 적어 관통력이 약했다. 따라서 1910년 미국의 Davis는 〈그림 3.8〉 ❷와 같은 방법을 고안하였다. 즉 뒤로 발사되는 탄자 대신

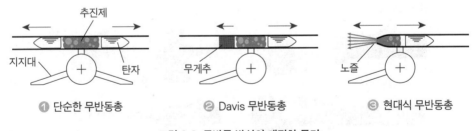

❶ 단순한 무반동총   ❷ Davis 무반동총   ❸ 현대식 무반동총

그림 3.8 무반동 방식의 대전차 무기

P, "Rocket Propulsion Elements", John Wiley & Sons, 2002; https://www.bodycote.com/services/heat-treatment/annealingnormalising/recrystallisation/

9 https://www.military-today.com/artillery/recoilless_guns.htm

에 탄자보다 무거운 무게추를 넣어서 발사 시 반동력 일부를 흡수하면서 뒤쪽으로 움직이게 하는 방식이다. 그 결과 탄자에 더 강한 가스압력이 작용하게 함으로써 관통력을 높일 수 있었다. 하지만 이 방식도 무거운 반동 흡수용 무게추를 휴대해야 하고 사격 시 장전시켜야 하는 등의 단점을 갖고 있었다. 이후 〈그림 3.8〉 ❸과 같은 현대식 무반동총이 개발되었다. 이 방식은 그림에서 보는 바와 같이 축소-확대 노즐(convergent-divergent nozzle)을 통해 추진 가스 일부가 총의 후방으로 방출하면서 발생하는 추력으로 총의 반동력을 흡수한다. 동시에 추진 가스의 압력으로 탄자가 가속되도록 하는 방식이다. 이 방식은 Davis 방식보다 구조가 단순하며 무거운 무게추를 운반하고 장전할 필요가 없었다. 그 결과 신속한 사격이 가능할 뿐만 아니라 휴대용으로 사용할 수 있게 되었다.[10]

2. 현대식 무반동총

무반동총(recoilless rifle)은 2차 세계대전 이후 미국에서 최초로 개발하여 월남전쟁과 중동전쟁에 사용된 대전차 무기이다. 사격방식은 견착식(〈그림 3.9〉 ❶)과 거치식(〈그림 3.9〉 ❷) 사격이 가능하고 충격식 공이를 사용하고 있다. 대표적인 사례를 살펴보면, 1959년에 개발한 구경 90mm 무반동총은 휴대용 대전차 무기로서 명중

조준경

폐쇄기   발사관

지지대   격발기

❶ 견착식(90mm 무반동총)   ❷ 거치식(106mm 무반동총)

그림 3.9 대표적인 휴대용 및 차량탑재용 무반동총

---

10 https://en.wikipedia.org/wiki/Davis_gun; https://www.history.navy.mil/content/history/museums/nnam/explore/exhibits/permanent-exhibits/south-wing/davis-recoilless-gun.html; https://www.eng applets.vt.edu/fluids/CDnozzle/cdinfo.html

률이 높고 파괴력이 우수하여 곡사화기로 제압할 수 없는 동굴 진지나 축성 진지를 파괴하는데 효과적인 무기였으며, 때로는 대인 공격용으로도 사용하였다.[11]

무반동총 탄약은 탄두, 탄피, 추진 장약이 단일체로 구성된 고정식 탄약(fixed ammunition)이다. 따라서 신속하게 장전할 수 있다. 그리고 탄피는 천공 탄피나 탄피의 기저부가 얇은 플라스틱 재질의 파열 판으로 되어있다. 그리하여 탄피 내부에 들어있는 추진 장약이 점화되어 발생한 추진 가스가 폐쇄기의 분사구를 통하여 후폭풍으로 방출되는 힘과 탄두를 표적으로 비행시키는 힘이 같게 작용하게 되어있다. 그 결과 반동력에 의해 총신이 밀려나지 않는다.[12]

참고로 〈표 3.1〉은 미국의 90mm 무반동총의 주요 제원을 나타낸 도표이다. 이 총은 약실에 탄을 장전할 때 폐쇄기를 회전시켜 여닫는 회전 폐쇄기 방식이며, 탄약을 화기의 후방으로 장전하는 후장식(breech loading)이다. 그리고 사격 시 발생하는 추진 가스의 열로 인하여 발사관이 가열되는데 이를 주위 공기로 냉각하였다. 사격방식은 1발씩 발사하는 단발식이고 탄의 궤적이 거의 직선을 그리며 날아가는 평사 탄도(flat trajectory) 방식이며, 사수가 표적을 직접 보면서 사격하는 직접사격(direct fire) 방식이다.

표 3.1 미국의 M67 무반동총의 주요 제원(1960~1990)

구분	주요 제원 및 특징, 기타
무게 / 길이 / 구경 / 강선	17kg / 1.35m / 구경 90mm / 64조 우선
총구속도 / 발사속도	213m/s / 유효속도: 분당 1발, 최대 속도: 분당 6발
유효사거리	대전차 성형작약탄(HEAT, 4.2 kg): 300m, 고폭탄(HE, 4.6kg): 400m
작동방식의 특징	회전폐쇄식, 후미 장전식, 공랭식, 단발식, 평사 탄도 방식, 직접사격 방식
관통력 및 살상력 / 신관	HEAT 탄약의 관통력: 장갑판 350mm, 콘크리트 0.8m, HE 탄약: 살상 반경 11m / 충격 신관
후폭풍 지역	후폭풍 공간 범위: 후방 250도 각도로 43m(길이) × 55m(폭) 후폭풍 범위: 위험지역 28m, 준 위험지역 15m
사격 훈련용 탄약	축사기를 발사관 내부에 설치한 후 국경 7.62mm 축사 탄약을 삽입해 사격 훈련 가능

---

11 https://en.wikipedia.org/wiki/M67_recoilless_rifle

12 https://en.wikipedia.org/wiki/Shell_(projectile)

3. 무반동총과 대전차 로켓포의 차이점

　　무반동 방식의 대전차 무기는 크게 무반동총과 대전차 로켓포, 대전차 미사일로 구분할 수 있다. '무반동총'의 용어에서 '총'이라는 단어는 총이라는 의미보다 강선(rifle)을 의미하며, 구경의 관점에서 보면 '포'라고 부르는 것이 타당하나 관습적으로 '총'이라 부르고 있다. 이와 유사한 무기가 대전차 로켓이다. 이들 무기는 모두 탄두를 가속하는데 로켓의 원리를 적용하며, 대전차 공격용 탄두로 성형작약탄을 사용하는 공통점이 있다. 하지만 탄두의 추진방식이 다르며 대전차 로켓에는 강선이 없다는 차이점이 있다.[13]

　　무반동총용 대전차 성형작약탄(HEAT, High Explosive Anti-Tank)의 구조는 〈그림 3.10〉 ❶에서 보는 바와 같다. 그림에서 탄두의 구조는 전차 탄약(군사과학 총서 1권 참조)은 전차포 탄약으로 사용되고 있는 '대전차 성형작약탄'의 구조와 작동원리는 같다. 하지만 무반동총용 탄약의 탄피에는 여러 개의 구멍이 있는 천공 탄피이며, 재질도 황동이 아닌 강철로 되어있다는 점이 다르다. 그 이유는 〈그림 3.10〉 ❷에 제시된 작동과정을 보면 이해할 수 있다.[14]

　　무반동총의 작동원리는 대전차 로켓과 다르다. 무반동총의 작동과정은 먼저 탄두와 탄피가 결합이 된 고정식 탄약을 무반동총의 후미에 있는 회전식 폐쇄기(breech block)를 회전시켜 장전한다. 그다음 격발기로 격발하면 뇌관에 공이가 충격을 가하면서 점화 장약과 추진제(추진 장약)가 연쇄적으로 폭발하면서 탄피 내부에 다량의 연소 가스가 발생한다. 이 가스의 압력에 의해 탄두는 회전 및 직선운동을 하면서 총구 방향으로 가속되고 탄피 구멍으로 누출된 가스가 그림과 같이 후방 쪽으로 분출되면서 탄두의 가속에 따른 반동력을 상쇄시켜서 총이 후방 쪽으로 밀리는 것을 억제한다. 그러나 대전차 로켓은 탄두와 결합이 된 로켓 추진체가 격발과 동시에 점화하여 스스로 탄두와 함께 날아간다. 그리고 무반동총은 발사관 안에 강선이 파여 있다. 하지만 대전차 로켓은 발사관에 강선이 없는 활강포(smoothbore)와 같은 구조이다. 즉 완전히 탄두를 날개에 의해 탄도를 안정화하는 방

---

13 https://en.wikipedia.org/wiki/M40_recoilless_rifle; 이진호, "무기공학', 제2판, 북코리아, 2021.12.

14 Donald R. Kennedy, "History of the Shaped Charge Effect: The First 100 Years", D. R. Kennedy & Associates, 1983; http://www.dtic.mil/cgi-bin/GetTRDoc?AD=ADA497450; 이진호, "무기공학(제3판)", 북코리아, 2020.12; https://www.globalsecurity.org/military/systems/munitions/m830a1.htm

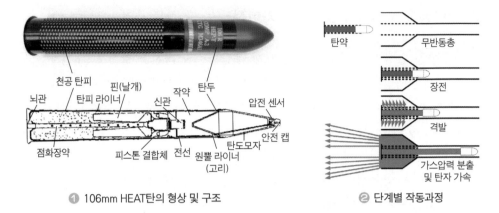

① 106mm HEAT탄의 형상 및 구조   **②** 단계별 작동과정

그림 3.10 무반동총의 HEAT 탄약의 구조 및 작동과정

식으로 발사관에서 이탈한 직후에 접이식 날개가 펼쳐지면서 비행궤도가 안정화
되는 방식이다. 한편 폐쇄기란 탄약을 약실에 삽입 후 사격 시 추진제가 연소하면
서 발생하는 고온 및 고압의 가스를 밀폐하기 위한 장치이다.[15]

---

15 Haag, Michael, Haag, Lucien C, "Shooting Incident Reconstruction. Academic Press", pp. 281.(ISBN
    978-0-12-382242-0), 2011.6.

제3절 대전차 로켓포의 작동원리와 특성

1. 로켓포의 정의와 특징

로켓포(rocket gun)란 로켓탄을 발사하기 위한 사거리 10km 이하인 접적 지역에서 화기를 말한다. 탄체에 분사 추진 장치가 장착되어 있고, 경금속과 간단한 조준 및 점화 장치만으로 구성되어 있어 가벼워서 운반하기 쉽다. 주로 대전차 화기로 사용되며, 다수의 유탄을 단시간 내에 발사하기 위해서 다수의 포신을 가진 다연장 로켓포(MLRS, Multiple launch rocket system)도 있다. 하나의 포신으로 되어있는 로켓포의 대표적인 사례로 미국의 바주카포, 여러 개의 포신으로 되어있는 화포로는 러시아의 카추샤(katyusha) 로켓포가 있다. 그리고 로켓포라고 하면 일반적으로 발사체(projectile)에 유도기능이 없는 것을 가리키며, 유도기능이 있으면 유도탄 또는 미사일이라고 부르고 있다. 여기서 발사체란 추진력에 의해 중력장에 던져져 움직이는 물체를 의미하며, 대표적으로 미사일, 우주발사체 등이 있다.

2. 대전차 로켓포의 발전과정

(1) 2차 세계대전

로켓포는 대전차 로켓포와 다연장 로켓포로 분류할 수 있으며 발전과정을 살펴보면 다음과 같다. 먼저 대전차 로켓포는 성형작약탄과 로켓을 결합한 무기이며, 2차 세계대전에서 최초로 전장에 등장하였다. 대표적으로 〈그림 3.11〉에서 보는 바와 같이 미국의 바주카(Bazooka)와 독일의 판저파우스트(Panzerfaust) 대전차 로켓포가 있다. 당시 판저파우스트 로켓포는 일회용 무기였으며 사거리도 짧았으나 보병 1명이 손쉽게 운용할 수 있었고 당시에 운용되었던 모든 전차의 장갑을 관통시킬 수 있었다. 당시 독일군과 전쟁을 벌였던 소련은 판저파우스트 공격으로부터

❶ M1 bazooka 로켓포(1942, 미국)　　　　❷ Panzerfaust(1943, 독일)

그림 3.11 대표적인 휴대용 대전차 로켓포(2차 세계대전)

엄청난 피해를 받았다.[16]

　　2차 세계대전 당시에 〈표 3.2〉에서 보는 바와 같이 독일은 다양한 판저파우스트 로켓포를 개발하였다. 이들 로켓포는 발사기의 구경의 차이는 있으나 작동원리는 큰 변화가 없었다.

표 3.2 대표적인 판저파우스트 로켓포의 주요 제원

구분 (개발 연도)	Pzf.30 (1943)	Pzf.60 (1944)	Pzf.100 (1944)	Pzf.150 (1945)
발사기 구경 [mm]	44(레버식)	50(레버식)	60(레버식)	60(권총 손잡이형)
탄두 지름 [mm]	140	140	140	105(유선형 탄두)
발사기 길이 [m]	1.045	1.045	1.045	1.051
장전된 무게 [kg]	5.1	6.1	6.8	6.0 이상
포구 속도 [m/s]	30	45	62	82
유효사거리 [m]	30	60	100	150
장갑 관통력 [mm]	140~200	200	200	280~320

(2) 2차 세계대전 이후

2차 세계대전 후 소련은 판저파우스트를 모방하여 1945년에 RPG-1 로켓포

16　https://en.wikipedia.org/wiki/Bazooka; Gordon L. Rottman, "Panzerfaust and Panzerschreck" Osprey Publishing, 2014; https://en.wikipedia.org/wiki/Panzerfaust

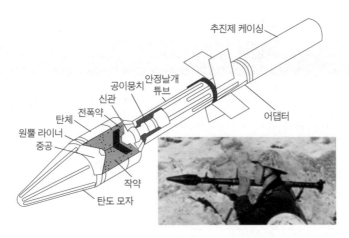

추진제 케이싱

공이뭉치 안정날개
신관 튜브
전폭약
탄체
원뿔 라이너
중공
어댑터
작약
탄도 모자

그림 3.12 RPG-2 로켓포와 PG-2 로켓포탄(1947)

를 개발하였다. 이후 1947년에는 〈그림 3.12〉에서 제시된 RPG-2 로켓포를 개발하여 소련군 보병의 제식 무기로 운용하였다.[17]

로켓포탄의 구조는 〈그림 3.12〉에서 보는 바와 같이 현대식 대전차 성형작약탄과 비슷하였다. 사수가 발사기 전방에 로켓포탄을 삽입한 후 조준사격을 하면 로켓포탄의 추진 장약이 폭발하게 된다. 이때 발생한 추진 가스의 압력에 의해 발사기가 발사기(tube)에서 이탈하면서 안정 날개가 펼쳐지며, 그 상태로 표적을 향해 날아간다. 이어서 표적에 충돌하면 공이 뭉치(firing pin stud), 신관(fuse), 전폭약(booster), 작약(main charge) 순으로 폭발물이 연쇄적으로 폭발하면서 원뿔 라이너의 용융 금속이 분출하여 장갑을 관통하게 된다. 이때 어댑터는 탄두와 추진제 케이싱(propellant casing)을 연결하는 역할을 하며, 탄도 모자는 비행 중 공기저항을 줄이기 위해 유선형으로 제작하였다.

한편 〈표 3.3〉에서 보는 바와 같이, 러시아는 구소련 시절부터 다양한 RPG(Rocket-Propelled Grenade)를 개발하였다. 특히 1961년에 RPG-2 로켓포를 개량시켜 사거리와 관통력을 강화한 RPG-7을 개발하였다. RPG란 러시아어로 휴대용 대전차 유탄발사기란 의미이다. 현재 RPG 계열은 다양한 모델이 개발되어 러시아, 중동국가 등 다수의 국가에서 사용하고 있다. 한편 2차 세계대전 당시에 미국은 2.36인치(60mm) 바주카 로켓포를 사용하였고, 1945년 후반에 훨씬 개선된

---

17 https://en.wikipedia.org/wiki/RPG-2

표 3.3 러시아의 RPG 로켓포의 종류와 제원

구분(개발 시기)	RPG-1 (1945)	RPG-2 (1947)	RPG-4 (1958)	RPG-7(1961) / RPG-7V(1970)	RPG-9 (1970)
발사기 구경 [mm]	30	40	45	40 / 40	58.3
탄두의 지름 [mm]	70	80	83	85 / 70	65.2
발사기 길이 [m]	1.0	0.95	0.9	0.95 / 0.95	1.104
발사기 무게 [kg]	2.0	2.86	4.7	2.86 / 2.86	10.3
로켓탄 무게 [kg]	1.6	1.84	1.9	2.25 / 1.84	2.05
포구 속도 [m/s]	40	84	84	117 / 140	130
유효사거리 [m]	75	150	300	150 / 150	800
장갑 관통력 [mm]	150	200	220	260 / 300	300
발사속도 [rds/min]	4~6	4~6	4~6	4~6	5~6
주요 개선 사항	조준경 없음	조준경, 추진제	성형 작약 탄두 개선	• RPG-7: 발사기와 로켓탄 통합 및 추진제, • RPG-7V 모델은 야간 조준경 추가됨	공수부대 및 전투차량 운용에 적합

3.5인치(89mm) 로켓포의 단일 모델로 표준화하여 사용하였다. 반면에 소련과 독일은 다양한 모델을 개발하여 사용하였다. 참고로 RPG와 판저파우스트는 충격식으로 격발하게 되어있다. 그러나 바주카포는 전기식(자석 또는 배터리) 장치로 추진제를 점화한다. 즉, RPG는 방아쇠를 당기면 방아쇠 뭉치가 점화용 뇌관(primer)에 충격을 주어 격발하는 방식이다.

또한, 2차 세계대전 당시 개발한 대전차 로켓포 중 RPG 계열 로켓포는 최근까지 다양한 전쟁에서 그 위력을 보여주고 있다. 1979년 아프간 전쟁 당시에 초강대국 중 하나였던 소련과 이슬람 반군과의 전투 시 RPG-7 대전차 로켓포는 아프가니스탄에서 소련군을 철군하도록 하는 데에 큰 역할을 하였다. 이후 1994년 제1차 체첸분쟁에서도 체첸 반군이 러시아군을 상대로 한 전투에서 유용하게 사용하였다. 그리고 2001년 아프가니스탄 전쟁과 2003년 이라크 전쟁에서도 미국군에게 피해를 많이 주었다. 이처럼 RPG-7은 약소국이 강대국 군대와 맞서 싸우는 비대

그림 3.13 RPG-7 로켓포의 사격장면

칭전(asymmetric warfare)에서 두려움의 상징이 될 정도이다.[18]

끝으로 RPG-7 대전차 로켓포는 전차, 장갑차 이외의 다른 목표물을 공격하기에도 유용하다. 예를 들어 1993년 소말리아의 모가디슈 전투에서 소말리아 반군들은 다수의 RPG-7을 이용하여 미 육군의 특수작전 헬기인 UH-60(블랙 호크) 2대를 격추하였다. 2000년대 들어서도 소말리아 해적들이 함정을 공격하는데 사용하는 등 저렴하면서 효과적인 대전차 무기 중 하나였다. 특히 RPG 계열 로켓포는 구조가 단순하고 강력하여 오늘날에도 대전차 공격에 많이 사용되고 있다.

3. 판저파우스트 로켓포

(1) 주요 구성품과 기능

판저파우스트는 〈그림 3.14〉 ❶에서 보는 바와 같이 발사관(tube)과 발사관에서 발사하는 발사체(로켓포탄, projectile)로 구성되어 있다. 그리고 다양한 모델이 개발되었으며 대표적인 모델은 〈그림 3.14〉와 같으며, 이들 구성품의 주요 기능을 살펴보면 다음과 같다.[19]

---

18 https://en.wikipedia.org/wiki/RPG-7#/media/File:ANA_soldier_with_RPG-7_in_2013-cropped.jpg
19 https://c2.staticflickr.com/4/3573/3571825934_8fb262e6b9_b.jpg

1 발사체

발사체는 〈그림 3.14〉에서 보는 바와 같이 탄두 덮개(nose cap)와 탄체 하부(lower projectile body)로 구성되어 있다. 그리고 원뿔 모양의 라이너 뒤에 시클로펜타디엔(cyclopentadiene, C_5H_6)이 채워진 성형 작약이 들어있다. 그리고 강철로 만든 잠금 걸이는 발사체와 발사관을 연결할 때 사용하며, 발사체를 정렬하여 접이식 조준경과 일직선이 유지되게 한다. 그리고 발사체 꼬리에 있는 튜브에는 기폭제와 뇌관이 들어있고, 그 끝에는 4개의 접이식 핀(날개)이 있는 나무로 만든 꼬리 축이 있다.

2 발사관

발사관은 길이가 809mm인 단순한 강철관이었으며, 모델별로 발사관의 지름은 Pzf 30(또는 klein) 모델은 33mm, 그리고 Pzf 30(groß), Pzf 60, Pzf 100 모델은 모두 44mm이다. 그리고 발사관 상부에 접이식 조준경이 있고, 바로 뒤에는 방아쇠 레버가 있다. 조준장치와 격발장치의 메커니즘은 모델별로 다르다.

접이식 조준기는 〈그림 3.14〉 ❹와 같이 잠금 걸이로 고정하며 사격 시에만 〈그림 3.14〉 ❸에서 와 같이 펼쳐서 조준할 수 있다. 추진제는 흑색화약을 사용했으며 방아쇠 아래 발사관 내부에 발사관과 별개로 고정되어 있다. 그리고 Pzf 100은 〈그림 3.14〉 ❹와 같이 두 번째 추진제가 발사관 길이의 약 1/3 위치에 고정되어 있다. 그리고 발사관 끝부분에 보호 덮개가 먼지, 흙, 물, 눈이 발사관 내부로 침투하지 못하도록 방수 처리된 종이로 만든 덮개가 고정되어 있다.

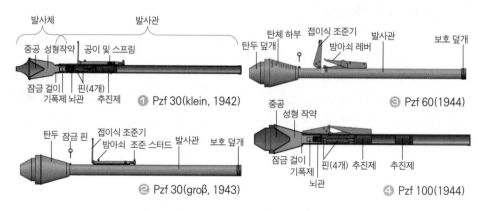

그림 3.14 대표적인 판저파우스트의 종류 및 구성

(2) 사격 방법 및 주요 특성

1 사격 방법

판저파우스트의 사격 방법은 〈그림 3.15〉 ❶에서 보는 바와 같다. 먼저 로켓포
탄을 장전한 후 〈그림 3.15〉 ❷와 같이 접이식 조준기를 이용하여 시선과 표적을
일치시켜 조준선 정렬을 한 후, 방아쇠 레버로 뇌관에 충격을 가하면 뇌관 화약, 기
폭제(primary explosive), 추진제(propellant)가 연쇄적으로 폭발한다. 이때 발생한 가스압
력으로 발사체가 발사된다. 이때 접이식 조준기는 사거리를 30m에서 150m까지
쉽게 조준할 수 있게 조준기에 구멍을 만들어 놓았다.

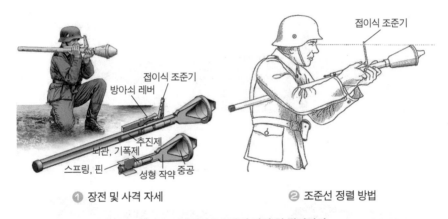

❶ 장전 및 사격 자세 ❷ 조준선 정렬 방법

그림 3.15 판저파우스트의 장전 및 발사장면

2 주요 특성

판저파우스트는 사격 시 후폭풍이 약 3m까지 발생하므로 사수가 실내 또는
건물 근처 등에서 발사하거나 어깨에 견착하여 사격하면 심각한 화상을 입는다.
이 무기는 2차 세계대전 동안 로켓과 발사기를 대형화함으로써 유효사거리가 증
가하였으나 추진제의 용량이 증가하면서 무게가 더 무거워졌다. 그리고 발사체의
지름이 크고 공기저항과 핀(fin)이 길어서 바람이 불면 정확도가 크게 떨어졌다.

한편 로켓 추진제의 온도가 높을수록 발사 압력이 높아진다. 그리고 발사관이
과열되면 점화 온도가 높아져 추진제가 점화될 때 폭발할 수 있으며, 이러한 문제
는 사수에게 치명적이었다. 따라서 강한 햇빛에 오랫동안 노출된 발사관은 그늘에

서 완전히 냉각한 후 사격해야만 했다. 그리고 극한의 추위에 노출된 로켓은 너무 천천히 연소하여 미연소 추진제가 발사관 속에 남아 있어서 이를 방지하기 위해 평소에는 벙커나 차량에 보관해야 했다. 이를 해결한 모델이 〈그림 3.16〉에 제시된 88mm RPzBGr 4322 로켓포이다. 이 로켓포는 1944년에 개발되었고 –25 ~ +25°C의 온도에서 작동하였다. 발사방식은 전기식 뇌관으로 추진제를 연소시켜 발사한다. 조준 방식은 가늠쇠와 가늠자로 조준하거나 사거리에 따라 조준 구멍으로 조준하며 발사 시 추진 가스로부터 사수를 보호하기 위해 포구 덮개가 있다. 특히 형상과 발사방식 등이 오늘날 휴대용 대전차 무기와 비슷하다.

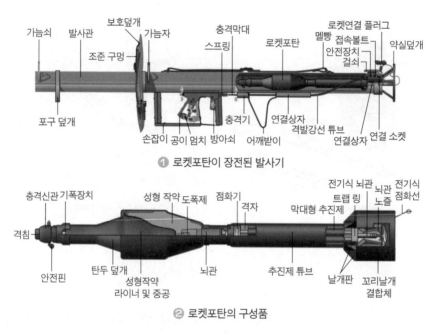

그림 3.16 RPzBGr 4322 로켓포의 세부 구조(1944)

4. RPG-7 대전차 로켓포

(1) 발사기의 주요 구성품

RPG-7 대전차 로켓포는 앞서 언급한 바와 같이 러시아가 개발하였으며, 아직도 세계 각국의 정규군과 비정규군이 사용 중이다.

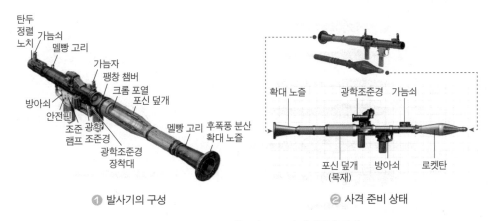

① 발사기의 구성

탄두
정렬
노치
가늠쇠
멜빵 고리
가늠자
팽창 챔버
크롬 포열
포신 덮개
방아쇠
안전핀
조준 광학
램프 조준경
광학조준경
장착대
멜빵 고리 후폭풍 분산
확대 노즐

② 사격 준비 상태

확대 노즐
광학조준경
가늠쇠
포신 덮개
(목재)
방아쇠
로켓탄

그림 3.17 RPG-7 로켓포의 구조 및 사격준비 상태

RPG-7의 구조를 살펴보면 〈그림 3.17〉①에서 보는 바와 같다. 발사기의 구조가 매우 단순하고 기계식 조준장치와 광학식 조준장치가 있으며, 야간이나 어두운 곳에 사용할 수 있도록 조준 램프가 있다. 그리고 발사관은 크롬(chrom) 도금을 하여 고온고압의 추진 가스로부터 열과 마멸에 견딜 수 있게 설계되어 있다. 그리고 발사관이 과열되어 사수에게 화상을 입히지 않도록 발사관이 나무 덮개로 단열 처리되어있으며, 후폭풍으로부터 사수를 보호하고 반동력을 최소화하기 위해 내부에 크롬으로 도금된 확대 노즐이 장착되어 있다.[20]

(2) 로켓포탄의 종류와 구성품

1 대표적인 로켓포탄

〈그림 3.18〉①은 RPG-7 로켓탄의 형상과 특징을 나타낸 그림이다. 그림에서 보는 바와 같이 다양한 종류의 탄약이 개발되었으며, 형상과 크기가 각각 다르다. PG-2 HEAT의 무게는 1.84kg으로 가장 가볍고, TBG-7과 PG-7R은 모두 4.5kg으로 가장 무겁다. 그리고 이들 중 TBG-7과 OG-7탄은 최신형으로 사거리는 약 700m이다.

---

20 https://science.howstuffworks.com/rpg3.htm; https://en.wikipedia.org/wiki/RPG-7; Gordon L. Rottman, "The Rocket Propelled Grenade", Osprey Publishing Ltd, 2010.

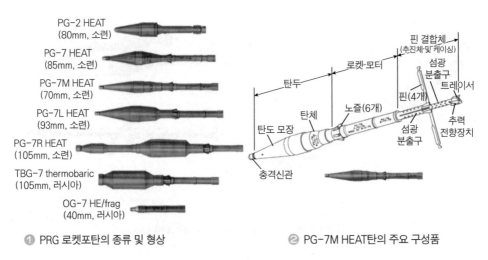

① PRG 로켓포탄의 종류 및 형상　　　② PG-7M HEAT탄의 주요 구성품

그림 3.18 RPG-7 로켓탄의 주요 종류 및 구성

② 로켓포탄의 구성과 기능

　　RPG-7에 사용하는 로켓포탄은 탄두의 종류에 따라 대전차 성형작약탄 (HEAT, High-explosive anti-tank), 열압력탄, 대인 파편 탄약으로 구분할 수 있다. 이들 탄약 중에서 가장 많이 사용하는 탄두는 HEAT 탄두이다.

　　한편 대표적인 RPG-7용 로켓탄 중 하나인 PG-7M HEAT의 형상과 구성품 은 〈그림 3.18〉 ②과 같다. 이 로켓탄은 그림에서 보는 바와 같이 탄두, 로켓 모터 (rocket motor) 그리고 핀 결합체로 구성되어 있다. 탄두는 로켓탄이 표적과 충돌하면 서 탄두를 폭발시킬 수 있도록 압전식 신관(piezoelectric fuse)이 내장된 충격 신관, 공 기저항을 줄이기 위한 유선형 탄체인 탄도 모자(ballistic cap)로 구성되어 있다. 그리 고 탄체 내부에는 작약(고성능 폭약을 사용함), 원뿔 라이너, 전기선 등이 있다. 다음으 로 로켓 모터는 로켓탄이 비행 중에 추진력을 발생시키는 구성품이며, 추진 가스 분사용 노즐과 무연추진제 그리고 발사 후에 추진제를 점화하기 위한 점화용 공 이가 있다. 끝으로 발사관에는 최초 발사 시 추력을 발생시키며, 로켓탄이 발사관 을 이탈한 후 탄도를 안정화하기 위한 핀과 비행 중에 사수가 관측하기 위한 예광 제를 연소시키는 트레이서(tracer), 그리고 발사 시 추력을 발생시키는 추진제(흑색 화약)와 추력의 방향을 변경할 수 있는 추력 전향장치 등으로 구성된 핀 결합체(fin assembly)가 있다.[21]

(3) RPG-7용 탄약의 구조 및 작동원리

현재 개발되어 사용 중인 RPG-7용 탄약의 종류와 형상은 〈그림 3.19〉와 같으며 탄두의 종류는 총 9가지가 있다. 이들 탄두는 로켓 모터와 핀 결합체는 같이 사용하며, 가장 많이 사용하고 있는 탄종에 대한 구조와 작동원리를 살펴보면 다음과 같다.[22]

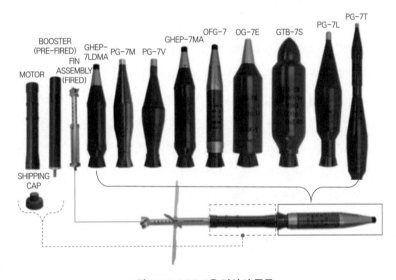

그림 3.19 RPG-7용 탄약의 종류

1 단일(single) HEAT 탄두 로켓포탄

대표적으로 〈그림 3.20〉과 같이 PG-7L HEAT 로켓포탄이 있다. 이 탄약의 특징은 탄두에 대전차 성형작약탄이 장착되어 있다는 점이다. 그리고 이 탄약의 작동원리는 다음과 같이 크게 4단계 과정으로 작동하게 되어있다.[23]

21 www.ospreypublishing.com; 이진호, '무기 공학', 북코리아, 2020.12.

22 http://www.military-today.com/firearms/rpg_7.htm

23 https://en.wikipedia.org/wiki/RPG-7; "Soviet RPG-7 Antitank Grenade Launcher", U.S. Army Training & Doctrine Command. 1976.11; https://en.wikipedia.org/wiki/Rolled_homogeneous_armour

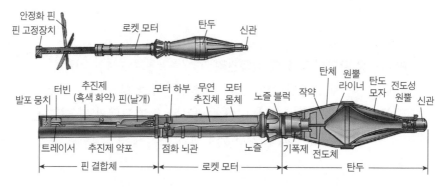

안정화 핀
핀 고정장치
로켓 모터
탄두
신관

터빈
추진제
(흑색 화약)
핀(날개)
모터 하부
무연
추진체
모터
몸체
노즐 블럭
작약
탄체
원뿔
라이너
탄도
모자
전도성
원뿔
신관

발포 뭉치

트레이서
추진제 약포
점화 뇌관
노즐
기폭제
전도체

전도성
원뿔

핀 결합체
로켓 모터
탄두

그림 3.20 PG-7L HEAT 로켓포탄의 구조 및 구성품

첫 번째, 사수가 탄약을 RPG-7 발사기의 포구에 탄약을 장전한 후 방아쇠를 당기면 공이가 점화 뇌관(ignition primer)에 충격을 가하여 핀 결합체 내부에 충전된 추진제(흑색화약 분말)를 폭발시킨다. 이때 발생한 연소 가스의 압력에 의해 발포 뭉치(foam wad)가 트레이서 속에 충전된 예광제를 점화하며, 로켓포탄은 발사기에서 발사된다. 그리고 터빈을 통과하는 추진 가스는 축 및 회전 방향으로 분출한다. 그 결과 회전 방향으로 분출되는 추진 가스압력으로 포탄을 회전시켜 날아가는 동안에 비행안정성을 유지한다. 즉 〈그림 3.21〉과 같이 포탄을 회전시키면 동시에 날개에 의해 압력 중심과 무게 중심의 균형을 유지한다. 참고로 발사관에서 이탈할 때 로켓포탄의 속도는 117m/s이다.

두 번째, 로켓 모터의 작동원리는 사수가 방아쇠를 당기면 점화 뇌관 속에 있는 지연 화약을 연소시킨다. 그 결과 지연 화약이 연소하면서 발생한 가스압력으로 핀 고정장치를 누르며 동시에 발사기의 축소확대 노즐로 추진제의 연소 가스가 유출된다. 이때 추력이 발생하고 로켓포탄을 가속하여 약 300m/s의 속도로 날아

핀 고정장치

안정화 핀

회전

그림 3.21 로켓포탄의 탄도 안정법

갈 수 있다.

세 번째, 포탄은 발사관 출구로부터 약 2.5m 거리에서 점화 신관에 의해 로켓 모터가 작동을 시작하고 추진제는 약 18m 거리까지 연소한다. 그리고 탄두에 있는 압전식 신관의 전기 회로가 안전에서 무장상태로 전환이 된다. 물론 탄약의 종류에 따라 점화 신관의 작동 시점은 약간 차이가 있다.

끝으로 포탄이 표적에 충돌하면 탄두 신관에 있는 압전소자(piezoelectric element)가 압축되어 전류가 발생하고, 그 영향으로 전기뇌관이 폭발하여 탄두가 파열되면서 장갑을 관통한다. 만일 포탄이 발사 후 4~6초 후에도 표적에 충돌하지 않았거나 신관의 전기 부품이 고장 나면, 뇌관 화약이 스스로 폭발할 수도 있다.[24]

② 이중(double) HEAT 탄두 로켓포탄

대표적으로 RPG-7용으로 개발된 PG-7M 탄약이 있다. 이 탄약은 기본형과 탄두 연장형이 있다. 탄두의 지름은 85mm이다. 기본형은 260mm, 탄두 연장형은 330mm의 관통력(armor piercing power)이 있다. 특히 탄두 연장형 탄약은 230mm 두께의 모래주머니와 457mm 두께의 강화 콘크리트, 그리고 1.5m의 흙과 통나무로 구축된 진지 외벽을 관통시킬 수 있다. 그러나 이 탄약으로는 1980년대에 전력화된 3세대 전차의 측면 장갑(두께 350mm)은 관통이 불가하다.

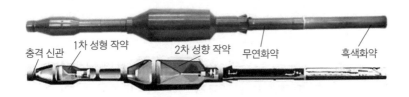

그림 3.22 PG-7R 로켓탄의 주요 구성

따라서 이들 전차의 장갑을 관통시키려면 〈그림 3.23〉과 같이 이중 성형 작약 탄두, 즉 탠덤(Tandem-HEAT) 탄두가 있는 PG-7R 로켓포탄을 사용해야 한다. 이

---

24 https://science.howstuffworks.com/rpg3.htm; https://bulletpicker.com/rocket_-70mm-heat_-pg-7m.html

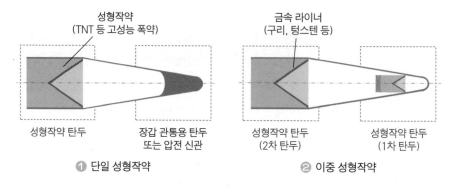

성형작약
(TNT 등 고성능 폭약)

금속 라이너
(구리, 텅스텐 등)

성형작약 탄두   장갑 관통용 탄두
또는 압전 신관

성형작약 탄두   성형작약 탄두
(2차 탄두)   (1차 탄두)

❶ 단일 성형작약   ❷ 이중 성형작약

그림 3.23 이중 성형작약 탄두의 구조

탄약의 관통력은 750mm이며, 이중 탄두이기 때문에 반응장갑도 관통시킬 수 있다.[25] 이중 성형작약 탄두는 〈그림 3.23〉 ❷에서 보는 바와 같이 2개의 성형작약을 직렬로 배열하였다. 따라서 탄두가 장갑에 충돌할 때 두 번의 폭발로 관통력을 높였다. 이 탄두는 반응장갑으로 보호된 전차를 관통시키기 위해 고안됐으며, 두꺼운 장갑을 뚫고 전차 내에 침투하여 2차 폭발로 더 큰 위력을 발휘할 수도 있다.

❸ 열-압력 탄두 로켓포탄

TBG-7V 열압력탄은 〈그림 3.24〉와 같은 구조로 동굴이나 벙커 등을 공격하기 위해 개발된 로켓탄이다. 열압력탄은 고폭탄과 같은 단일 폭발 계열이고, 연료 충전물은 알루미늄 분말을 사용한다. 이 때문에 폭발 시 장시간의 고온과 고열 및 고압 충격파로 표적을 파괴 또는 무력화할 수 있다.[26]

이러한 원리를 이용한 이 탄약의 작동원리를 살펴보면 다음과 같다. 먼저 장갑 등 단단한 표적에 충돌하면 로켓 본체의 앞부분이 변형된다. 그리고 성형 작약이 폭발할 때 발생한 금속 제트에 의해 30~40mm 장갑을 관통하며 탄두의 구경보다 큰 구멍을 뚫을 수 있다. 그다음 다른 연료 기화 폭탄처럼 작동하여 알루미늄 분말(aluminium powder)을 분산(산포)시켜 주위의 공기와 혼합된 다음 점화기가 작동하면서 알루미늄을 점화시킨다. 그 결과 고온고압의 대규모 폭발로 동굴이나 벙커

---

25 https://doi.org/10.3390/ma11010072; https://en.wikipedia.org/wiki/Tandem-charge

26 https://roe.ru/pdfs/pdf_2318.pd

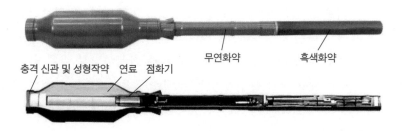

충격 신관 및 성형작약 연료 점화기   무연화약   흑색화약

그림 3.24 TBG-7V 로켓탄의 주요 구성

등 밀폐된 공간 속에 있는 인원을 살상시킬 수 있도록 지속적인 충격파(shock wave)를 생성한다. 이때 초기에 발생한 폭발 후에 반사 충격파가 발생하여 가스가 냉각된다. 그 결과 압력이 급격히 낮아져 일부 공간에서 진공 상태가 발생하게 됨으로써 피해가 더 커지는 효과도 있다.[27]

④ 대인 파편 탄두 로켓포탄[28]

OG-7V HE/Frag(High Explosive/Fragmentation) 로켓탄은 〈그림 3.25〉와 같은 구조로 탄두의 지름이 40mm이고 무게가 2kg(작약 210g)인 대인 살상용 파편 로켓탄이다.[29]

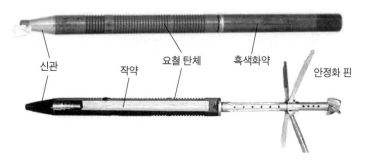

신관   작약   요철 탄체   흑색화약   안정화 핀

그림 3.25 OG-7V HE/Frag 로켓탄의 주요 구성

---

27 https://uofa.ru/en/ruchnoi-protivotankovyi-granatomet-rpg-7-granatomety-rossii/

28 Tilstra, Russel, "Small Arms for Urban Combat", ISBN 9780786488759, 2014.1.

29 https://www.universal-dsg.com/product/round-og-7v-with-a-fragmentation-grenade-og-7-and-og-7vm3/

이 탄약은 다른 로켓탄과 달리 로켓 모터가 없고 핀 결합체에 충전된 흑색화약이 폭발할 때 발생하는 가스압력으로 발사시킨다. 따라서 로켓탄의 속도는 느리나 표적에 도달하여 탄체가 파열되면 파편에 의해 살상하도록 탄체에 요철이 있다. 단일 또는 이중 성형 작약 탄두가 있는 로켓탄의 유효사거리는 300m이다. 하지만 포탄의 속도가 중요하지 않은 OG-7V HE/Frag는 최대 700m에서 약 7m의 반경 내에 있는 인원을 살상시킬 수 있다.

(4) RPG-7의 특성과 적용

1 주요 특성

RPG-7은 최초 1961년 소련군이 전력화한 이후 오늘날 40여 개 국가에서 운용하고 있다. 이 무기는 구경 40mm 포신의 총구에서 장전하는 날개 안정식 로켓탄을 발사하며, 대전차 공격이나 대인 살상용으로 사용한다. 조준장치는 광학식이며, 무게는 6.9kg, 유효사거리는 각각 이동 표적 300m, 고정 표적 500m이다. 그리고 지역 표적을 공격하는 경우에는 대인 살상용 로켓탄을 발사한다. 이 탄은 최대 4.5초 동안 비행 후 920m에서 자폭할 수 있으며, 1.1km 고도까지 도달할 수 있다.

RPG-7의 탄두는 1980년대에 등장한 복합장갑이나 반응장갑, 경시 장갑을 장착한 3세대 전차 공격에는 위력이 반감된다. 대부분의 3세대 전차의 방호력은 측면에서 CE(Chemical Energy) 기준은 350mm 정도이다. 1981년에 전력화된 미국의 M1 전차의 전면장갑의 방호능력은 KE(Kinetic energy) 기준이 450mm~500mm이었다. 이를 CE 기준으로 환산하면 최소 700mm 이상의 관통능력이 있어야 한다. 따라서 RPG-7 로켓포로 이들 전차를 파괴하기는 관통능력이 크게 부족하다. 여기서 CE 기준은 화학 에너지를 이용하는 성형작약탄을 사용하였을 경우이고, KE는 대전차 철갑탄약과 같은 운동 에너지를 이용한 방호능력이다.[30]

한편 RPG-7은 발사 후 후방 45도 각도로 30m까지 강력한 후폭풍을 분사하기에 사수가 주의하지 않으면 사망할 수도 있다. 최소한 후방 5m 내에 사람이 없어야 하며, 실내에서 사용할 경우 매우 위험하다. 특히 목조건물의 경우 후폭풍에 의해 목제 기둥을 타격하게 되면 건물 전체가 붕괴할 수도 있다. 그리고 탄두 신관은 표

---

30 https://www.researchgate.net/figure/M72-Light-Anti-Armor-Weapon-also-known-as-the-LAW-rocket_fig1_235108558; https://en.wikipedia.org/wiki/Glossary_of_military_abbreviations

적에 충돌하면 전기를 발생시켜 뇌관을 폭발시키는 압전방식 신관이기 때문에 철망에 걸리면 누전이 된다. 그 결과 표적에 충돌하지 못한 채 불발탄이 되는 경우가 많다. 따라서 방어 시 이를 이용한 철망형 장갑을 사용하면 효과적인 방호가 가능하다. 또한, 측면 쪽으로 강풍이 불면 200m 이상 거리에서 탄두가 갑자기 곡선을 그리며 날아가 명중률이 급격히 감소한다. 그리고 광학식 조준경이 없거나 고장이 나서 탄젠트 방식(tangent type)의 가늠자(sight)를 사용하면 조준 정밀도가 낮고 풍향과 풍속, 사거리까지 가늠할 줄 알아야 해서 사거리가 100m 이내로 줄어드는 단점이 있다. 여기서 탄젠트 방식 가늠자란 사거리에 따라 총구를 올려 가늠쇠의 꼭짓점이 가늠자의 경사를 오르내리게 해서 가늠자의 높이를 조절하는 가늠자이다.

② 적용 사례

RPG-7은 전술적으로 경보병에게 적합한 어깨 발사방식 장갑 공격용 무기이다. 이 로켓포는 각종 분쟁에서 가장 일반적으로 사용되고 있으며 가장 효과적인 보병 무기 중 하나이다. 주요 특징은 구조가 견고하고 단순하며 치명적인 위력이 있다는 장점이 있다.

1993년 소말리아 모가디슈 전투 시 1대당 67억 원의 미군의 UH-60 헬기를 격추하였다. 당시 RPG-7 로켓포탄 500발 중에 겨우 1발이 명중되었으나 탄약 1발당 약 1만 원이었기에 비용 대 효과 측면에서 매우 우수한 무기였다. 2011년 시리아 내전, 2022년 우크라이나 전쟁 등에도 RPG-7을 많이 사용하고 있다. 특히 대전차 성형 작약 탄두가 장착된 RPG-7M 탄약을 주로 사용하고 있다. 이 탄약은 3세대 또는 3.5세대 전차를 무력화할 수 있는 장갑 관통성능을 갖고 있다. 또한, RPG-7은 다양한 구경의 로켓포탄을 발사시킬 수 있다는 최대의 장점이 있다. 따라서 특수한 탄두를 발사할 수 있는 탄두를 설계하는데 제한이 없고, 다양한 표적에 대해 최적화된 로켓포탄을 휴대할 수 있다. 이러한 장점이 있어서 오늘날에도 다양한 모델의 RPG가 사용되고 있다(주로 RPG-7). 특히 게릴라나 반군 및 테러 조직에서 사용하고 있다.[31]

---

31 이진호·김우람, "무기체계(제4편)", 북코리아, 2020.12.

(5) RPG-7 로켓포의 사격 방법

RPG-7은 발사기와 탄두를 분리할 수 있는 분리형으로 발사기를 재사용할 수 있다. 운용 인원은 2명으로 사수와 사수를 엄호하는 부사수로 구성되어 있다. 그리고 로켓탄을 발사관 앞쪽에 삽입하고, 조준장치를 이용하여 표적을 조준한 상태에서 안전핀을 제거한 후, 방아쇠를 당겨 사격한다. 그리고 로켓탄이 10m쯤 날아가면, 탄두 자체의 로켓이 점화하여 500m 정도까지 날아간다. 이때 사격절차는 다음과 같이 여섯 단계로 이루어진다.

첫 번째, 로켓 모터와 탄두를 결합하고 로켓 모터 뒤쪽에 핀 결합체(흑색화약)를 결합한다. 두 번째, 발사기의 해머를 안전위치에 놓고 안전장치를 걸어서 오발 사고를 방지한다. 세 번째, 가늠자와 가늠쇠를 세우며 일반적으로 PGO-7V 광학식 조준경이 사용된다. 하지만 게릴라나 비정규군 등은 광학식 대신 기계식 조준기를 사용하는 경우가 많다. 네 번째, 발사 약통과 부스터가 결합된 탄두를 발사기에 끼운다. 이때 발사기와 탄두의 눈금 부분을 정확하게 맞춰 끼워야 불발이 발생하지 않는다. 참고로 부스터란 로켓이나 미사일의 가속추진 장치를 뜻한다. 다섯 번째, 탄두를 발사기에 끼우고 탄두 앞쪽에 있는 안전 덮개를 벗긴 다음 안전핀을 뽑아서 탄두 속에 있는 신관을 무장상태로 전환한다. 안전핀이 제거된 이 상태에서는 탄두는 충격에 쉽게 폭발할 수 있다. 여섯 번째, 발사기의 안전장치를 해제하고 해머를 젖힌 후, 조준경으로 조준한 상태에서 방아쇠를 당기면 탄을 발사할 수 있다.[32]

---

32 https://www.optixco.com/en/military-optics-164/day-vision-sights-170/grenade-launcher-sight-pgo-7v-22; http://www.opticstrade.cz/sighting-devices-soldiers-equipment/pgo-7v/

제4절 로켓포탄과 다연장 로켓포

1. 로켓포탄과 일반 포탄의 차이점

200여 년 전부터 로켓을 무기로 사용하였으나 2차 세계대전 이후에야 비로소 효과적인 무기가 되었다. 로켓 발사기는 후폭풍이 발생하기 때문에 이론적으로 화포보다 비효율적인 무기이다. 하지만 화포보다 더 많은 추진제를 사용하면 에너지 손실을 보상할 수 있는 장점이 있다. 이 때문에 기존 화포에서 포탄에 보조 추진 로켓을 장착하여 사거리를 연장한 로켓포탄이 탄생하게 되었다. 그리고 로켓포탄의 일반 특성을 살펴보면 다음과 같이 다섯 가지로 요약할 수 있다.[33]

첫째, 화포에서 발사된 포탄이 더 멀리 날아가도록 〈그림 3.26〉과 같이 포탄에 보조 로켓을 장착하여 사거리를 연장하는 로켓보조 추진 탄약(RAP, Rocket Assisted Projectile)이 개발하였다. 이 포탄은 기존의 화포를 그대로 활용하면서도 사거리를 연장할 수 있는 장점이 있다. 하지만 일반 포탄에 로켓 모터를 추가한 일종의 하이브리드 포탄이므로 로켓탄과는 구별된다. 흔히 로켓이라 말하는 로켓탄은 별도의

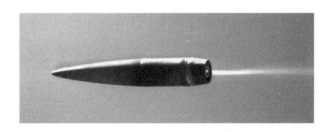

그림 3.26 155mm 로켓보조 추진 탄약의 로켓 분사

---

33 https://www.globalsecurity.org/military/systems/munitions/rap.htm; https://www.gd-ots.com/wp
-content/uploads/2019/06/XM1113-Press-Release.pdf; https://www.gd-ots.com/munitions/art
illery/155mm-m549a1/

로켓 발사기에서 발사되기 때문에 화포와 다르게 발사 시 반동이 거의 없다. 특히 여러 개의 발사관을 하나로 묶은 다연장 로켓포를 이용하면 연속 발사가 가능하여 적에게 최대한 충격 효과를 달성하기에 적합하다.

둘째, 로켓탄은 비행시간이 포탄보다 길고 발사 시 연기나 섬광이 화포보다 더 많이 발생한다. 이로 인해 적의 대응 공격에 더 취약해질 수 있다.

셋째, 로켓탄은 자체 추진력으로 비행하기 때문에 포탄처럼 높은 가속도를 견딜 필요가 없다. 따라서 포탄처럼 중금속 외피가 불필요하여 탄두의 무게를 증가시킬 수 있다. 그리고 탄두에 작약을 더 장입시킬 수 있어서 탄두의 폭발력을 일반 포탄보다 더 크게 할 수 있다.

넷째, 로켓탄은 일반적으로 포탄보다 더 다양한 포물선뿐만 아니라 불규칙한 궤적으로 비행할 수 있으면서도 명중률을 높일 수 있다. 따라서 초정밀 사격에 적합하다.

끝으로 로켓탄은 추진제의 용량만 증가시키면 사거리를 얼마든지 연장할 수 있다. 하지만 포탄은 포신의 크기(구경과 길이)를 늘려야 사거리를 연장할 수 있으며 이에 따른 무게와 반동력의 증가 등도 발생한다. 따라서 장거리 타격용으로는 로켓탄이 더 적합하다.

2. 대표적인 다연장 로켓(MLRS)

다연장 로켓시스템(MLRS, Multiple Launch Rocket System)란 다수의 로켓 발사관을 상자형인 발사기에 나란히 수납한 형태의 화력 무기이며, 고성능 사격 통제 장치와 이동식 발사대를 하나의 시스템으로 통합한 포병 무기이다. 특히 하나의 발사대로 다양한 종류의 로켓탄이나 미사일을 발사할 수 있으며, 대표적인 개발 사례와 특성은 다음과 같다.[34]

---

34 https://www.lockheedmartin.com/en-us/products/m270.html; https://www.globalsecurity.org/military/library/policy/army/fm/6-60/Ch1.htm; https://www.lockheedmartin.com/en-us/pro ducts/high-mobility-artillery-rocket-system.html

(1) 미국의 MLRS의 종류와 특성

1 MLRS 발사대의 종류 및 특성

① M270 MLRS(다연장 로켓시스템)

M270 MLRS는 무유도 로켓과 유도 로켓(GMLRS, Guided Multiple Launch Rocket System), 미사일과 같이 유도기능이 있는 육군 전술 미사일체계(ATACMS, Army TACtical Missile System), 정밀타격 미사일(PrSM, Precision Strike Missile) 등을 발사할 수 있다. 이 플랫폼은 자체적으로 사격 임무 접수, 위치 결정, 사격 제원 계산, 방열(임의의 조준점을 기준으로 화포를 표적이나 표적 방향으로 지향하는 사격준비), 사격을 동시에 처리할 수 있으며 단시간에 강력한 화력을 목표 지역에 집중시킬 수 있다. 특히 적 포병 관련 장비나 시설 등을 파괴하거나 무력화하기 위한 대포병 사격에 최적화된 무기 중 하나이다.[35]

M270 MLRS의 주요 제원은 〈표 3.4〉에서 보는 바와 같으며, 크게 네 가지의 특성이 있다. 첫째, 신속한 장전 및 발사속도가 일반 화포보다 매우 빨라서 단시간에 강력한 화력을 목표 지역에 집중할 수 있다. 또한, 단발 사격, 2발 사격, 12발 전체 사격을 할 수 있게 사격 모드를 선택할 수 있는 기능이 있다. 둘째, M270A1은 운전실을 경장갑과 방탄 창문으로 개량시켜 승무원의 생존성을 개선하였으며, GPS 유도 로켓을 비롯한 신형 탄약을 발사할 수 있다. 셋째, 사수가 표적 좌표만 입력하면 사격 제원이 자동으로 산출되는 자동사격시스템이 있어서 신속 사격과 진지 변환이 가능하여 치명성과 생존성이 우수하다. 넷째, 발사 포드(pod)에 다양한 유도탄이나 미사일을 발사할 수 있으며 궤도차량으로 야지 횡단 및 장애물 돌파 능력이 우수하다.

② M142 HIMAS(고기동 포병 로켓시스템)

M142 HIMAS(High Mobility Artillery Rocket System)는 M270 MLRS를 기반으로 미 육군과 해병대의 특수작전에 적합하도록 개량시킨 무기이다. 따라서 기동성과 생존성 그리고 수송성을 증대시킨 소형 MLRS라고 할 수 있다.

---

35 https://en.missilery.info/missile/mlrs; https://man.fas.org/dod-101/sys/land/m270.htm

표 3.4 미국의 다연장 로켓 발사 플랫폼(발사대)의 종류 및 주요 제원

주요 제원		M270 계열 MLRS		M142 HIMAS	
플랫폼 형상					
차체 / 구동		M993(Bradley 장갑차 차체) / 궤도형(500hp)		5ton FMTV(Family of Medium Tactical Vehicles) / 차륜형 (330hp)	
부무장 무기		M240B 7.62mm 기관총 1정		M240B 7.62mm 기관총 1정	
전투 중량 / 승무원		25ton / 3명 (반장, 부조종수, 사수)		16ton / 3명 (반장, 부조종수, 사수)	
항속거리 / 최대 속도		480km / 64km/h		480km / 85km/h	
발사속도	로켓	40초당 12발(M270A1)		←	
	미사일	10초당 2발(M270A1)			
재장전 시간 / 로켓 모듈 회전각		4분(M270), 3분(M270A1) / 360도		160s / 360도 (M1084 재보급 차량 2대 활용)	
장전	M30/M31	12발(2 pod)	로켓 6발과 미사일 1발 혼합 장전 가능	6발(1 pod)	로켓 6발 또는 PrSM 1발 또는 ATACMS
	GMLRS	12발(2 pod)		6발(1 pod)	
	ATACMS	2발(2 pod)		1발(1 pod)	
	PrSM	4발(2 pod)		2발(1 pod)	
전력화 시기		1983(M270), 2015(M270A1)		2010	

M142 HIMAS의 주요 제원은 〈표 3.4〉에서 보는 바와 같으며, 주요 특성을 요약하면 다음과 같다. 첫째, 미국의 C-130 수송기에 최대 2대를 수송할 수 있어서 신속 기동 후 장거리 화력 지원이 가능하다. 둘째, 차량의 운전실에는 부분 장갑으로 방호력을 높였으며, 차체 전체를 경장갑으로 방호하여 포탄의 파편이나 지뢰 폭발로부터 승무원과 발사대의 생존성을 높였다. 그리고 M270에는 없는 운전실의 지붕에 출입구(hatch)를 설치하여 승무원이 비상 탈출이나 근접방어하기 쉽도록

개선하였다. 셋째, 사수가 표적의 좌표만 입력하면 사격 제원이 자동으로 산출되는 자동사격시스템을 탑재하여 신속한 사격 및 진지 변환(displacement of positions)이 가능하다. 여기서 진지 변환이란 한 사격 진지로부터 타 사격 진지로 이동하는 전술적 행동을 말한다. 넷째, 로켓 모듈을 360° 회전시켜 어느 방향이든 사격할 수 있다. 특히 미사일 발사 시에 표적과 다른 방향으로 발사시킬 수 있어서 적의 대포병 레이더(counter-battery radar)의 탐지를 기만하여 요격을 어렵게 할 수 있다. 여기서 대포병레이더란 적이 발사한 포탄이나 다연장 로켓포탄의 사격원점을 역추적해 알아내는 레이더이며, 미국의 AN/TPQ-36, 37, 47, 64 등이 있다.

② MLRS용 탄약의 종류 및 특성

미국은 M270 계열 MLRS와 M142 HIMAS 발사체에 사용하는 탄약은 공통으로 사용하고 있으며 탄종은 크게 세 가지 종류가 있다. 즉, 유도기능이 없는 MLRS 로켓포탄과 종말 단계에서 유도기능이 있는 GMLRS 로켓탄 그리고 발사 초기부터 유도기능이 있는 ATACMS와 PrSM 미사일이다. 그밖에 M270 계열 탄약은 독일, 영국 등 다양한 국가에서 자체 개발하여 운용하고 있다.[36]

한편 미국의 MLRS용 탄약의 종류와 제원은 〈표 3.5〉와 같다. 표에서 보는 바와 같이 MLRS 탄약에는 M26과 M26A1/A2 모델이 있으며, 마하 3.5 이상의 초음속으로 비행한다. 하지만 로켓탄의 최대 비행 고도가 1.5km 이하로 낮아서 레이더로 탐지하기 어렵다.[37]

끝으로 M270 계열 MLRS의 로켓 포드(pod)의 재장전 방식과 포드 구성은 〈그림 3.27〉과 같다. 다연장 로켓은 사격 후 신속하게 진지를 변환한 후 로켓포탄을 재장전해야 생존성과 화력을 유지할 수 있다. 따라서 재장전 시간을 단축하기 위해 〈그림 3.27〉 ❶에서 보는 바와 같이, 로켓 발사대 끝에 돌출된 재장전용 크레인으로 그림과 같이 포드를 로켓 발사 모듈에 장전하는 방식이다. 이때 장전되는 포드는 〈그림 3.27〉 ❷에서 보는 바와 같이 로켓의 크기에 따라 1개 포드 당 6발 또는 2발로 되어있으며, 전술 상황에 따라서 포드를 선택하여 사용할 수 있다.

---

36 "Precision Strike Missile(PrSM)", Lockheed Martin, 22 December 2021; https://www.lockheedmartin. com/en-us/products/precision-strike-missile.html; https://www.iai.co.il/p/lora

37 https://military-history.fandom.com/wiki/M270_Multiple_Launch_Rocket_System

표 3.5 미국의 다연장 로켓포탄의 종류 및 주요 제원

주요 제원 비교	MLRS 탄약		GMLRS 탄약		ATACMS (Block I, IA)	PrSM
	M26	M26A1/A2	M30/31	ER GMLRS		
외경[mm]×길이[m]	227×3.94	227×3.94	233×3.94	233×3.94	607×4	624×4
유도장치	없음	없음	GPS-aided INS	GPS-aided INS	INS+GPS	GPS+INS
유효사거리 [km]	32	45	15~84	15~150	20~300	60~500
탄종(자탄 모델)	DPICM (M77)	DPICM (M77, M85)	DPICM (M85)	DPICM (M85)	대인-대물 파괴용(M74)	HE (공중폭발)
자탄 개수 [EA]	644	518	404	404	950	NA
최대 속도[Mach]	3.5+	3.5+	2.5	2.5	3.	5+
자탄 낙하속도 [m/s]/ 분리 고도 [m]	40 / 500	40 / 500	NA	NA	50 / 1,000	NA
최대 비행 고도 [km]	1.5	1.5	1.5	1.5	50	NA
평균 살상면적 [/rds]	약 0.23		0.2(자탄 분리방식에 따라서 다름)			NA
사격 정확도	1.9 MOA		5~10 CEP		100~200 CEP (1A: 10m)	5 CEP (추정)
전력화 시기	1983	1987	2005	2023	1991	2022
대상 표적	지상	지상	지상	지상	지상	지상, 해상

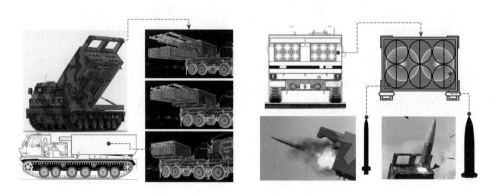

❶ 로켓 포드 장전 방식   ❷ 로켓포탄(좌)과 ATACMS(우)의 포드 구성

그림 3.27 M270 계열 MLRS의 재장전 방식과 포드 구성

(2) 러시아의 MLRS의 종류와 특성

1 MLRS 발사대의 종류 및 특성

① 9A52-4 Tornado MLRS

Tornado MLRS는 〈표 3.6〉에서 보는 바와 같이 KamAZ-63501 8×8 트럭 차체를 기반으로 300mm 로켓용 발사관 6개를 탑재하여 신속한 기동성과 단시간 화력을 집중할 수 있다. 이 발사 플랫폼에 사용할 수 있는 로켓탄은 고성능 폭약-파편(HE-Frag) 탄두, 소이 탄두, 열압력탄, 대인 또는 대전차 지뢰가 있는 집속탄 등이 있다. 그리고 로켓탄의 주요 제원을 살펴보면, 표준형 로켓탄의 무게는 800kg, 최대 사거리는 90km이며, 구경 300mm 로켓 1발의 살상면적은 0.32이고, 장전된 로켓으로 모두 발사하는 일제 사격시간은 20초이며, 8분 이내에 재장전할 수 있다. 또한, 발사기 포드는 구경 122mm 및 220mm 로켓과 함께 사용할 수 있으며, 사격통제장치(FCS, Fire Control System)와 GPS가 탑재되어 있다.[38]

표 3.6 러시아의 다연장 로켓 발사 플랫폼의 종류 및 주요 제원

주요 제원	9A52-4 Tornado	TOS-1 화염방사체계
플랫폼 형상		
차체 / 구동	8×8 KamAZ-63501 트럭 / 차륜형(360hp)	T-72A전차(TOS-1), T-90전차(TOS-1A) 차체 / 궤도형(840hp)
전투 중량 / 승무원	24.6ton / 2명(조종수, 차장)	45.3ton / 3명(조종수, 차장)
항속거리 / 최대 속도	1,000km / 90km/h	550km / 90km/h
발사속도	20초에 6발	17초에 1발
재장전 시간 / 로켓 모듈 회전각	8분 / 360도	8분 / 360도 (TZM 재장전 차량 2대)
전력화 시기	2014	TOS-1(1988), TOS-1A(2001), TOS-2(2021)

---

38 https://en.wikipedia.org/wiki/9A52-4_Tornado; https://en.missilery.info/missile/smerch/9m55k5

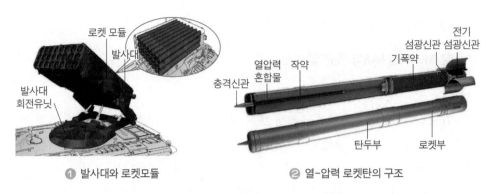

❶ 발사대와 로켓모듈　　　　　**❷ 열-압력 로켓탄의 구조**

그림 3.28 Tornado MLRS의 로켓 모듈과 열-압력 로켓탄의 구조

Tornado MLRS의 발사대는 〈그림 3.28〉 ❶에서 보는 바와 같이 회전유닛에 의해 360° 회전할 수 있다. 그리고 로켓 모듈은 M270 MLRS와 다르게 일체형 발사관으로 되어있다. 따라서 재장전하려면 로켓 모듈을 교체하거나 1발씩 장전해야 하며, 탄종은 열-압력 로켓탄을 사용한다. 이 로켓탄은 〈그림 3.28〉 ❷에서 보는 바와 같이 추력을 얻는 로켓부와 화염방사 효과를 발생시키는 탄두부로 구성되어 있다. 작동과정은 발사대로부터 로켓탄의 섬광 신관에 전기를 인가하면 고성능 폭발물(고폭약)인 기폭약이 폭발한다. 이때 발생한 가스에 의해 추력이 발생하여 표적까지 고속으로 날아간다. 로켓탄이 표적에 충돌하면서 충격 신관에 의해 작약과 열-압력 혼합물을 폭발시키는 원리이다.

한편 Tornado MLRS는 〈표 3.7〉과 같이 로켓탄의 종류와 장전 발수에 따라 다양한 모델이 개발되었으나 발사 플랫폼은 9A52-4 Tornado와 큰 차이점은 없다.

표 3.7 Tornado 계열 발사 플랫폼의 특징

	계열 모델 명칭	사용 탄종	포드 종류 및 배열방식
	9A53-G Tornado	120mm	30rds(2×15) /40rds(1×40)
	9A53-U Tornado	220mm	16rds(2×8) / 12rds(2×6)
	9A53-S Tornado	300mm	12rds(2×6) / 8rds(2×4)

② TOS-1 계열 화염 방사 차량

다연장로켓 무기는 넓은 지역의 경장갑 차량, 병력, 지휘소 등을 제압하는데 효과적인 무기이다. 하지만 고폭탄두의 로켓탄을 시가지 전투에서 사용하면 건물이나 지형지물에 엄폐한 적군을 효과적으로 제압하기 어렵다. 러시아는 이러한 문제점을 해결하기 위해 1987년에 TOS-1 화염 방사체계(Heavy Flamethrower System)를 개발하였다. 이 무기는 단시간에 다량의 화력을 집중할 수 있으면서도 건물이나 지형지물에 엄폐된 적군을 효과적으로 제압할 수 있다. 따라서 발사 플랫폼을 전차포처럼 직사화기처럼 발사할 수 있으며, 고폭탄두 대신에 열압력 탄두(thermobaric warhead)를 사용한다. 그리하여 러시아는 전차부대의 화력 지원과 다양한 공격 및 방어 전투 행동에서 은폐되지 않은 적군을 격파하거나 경장갑 차량 등의 무력화용 무기로 활용하고 있다.

한편 TOS-1 발사 플랫폼의 주요 제원은 〈표 3.6〉에서 보는 바와 같다. 먼저 발사 플랫폼은 크게 세 가지 모델이 있다. 초기 모델인 TOS-1 모델은 T-72A 전차의 차체를 기반으로 구경 220mm 로켓 발사관 30개(또는 24개)를 통합하였으며, 2001년에는 T-90 전차 차체로 개량한 TOS-1A 모델을 개발하였다. 한편 TOS-1은 표적을 정밀 조준이 가능하며, 유효사거리는 0.5km에서 3km까지이다. 그리고 로켓탄은 1발 또는 2발씩 발사할 수 있으며, TOS-1A 모델은 장전된 로켓을 7초이내에 발사할 수 있다. 또한, TOS-1 발사차량 1대와 TZM-T 재장전 차량 2대를 1개 조로 운용하며, 로켓탄의 재장전은 모두 1발씩 장전해야 한다. 하지만 차체 앞에 작은 도저 날을 장착할 수 있어서 엄폐(cover)를 위한 참호를 구축할 수 있다. 여기서 엄폐란 자연 또는 인공 장애물에 의하여 적의 관측과 사격으로부터 동시에 보호되는 것이며, 단지 적의 관측으로부터 보호되는 것을 말하는 은폐(concealment)와 다른 의미이다.

② MLRS용 탄약의 종류 및 특성

러시아의 MLRS와 MLRS용 탄약은 다양한 모델이 있으며, 탄종은 구경 120mm, 220mm, 300mm의 로켓탄을 가장 많이 사용하고 있다. 그리고 발사 플랫폼에 모델에 따라 사용하는 탄약의 종류와 특성은 다음과 같다.[39]

먼저 Tornado MLRS용 탄약은 구경 122mm 9M538(HE-Frag) 로켓탄(사거리 20km), 구경 300mm 9M55K5(HEAT, HE-Frag) 로켓탄(25~90km), 구경 300mm

---

[39] https://weaponsystems.net/system/322-TOS-1A+Solntsepyok; http://btvt.narod.ru/3/tos1.htm

9M542(HE-Frag) 유도 로켓탄(40~120km)을 사용하고 있다.

다음으로 TOS-1 화염 방사 차량용 탄약은 구경 220mm 열압력탄(FAE, Fuel Air Explosive)을 사용하며, 유효사거리는 TOS-1 모델은 0.5~3km, TOS-1M 모델은 0.4~10km이며, Tornado MLRS용 탄약도 사용할 수 있다. 특히 TOS-1 계열에 사용하는 열압력탄은 가연성 고체 물질을 뿌려 이를 폭발시켜 발생하는 충격파로 표적을 파괴한다. 액체 물질을 기화시켜 폭발시키는 연료 기화 폭탄(FAE, Fuel Air Explosive)보다 훨씬 더 폭발위력이 강하다. 즉, 열압력탄은 고폭탄처럼 기폭(initiation)이 되면서 강력한 충격파를 발생하게 만든다. 이 충격파로 경장갑 차량이나 건물, 벙커, 동굴 등을 효과적으로 파괴할 수 있다. 참고로 TOS-1M 모델은 제2차 체첸전쟁(1999~2000)에서 건물 속에 엄폐한 체첸 반군 병사에게 열압력탄을 발사하여 엄폐 지역 일대를 모두 소멸시켰다. 그리고 최근 우크라이나 전쟁(2022)의 시가전에 투입되는 등 시가전에 특화된 로켓 무기이다.

(3) 대한민국의 MLRS의 종류와 특성

우리나라에서 운용 중인 MRLS는 K136 MLRS(구룡), M270 MLRS(미국 및 국내생산), K239 MLRS(천무)가 있다. 이들 무기 중에서 자체 개발한 K136과 K239의 주요 제원은 〈표 3.8〉과 같다. 표에서 2014년에 전력화한 K239는 M270 MLRS와 다르게 차륜형 차체를 사용하였다. 이는 차륜형 차체는 수명 주기 비용, 운용 비용, 획득 비용이 궤도형보다 저렴하기 때문이다. 또한, MLRS는 전차, 장갑차 등과 비교해볼 때, 야지 기동의 의존도가 낮고 무게가 상대적으로 가볍기 때문이다.

한편 K239에 사용하는 로켓탄의 종류는 〈표 3.9〉와 같이 다양하며, 미국의 M270 MLRS에 사용하고 있는 사거리 290km의 구경 400mm와 구경 600mm 전술 탄도 미사일(한국형 ATACMS)도 발사할 수 있다. 표에서 파편 조정 고폭탄(pre-fragmented HE)이란 포탄이나 미사일 탄두 등의 내부 파편 효과를 높이기 위해 처음부터 탄두에 금(crack)을 새겨 놓은 탄환을 말하여, 자연 파편형 탄보다 파편의 운동 에너지가 크며 파편의 발생량도 많다. 그리고 DPICM은 이중목적 개량 고폭탄(Dual Purpose Improved Conventional Munition)을 뜻한다. 이 탄약은 발사 후 공중에서 로켓탄이 하강하다가 자탄을 방출하고, 자탄이 낙하산을 펴서 하강하면서 전차나 장갑차 등이 있으면 추적하다가 일정한 높이에서 곧바로 전차의 상부를 파괴하는 고폭탄이다. 또한, 분산탄두란 로켓 탄두에 파편 또는 자탄을 탄에 탑재하여 지정된

표 3.8 대한민국의 다연장 로켓 발사 플랫폼의 종류 및 주요 제원

주요 제원	K136 MLRS(구룡)	K239 MLRS(천무)
플랫폼 형상		
차체 / 구동	6×6 KM809A1 트럭 / 차륜형(360hp)	8×8 트럭 차체 / 차륜형(400hp)
전투 중량/ 승무원	16.4ton / 2명(반장, 조종수)	31ton / 3명(반장, 조종수, 사수)
항속거리/최대 속도	560km / 80km/h	800km / 80km/h
발사속도	18초에 36발(일제 사격)	M270A 수준
재장전 시간/ 로켓 모듈 회전각	20분~1시간 / 360도	약 160초 / 360도
전력화 시기	1986	2014

표 3.9 대한민국의 MLRS 로켓탄의 종류 및 제원

계열 모델 명칭	장전 (POD)	로켓(탄두) 중량	탄두 (유도방식)	유효 사거리	주요 특징
130mm × 2.39m (K30 MLRS)	40	55kg (20kg)	파편 조정 고폭탄 (무유도)	23km	• 발사대: K136 Kooryong, K239 Chunmoo MLRS,
131mm × 2.53m (K31 MLRS)	40	64kg (20kg)	파편 조정 고폭탄 (무유도)	36km	• 발사대: K136 Kooryong MLRS
230mm × 3.94m (KM-26A2 MLRS)	12발 (2×6발)	296kg (120kg)	DPICM 탄두 (무유도)	45km	• 발사대: K239 Chunmoo MLRS • M270 MLRS 로켓탄과 위력이 같음
239mm × 3.94m (GLMRS)	12발 (2×6발)	340kg (90kg)	분산탄두(무유도), 관통탄두(GPS- aided INS)	80km	• 발사대: K239 Chunmoo MLRS • 단일 관통탄두는 콘크리트 구조물 60cm 관통

거리에서 탄두를 개방하여 파편이나 자탄을 흩뿌리는 방식으로 밀집 지역의 적을 공격하는 탄약이다.[40]

한편 MLRS는 지대지 미사일과 기존의 로켓포의 장점을 반영한 복합무기체계로 발전하고 있는 비용 대 효과 측면에서 지대지 미사일을 대체할 가능성도 있다.[41]

40 https://www.gichd.org/fileadmin/GICHD-resources/rec-documents/Explosive_weapon_effects_web.pdf; https://www.dote.osd.mil

41 https://www.hanwha-defense.co.kr/kor/index.do; https://en.wikipedia.org/wiki/K239_Chunmoo

1. 1차 세계대전에서 사용된 대전차 소총의 종류와 특성 그리고 장갑 관통의 원리를 예를 들어 설명하시오.

2. 성형작약 탄두의 구조와 작동원리 그리고 장점과 발전과정을 그림을 그려서 설명하시오.

3. 2차 세계대전과 대전차 무기 중에서 대전차 총유탄과 대전차 성형 작약 수류탄의 구조와 작동원리 그리고 이들의 적용 사례를 설명하시오.

4. 대전차 공격 무기 중에서 무반동총의 구조와 작동원리 그리고 특성을 그림을 그려서 설명하고 이 무기가 오늘날에는 어떻게 발전되었는지 사례를 들어 설명하시오.

5. 무반동총과 대전차 로켓포의 차이점을 그림을 그려서 비교하시오.

6. 로켓포와 미사일의 정의와 차이점 그리고 장단점을 비교하시오.

7. 판저파우스트 로켓포의 발사체를 나타낸 〈그림 3.14〉에서 구조와 작동원리를 설명하시오.

8. 오늘날에도 사용하고 있는 RPG-7 대전차 로켓포의 구조와 사격 방법 그리고 로켓탄의 종류와 적용 사례를 설명하시오.

9. 이중(double) HEAT 탄두 로켓포탄과 열-압력 탄두 로켓포탄의 구조와 작동원리 그리고 용도를 설명하시오.

10. 로켓포탄과 일반 포탄의 차이점과 그 특성을 비교하고 미국과 러시아의 대표적인 다연장 로켓포의 발사 플랫폼과 탄약의 특성을 비교하시오.

11. 러시아의 TOS-1 계열 화염 방사 차량에 사용하는 열압력탄의 원리와 효과를 설명하시오.

제4장
미사일의 기체와 유도시스템

제1절 미사일의 일반적인 구조와 제어

　일반적으로 미사일 시스템의 구성은 탐지 및 추적시스템과 발사시스템, 그리고 파괴 시스템으로 되어있다. 이들 중에서 발사 및 파괴 시스템의 설계에 필요한 공기역학적 기초 이론과 특성 그리고 적용 사례를 알아보면 다음과 같다.

1. 미사일의 주요 구성

　미사일은 〈그림 4.1〉에서 보는 바와 같이, 유도부(guidance section), 무장부(armament section), 제어부(control section, 날개와 핀 포함), 추진부(propulsion section) 등으로 구성되어 있으며, 이들 구성품이 내장된 몸체는 일반적으로 금속 튜브(metal tube)로 제작하고 있다.

　미사일은 탄두를 표적에 운반하기 위해 존재한다. 따라서 탄두의 크기와 무게를 중심으로 구조를 설계해야 하며, 가능한 한 가볍고 조밀해야 유리하다. 그러나 필요한 모든 구성 요소를 운반할 수 있을 만큼 강한 강성이 있어 구조물이 받는 힘을 견딜 수 있어야 한다. 이러한 "힘"은 비행 전에 운송과정과 취급 및 보관 중에도 발생한다. 또한, 미사일이 날아가는 동안에는 중력, 열, 압력, 가속 응력(stresses of

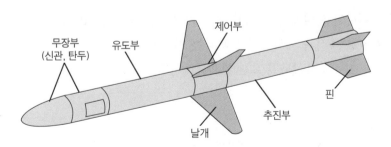

그림 4.1 일반적인 미사일의 구조

acceleration)과 같은 힘도 받는다.[1]

　미사일 본체는 기수와 꼬리 부분으로 양쪽 끝이 덮인 가느다란 원통형 구조이다. 그리고 미사일의 앞머리의 형태는 〈그림 4.2〉와 같이 탄두 형태(ogive shape), 무딘 앞머리(blunt nose), 둥근 앞머리(rounded nose), 공기 덕트(air duct)와 무딘 앞머리 형태 등 다양하다. 만일 초음속으로 비행하도록 하려면 미사일의 앞머리는 뽀족한 아치형으로 설계해야 공기저항을 줄일 수 있다. 그리고 측면은 '탄두(ogive)' 곡선이라고 하는 선으로 가늘어지는 형태로 설계하고 있다. 아음속 미사일의 앞머리 형태는 종종 날카롭거나 뭉툭하지 않게 설계하기도 한다. 그리고 미사일의 앞쪽 부분은 "레이돔"으로 덮여 있다. 이는 소형 레이더 안테나가 공기에 노출되지 않도록 덮어서 공기저항을 최소화하기 위해서이다. 또한, 미사일 본체의 뒤쪽 형상은 평평한 바다 형태나 유선형 원뿔 꼬리 모양(boat tail)으로 설계하여 와류에 의한 공기저항을 줄이고 기체의 안정성을 높이게 설계하는 경우가 많다. 그리고 미사일 몸체에는 1개 이상의 날개가 부착되어 있다. 이 날개는 비행 중 기체의 안정성을 높이고 양력을 제공하며 비행경로를 제어하는 기능이 있다.[2]

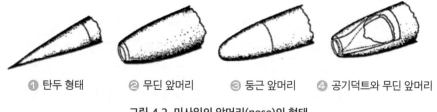

❶ 탄두 형태　　❷ 무딘 앞머리　　❸ 둥근 앞머리　　❹ 공기덕트와 무딘 앞머리

그림 4.2 미사일의 앞머리(nose)의 형태

　한편 미사일을 설계할 때 속도, 사거리, 회전속도 등을 고려해야 한다. 그리고 미사일의 사용 목적과 미사일이 통과하는 매질(예를 들어 물, 공기 또는 공기와 물을 모두 통과해야 하는 경우)의 특성도 중요한 설계요소이다.

1　https://www.globalsecurity.org/military/library/policy/navy/nrtc/14109_ch7.pdf; https://man.fas.org/dod-101/navy/docs/fun/part13.htm; https://man.fas.org/dod-101/sys/land/docs/warheads.pdf

2　https://www.hindawi.com/journals/ddns/2015/716547/; https://apps.dtic.mil/sti/pdfs/AD0695658.pdf; https://citeseerx.ist.psu.edu/viewdoc/download?doi=10.1.1.828.97&rep=rep1&type=pdf

2. 미사일의 제어방법

미사일의 구성은 주 제어 및 양력을 발생하는 날개의 위치에 따라 결정된다. 미사일의 기체설계 방법은 〈그림 4.3〉과 같이 날개 제어 미사일과 꼬리날개 제어 미사일을 가장 많이 적용하고 있다. 날개 제어방법은 〈그림 4.3〉 ❶에서 보는 바와 같이 미사일의 무게 중심(center of gravitation) 또는 그 근처에 날개를 장착한다. 하지만 꼬리 조종 날개는 〈그림 4.3〉 ❷와 같이 미사일의 뒤쪽에 있다.

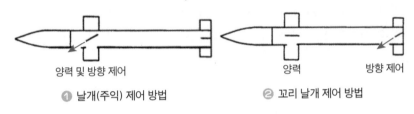

양력 및 방향 제어 　　　　　　　　　　양력 　　　　방향 제어

❶ 날개(주익) 제어 방법 　　　　❷ 꼬리 날개 제어 방법

그림 4.3 대표적인 미사일의 날개 비행 제어방법

한편 대부분의 지대공 미사일은 〈그림 4.4〉와 같은 안정 날개 또는 측면 추력으로 비행경로를 제어한다. 먼저 날개를 이용한 제어방법은 〈그림 4.4〉 ❶에서 보는 바와 같이 미사일 몸체에 등지느러미 안정 날개(stability-fin)와 꼬리 조종 날개를 이용한다. 미사일 몸체에 고정된 안정 날개는 비행 중 안정성과 일부 양력을 제공한다. 꼬리 조종 날개는 보관 중에는 접혀 있다가 발사 직전에 펼쳐진다. 그리고 비

등지느러미 안정 날개　　　　　　　　　　　　　꼬리날개

꼬리 조종 날개　　　　　　　　　　　　　　측면 추력제어 노즐

❶ 호크 지대공 미사일 　　　　❷ PAC-3 지대공 미사일

그림 4.4 일반적인 지대공 미사일의 날개의 종류

행경로에 따라 미사일을 조향하기 위해 회전하거나 피벗 운동(pivoting motion)으로 작동하게 된다. 여기서 피벗 운동이란 어떤 기준점에서 앞뒤, 좌우 및 상하 등 모든 방향으로 요동치는 운동을 말하며, 특정한 기준점 없이 전체적으로 흔들리는 요동 운동과 차이가 있다.

또 다른 방법은 〈그림 4.4〉 ❷와 같이 꼬리날개와 조종 날개 대신에 몸체 앞쪽에 여러 개의 측면 추력(lateral thrust) 제어용 노즐로 조종하는 방식이다. 이 방식은 꼬리날개는 비행 중에 안정성을 유지하고 측면 추력 제어용 노즐에 의해 미사일을 조향시키는 방식이며, 초정밀 제어가 가능하다. 이 방식을 적용한 미사일로는 미국의 PAC(Patriot Advanced Capability)-2, PAC-3, THAAD(Terminal High Altitude Area Defense)와 러시아의 S-300, S-400, S-500, 우리나라의 천궁 등 지대공 미사일이 있다.[3]

---

3 https://en.wikipedia.org/wiki/Terminal_High_Altitude_Area_Defense; https://lockheedmartin.com/en-us/products/thaad.html; https://www.army-technology.com/projects/thaad/; https://missiledefenseadvocacy.org/defense-systems/patriot-advanced-capability-3-missile/; https://www.military-today.com/missiles/s500.htm

제2절 미사일에 작용하는 공기역학적 힘

1. 미사일의 공기역학

공기역학(aerodynamics)이란 기류(air flow)를 대상으로 하는 유체역학의 한 분야로 항공기나 미사일의 비행과 깊은 관련이 있다. 미사일도 항공기와 비슷하여 항공역학이라고도 부르며, 음속과 기류 속도의 비율에 따라 공기의 압축성을 함께 고려해야 한다. 기류의 속도가 음속의 1/2 이하일 때 공기의 압축성은 무시해도 되므로 공기역학의 연구대상에서 제외한다. 하지만 기류의 속도가 음속의 1/2 이상일 때 공기를 압축할 수 있고 점성을 가진 연속체로서 공기를 다루며, 그 속도 범위에 따라 아음속(subsonic, 마하 0.8 미만), 천음속(transonic, 마하 0.8~1.3), 음속(sonic, 마하 1), 초음속(supersonic, 마하 1.3~5 미만), 극초음속(hypersonic, 마하 5 이상)으로 분류한다. 따라서 미사일의 경우에 천음속 이상의 기체 역학적 힘을 고려해야 안정화된 탄도를 유지할 수 있다.[4]

2. 수평 비행 시 공기역학적인 힘

미사일이 수평 비행할 때 작용하는 힘은 〈그림 4.5〉와 같이 추력(thrust force), 항력(drag force), 중력(gravity force), 양력(lift force)이며, 이들 힘은 각각 크기와 방향이 있는 벡터(vector)이다.

추력은 미사일 동체의 중심축을 따라 향하는 힘이며, 이는 비행을 지속하기에 충분한 속도로 미사일을 앞으로 추진하는 힘이다. 항력은 미사일이 공기와 같은 매질을 통과할 때 매질에 의한 저항으로 이 힘은 미사일 동체의 중심축 뒤쪽으

4　https://byjus.com/physics/mach-number/; https://www.grc.nasa.gov/www/k-12/airplane/mach.html; https://apps.dtic.mil/sti/pdfs/ADA607593.pdf

그림 4.5 비행 중인 미사일의 작용하는 힘

로 향한다. 중력은 지구의 중심을 향해 아래쪽으로 향한다. 끝으로 양력은 비행 중인 미사일의 고도를 유지하도록 위쪽으로 작용하는 힘이다. 이 힘은 중력에 반대로 작용하며 항력 방향과 수직으로 작용하는 힘이다.

3. 미사일의 날개와 양력의 관계

(1) 날개의 형상과 작용력

미사일이 비행 시 발생하는 양력은 공기의 압력 차이에 의해 발생한다. 양력이 발생하려면 날개(또는 지느러미)의 위쪽 표면에 가해지는 공기압력이 날개의 아래쪽에 가해지는 압력보다 낮아야 한다. 그리고 양력의 세기는 대부분 날개의 모양, 즉 익형(airfoil)의 형상과 크기에 따라 달라진다. 그리고 날개의 표면적과 그 표면이 기류에 대해 기울어진 각도에 따라 양력의 세기가 달라진다. 또한, 날개의 주위를 통과하는 공기의 속도와 밀도에 따라서 양력의 세기에 차이가 있다.[5]

아음속 비행에서 최소의 항력으로 최대의 양력을 제공하는 날개는 〈그림 4.6〉 ❶에서 보는 바와 같이 곡선(또는 캠버) 모양을 가지고 있다. 이때 익형의 윗면을 윗면(upper surface), 아래 표면을 아랫면(lower surface), 둥근 앞 부문을 전연(leading edge)이라 하고, 일반적으로 후연(trailing edge)에서 가장 먼 지점을 의미한다. 익형의 뾰족한 뒤 끝부분을 후연이라 하고, 익형의 둥근 전연에 내접하는 원을 전연 원(leading edge circle)이라 하며, 그 원의 반지름을 전연 반경(leading edge radius)이라 부르고 있다. 그리고 전연과 후연을 연결한 선이 시위(chord)이며, 그 길이가 시위 길이(chord length)이다. 또한, 익형의 윗면과 아랫면의 높이 차이를 두께라고 하며, 두께의 최댓값은

5   John D. Anderson, "Introduction to Flight", McGraw-Hill, pp. 265~267, 2008.

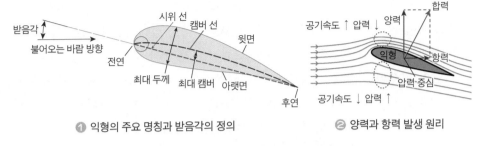

❶ 익형의 주요 명칭과 받음각의 정의　　**❷ 양력과 항력 발생 원리**

그림 4.6 익형의 명칭과 공기역학적 작용력

최대 두께인데 전연에서 최대 두께가 있는 지점까지의 거리를 최대 두께 위치라고 한다. 평균 캠버 선(mean camber line)이란 익형의 윗면과 아랫면에 내접하는 원들을 그렸을 때 이 원들의 중심점을 연결한 선이다. 즉, 두께의 중간지점이다. 그리고 시위와 평균 캠버 선의 높이차를 캠버라고 하며, 익형의 휘어진 정도를 의미한다. 캠버의 최댓값을 최대캠버, 전연에서 최대캠버가 있는 지점까지의 거리를 최대캠버 위치라고 부르고 있다.[6]

익형의 형태에 따른 명칭은 미국에서 1929년에 설립한 기구인 NACA (National Advisory Committee for Aeronautics)에서 정의하였으며, 가장 일반적인 규격으로는 4자리와 5자리 계열이 있다. 예를 들어, 4자리 규격인 'NACA 3412 익형'이라는 명칭은 처음의 '3'은 최대캠버가 시위 길이의 3%임을 의미하고, '4'는 최대캠버가 전연에서 시위 길이의 40%인 곳에 있다는 것이며, '12'는 최대 두께가 시위 길이의 12%인 형상을 의미한다. 그리고 5자리 규격인 경우, 만일 'NACA23015 익형'이라면 처음의 '2'는 최대캠버가 시위 길이의 2%이고, '30'은 2로 나눈 값인 15가 최대캠버가 전연에서 시위 길이의 15%인 곳에 있다. 그리고 '15'는 최대 두께가 시위 길이의 15%인 형상이라는 뜻이다. 이러한 익형에서 발생하는 공력(양력, 항력)을 수학적으로 예측할 수 있어서 미사일과 로켓의 설계 시 사전에 컴퓨터 시뮬레이션으로 최적의 익형 종류를 선정하여 기체설계에 적용할 수 있다.

한편 〈그림 4.6〉 ❶에서 정의한 받음각(angle of attack)은 비행 방향인 공기 흐름의 속도 방향과 날개의 시위 선이 만드는 사잇각(angle of spacing)이다. 받음각은 날개의 전연과 후연을 이은 선이 비행 방향과 이루는 각도로 표시하고 있으며, 비행 중

6　https://en.wikipedia.org/wiki/Airfoil

인 항공기의 주날개의 받음각은 보통 0~15° 정도이다. 일반적으로 받음각이 커질수록 양력이 커진다. 하지만 받음각이 일정한 수준을 넘어서면 양력이 감소하고 항력이 커진다. 익형 주위의 공기류는 〈그림 4.6〉 ❷에서 보는 바와 같이, 상대적인 바람이 익형의 기울어진 표면을 만나면 공기는 위쪽과 아래쪽 표면 주위로 흐른다. 그리고 서로 다른 크기의 양력이 익형 표면의 여러 곳에서 가해진다. 모든 힘의 합은 단일 지점에 특정 방향으로 작용하는 단일 힘과 같으며, 이 지점이 압력 중심(center of pressure)이다. 여기에서 양력은 상대 바람에 수직 방향으로 발생하는 힘이다. 항력은 비행기의 움직이는 방향과 반대로 작용하는 힘이므로 항력이 커지면 비행기가 추락한다. 양력의 크기는 받음각, 비행속도, 날개 모양에 따라 영향을 받는다.

(2) 양력계수와 항력계수의 물리적 개념

양력은 고체와 유체 사이의 상호작용 및 접촉으로 인하여 생성되며, 중력장이나 자기장에 의해서 발생하는 것이 아니다. 만일 미사일이 공기가 없는 진공 속을 날아간다면 양력도 존재할 수 없다. 양력은 공기의 밀도, 속도, 날개의 표면적 등의 복합적인 요소에 의해 달라진다. 그리고 미사일의 전체 표면에 대한 압력과 응력의 분포를 알면 양력을 수학적으로 계산할 수 있으나 이는 사실상 불가능하다. 따라서 양력을 계산하기 위해 식 [4-1]에 제시된 바와 같이 양력계수(C_L)의 개념을 도입하게 되었다. 즉,

$$L = \frac{1}{2} C_L \rho V^2 A \qquad\qquad\qquad\qquad\text{[4-1]}$$

여기서 ρ는 공기의 밀도, V는 공기와 미사일의 상대 속도, 는 날개의 표면적이고, 양력계수는 실험적으로 측정하여 결정한 값이다. 그리고 식 [4-1]을 적용하여 최적의 비행속도와 익형의 크기, 재질 등을 미사일의 설계단계에서 추정할 수 있다.

(3) 받음각의 변화에 따른 영향

〈그림 4.7〉은 받음각의 변화에 따른 익형 주위의 공기 유동의 변화를 나타낸

그림이다. 만일 받음각이 작으면 〈그림 4.7〉 ❶에서 보는 바와 같이 익형의 윗면과 아랫면으로 유동하는 공기류의 속도 차가 작다. 그 결과 양력의 세기가 약하다. 하지만 받음각을 〈그림 4.7〉 ❷와 같이 크게 하면, 아랫면으로 통과하는 공기의 속도가 윗면보다 훨씬 더 느리게 통과한다. 그 결과 익형의 아랫면의 공기압이 윗면보다 상대적으로 증가하여 양력이 크게 발생하며, 항력의 크다.[7]

　한편 날개의 양력계수는 받음각의 증가에 따라 선형적으로 증가하는데 어떤 받음각 이상에서는 날개 윗면의 경계층(boundary layer)이 차츰 분리되기 시작하다가 마침내 완전히 분리되면서 양력계수가 급격히 감소한다. 이때 받음각을 실속 받음각(stall angle of attack)이라고 하며 이 각도보다 작게 비행하도록 설계해야만 안전하다. 참고로 실속은 날개의 받음각을 어느 한도 이상으로 크게 하거나 날개의 표면에 강한 충격파가 발생하여 그 하류의 공기 흐름이 떨어져 나가는 유동 박리(flow separation) 현상에 의해 일어난다. 만일 실속이 미사일의 주날개에서 생기면 미사일의 비행을 제어하기 매우 어렵다.[8]

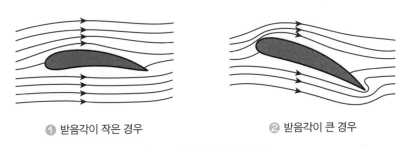

❶ 받음각이 작은 경우　　　　❷ 받음각이 큰 경우

그림 4.7 받음각과 양력의 변화

(4) 비행속도에 따른 익형 주위의 유동[9]

　미사일이나 항공기와 같은 비행체가 비행 시에 익형 주위로 흐르는 공기의 유동은 대표적으로 〈그림 4.8〉과 같은 현상이 발생한다. 이는 익형으로 향해 흐르는

7　https://en.wikipedia.org/wiki/Prandtl–Meyer_expansion_fan; White, "Fluid Mechanics(7th edition)", McGraw Hill, 2010.

8　https://en.wikipedia.org/wiki/Flow_separation; http://ae.sharif.edu/~viscousflow/Schlichting%20-%20Boundary%20Layer%20Theory.pdf

9　http://www.itaer.it/lavori/aero/gas/gas.htm

공기류의 속도 증가에 따른 유동 현상으로 다음과 같다.

〈그림 4.8〉 ❶은 공기류가 아음속($M\infty$ 〈 0.8)인 경우, 익형의 앞머리에서 유속이 느려지며 전연 근처에서 정지한다. 이어서 공기는 속도가 다시 증가하고, 익형의 최대 두께 근처에서 속도가 가장 빨라진 다음 다시 느려진다. 그리고 정압(static pressure)이 주위 공기류보다 낮은 익형 뒤쪽에서 난류(turbulent flow)가 생기게 된다. 한편 익형 주위의 공기 유관(tube of flow)은 수축 구간(convergent section), 목부(throat section), 확장 구간(divergent section)으로 구분할 수 있다. 여기서 유관이란 둘레가 모두 유선(stream line)으로 되어있는 관을 말한다. 유관은 정상 유동(steady statte flow, $\frac{\partial v}{\partial t}$ =0)에서는 변하지 않고, 유관 내부의 유체도 밖으로 나오지 않는다. 따라서 가느다란 유관에서 질량 유량($\dot{m}$)은 유관의 단면적(At)과 유체의 밀도(ρ)와 유속(v)의 곱으로 항상 일정하다. 이를 식으로 표현하면 식 [4-2]와 같다.

$$\dot{m}= \rho A_t v = C(일정) \quad \cdots\cdots\cdots\cdots\cdots\cdots\cdots\cdots\cdots\cdots\cdots\cdots\cdots\cdots\cdots\cdots\cdots\cdots\cdots\cdots\cdots\cdots\cdots\cdots\cdots\cdots \text{[4-2]}$$

만일 공기류의 속도가 음속에 가까운(M_∞ = 0.8)속도로 유동하는 경우에는 〈그림 4.8〉 ❷와 같은 유동 현상이 나타난다. 이 경우에 공기의 속도는 유관의 목부에서 음속에 도달할 수 있으며, 음속에 도달한 익형 윗면 위치를 음속 지점(sonic point)이라 부르고 있다.

한편 〈그림 4.8〉 ❸은 공기류가 음속에 가까운(M_∞ = 0.85)속도로 유동하는 경우에 유동 현상을 나타낸 그림이다. 공기류의 속도는 아음속이지만 익형의 일부에서 음속 또는 더 빠른 속도에 도달할 수 있으며, 이를 천음속 또는 천이 음속의 상태라고 부르고 있다. 그리고 익형 또는 비행체에서 음속이 도달하는 공기류의 최소 속도를 임계 속도(critical velocity)라고 부른다. 일반적으로 〈그림 4.8〉 ❹, ❺에서 보는 바와 같이, 수직 충격파(normal shock wave)는 음속에 가까워질수록 익형의 후연 쪽으로 이동한다. 그리고 초음속에 도달하면, 〈그림 4.8〉 ❻에서 보는 바와 같이 축소-확대 노즐(de Laval nozzle)과 비슷하다. 여기서 축소-확대 노즐이란 열이나 압력 에너지를 운동에너지로 변화시키는 역할을 하는 표준형의 노즐이다. 이 노즐은 보통 초음속 제트엔진이나 로켓 엔진에 사용이 되고 있다. 이때 초음속 흐름이 볼록한 모서리를 만나면 모서리를 중심으로 하는 무한한 수의 팽창파(expansion wave)로

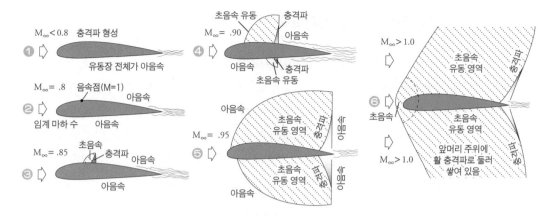

그림 4.8 속도변화에 따른 익형 주위 유동 변화

구성된 팽창 팬이 〈그림 4.9〉에서 보는 바와 같이 나타난다. 그리고 충격파가 지상에 도달하여 일으키는 큰 충격음을 충격파음(sonic boom)이라고 부르고 있다.[10]

그림 4.9 초음속 돌파 시 충격파 발생 장면

---

10 http://www.aerodynamics4students.com/gas-dynamics-and-supersonic-flow; https://www.academia
.edu/37320939/de_Laval_nozzle; https://man.fas.org/dod-101/sys/land/docs/warheads.pdf; https://
en.wikipedia.org/wiki/Sonic_boom; https://science.howstuffworks.com/question73.htm

4. 익형에 작용하는 공기역학적 힘

(1) 익형에 작용하는 공기역학적 힘과 공력 계수

익형(翼型, airfoil)이란 공력(空力, aerodynamic force)을 발생시키는 미사일이나 항공기의 날개를 수직으로 자른 단면의 형상이며, 날개가 유체 내에서 운동하면서 공력이 발생한다. 이때 공력은 양력과 항력으로 나눌 수 있다.[11] 하지만 양력과 항력뿐만 아니라 동(動) 압력(dynamic pressure)이나 날개와 공기의 접촉면에도 영향을 받는다. 즉, 동 압력(q)은 유체의 운동을 막았을 때 생기는 압력이므로 공기의 ρ는 공기밀도, 공기의 자유 흐름 속도(free stream velocity)를 V라고 하면, 동 압력은 $\rho V^2/2$이다. 따라서 익형의 특성만을 분석하는 경우에는 양력과 항력을 동 압력과 날개의 접촉면의 면적으로 나눈 무차원 계수인 양력계수와 항력계수를 이용한다. 또한, 이 계수들은 익형의 형태 외에도 받음각, 마하수(Mach number), 레이놀즈수(Reynold number) 등에 영향을 받는다. 여기서 레이놀즈수란 다양한 유체 현상을 기술하는 데에 있어 유체의 흐름을 예측하는 데 사용하는 무차원 숫자이며, 유체의 관성력과 점성력의 비로 나타낸다. 그리고 마하수는 유체의 속도를 유체 속을 전파하는 음파의 속도로 나눈 값이다.[12]

(2) 공기역학적 힘과 추력의 관계

익형에 작용하는 공력의 작용점은 〈그림 4.10〉에서 보는 바와 같이 익형 주위의 공기압력의 중심인 압력 중심(CP, Center of Pressure)에 있다. 그리고 미사일 주위의 공기 유동으로 인해 날개 표면에 작용하는 수직 힘과 접선(또는 점성 전단응력) 힘인 양력(L, lift force), 항력(D, drag force) 그리고 횡력(Y, side force)이 생성되며, 이들 힘의 작용점은 무게 중심(C.G. Center of Gravitation)에 있다.

따라서 미사일이 비행할 때 공기의 자유 흐름 속도에 따른 양력과 항력의 관계는 〈그림 4.11〉 ❶에서 보는 바와 같다. 이 그림에서 받음각(angle of attack)이 발생하면, CP에 작용하는 양력의 세기와 방향을 나타내는 양력 벡터(lift vector)가 불안

---

11 https://www.jhuapl.edu/Content/techdigest/pdf/V04-N03/04-03-Cronvich.pdf

12 http://www.mit.edu/course/1/1.061/www/dream/SEVEN/SEVENTHEORY.PDF; https://www.grc.nasa.gov/www/k-12/airplane/reynolds.html; https://arc.aiaa.org/doi/abs/10.2514/3.26373?journalCode=jsr

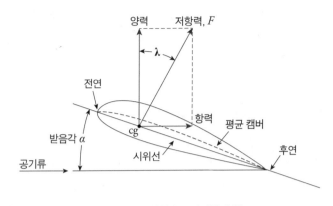

그림 4.10 익형과 공기역학적 힘

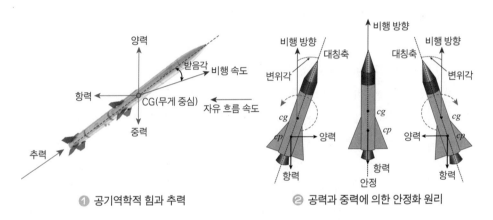

그림 4.11 미사일의 작용력과 비행 안정화 원리

정화된다. 따라서 이를 제어해야 안정화된 상태로 미사일이 비행할 수 있다. 한편 공기역학적 힘인 양력, 항력, 횡력의 발생원인과 힘의 방향을 알아보면 다음과 같이 세 가지로 요약할 수 있다.

첫째, 양력은 상대 바람(비행 방향) 또는 방해받지 않는 자유 흐름 속도에 수직인(즉, 위쪽으로) 힘이다. 이 힘은 〈그림 4.11〉 ❶에서 보는 바와 같이 중력과 반대 방향으로 작용하며, 자유 흐름의 속도 벡터와 수직 방향으로 작용한다. 둘째, 항력은 상대 바람과 평행한 공기역학적 힘이다. 공기역학적인 항력은 공기의 압력과 미사일 표면에 작용하는 표면 마찰력에 발생한다. 셋째, 횡력은 양력과 항력 모두에 수직인 방향의 힘이다. 만일 경사각(bank angle)이 0°인 경우에 횡력은 우현 날개 쪽으로 작용할 때 '+'이다. 그러나 경사각이 0이 아닌 경우에는 양력과 항력이 속도 벡터에 대해 '-'의 각도로 회전한다. 여기서 경사각은 미사일의 가로축과 수평면 사이에 형성된 각도이다.

(3) 공기역학적 힘과 비행 안정 원리

미사일이 무게 중심(CG, Center of Gravitation)과 압력 중심(CP)이 〈그림 4.11〉 ❷ 와 같이 일치하지 않은 상태로 비행하는 경우, 즉 변위각(displacement angle)이 0°가 아닌 경우이다. 이 경우에 그림과 같이 양력과 항력에 의해 CG를 중심으로 점선으로 표시된 방향으로 복원 모멘트가 발생하여 회전한다. 그 결과 시계방향과 반시계방향으로 미사일이 회전을 반복하면서 결국 가운데 그림처럼 미사일의 대칭축이 비행 방향과 일치하여 안정화된다.

(4) 미사일의 자세와 공기역학적 성분

미사일과 같은 비행체의 자세를 의미하는 각도는 롤(roll), 피치(pitch), 요(yaw)로 나타낸다. 이들 요소는 미사일의 항법장치에 필수적인 자세 측정의 기준이며, 〈그림 4.12〉에서 보는 바와 같다.

즉, 중력 방향을 기준으로 얼마나 기울어져 있는지를 나타내는 값이 롤, 피치이다. 롤과 피치를 측정하기 위해 사용하는 센서가 바로 가속도 센서와 자이로 센서(gyro sensor)이다. 정지 상태의 긴 시간의 관점에서 보면, 가속도 센서에 의해 계산

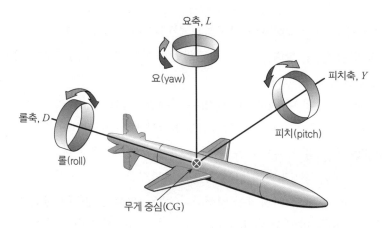

그림 4.12 미사일의 자세에 관한 용어 정의

된 기울어진 각도는 올바른 값을 보여주지만 자이로 센서에서는 시간이 지날수록 틀린 값을 보인다. 반대로, 움직이는 짧은 시간의 관점에서 자이로 센서는 올바른 값을 보였지만 가속도 센서는 기울어진 각도와는 다른 계산 값이 나올 수 있다. 따라서 가속도 센서와 자이로 센서를 모두 사용해서 각각의 단점을 보상할 수 있는 알고리즘을 적용해서 롤 또는 피치의 값을 계산한다. 대표적인 알고리즘으로 칼만 필터(Kalman filter)가 있다. 이 방법은 잡음(noise)이 섞여 있는 기존의 관측값을 최소제곱법(method of least squares)을 통해 분석함으로써 일정 시간 후의 위치를 예측할 수 있는 수학적 계산과정이다.[13]

한편, 본 장에서 사용할 고정 좌표계에서 공기역학적 힘, 모멘트, 속도의 정의는 〈표 4.1〉과 같다.[14]

표 4.1 미사일의 공기역학적인 속도, 공력, 모멘트의 정의

성분 요소별	동체의 롤 축 (roll body axis, X_b)	동체의 피치 축 (pitch body axis, Y_b)	동체의 요 축 (yaw body axis, Z_b)
각속도	P	Q	R
속도 성분	u	v	w
공력 성분	F_X	F_Y	F_Z
공력 계수	C_D	C_Y	C_L
공력 모멘트 계수	C_l	C_m	C_n

13 https://web.williams.edu/Mathematics/sjmiller/public_html/BrownClasses/54/handouts/

14 https://www.hsmagnets.com/blog/permanent-magnet-for-infrared-guided-missile/

제3절 미사일의 공력 해석 이론

1. 공력의 정의와 항력, 양력, 횡력의 계산

공기역학적 힘, 즉 공력은 일반적으로 무차원 계수와 비행 동 압력 그리고 기준 단면적으로 정의하고 있다. 그리고 대기 중을 비행하는 미사일의 항력(D), 양력(L), 횡력(F_Y)은 식 [4-3, 4, 5]와 같다.[15]

$$D = C_D \cdot q \cdot S \quad\text{[4-3]}$$

$$L = C_L \cdot q \cdot S \quad\text{[4-4]}$$

$$F_Y = C_Y \cdot q \cdot S \quad\text{[4-5]}$$

여기서 C_D, C_Y, C_L은 〈그림 4.13〉 ❶에서 보는 바와 같이 바람축(wind axis, 또는 풍축) 좌표계(D, Y, L)인 경우, 아래 첨자로 표기된 D, L, Y축에서의 공력 계수이다. 그리고 익형으로부터 멀리 떨어진 위치에서 자유 흐름의 동 압력 q는 $\rho V^2/2$이며, 익형의 기준 단면적은 S, 자유 흐름 속도(free stream velocity)는 V이고, 해수면 기준에서 대기의 밀도는 $0.12492\mathrm{kg_f s^2/m^4}$이다.

2. 비행 자세에 따른 공력 계산

(1) 미사일이 롤링하는 경우

미사일이 롤 축 D를 중심으로 회전하는 경우, 즉 롤링(rolling)의 경우에 항력은 식 [4-3]과 같으며, 양력과 횡력은 식 [4-6, 7]과 같이 나타낼 수 있다.

---

15 https://en.wikipedia.org/wiki/Flight_dynamics_(fixed-wing_aircraft)

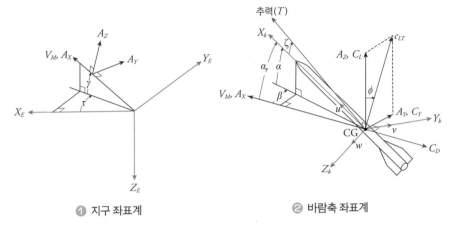

❶ 지구 좌표계　　　　**❷ 바람축 좌표계**

그림 4.13 공력 해석에 적용되는 바람축 좌표계

$$L_{rolling} = C_{LT} \cdot \cos\phi \cdot q \cdot S \quad \cdots\cdots\cdots\cdots\cdots\cdots\cdots\cdots\cdots\cdots\cdots\cdots \text{[4-6]}$$

$$F_{rolling} = C_{LT} \cdot \sin\phi \cdot q \cdot S \quad \cdots\cdots\cdots\cdots\cdots\cdots\cdots\cdots\cdots\cdots\cdots\cdots \text{[4-7]}$$

여기서 $C_{LT} = \sqrt{C_L^2 + C_Y^2}$, 즉 기동 평면에서의 총 양력계수, ϕ는 롤 각도(roll angle)이다.

▣ 공력 계수의 일반화 표기법 정의

공력의 세 가지 공력 계수를 일반화하여 표현하면 다음과 같다. 먼저 바람축 좌표계에서 D축과 L축에서의 항력계수는 각각 $C_D = \dfrac{D}{qS}$, $C_L = \dfrac{L}{qS}$이다. 그리고 미사일의 동체(몸체) 단면에서의 평균 지름을 d라고 하고, 모멘트를 M이라 하면, 모멘트의 중심에서의 항력계수는 $C_M = \dfrac{M}{qSd}$와 같이 나타낼 수 있다.

▣ 공력 해석에 적용되는 바람축 좌표계

미사일의 공력 해석에 적용하는 좌표계는 〈그림 4.13〉 ❶에서 보는 바와 같이 지구 좌표계(X_E, Y_E, Z_E)와 바람축 좌표계(A_X, A_Y, A_Z)가 적용된다. 그리고 미사일에 작용하는 추력과 항력 벡터를 표현하면, 〈그림 4.13〉 ❷와 같이 일반화하여 표현할 수 있다.

공기가 미사일에 작용하는 힘인 공력은 항력(축력, F_X)과 횡력(F_Y), 양력(수직력, F_Z)이며 식 [4-8, 9, 10]과 같이 표현할 수 있다.

$$F_X = q(V,h) \cdot S \cdot C_D(V,h,\alpha,\beta) \quad\text{[4-8]}$$

$$F_Y = q(V,h) \cdot S \cdot C_Y(V,h,\alpha,\beta) \quad\text{[4-9]}$$

$$F_Z = q(V,h) \cdot S \cdot C_L(V,h,\alpha,\beta) \quad\text{[4-10]}$$

여기서 항력계수는 받음각(α), 옆미끄럼각(sideslip angle, β), 비행 고도(h)에 따라 영향을 받는다. 또한, 어떤 경우에는 동체 축(body axis)을 기준으로 한 좌표계에서 공기역학적 힘을 측정하는 것이 편리하다. 이 경우 X_b축을 따라 축력(F_X), Y_b축을 따라 수직력(F_Y), Z_b축을 따라 수직력(F_Z)이 존재한다. 동체-축 시스템에서 힘은 바람-축 좌표계(body-axis system)에서와 비슷하며, 식으로 표현하면 $F_{Xb}=q \cdot S \cdot C_D$, $F_{Yb}=q \cdot S \cdot C_Y$, $F_{Zb}=q \cdot S \cdot C_L$이 된다. 그리고 양력, 항력, 횡력에 대한 공력 계수 C_L, C_D, C_Y는 일반적으로 자유 흐름과 연관하여 설정한 바람-축 좌표계로 표현하고 있다.

한편 미사일의 운동방정식에서 공력과 공력 계수는 받음각과 측면 미끄럼 각도로 표현해야 한다. 따라서 이 경우에는 동체-고정 좌표계(body-fixed axis system)를 적용해야 한다. 이때 미사일의 공력 계수 C_{Xb}, C_{Yb}, C_{Zb}는 풍동(wind tunnel) 시험을 통해 측정할 수 있다. 그리고 공력 계수를 식으로 나타내면 식 [4-11, 12, 13]과 같으며, 이때 좌표계는 〈그림 4.13〉 ❷에서 보는 바와 같다.[16]

$$C_{Xb} = -C_D \cdot (\cos\alpha\ \cos\beta) - C_Y \cdot (\cos\alpha\ \sin\beta) + C_L \cdot \sin\alpha \quad\text{[4-11]}$$

$$C_{Yb} = -C_D \cdot \sin\beta + C_Y \cdot \cos\beta \quad\text{[4-12]}$$

$$C_{Zb} = -C_D \cdot (\sin\alpha\ \cos\beta) - C_Y \cdot (\sin\alpha\ \sin\beta) - C_L \cdot \cos\alpha \quad\text{[4-13]}$$

---

16 https://www.lockheedmartin.com/en-us/products/highspeedwindtunnel.html

3. 단순 점(simple point) 질량일 경우의 공력 계수

(1) 공력 계수의 풍동 표현

공기류에 대한 미사일의 공력 계수 C_D, C_L, C_Y는 받음각, 옆미끄럼각, 양력, 횡력, 마하수, 레이놀즈수(항력에만 영향). 무게 중심의 위치, 비행 고도에 따라 다르다. 따라서 공력 계수는 이들 영향 요소 중에서 1개 이상의 함수로 나타낼 수 있다. 그리고 일반적으로 모든 공력 계수는 상태 변수와 제어 변수의 함수이므로 식 [4-14]와 같이 표현할 수 있다.

즉, $C_D = C_D(\alpha, \beta, q, M, h, Re, \cdots)$이고, 편미분을 취하면 식 [4-14]와 같이 표현할 수 있다.

$$dC_D = \left(\frac{\partial C_D}{\partial \alpha}\right)d\alpha + \left(\frac{\partial C_D}{\partial \beta}\right)d\beta + \left(\frac{\partial C_D}{\partial M}\right)dM + \left(\frac{\partial C_D}{\partial q}\right)dq + \cdots \quad \text{[4-14]}$$

따라서 공력 계수 C_D, C_L, C_Y는 식 [4-15, 16, 17]과 같이 표현할 수 있다.

$$C_D = C_{D0} + C_{D\alpha}|\alpha| + C_{D\alpha^2}|\alpha^2| + C_{D\beta}|\beta| + C_{D\beta^2}|\beta^2| + C_{D\alpha\beta}|\alpha||\beta| \quad \text{[4-15]}$$

$$C_L = C_{L0} + C_{L\alpha}|\alpha| + C_{L\alpha^2}|\alpha^2| + C_{L\beta}|\beta| + C_{L\beta^2}|\beta^2| + C_{L\alpha\beta}|\alpha||\beta| \quad \text{[4-16]}$$

$$C_Y = C_{Y0} + C_{Y\alpha}|\alpha| + C_{Y\alpha^2}|\alpha^2| + C_{Y\beta}|\beta| + C_{Y\beta^2}|\beta^2| + C_{Y\alpha\beta}|\alpha||\beta| \quad \text{[4-17]}$$

여기서 $C_D = \left(\frac{\partial C_D}{\partial \alpha}\right)\Big|_{\alpha=0}$, 즉 $\alpha = 0$인 경우에 $C_{D\alpha} = \frac{\partial C_D}{\partial \alpha}$ 이다.

(2) 총(total) 항력계수

총 항력계수는 항력계수와 다음과 같은 관계가 있다. 먼저 수 C_D 값은 식 [4-15]를 단순화하면 식 [4-18a]와 같이 나타낼 수 있다. 즉,

$$C_D = C_{D0} + C_{D\alpha}\alpha \quad \text{[4-18a]}$$

여기서 C_{D0}는 $\alpha = 0$ 또는 $\alpha \simeq 0 \left(C_D = \left(\frac{\partial C_D}{\partial \alpha}\right)\Big|_{\alpha=0}\right)$인 경우의 총 항력계수이다.

그리고 $C_{D\alpha}(=\dfrac{\partial C_d}{\partial \alpha})$는 받음각($\alpha$[rad])에 따른 총 항력계수의 변화량을 의미한다. 한편 도함수는 일정한 마하수와 레이놀즈수에서 평가할 수 있다.

$$C_D = C_{D0} + KC_L^2 \quad\text{···}\quad \text{[4-18b]}$$

여기서 C_{D0}는 $\alpha = 0$일 때, 즉 양력이 '0'인 경우의 항력계수이고, K는 양력계수로 인한 항력으로 $K = \dfrac{dC_D}{dC_L^2}$이며, C_L은 양력계수이다. 즉, 식 [4-18b]에 보는 바와 같이, 총 항력(C_D)은 C_{D0}이 생성할 때 존재하는 항력과 양력에 의해 발생하는 항력을 합한 값이다.

(3) 총(total) 양력계수

총 양력계수는 항력계수와 다음과 같은 관계가 있다. 먼저 양력계수 C_L은 총 식 [4-16]을 단순화하면 식 [4-19a]와 같이 나타낼 수 있다.

$$C_L = C_{L0} + C_{L\alpha}\alpha \quad\text{··}\quad\text{[4-19a]}$$

여기서 C_{L0}는 받음각 $\alpha = 0$인 경우의 총 양력계수이며, $C_{L0} = \left(\dfrac{\partial C_L}{\partial \alpha}\right)\bigg|_{\alpha=0}$이다. 그리고 $C_{L\alpha}$는 총 양력 곡선의 기울기를 나타낸 것이다. 따라서 일정한 마하수에서 도함수인 양력계수는 식 [4-19b]와 같다. 즉,

$$C_L = \left(\dfrac{\partial C_L}{\partial \alpha}\right)\bigg|_{\alpha=0} \cdot \alpha + C_l\alpha^2 \quad\text{··}\quad\text{[4-19b]}$$

여기서 C_l은 비선형계수(nonlinear factor)이다.

(4) 횡력(side force) 계수

옆미끄럼각 β, 선회키의 각(aileron angle) δ_A 등에 대한 횡력 계수와 관계함수는

식 [4-20]과 같다. 여기서 δ_A은 조종사가 조종간을 움직여 조종계통을 작동할 때 일어나는 각도이다

$$C_Y = C_{Y0} + C_{Y\beta} \cdot \beta + C_{Y\delta}\delta_A \quad\text{.....................................} \quad [4\text{-}20]$$

여기서 C_{Y0}는 옆 미끄럼과 제어 편향이 '0'인 경우의 횡력 계수이며, $C_{Y0} = \left(\dfrac{\partial C_Y}{\partial \beta}\right)\Big|_{\beta=0}$ 이다. 그리고 $C_{Y\beta}$는 단위 옆미끄럼각에 따른 횡력 계수의 변화를 의미하며, $C_{Y\beta} = \dfrac{\partial C_Y}{\partial \beta}$ 이고, β[rad]는 옆미끄럼각이다. 여기서 도함수는 일정한 마하수와 일정한 받음각에서 평가된다. 따라서 바람축 좌표계에서 정상화된 순간 가속도의 구성 요소는 〈그림 4.13〉 ❷와 같으며, 다음과 같이 계산할 수 있다.

$$A_X = \frac{T\cos(\alpha + \zeta)\cos\beta - C_D \cdot qS}{W} \quad\text{...........................} \quad [4\text{-}21a]$$

$$A_Y = \frac{T\cos(\alpha + \zeta)\sin\beta - C_Y \cdot qS}{W} \quad\text{...........................} \quad [4\text{-}21b]$$

$$A_Z = \frac{T\cos(\alpha + \zeta) - C_L \cdot qS}{W} \quad\text{..............................} \quad [4\text{-}21c]$$

여기서 W는 미사일의 무게, T는 미사일의 추력, α는 피치 평면에서 받음각, β는 옆미끄럼각이고, $\theta(=\beta+\gamma)$는 미사일의 피치 기준각도(pitch reference angle)이다. 그리고 $\Psi(=\beta+\gamma)$는 미사일의 요 기준각도, γ는 수직 평면에서의 비행경로 각도(flight path angle)이며, ζ는 피치 평면에서 미사일 동체 축에 대한 추력의 기울기, τ는 수평 평면 (X_E, Y_E)에서의 비행경로 각도이다. γ와 ζ는 미사일이 상승이나 하강할 때 경로 선(path line)과 수평면과 수직면을 이루는 각도이다. 그리고 〈그림 4.14〉에서 나타낸 지구 좌표계에서 순간 가속도는 식 [4-22a, 22b, 22c]와 같이 변환하여 나타낼 수 있다.

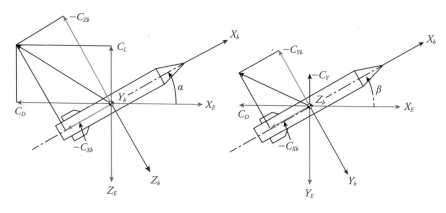

그림 4.14 공력 계수의 바람축 좌표계

$$\frac{d^2 X_E}{dt^2} = (A_X \cos\gamma\cos\tau - A_Y \sin\tau - A_Z \sin\gamma\cos\tau)g \quad \text{·····················} \quad \text{[4-22a]}$$

$$\frac{d^2 Y_E}{dt^2} = (A_X \cos\gamma\sin\tau + A_Y \cos\tau - A_Z \sin\gamma\sin\tau)g \quad \text{·················} \quad \text{[4-22b]}$$

$$\frac{d^2 Z_E}{dt^2} = (1 - A_X \sin\gamma - A_Z \cos\gamma)g \quad \text{··························} \quad \text{[4-22c]}$$

여기서 g는 중력가속도, γ는 수직 평면에서 비행경로 각도이다. 그리고 식 [4-22a, 22b, 22c]를 시간 t에 대해 적분하면, 각 방향의 미사일의 속도 $\dfrac{dX_E}{dt}, \dfrac{dY_E}{dt}, \dfrac{dZ_E}{dt}$ 을 구할 수 있다. 또한, 이를 다시 적분하면 미사일의 위치 좌표 X_E, Y_E, Z_E을 얻을 수 있다.

한편 〈그림 4.15〉에서 제시된 바와 같이, 받음각과 옆미끄럼각은 식 [4-23a, 23b]와 같이 나타낼 수 있다.

$$\alpha = \tan^{-1}\left(\frac{w}{u}\right) \quad \text{··································} \quad \text{[4-23a]}$$

$$\beta = \sin^{-1}\left(\frac{v}{V_M}\right) \quad \text{·······························} \quad \text{[4-23a]}$$

여기서 $VM = \sqrt{u^2 + v^2 + w^2}$ 이다. 만일 받음각과 옆미끄럼각이 작은 경우, 예를 들어, $15°$보다 작으면 식 [4-23a, b]는 식 [4-24a, 24b]와 같이 간략히 표현할 수 있다. 여기서 받음각 α와 옆미끄럼각 β은 속도 벡터에 대한 미사일 자세를 나타내는 각도이다.

$$\alpha = \frac{w}{u} [\text{rad}] \quad\text{[4-24a]}$$

$$\beta = \frac{v}{u} [\text{rad}] \quad\text{[4-24a]}$$

그리고 미사일의 자세를 나타내는 각각의 각도는 〈그림 4.15〉와 같으며, 이를 식으로 표현하면 식 [4-25a, 25b, 25c, 25d, 25e]와 같다.

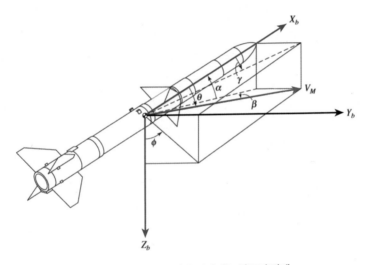

그림 4.15 미사일 자세를 나타내는 각도의 관계

$$\tan\alpha = \tan\theta\cos\phi \quad\text{[4-25a]}$$

$$\tan\gamma = \tan\theta\sin\phi \quad\text{[4-25b]}$$

$$\sin\beta = \sin\theta\sin\phi \quad\text{[4-25c]}$$

$$\cos\theta = \cos\alpha\cos\beta = \sqrt{\tan^2\alpha + \tan^2\beta} \quad\text{[4-25d]}$$

$$\tan\phi = \cot\alpha\tan\gamma = \frac{\tan\beta}{\sin\alpha} \quad\text{[4-25e]}$$

(5) 미사일의 공력 모멘트

미사일에 대한 모멘트는 공기역학적 하중분포와 무게 중심에 작용하는 추력에 의해 발생하는 모멘트가 있으며, 피칭 모멘트(pitching moment), 롤링 모멘트(rolling moment), 요잉 모멘트(yawing moment)로 나눌 수 있다. 그리고 공기역학적 모멘트의 구성 요소는 무차원 계수, 비행 동 압력, 기준 면적 그리고 특성 길이로 표현할 수 있다. 한편 미사일에 작용하는 공력에 의한 모멘트는 다음과 같이 세 가지로 요약할 수 있다.

첫째, 롤링이란 미사일이 좌우로 기우는 운동을 의미한다. 그리고 롤링 모멘트는 미사일의 세로축(X_b축)에 대한 모멘트이며 어떤 유형의 피치 기준각도 β에 의해 생성되는 양력의 변화로 발생한다. 이 모멘트가 '+(양)'이면, 오른쪽 또는 우현 날개 끝이 아래쪽으로 이동하게 된다. 그리고 롤링 모멘트는 식 [4-26a]와 같다.

$$L = C_l \cdot q \cdot S \cdot l \quad\text{[4-26a]}$$

여기서 C_l은 롤의 공력 모멘트 계수이고, S는 미사일의 최대 횡단면적(cross-sectional area)이며, l은 미사일의 특성 길이다. 그리고 롤링 모멘트 $L=f(\alpha_p, \alpha_y, \delta_a)$이다. α_p는 피치 평면에서의 받음각이고 미사일의 X_b축과 상대 기류 또는 미사일 속도 사이의 직각보다 작은 각도인 예각(acute angle)이다. 그리고 α_y는 요 평면에서의 받음각인 옆미끄럼각 β이다. δ_a는 선회키의 각의 처짐각으로 미사일의 롤을 제어하는 각도이다.

둘째, 피칭은 미사일의 가로축을 중심으로 기수의 상하 운동을 말한다. 따라서 피칭 모멘트는 미사일의 횡축(Y_b축)에 대한 모멘트이며, 미사일에 작용하는 양력과 항력에 의해 발생한다. 이 모멘트가 '+(양)'이면 미사일의 앞쪽(기수)이 올라가는 방향이다. 그리고 피칭 모멘트는 식 [4-26b]와 같이 나타낼 수 있다. 즉,

$$M = C_m \cdot q \cdot S \cdot c \quad\text{[4-26b]}$$

여기서 C_m은 피치의 공력 모멘트 계수이고, 는 공력 시위(aerodynamic chord)로서 실제 날개형상과 같은 항공역학적 특성을 가지는 가상적인 익형의 시위 길이이다. 그리고 C_m은 레이놀즈수와 변화와 관계없는 독립변수이다.[17]

셋째, 요잉 모멘트는 미사일의 수직축(Z_b축)에 대한 모멘트이다. 이 모멘트가 '+(양)'이면 미사일의 앞쪽을 오른쪽으로 회전시키는 경향이 있으며, 식 [4-26c]와 같이 나타낼 수 있다.

$$N = C_n \cdot q \cdot S \cdot b \quad \text{..} \quad \text{[4-26c]}$$

여기서 Cn은 요잉의 공력 모멘트 계수이고, b는 날개 길이이다.[18]

17 https://www.academia.edu/21383329/AERODYNAMIC_CHARACTERISITICS_OF_A_MISSILE_ COMPONENTS

18 https://www.ijert.org/research/aerodynamic-configuration-design-of-a-missile-IJERTV4IS 030060.pdf

제4절 미사일 기체와 유도시스템의 설계 이론

1. 미사일 기체의 유형과 특성

(1) 기체의 유형과 적용

미사일의 동력 장비와 기능 부품을 제외한 기체(airframe)는 〈그림 4.16〉과 같은 유형으로 분류할 수 있다. 공기역학적으로 유도되는 미사일이나 유도 탄약의 기체는 날개 제어방식, 귀 날개(canard) 제어방식, 꼬리날개(tail fin) 제어방식 등이 있다. 이들 방식은 각각 장단점이 있다. 따라서 미사일을 설계할 때 주어진 위협 요소와 운용 환경을 고려해야 한다. 미사일 기체의 유형과 크기는 유도 특성, 로켓 모터와 탄두의 크기에 크게 의존한다. 하지만 기존에 개발된 로켓 모터의 재고가 많은 경우에는 새로운 미사일을 개발할 때 이를 재활용하는 경우가 많다.[19]

① 날개 제어방식

② 귀날개 제어방식

③ 꼬리 제어방식

그림 4.16 미사일 기체의 제어방식

---

19 http://www.aerospaceweb.org/question/weapons/q0158.shtml; https://ntrs.nasa.gov/api/citations/198
30019688/downloads/19830019688.pdf

(2) 기체 유형별 개발 사례

무게 중심과 공력 중심을 고려한 미사일의 공기역학적 비행 제어방법은 다음과 같이 크게 세 가지 유형이 있다.

첫째, 날개 제어방식은 공기역학과 비행안정성을 위한 꼬리날개가 있으며, 동체 중앙부에 있는 주(主)날개와 꼬리날개로 제어한다. 대표적인 사례로 미국의 Sparrow 공대공 미사일이 있다. 하지만 미국의 Phoenix(or 공대공 미사일)처럼 날개는 고정되어 있고 꼬리날개로 제어하는 방식도 있다.

둘째, 귀 날개 제어방식은 고정된 꼬리날개와 움직일 수 있는 귀 날개를 사용하는 방식이다. 꼬리날개는 공기역학적으로 비행안정성을 유지하고, 귀 날개는 방향을 제어하는 방식이다. 대표적으로 미국의 Sidewinder 공대공 미사일이 있다.

셋째, 꼬리날개 제어방식은 주날개가 크고 날개 끝에 작은 조종면(제어 표면, control surface)으로 방향을 제어하는 방식이며, 대표적으로 미국의 Hawk 지대공 미사일이 있다.

(3) 기체 조종면의 배열과 공기역학적 특성

가장 일반적인 기체로서는 〈그림 4.17〉과 같이 4개의 고정 날개와 4개의 움직일 수 있는 조종면(control surfaces, 조종 표면)이 있는 십자형 날개 배열방식이다.

십자형 고정 날개 방식은 롤링 없이 모든 방향으로 측면 기동이 가능하다. 그리고 미사일에 무게 중심보다 약간 앞쪽으로 움직일 수 있는 날개와 고정된 꼬리 표면이 있으면 조종면의 다양한 하강기류가 고정 표면에 충돌하여 롤링 모멘트 등을 유발할 수 있다. 하지만 조종 표면에 작용하는 수직력이 원하는 조종 방향에 있다. 따라서 유도시스템의 전체 응답에 도움이 되는 장점이 있다. 일반적으로 조종

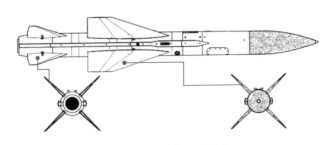

그림 4.17 십자형 고정 날개

면이 무게 중심보다 훨씬 앞쪽에 있는 귀 날개 제어식 기체도 이와 비슷하다.[20]

2. 미사일 기체의 비행 안정 조건

미사일의 공기역학적 안정 조건은 〈그림 4.18〉 ❶과 같다. 그림에서 M_a는 α에 따른 피치 모멘트 변화에 대한 기체의 응답성을 측정한 것이다. 작은 '+(양)'의 M_a와 약간 불안정한 기체는 안정성에 큰 문제가 없다. 하지만 자동 조종장치(autopilot system)와 자세 루프(attitude loop)의 안정성을 위해서는 높은 '-(음)'의 M_a가 더 좋다. 따라서 M_a을 '0' 또는 약간 '-(음)'이 되도록 설계하면 미사일이 상당히 안정화될 수 있다.[21]

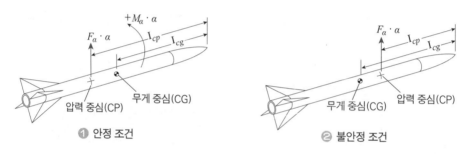

❶ 안정 조건   ❷ 불안정 조건

그림 4.18 공기역학적인 안정 조건

(1) 미사일의 안정성
안정성은 크게 정적 안정성(static stability)과 동적 안정성(dynamic stability)으로 구분하며, 물리적인 개념과 원리 그리고 기초 이론을 알아보면 다음과 같다.

■ 정적 안정성
정적 안정성은 미사일이 원래의 평형 상태로 되돌아오려는 초기 복원력(restoring force)의 상태를 나타낸다. 이때 복원력의 유무에 따라 '+(양성 positive)', '0(중

---

20 https://www.jhuapl.edu/Content/techdigest/pdf/V04-N03/04-03-Cronvich.pdf

21 Blakelock, J.H, "Automatic Control of Aircraft and Missiles", John Wiley & Sons, Inc, New York, NY, second edition, 1991; https://www.jhuapl.edu/Content/techdigest/pdf/V29-N01/29-01-Jackson.pdf

립, neutral)', '-(음성, negative)'의 상태로 분류하고 있다.

먼저 양성 정적 안정성은 외력(external force)에 의해 평형이 무너졌을 때 모멘트와 같은 물리량이 복원력으로 나타나 다시 평형이 무너지기 전으로 되돌아가는 성질을 가진 것을 뜻한다. 따라서 정적으로 안정 상태란 양성 정적 안정 상태를 의미한다. 다음으로 중립 정적 안정성은 외력에 의해 평형이 무너졌을 때 모멘트와 같은 물리량이 나타나지 않아 외력에 의해 변화된 상태를 유지하려는 성질을 의미한다. 끝으로 음성 정적 안정성은 외력에 의해 평형이 무너졌을 때 모멘트와 같은 물리량이 나타난다. 하지만 복원력으로 작용하지 않고 오히려 외력에 의한 변화를 가속 시키는 원인으로 작용하는 성질을 가진 것을 말하며, 정적으로 불안정 상태(statically unstable)는 음성 정적 안정성인 경우이다.[22]

② 동적 안정성

정적 안정성이 초기 복원력의 상태를 나타낸다면 동적 안정성은 시간의 경과에 따른 복원력 작용에 의한 움직임의 변화를 나타낸다. 그리고 동적 안정성은 다음과 같이 세 가지로 분류할 수 있다.

첫째, 진폭(amplitude)이 감쇄하는 경우로서 외력에 의해 평형이 무너졌을 때 나타나는 진동의 진폭이 점차 감소하여 다시 평형 상태에 수렴하는 경우이다. 이러한 상태를 양성 동적 안정성(positive dynamic stability)이라 하며 동적으로 안정한 상태라 한다. 둘째, 진폭이 감쇄하지 않는 일정한 경우로서 외력에 의해 평형이 무너졌을 때 나타나는 진폭이 일정하게 유지되어 다시 평형 상태에 수렴하지 못하고 무한히 발산하는 경우이다. 이러한 상태를 중립 동적 안정성(neutral dynamic stability)이라 한다. 셋째, 진폭이 증가하는 경우로서 외력에 의해 평형이 무너졌을 때 나타나는 진동의 진폭이 증가하여 다시 평형 상태에 수렴하지 못하고 무한히 발산하는 경우이다. 이러한 상태를 음성 동적 안정성(negative dynamic stability)이라 하며 동적으로 불안정한 상태(dynamically unstable)라 말하고 있다.

(2) 정적 안정의 조건과 계산

미사일은 〈그림 4.18〉 ❶에서 보는 바와 같이 비행 중에 압력 중심이 무게 중

---

22 https://inis.iaea.org/collection/NCLCollectionStore/_Public/06/178/6178001.pdf

심보다 뒤에 있으면 정적 안정성 상태가 된다. 하지만 〈그림 4.18〉 ❷에서 보는 바와 같이, 압력 중심이 무게 중심보다 앞서 있는 경우에는 정적 불안정성 상태가 된다. 그리고 압력 중심과 무게 중심이 일치하면, 미사일은 중립 안정성 상태가 된다. 이때 압력 중심과 무기 중심 사이의 거리를 "정적 여유(static margin)"라고 정의하며, 안정성을 결정하는 중요한 요소이다.[23] 그리고 미사일 동체의 지름을 d라고 하면,

$M_\alpha = \dfrac{F_\alpha(I_{cg} - I_{cp})}{I_{pitch}} = \dfrac{qSd\,C_{m\alpha}}{I_{pitch}}$ 이다.

공기역학적 측면에서 미사일의 안정성 조건을 알아보자. 공기역학적으로 기동하는 미사일에서 조종 표면의 기능은 미사일이 받음각을 발생시켜 기체와 날개에서 양력을 얻을 수 있도록 모멘트를 가하는 것이다. 이를 식으로 표현하면 식 [4-27]과 같다.

$$\tau = \frac{\alpha}{\dot{\gamma}} = \frac{2M}{\rho V_m S}\left[\frac{\dfrac{\partial C_m}{\partial \delta}}{\dfrac{\partial C_L}{\partial \alpha}\left(\dfrac{\partial C_m}{\partial \delta}\right) - \dfrac{\partial C_L}{\partial \delta}\left(\dfrac{\partial C_m}{\partial \alpha}\right)}\right] \quad \text{[4-27]}$$

여기서 M은 미사일의 질량, V_m은 미사일의 속도, γ는 미사일의 기준 단면적 (reference area), α는 받음각, 는 비행경로 각도, ρ는 공기의 밀도이다. 한편 미사일의 공기역학적 안정성을 판별하기 위한 미사일의 피치 운동 모멘트 방정식을 라플라스 변환(Laplace transformation)하였을 때, 전달 함수(transfer function) G_{pr}는 식 [4-28]과 같다.

$$G_{pr} = \frac{\theta_m}{\delta} = \frac{K_{pr}(1 + \tau s)}{(1 + b_{11}s + b_{12}s^2)} \cong \frac{M_\delta\left[1 + \left(\dfrac{1}{s}\right)\right]}{\left[s^2 + \left(\dfrac{b_{11}}{b_{12}}\right)s - M_\alpha\right]} \quad \text{[4-28]}$$

여기서 θ_m은 피치 각속도(pitch rate)이고 δ는 선회키 각도(surface angle), M_δ는 표면 유효 피치(surface pitch effectiveness), V_m은 미사일의 속도, I_{yy}는 피치(y축) 관성모멘

---

23 Etkin, B, "Dynamics of Atmospheric Flight", John Wiley & Sons, Inc, New York, 1972.

트(pitch moment of inertia), 아래 첨자 's.s'는 정상 상태(steady state)이다. 그리고 이들 관계는 식 [4-29]와 같다. 이때 $M_\alpha < 0$이면 정적 안정성 상태, $M_\alpha > 0$이면 정적 불안정성 상태, $M_\alpha = 0$이면 정적 중립 안정성 상태이다.

$$M_\delta = \frac{1}{2}\rho V_m^2 \frac{Sd}{I_{yy}} C_{m\delta}\bigg|_{cg} , \quad M_\alpha = \frac{1}{2}\rho V_m^2 \frac{Sd}{I_{yy}} C_{ma}\bigg|_{cg} , \quad \tau = \frac{\alpha}{\dot{\gamma}}\bigg|_{s.s} \quad \text{...... [4-29]}$$

미사일의 횡 운동에 대한 방정식을 라플라스 변환하였을 때 전달 함수 G_{la}는 식 [4-30]과 같이 나타낼 수 있다.

$$G_{la} = \frac{n_l}{\delta} = \frac{K_{la}(1 + a_{11}s + a_{12}s^2)}{(1 + b_{11}s + b_{12}s^2)} \quad \text{................................. [4-30]}$$

여기서 n_l은 횡 가속도, K_δ는 표면 유효 롤(surface roll effectiveness), I_{xx}는 횡(x축) 관성모멘트이며, 이들 관계는 식 [4-31]과 같이 나타낼 수 있다.

$$K_\delta = \frac{1}{2}\rho V_m^2 \frac{Sd}{I_{xx}} C_{l\delta a}, \quad \frac{M_\delta}{K_\delta} = \left(\frac{I_{xx}}{I_{yy}}\right)\left(\frac{C_{m\delta}}{C_{l\delta}}\right)\bigg|_{cg} \quad \text{................................. [4-31]}$$

한편 미사일의 불안정성은 적절한 피드백 제어 시스템으로 제거할 수 있다. 대부분의 전술 미사일은 압력 중심이 무게 중심과 가까운 지점에 고정되어 거의 모든 양력을 발생시키는 표면(날개)과 후면 조종면(편)을 가지고 있다. 초음속 흐름에서 조종 표면은 전방의 흐름에 영향을 줄 수 없으므로 미사일에 최대 모멘트를 가하기 위해 가능한 한 뒤쪽으로 배치하고 있다.

(3) 공대공 미사일의 동역학적 해석

〈그림 4.19〉는 일반적인 꼬리날개 제어식의 공대공 미사일의 피치, 롤, 요의 해석에 적용되는 좌표를 나타낸 그림이다.

〈그림 4.19〉❶에서 보는 바와 같이, 미사일의 기체를 기준으로 설정한 좌표계에서 x, y, z축 방향의 속도는 u, v, w이고, 피치, 요, 롤의 각속도는 p, q, r이다. 그리고 〈그림 4.19〉❷와 같이 무게 중심을 기준으로 한 좌표계 X, Y, Z축일 때, 미사일

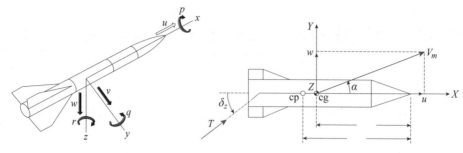

① x, y, z축 기준에서의 피치, 롤, 요   ② x, y, z축 기준에서 추력과 속도 벡터

그림 4.19 꼬리날개 제어식의 좌표와 공력

의 운동방정식은 식 [4-32a, 32b, 33c]와 같이 표현할 수 있다.

$$\frac{du}{dt} = \left\{ \frac{[-C(\alpha, M_s, h, t) + T(t)]}{m(t)} \right\} - qw \quad \text{[4-32a]}$$

$$\frac{dw}{dt} = \left\{ \frac{-N(\alpha, M_s, \delta_z)}{m(t)} \right\} + qu \quad \text{[4-32b]}$$

$$\frac{dq}{dt} = \frac{[M_y(\alpha, M_s, X_{cg} - X_{cp}, t] - q\left(\frac{dI_y(t)}{dt}\right)}{I_y(t)} \quad \text{[4-32c]}$$

여기서 C는 축력(axial force), $M_S(=V_m/V_S)$은 마하수, V_m은 미사일 속도, V_S는 음속, $\alpha(=\tan^{-1}(u/w))$는 받음각, h는 미사일의 비행 고도, t는 시간, m은 미사일의 질량, w는 수직 속도 성분, q는 피치 각속도, T는 로켓 모터의 추력, N은 요잉 모멘트(또는 수직력), δ_Z는 추력 편향 각도(꼬리 편의 각도), M은 피칭 모멘트, X_{cg}, X_{cp}는 무게 중심과 압력 중심, I_y는 Y축에 대한 미사일의 관성모멘트이다.

한편 〈그림 4.19〉 ②에서 X, Y, Z좌표에서 공력과 축력 그리고 수직력(normal force)에 미치는 영향 요소와의 관계를 식으로 나타내면 다음과 같다.

첫째, 축력(C, axial force)은 받음각, 마하수, 비행 고도, 시간에 따른 함수관계이며, 식 [4-33, 34]와 같이 나타낼 수 있다.

$$C = \tilde{q} C_c(\alpha, M_s, h, t) \quad \text{[4-33]}$$

$$C_c = F_{fr}(M)\left(\frac{h - 6.096}{3.048}\right) + F_{afc}(\alpha, M) + F_b(M,t)\left(1 - \frac{A_e}{A_b}\right) \cdots\cdots [4\text{-}34]$$

여기서 $\tilde{q}\,(= S_r\hat{q})$는 동적 힘(dynamic force), S_r은 기준 단면적(reference area)이고,

$\hat{q}\,(= \frac{1}{2}\rho_0 h\,V_m^2)$는 동 압력(dynamic pressure), ρ_0는 기단(air mass)의 밀도, A_b는 기저 면

적(base area), A_e는 노즐 출구 면적, F_{nfc}는 수직력 계수, F_b는 기저 항력계수(base drag

coefficient)이다.

둘째, 수직력(N, yawing moment)은 받음각, 마하수, 추력 편향 각도와의 함수관계

이며, 이를 식으로 표현하면 식 [4-35, 36]과 같다.

$$N = \tilde{q}\,C_n(\alpha, M_s, \delta_z) \cdots\cdots\cdots\cdots\cdots\cdots\cdots\cdots [4\text{-}35]$$

$$C_n = F_{nfc}(\alpha, M)\alpha - F_{tnf}(M)\delta_z \cdots\cdots\cdots\cdots\cdots\cdots\cdots [4\text{-}36]$$

여기서 F_{afc}는 축력 계수(axial force coefficient), F_{tnf}는 기체에 접촉하는 표면이 물체

를 면에 수직으로 받쳐 주는 힘인 수직력의 효과(trim normal force effectiveness) 계수이다.

끝으로 공력은 받음각 α와 마하수 M_s에 의존하는 공기역학 계수의 함수이며,

받음각과 마하수의 변화에 따른 공력 계수의 값은 풍동실험에서 얻을 수 있다.

(4) 미사일의 사거리와 항력 관계

미사일의 사거리(R)와 항력(D)의 관계는 식 [4-37]에 제시된 Brequet 방정식

을 적용하여 구할 수 있다.[24]

$$R = 2.3\left(\frac{L}{D}\right)\left(\frac{V}{sfc}\right)\log\left(\frac{W_i}{W_f}\right) \cdots\cdots\cdots\cdots\cdots\cdots [4\text{-}37]$$

여기서 L은 양력, V는 속도[kts], L/D는 양력과 항력의 비인 양항비((lift-to-drag

---

24 McEacheon, J.F. "Subsonic & Supersonic Anti-ship Missiles: An Effectiveness and Utility Comparison",
    Naval Engineers Journal, Vol. 1, pp. 57~73.1997,

ratio), sfc는 비 연료 소모율[N/N/hr]을 나타낸 것이다. 그리고 W_i/W_f는 발사 중량 W_i과 연료 소모가 종료된 이후의 공허 중량 W_f의 비율이다.

만일 미사일의 사거리를 증가시키려면, 양항비가 큰 기체의 형상 설계와 연료 소모율이 적은 고효율 추진시스템 적용, 그리고 W_i/W_f가 큰 기체의 구조설계가 중요하다. 참고로 양항비는 무차원 값이며, 항공기나 미사일 등과 같이 운동체가 공기 속을 날아갈 때, 양력보다 항력이 작으면 그만큼 효율적으로 양력을 발생시키고 있다는 의미이다. 따라서 양항비의 값은 이들 운동체의 항속거리, 체공 시간, 활공비(glide ratio) 등과 같은 성능에 큰 관계가 있다. 즉, 이 값이 클수록 성능이 우수하다는 의미이다.

4.1 exercise

항공기는 식 [4-37]에서 비례상수 2.3을 곱하지 않는 Brequet 항속거리 방식을 적용하고 있는데 이 방정식을 유도하시오. 이때 항공기의 이륙 시간과 중량은 각각 t_i, W_i이고 착륙 시간과 중량은 각각 t_f, W_f이다. 그리고 이륙 후 순항 속도(항속)는 V라고 가정하고 비행거리는 R이라고 가정한다.

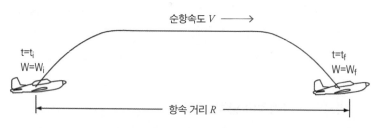

그림 4.20 항공기의 항속거리와 중량의 관계

풀이 〈그림 4.20〉에서 항속거리는 순항 속도 V와 비행시간의 관계는 식 [4-38]과 같이 나타낼 수 있다. 즉,

$$R = \int_{t_i}^{t_f} V dt \qquad\qquad\qquad\qquad\qquad\qquad\qquad [4\text{-}38]$$

항공기가 이륙 후 일정한 고도에 도달한 후 일정한 속도, 즉 순항 속도에 도달하면 양력 L[N]과 항공기의 중량 W[N]는 같으며, 엔진에서 나오는 추력 T[N]와 공기에 의한 항력 D[N]는 같다. 따라서 $L = W$와 $T = D$의 관계가 성립된다. 또한, 엔진의 연료를 사용함에 따라 비행 중에 항공기의 중량은 점점 가벼워진다. 따라서 시간에 따른 중량의 관계는 식 [4-39]와 같다. 즉,

$$dW = \frac{dW}{dt}dt = \left(-\frac{연료\ 중량}{비행\ 시간}\right)dt = -\left(\frac{연료\ 중량}{비행\ 시간}\right)\left(\frac{T}{T}\right)dt \quad\text{[4-39]}$$

한편 비-연료 소모량(sfc, specific fuel consumption)은 식 [4-40]과 같이 정의하면, 식 [4-39]는 식 [4-41a, 41b]와 같이 나타낼 수 있다. 그리고 sfc의 단위는 [N/N · hr] 또는 [1/hr]이다.

$$sfc \equiv \left(\frac{연료\ 중량}{비행\ 시간}\right)\left(\frac{1}{T}\right) \quad\text{[4-40]}$$

$$dW = -sfc \cdot Tdt \quad\text{[4-41a]}$$

$$dt = \frac{dW}{-sfc}\left(\frac{1}{T}\right) \quad\text{[4-41b]}$$

따라서 식 [4-41b]를 식 [4-38]에 대입하면, 비행거리 R은 식 [4-42]와 같다.

$$R = \int_{t_i}^{t_f} Vdt = -\int_{W_i}^{W_f} \frac{V}{sfc}\left(\frac{1}{T}\right)dW \quad\text{[4-42]}$$

그러나 항속 상태에서는 $L = W$, $T = D$이므로 식 [4-42]는 식 [4-43a, 43b]와 같다.

$$R = -\int_{W_i}^{W_f} \frac{V}{sfc}\left(\frac{1}{T}\right)dW = -\int_{W_i}^{W_f} \frac{V}{sfc}\left(\frac{1}{D}\right)\left(\frac{L}{W}\right)dW \quad\text{[4-43a]}$$

$$R = -\int_{W_i}^{W_f} \frac{V}{sfc}\left(\frac{L}{D}\right)\frac{dW}{W} \quad\text{[4-43b]}$$

식 [4-43a, 43b]을 일반적으로 사거리 방정식 또는 Breguet 사거리 방정식이라 한다. 만일 $\frac{V}{sfc}\left(\frac{L}{D}\right)$가 모든 비행 구간에서 일정하다고 가정하면, 식 [4-43b]는 식 [4-44]와 같다. 따라서 이 식을 적분하면 식 [4-45]와 같이 로그 함수로 나타낼 수 있다.

$$R = -\frac{V}{sfc}\left(\frac{L}{D}\right)\int_{W_i}^{W_f} \frac{dW}{W} \quad\text{[4-44]}$$

$$R = \left(\frac{V}{sfc}\right)\left(\frac{L}{D}\right)\log\left(\frac{W_i}{W_f}\right) \quad\text{[4-45]}$$

하지만 항공기나 순항 미사일에 적용하는 경우에는 식 [4-45]에 비행특성에 따른 경험 상수를 곱해야 실제 사거리와 비슷한 결과를 얻을 수 있다.

3. 미사일의 설계방법과 절차

(1) 미사일 설계 시 고려 요소와 절차

일반적으로 미사일은 대상 표적에 피해를 줄 목적으로 자체로 추진되는 다양한 유도 능력을 갖춘 발사체로 정의한다. 이 발사체는 공대공 미사일, 지대공 미사일 또는 지대공 미사일 등이 있다. 그리고 미사일은 〈그림 4.21〉과 같이 기체, 로켓 모터, 탄두, 조종면(control surfaces, tail fin, canard 등), 탐색기(seeker) 등으로 구성되어 있다. 하지만 극초음속(마하 5 이상) 미사일은 탄두와 조종면이 없는 경우가 많다.[25]

일반적으로 미사일의 하부 시스템(subsystem)은 기체, 유도시스템, 로켓 추진 모터, 탄두로 구분하며 이들 구성품의 특성을 알아보면 다음과 같다.

첫째, 기체의 유형과 크기는 유도 특성, 로켓 모터의 크기, 탄두의 크기에 따라 크게 의존한다. 둘째, 유도시스템은 로켓 모터와 탄두 그리고 위협에 따라 다르다. 이에 따라 선택된 유도방식은 미사일이 사용될 전체 무기 시스템과 미사일이 사용될 위협의 유형 그리고 위협 표적의 특성과 기타 요인에 따라 다르다. 셋째, 로켓 모터의 특성은 유도 요구사항과 위협 그리고 기체의 특성에 따라 다르다. 넷째, 탄두는 위협과 유도방식에 따라 다르다. 일반적으로 탄두 설계의 절차는 다음과 같다. 먼저 위협으로부터 유도 요구사항의 크기를 결정한다. 요구사항은 정확도, 응답 시간, 유효 거리 등이다. 그리고 필요한 공기역학적 성능을 제공할 수 있는 기체를 선택한다. 이어서 위협 및 기체의 고려 사항에 따라 모터의 크기를 결정한 후 최

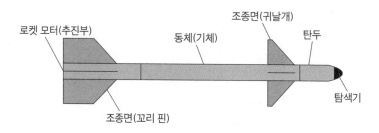

그림 4.21 일반적인 공대공 미사일의 주요 구성

---

25 Roskam, "Airplane Flight Dynamics and Automatic Flight Control", Roskam Aviation and Engineering Corporation, Ottawa, Kansas, 1982.

종적으로 탄두의 크기를 결정할 수 있다.

(2) 공대공 미사일 설계 시 고려 요소

일반적으로 공대공 미사일의 세부 구조는 〈그림 4.22〉와 같다. 그리고 미사일 설계에 미치는 영향 요소는 위협, 운영 환경, 비용, 최신 기술 등이다. 일반적으로 위협 및 운영 환경, 최신 기술은 알려져 있으며, 설계 시 최소한의 비용으로 주어진 환경의 위협에 대처하는 데 중점을 두고 있다.[26]

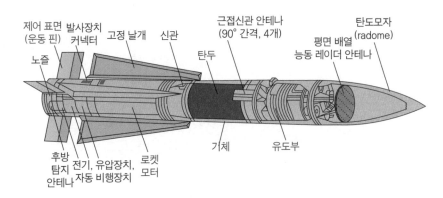

그림 4.22 일반적인 공대공 미사일의 세부 구조

(3) 고체 또는 액체 로켓 모터의 적용 요소

모든 미사일 설계 시 우선 고려해야 할 사항은 로켓 모터(추진시스템)의 유형을 선택하는 것이다. 이때 고려 요소는 미사일의 속도가 증가에 따른 공기역학적 가열, 미사일의 속도를 감소시키는 공기역학적 항력, 미사일이 성능을 발휘하기 위한 최대 발사 고도, 요구되는 최대 및 최소 요격거리 등이다.

따라서 로켓 모터는 〈그림 4.23〉과 같이 작동방식에 따라 전(全)-부스트(all boost) 방식, 전(全)-지속(all sustain) 방식, 부스트 지속(boost sustain) 방식이 있다. 이들 방식의 특성과 적용 사례를 알아보면 다음과 같다.

26 Nicolai, L. M, "Fundamentals of Aircraft Design", METS, Inc, San Jose, CA, 1984.

1 전(全)-부스트 방식

전-부스트 방식의 로켓 모터는 〈그림 4.23〉 ❶에서 보는 바와 같이 발사 초기에 짧은 시간 동안 높은 추력을 발생시킨다. 그 결과 발사 초기에 주어진 거리 내에서 미사일을 최대한 가속하여 최대 속도에 도달할 수 있다. 이 때문에 미사일의 항력이 세지고 공기와의 마찰로 인해 기체가 가열되며, 비행시간이 짧아지게 된다. 따라서 이 방식은 미사일이나 항공기의 꼬리를 추적하여 요격하는 방식을 사용하는 공대공 미사일에 적합하다. 대표적으로 날개를 이용하여 비례 항법 제어하는 미국의 Sparrow AIM-7E 공대공 미사일과 귀 날개를 이용하여 추격유도방식인 미국의 Sidewinder AIM-9 공대공 미사일이 있다.[27]

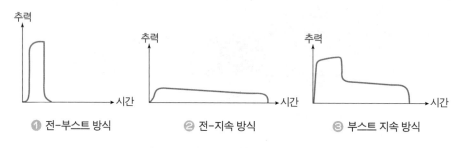

❶ 전-부스트 방식   ❷ 전-지속 방식   ❸ 부스트 지속 방식

그림 4.23 공대공 미사일의 로켓 모터 유형

2 전(全)-지속방식

전-지속방식의 로켓 모터는 미사일을 천천히 가속하여 주어진 사거리 내에서 공기역학적 항력을 낮추고 비행시간을 연장한다. 즉, 〈그림 4.23〉 ❷에서 보는 바와 같이 로켓 모터에서 발생하는 추력이 다른 방식보다 약하나 오랜 시간 동안 추진되는 방식이다. 이 방식은 중력을 극복하고 높은 고도에서 기동하기에 충분한 속도를 제공할 수 있다. 따라서 고도가 높은 공중에서 공격부대가 최단 거리를 이용하여 전 정면에 걸쳐 적을 동시에 공격하는 공격기동의 한 형태인 정면 교전 (head-on engagements)에 적합하다. 대표적으로 꼬리 핀으로 비례 항법 제어를 하는 미국의 Phoenix AIM-54 공대공 미사일이 있다.[28]

---

27 https://www.raytheonmissilesanddefense.com/

28 https://www.navy.mil/DesktopModules/ArticleCS/Print.aspx?PortalId=1&ModuleId=724&Artic

❸ 부스트 지속방식

부스트 지속방식은 〈그림 4.23〉 ❸와 같이 로켓 전-부스트 방식과 전-지속방식의 장점을 결합한 방식이다. 일반적으로 미사일 설계 시 탄두는 정해지기 때문에 설계자는 주어진 정확도와 사거리 조건에 맞게 설계하는 역할을 담당한다. 이 방식은 요격 속도와 예상되는 교전 고도, 교전 범위에 적합하도록 시간에 따른 추력의 세기를 결정할 필요가 있는 미사일에 적합한 방식이다. 대표적으로 날개로 비례 항법 유도를 하는 미국의 Sparrow AIM-7F 미사일이 있다.[29]

(4) 램제트 또는 스크램제트 엔진의 적용

램제트엔진이나 스크램제트 엔진은 모든 공기흡입방식 엔진 중에서 구조가 가장 단순하다. 이들 엔진은 미사일을 초음속 또는 극초음속(마하 5 이상)으로 비행할 수 있는 추진시스템이다. 미사일의 사거리가 증가하고 표적까지 도달하는 시간이 단축된다. 특히 스크램제트 엔진은 마하 5 이상의 극초음속의 추진시스템으로 적합한 방식이다.[30] 참고로 램제트와 스크램제트의 구조, 작동원리, 특성, 적용 사례 등에 대한 세부 내용은 "제8장 제2절 순항 미사일"에서 자세히 설명하였다.

4. 유도시스템의 설계 모델

(1) 호밍유도 시스템의 수학적 모델

일반적으로 미사일 시스템을 설계하려면 설계하고자 하는 미사일의 운용 개념을 정립한 후에 작전 운용성능(ROC, Required Operational Capability)을 결정하여야 한다. 그다음 미사일의 설계 및 제작한 후 이에 대한 성능을 평가하는 과정을 거쳐서 개발을 완료한다. 이때 미사일은 속도에 따라 아음속, 음속, 초음속, 극초음속 미사일이 있다. 여기서 ROC란 군사적 목표를 달성하기 위해 사용되는 무기체계의 성능 수준과 능력을 말하며, 주요 작전 운용성능과 기술 및 부수적인 작전 운용성능으로 구별된다. 그리고 연구개발이나 무기체계 획득 시 시험평가의 기준으로 적용

---

le=2168381

29 https://www.af.mil/About-Us/Fact-Sheets/Display/Article/104575/aim-7-sparrow/

30 Falempin, F., "Ramjet and Dual Mode Operation. In Advances on Propulsion Technology for High-Speed Aircraft", RTO-EN-AVT-150, 2008.

하고 있다.

한편 이들 미사일을 표적에 명중시킬 수 있게 표적까지 유도하는 장치가 유도 시스템이다. 미사일은 일정한 유도 법칙에 따라 유도되며, 대표적으로 〈그림 4.24〉에 제시된 호밍유도 시스템(homing guidance system)이 있다.

또한, 그림에서 보는 바와 같이 미사일에 탑재된 탐색기에서 측정된 표적과 미사일의 시선(LOS, Line Of Sight) 각도 에 유도 법칙을 적용하여 지령 가속도를 계산하고, 자동조종장치(autopilot)에 입력, 미사일의 3차원 가속도 를 결정하여 미사일을 기동한다. 자동조종장치는 표적의 이동과 미사일의 초기 조건을 입력하여 미사일과 표적의 운동을 계산하고, 시선 각도를 입력 후 측정잡음(measurement noise)을 계산하여 탐색기에 입력된다. 이때 실제 교전 기하학 모델에 대한 현실적인 모델을 적용하여 유도시스템을 설계해야 미사일의 종말 오차 거리를 정확하게 평가할 수 있다. 그리고 유도시스템에 운동 역학과 수학적 모델을 적용해야 오차 거리(miss distance)를 줄일 수 있다.

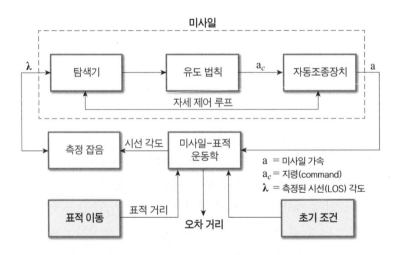

그림 4.24 유도시스템의 수학적 모델의 적용 과정

(2) 롤-안정화 방식 유도시스템의 적용 사례

일반적인 롤-안정화 방식의 유도시스템의 유도과정을 살펴보면 〈그림 4.25〉에서 보는 바와 같다. 그림에서 미사일과 표적의 초기 조건과 오일러 각도의 데이

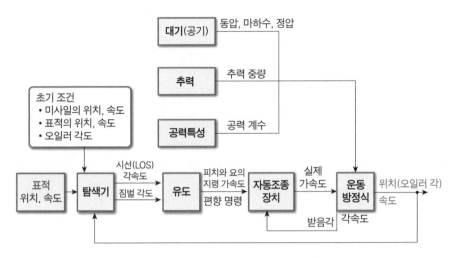

그림 4.25 대표적인 롤-안정화 방식 유도시스템의 작동과정

터를 탐색기에 입력한다. 그리고 미사일이 발사한 후 탐색기에 실시간 표적의 위치와 속도 데이터가 입력되며, 탐색기로 측정한 시선 각속도와 짐벌 각도(angle of gímbal)의 정보로 미사일이 표적으로 유도되도록 피치와 요 각속도와 편향을 자동조종장치에 전달한다. 자동조종장치는 대기 상태, 추력 중량, 공력 특성정보를 이용한 운동방정식을 적용해서 얻은 조종면의 받음각을 자동조종장치에 반영하여 실제 가속도로 미사일의 위치(오일러 각, Euler angle)와 속도를 계산한다. 이들 위치와 속도는 다시 탐색기로 피드백(feedback)되어 오차를 감소시키게 되어있다.

참고로 오일러 각이란 미사일인 놓인 방향을 3차원 공간에 표시하는 방법으로 1점(중심)의 둘레를 회전하는 미사일의 방위를 나타내는 세 개의 각 좌표계로 나타낸 것이다. 그리고 짐벌은 물이나 공기, 우주 공간에 있는 구조물의 흔들림에 관계없이 자이로스코프와 같은 물체의 기본 틀이 기울어져도 자이로스코프를 정립 상태로 유지 해주는 지지장치이다. 이 장치의 구조와 원리는 "군사과학 총서 1권의 제4장"에 자세히 설명되어 있다.

(3) 유도시스템의 일반적인 문제

오차 거리를 최소화하면 단발 격추 확률(SSKP, single-shot kill probability)을 최고로 높일 수 있다. 여기서 SSKP는 제2장에서 설명한 바와 같이, 어떤 표적을 향하여 발사된 한 발의 미사일이 특정 조건에서 그 표적을 완전 파괴 또는 부분 파괴로 그 기능을 상실시킬 수 있는 확률을 말한다. 따라서 유도시스템 설계자는 오차 거리를 최소화할 수 있도록 필터링, 통계적 모델 적용 등으로 설계할 필요가 있다.[31]

한편 오차 거리의 발생 요인은 초기 방향 오류, 가속 편향이 있고 자이로(gyro)가 탐색기의 안정화에 사용되는 경우에는 자이로 운동, 섬광 잡음(flash noise), 수신기 잡음, 모노 펄스(mono pulse)를 제외한 페이딩 잡음(fading noise), 각도 잡음(angle noise) 등이 있다. 참고로 각도 잡음은 주파수 변화(frequency diversity)에 따른 굴절률 변화로 인해 발생한다. 이를 줄이려면 신호 세기의 변화, 심한 전파방해 또는 간섭 영향을 최소화하기 위해 여러 개의 주파수를 동시에 사용하여 송신 또는 수신하는 방법이 있다.

5. 탐색기의 기능과 적용 사례

(1) 탐색기의 주요 기능

탐색기(seeker)의 하부 시스템은 크게 여섯 가지의 기능이 있다. 첫째, 미사일 유도에 필요한 표적의 움직임을 측정한다. 둘째, 안테나 또는 기타 에너지 수신장치(적외선, 레이저 등을 이용한 장치 등)로 표적을 추적한다. 여기서 안테나는 모든 유형의 에너지를 수집하는 장치이다. 셋째, 표적을 획득한 후에 끊임없이 표적을 추적한다. 넷째, 가시선(LOS) 각속도 d_λ/d_t(angular rate)를 측정한다. 다섯째, 측정할 LOS 각속도보다 훨씬 클 수 있는 미사일의 피치 각속도($d\theta_m/d_t$, or yawing rate)에 대해 탐색기를 안정화한다. 여섯째, 접근 속도 V_c(closing velocity)를 측정한다. 접근 속도는 일부 레이더에서는 가능하나 적외선 탐색기로는 측정하기 어렵다.

한편 재래식 탐색기는 기계식(회전 질량) 또는 광학식(레이저) 자이로스코프와 안테나가 장착된 2~3개의 짐벌 축으로 구성되어 있다. 그리고 이들 축과 직교하는 롤 축(roll axis)이 있어서 미사일의 롤-안정화(roll stabilization) 기준으로 적용하고 있다. 일반적으로 능동형 RF 탐색기 또는 수동형 IR 탐색기에는 2개의 짐벌을 장착한다. 이들 짐벌은 예를 들어 레이더 수신기에 의해 측정된 추적 에러(tracking error) 신호에 대한 각도의 방향을 조정한다. 그리고 이러한 전자빔 조향은 유도시스템에 사용하는 짐벌 장치와 비슷한 원리이다.

---

31 https://faculty.nps.edu/awashburn/Files/Notes/FiringTheory.pdf

(2) 탐색기의 구성과 작동원리

① 주요 구성

일반적으로 적외선 탐색기(또는 추적기)는 여섯 개의 구성품으로 되어있다. 첫째, 표적에서 방사되는 직외선을 모이서 집중시켜주는 광학 장치가 있다. 이 장치는 플랫폼인 미사일에 짐벌로 연결되어 있다. 둘째, 수신된 적외선 복사열을 하나 또는 그 이상의 전기신호로 변환하는 적외선 센서이다. 셋째, 적외선 센서의 추력 신호와 이들 신호를 유도 지령으로 계산하기 위한 전자장치이다. 넷째, 탐지기의 위치 제어를 위한 서보 기구와 안정화 시스템이다. 다섯째, 적외선 냉각시스템이다. 여섯째, 적외선 탐색기의 보호 덮개가 있다.

② 적외선 탐색기의 작동원리

탐색기 돔(seeker dome)에 입사하는 적외선이 돔을 통과하여 주(主) 거울(primary mirror)에 부딪혀 반사되어 부(副) 거울(secondary mirror)에 부딪힌다. 이 거울은 회전 격자(spinning reticle)나 직류 신호를 단속하여 교류 신호로 변환하는 광전소자인 초퍼(chopper)에 적외선을 집중시킨다. 이때 회전 격자는 표적 식별 및 추적을 위해 들어오는 적외선 또는 신호를 주기적으로 차단하거나 변조한다. 적외선영상처리기(IR image processor)는 표적을 식별하거나 추적하는 2차원 이미지를 제공하는 데 필요하다. 영상처리기는 주사장치(scanner), IR 장치, 검출기(detector), 극저온냉각장치(cryogenic system), 전치 증폭기(preamplifier) 및 증폭기, 전시기(display) 등으로 구성되어 있다. 여기서 전치 증폭기는 전선으로 인한 신호의 감쇠 및 외래 잡음에 의한 신호 대 잡음 비의 저하를 막기 위해 검출기 앞쪽에 설치하는 증폭기이며 세기가 약한 적외선을 검출할 때 검출기와 그 신호를 처리하는 장치를 전선으로 연결한다. 그 밖에 적외선 탐색기(추적기)의 원리에 대한 자세한 내용은 '군사과학 총서1 제5장' 내용을 참고하기 바란다.

대표적인 사례로는 〈그림 4.26〉과 같은 미국의 Sidewinder 공대공 미사일이 있다. 이 미사일은 적외선 유도방식인데 탐색기를 제외하고는 다른 공기역학적인 전술 미사일과 비슷하다. 일부 수동형 적외선 시스템은 적외선 대역과 대역의 신호를 감지하기 위해 2개 이상의 검출기를 사용함으로써 추적 성능(tracking capability)을 높인 다중 색상 탐색기(multiple color system)도 있다. 그 밖에 대함미사일에 적용하

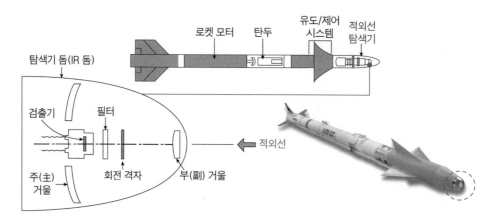

그림 4.26 적외선 추적방식의 Sidewinder 미사일

고 있는 마이크로파 센서와 적외선 영상 센서를 동시에 내장한 다중 탐색기(multi-mode seeker)도 있다.[32]

---

32 https://www.sensorsinc.com/applications/military/rocket-missile-tracking; https://www.army.mil/article/236251/army_begins_testing_advanced_seeker_for_precision_strike_missile; https://www.janes.com/defence-news/news-detail/386c4c18-632b-491b-b8bd-b14600d1a592

1. 미사일(발사체)의 주요 구성과 미사일의 앞머리(nose) 형태의 종류와 비행속도와의 상관관계를 사례를 들어 설명하시오.

2. 대표적인 미사일의 날개 비행 제어방법 중에서 날개 제어과 꼬리날개 제어방법 그리고 측면 추력 제어방법의 원리와 적용 사례를 설명하고 이들의 장단점을 비교하시오.

3. 미사일이 수평 비행할 때 작용하는 힘의 종류와 발생 원리를 그림을 그려서 설명하시오.

4. 익형의 주요 명칭과 공기역학적 작용하는 힘과 받음각(angle of attack)의 물리적 개념을 그림을 그려서 설명하시오.

5. 미사일의 속도변화에 따른 익형 주위 유동 변화를 나타낸 〈그림 4.8〉에서 각각 음속, 천이 음속, 초음속 상태의 공기류의 흐름을 설명하시오.

6. 미사일이나 항공기 등과 같은 비행체가 초음속 돌파 시 충격파가 발생하는데 그 원인과 나타나는 현상을 설명하시오.

7. 미사일의 작용력과 비행 안정화 원리를 나타낸 〈그림 4.11〉에서 양력, 항력, 횡력의 발생 원인과 힘의 방향을 설명하시오.

8. 〈그림 4.13〉은 공력 해석에 적용되는 바람축 좌표계를 나타낸 그림이다. 이 그림에서 항력, 횡력, 양력에 미치는 요소를 식 [4-8, 9, 10]을 연관 지어 물리적 개념을 설명하시오.

9. 단순 점(simple point) 질량일 경우의 공력 계수인 총(total) 항력계수, 총 양력계수, 횡력(side force) 계수의 정의와 물리적 개념을 설명하시오.

10. 미사일의 공력 모멘트란 무엇이며 공력 모멘트의 종류와 물리적 개념 그리고 미사일 설계에 어떤 영향을 미치는 요소인지 설명하시오.

11. 미사일 기체의 제어방식과 조종 표면 배열과 공기역학적 특성을 간단히 설명하시오.

12. 미사일 기체의 비행 안정 조건을 정적 안정성과 동적 안정성으로 구분하여 설명하시오.

13. 미사일의 공기역학적인 안정 조건을 나타낸 〈그림 4.18〉에서 안정 조건과 불안정 조건의 차이점과 그 이유를 설명하시오.

14. 미사일 설계 시 고려 요소 및 절차와 공대공 미사일 설계 시 고려 요소를 설명하시오.

15. 로켓 모터의 작동방식은 전(全)-부스트(all boost) 방식, 전(全)-지속(all sustain) 방식, 부스트 지속(boost sustain) 방식이 있다. 이들 방식의 특성과 적용 사례를 설명하시오.

16. 호밍유도 시스템의 수학적 모델을 나타낸 〈그림 4.24〉의 블록다이어그램을 설명하시오.

17. 롤-안정화 방식의 원리를 설명하고 이 방식의 유도시스템을 나타낸 〈그림 4.25〉의 블록다이 어그램을 설명하시오

18. 미사일 탐색기의 구성과 기능 그리고 종류를 설명하고 적외선 탐색기의 추적방식과 적용 사례를 설명하시오.

제5장
미사일의
추진시스템

제1절 추진시스템의 분류 및 작동원리

1. 추진시스템의 분류

　미사일의 추진시스템(propulsion system)이란 미사일의 이동 속도의 변화 또는 회전 모멘트(turning moment, 회전 운동량)의 변화를 위해 추력을 제공하는 시스템을 말한다. 추진시스템은 로켓 엔진(rocket engine), 제트엔진(jet engine) 등이 있다. 여기서 로켓 엔진은 산소를 발생시키는 산화제를 이용하여 연료를 연소시키며, 이때 발생한 고온, 고압의 연소 가스를 노즐을 통해 분출시켜 작용-반작용의 원리로 미사일에 필요한 추진력을 얻는다.[1]

　일반적으로 로켓과 로켓 엔진의 용어를 구분하지 않고 사용하고 있으나 미사일에 장착되는 로켓 엔진은 로켓 모터 또는 로켓 엔진이라 부르고 있다. 로켓 엔진은 제트엔진과 다르게 자체적으로 산화제(oxidizing agent)를 가지고 있어 산소(oxygen)가 없는 우주에서도 작동이 가능한 점이 장점이다. 따라서 우주로 보내는 우주발사체나 대륙간탄도미사일(ICBM)에는 로켓 엔진을 사용하고 있다. 그리고 제트엔진은 압축공기 중에 연료를 분사 연소시켜서 생긴 고온, 고압가스를 분출시켜 그 분류(jet)의 반동력인 추진력을 얻는 엔진을 말한다. 제트엔진은 항공기나 순항 미사일 등에 사용되고 있다.[2]

(1) 공기흡입 방식

　공기 흡입식 미사일(air breathing missile)은 〈그림 5.1〉 ❶에서 보는 바와 같이 제트엔진(turbo jet or turbofan engine 등)이나 램제트 엔진, 스크램제트 엔진 등을 사용하여 연료를 연소시키기 위하여 공기를 산화제로 사용하는 미사일이다. 이 방식은

1　https://www.grc.nasa.gov/www/k-12/airplane/srockth.html

2　https://maritime.org/doc/missile/index.htm

고체 또는 액체 로켓 모터를 주요 추진기관으로 사용하는 미사일과 달리 대기권 밖에서는 산화제가 있어야 작동할 수 있다.[3]

(2) 비-공기 흡입방식

비-공기 흡입식 미사일(non-air breathing missile)은 〈그림 5.1〉 ❷와 같이 로켓에 산화제와 연료를 탑재하기 연료를 연소하기 위한 산소를 공기를 흡입할 필요가 없다. 따라서 이 방식은 공기가 희박하거나 진공 상태에서도 작동할 수 있다. 즉, 대기권 밖이나 우주에서도 작동이 가능한 장점이 있다. 대표적으로 고체 로켓, 액체 로켓 그리고 이들 방식을 동시에 적용한 하이브리드(hybrid) 로켓 등이 있으며, 〈그림 5.2〉와 같이 분류할 수 있다.[4]

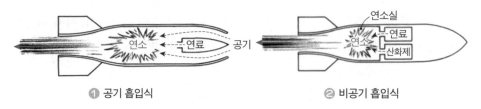

❶ 공기 흡입식　　　　❷ 비공기 흡입식

그림 5.1 미사일의 추진시스템 종류 및 작동원리

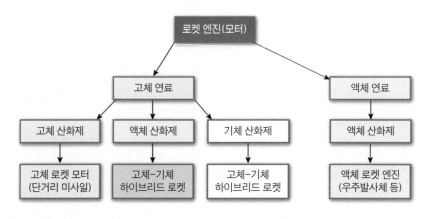

그림 5.2 일반적인 로켓 엔진의 분류

---

3 https://study.com/academy/lesson/rocket-propulsion-definition-principles.html; https://www.jstor.org/stable/pdf/resrep29682.5.pdf

4 https://www.sciencedirect.com/science/article/pii/S2405896320325179

로켓은 고체 연료와 액체 연료로 구분하며 고체 연료는 다시 산화제에 따라 고체, 액체, 기체가 있다. 고체 산화제를 사용하는 로켓은 단거리 미사일에 적용하는 경우가 많다. 하이브리드 로켓 모터(엔진)에는 고체 연료와 액체 산화제를 사용하거나 고체 연료와 기체 산화제를 사용하는 방식이 있다. 그리고 액체 연료와 액체 산화제를 사용하는 로켓을 액체 로켓 엔진이라 하며, 우주발사체나 ICBM 등에 사용되고 있다.

한편 하이브리드 로켓은 〈그림 5.3〉과 같이 고체 로켓의 단점을 개량해 추력을 조절할 수 있도록 고안된 로켓인데 연료를 고체로 만들어 로켓 모터의 안쪽에 채워 넣고 고체 추진제의 중앙 부분에 액체 산화제를 분사시켜 연소시키는 방법이다. 고체 연료에 분사하는 액체 산화제의 양에 따라 추력을 조절할 수 있고, 산화제의 공급을 중지시켜서 연소도 중지시킬 수 있는 방식으로 민수용에 적합하다.[5]

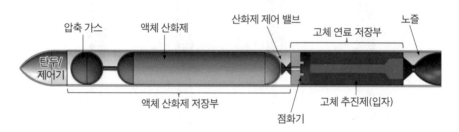

그림 5.3 하이브리드 로켓 모터의 주요 구성품

2. 추진시스템을 이용한 방향 제어의 방식

미사일의 비행 방향을 제어하는 방법에는 〈그림 5.4〉에서 보는 바와 같이 핀 (movable fin) 제어방식, 짐벌 제어방식, 보조 로켓(vernier thruster) 방식, 추력 날개(thrust vane) 제어방식이 있다.[6]

---

5 https://physicsworld.com/a/air-breathing-rocket-engines-the-future-of-space-flight/

6 http://mae-nas.eng.usu.edu/MAE_5540_Web/propulsion_systems/subpages/Rocket_Propulsion_Elements.pdf

(1) 핀 제어방식

핀 방식은 〈그림 5.4〉 ❶에서 보는 바와 같이 로켓의 날개의 각도를 조절하여 공력을 발생시켜 무게 중심(C.G, Center of Gravitation)과 공기압에 의한 압력 중심(C.P, Center of Pressure)의 차이에 의한 회전 모멘트를 이용하여 비행 방향을 변경시키는 방식이다. 따라서 로켓 모터에서 제트류(jet stream)의 방향을 고정한 상태로 핀의 각도만 변경시키기 때문에 반응속도가 느린 단점이 있다. 여기서 공력이란 날개와 기체의 상대 운동에 따라 둘 사이에 작용하는 힘이다.

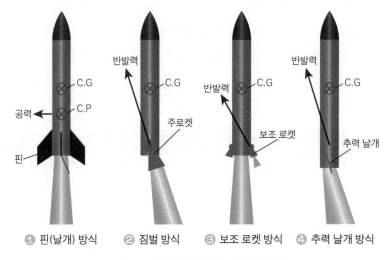

❶ 핀(날개) 방식   ❷ 짐벌 방식   ❸ 보조 로켓 방식   ❹ 추력 날개 방식

그림 5.4 미사일의 방향 제어방식의 종류

(2) 짐벌 제어방식

짐벌 방식은 〈그림 5.4〉 ❷와 같이 짐벌 장치로 연결된 로켓 모터의 방향을 변경시켜 추력의 방향을 제어하여 추력의 반발력을 이용하는 방식이다. 추력에 의한 반발력으로 그림과 같이 무게 중심에서 회전 모멘트를 발생시켜 미사일의 비행 방향을 제어한다. 이 방식은 고속비행 시 핀 방식보다 반응속도가 빠르나 추력이 큰 경우에 정밀제어가 어렵다. 따라서 미사일 측면부에 측 추력 로켓 모터를 이용한 안정화 장치가 필요한 경우가 많다. 이러한 방법을 추력 편향 방법이라 하며, 로켓의 분사 노즐의 방향을 제어함으로써 공기역학적 비행 제어의 한계를 근본적으로 극복할 수 있다. 이 방식은 미국의 F-22 전투기와 러시아의 Su-35와 같은 전투기

에도 사용되고 있다. 일반적으로 미사일은 공기역학적 제어와 추력편향제어가 컴퓨터에 의해서 동시에 이루어지며, 최적화된 비행경로를 찾아내기 위해 매 순간 초단위로 수십 번의 비행 제어가 이루어진다. 최신형 미사일의 경우 50G(중력가속도의 50배) 이상의 고기동을 수행할 수 있다. 이는 전투기 조종사가 견딜 수 있는 기동의 한계가 9G 내외인 것을 고려하면 미사일의 기동성이 매우 우수함을 알 수 있다.

한편 짐벌 장치는 〈그림 5.5〉에서 보는 바와 같이 미사일의 동요와 관계없이 자이로와 같은 물체의 기본 틀이 기울어져도 자이로를 정립 상태로 유지 해주는 지지장치이다. 이 장치로 요(yaw)와 피치(pitch)를 제어하여 추력의 방향을 바꿀 수 있다.

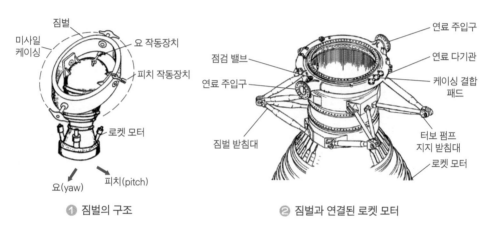

① 짐벌의 구조　　　　**② 짐벌과 연결된 로켓 모터**

그림 5.5 액체 로켓에 장착된 짐벌의 구성품과 구조

(3) 보조 로켓 제어방식

보조 로켓 제어방식은 〈그림 5.4〉 ❸과 같이 주(主) 로켓 모터(main rocket motor)에 보조 로켓을 장착하여 비행 방향을 제어하는 방식이다. 작동원리는 주 로켓이 작동하는 상태에서 보조 로켓을 추가로 작동하여 이때 발생한 추력의 반발력으로 무게 중심에서 회전 모멘트를 발생시켜 방향을 제어하는 방식이다. 이러한 방식은 회전 모멘트가 큰 대형 로켓에 적용하고 있다.[7]

7　https://en.wikipedia.org/wiki/Vernier_thruster; https://en.wikipedia.org/wiki/Gimbaled_thrust

(4) 추력 날개 제어방식

추력 날개 제어방식은 〈그림 5.4〉 ❹와 같이 로켓 모터의 노즐에 장착된 추력 날개와 출구 유로의 단면적을 바꿀 수 있는 가변 노즐로 추력의 방향과 세기를 제어하여 회전 모멘트를 발생시켜 제어하는 방식이다. 따라서 추력의 세기와 방향을 조절한다는 의미에서 추력 벡터 제어방식이라고도 한다. 이 방식은 제어 반응속도가 빠르나 시스템이 복잡하며, 요격 미사일과 같이 고속 및 반응속도가 빠른 미사일에 적합하다.

제2절 추진시스템의 구성 및 작동원리

1. 비-공기 흡입식 추진시스템

(1) 로켓의 종류와 일반 특성

로켓이 외부 공기를 사용하지 않는 방식은 〈그림 5.6〉과 같이 고체 로켓, 액체 로켓, 하이브리드 로켓을 주로 사용하고 있으며, 이들의 차이점을 살펴보면 다음과 같다.

고체 로켓 엔진은 〈그림 5.6〉 ❶과 같이 점화 장약을 기폭 시켜 케이싱(casing) 속에 있는 고체 추진제(별도의 산화제가 필요 없음)를 연소시키면 고온고압의 연소 가스가 노즐을 통과하면서 외부로 배출된다. 이때 가스의 배출 압력(P_e)이 노즐 주위의 압력(P_0)에 비해 더 높다. 그리하여 로켓을 가스의 배출 방향과 반대 방향으로

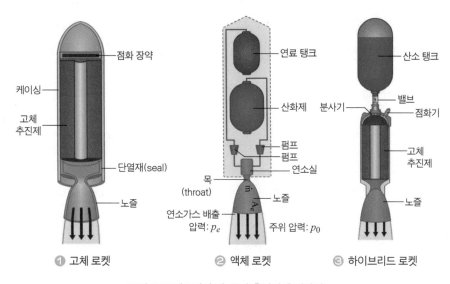

❶ 고체 로켓　　　❷ 액체 로켓　　　❸ 하이브리드 로켓

그림 5.6 대표적인 비-공기 흡입식 추진방식

밀어내며, 이 힘을 추력이라 부르고 있다.[8]

액체 로켓 엔진은 〈그림 5.6〉 ❷과 같이 로켓에 연료와 산화제가 별도의 탱크에 들어있다. 따라서 연료를 연소시킬 때 외부 공기가 불필요하다. 하지만 고체 로켓보다 구성품이 많고 구조가 복잡하며, 극저온의 연료와 산화제를 탱크에 주입한 후 장시간 사용하지 않으면 액체 상태로 유지하기가 매우 어렵다. 이 로켓은 전술 미사일에는 적합하지 않으나 효율이 높아서 전략용인 ICBM 등과 우주발사체 등에 사용하고 있다.

하이브리드(hybrid) 로켓 엔진은 로켓에 두 가지 다른 상태의 추진제를 사용한다. 예를 들어, 고체 추진제와 기체 산화제 또는 〈그림 5.6〉 ❸에 제시된 고체 추진제와 액체 산화제를 사용하는 방식이 있다. 이 방식은 추진제를 취급할 때 발생할 수 있는 폭발 등의 위험성을 줄이고, 고체 로켓과 기계적인 복잡성이 높은 액체 추진제의 단점을 해결하였다. 그리고 액체 로켓 엔진과 마찬가지로 쉽게 정지할 수 있으며, 추력을 조절할 수 있다. 일반적으로 비추력(specific impulse) 성능은 고체 로켓보다 높고 액체 로켓보다 낮다. 그리고 하이브리드 로켓은 고체 로켓보다 구조가 복잡하나 산화제와 연료를 별도로 저장하여 고체 로켓을 제조하거나 운송 및 취급할 때 폭발 또는 누출사고 등의 위험을 방지할 수 있다. 참고로 비추력이란 로켓 추진제의 성능을 나타내는 기준이 되는 값이다. 추진제 1kg이 1초 동안에 소비될 때 발생하는 추력이며, 단위는 초로 나타낸다. 그리고 비 추진제 소모량(specific propellant consumption)의 역수이며, 비추력의 값이 클수록 추진제의 성능이 우수하다는 의미이다.

한편 최근에는 새로운 개념인 핵 추진 로켓도 개발되었다. 대표적인 사례로 러시아는 2018년에 핵 추진 로켓을 적용하여 사거리 제한이 거의 없는 핵 추진 순항 미사일(SSC-X)을 개발하였다. 이 로켓의 원리는 미사일에 탑재된 원자로에서 나오는 고온의 열로 데운 액체수소를 노즐을 통해 분사해서 추진력을 얻는 방식이며, 원자로에서 열에너지를 이용한다는 의미로 열핵 추진(nuclear thermal propulsion) 방식이라고도 한다. 핵 추진 로켓방식의 미사일은 저고도에서 예측 불가능한 궤적을 그리며 비행할 수 있다. 이 때문에 비행 궤적이 비교적 단조로운 ICBM보다 요격이 훨씬 어렵다.

---

8   https://aerospacenotes.com/propulsion-2/hybrid-rocket-propulsion/

끝으로 반물질(antimatter), 반중력(antigravity) 등을 이용한 미사일 엔진을 개발 중이나 대부분 미사일에는 화학연료 연소를 에너지원으로 로켓을 사용하고 있다.[9]

(2) 고체 로켓 엔진

1 주요 구성품과 작동원리

고체 로켓 엔진은 〈그림 5.7〉과 같이 점화기(igniter), 추진제, 모터 케이싱(motor casing), 라이너(liner), 노즐과 노즐 목(nozzle throat), 추력 벡터 제어기(thrust vectoring controller) 등으로 구성되어 있다. 추진제는 완전 연소를 위한 화학 원소가 포함되어 있다. 그리고 일단 추진제가 점화되면 추진제가 완전히 소모될 때까지 연소하며, 다른 추진시스템에 비해 구조가 비교적 간단하다.[10]

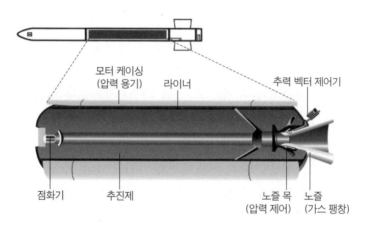

그림 5.7 고체 로켓 모터의 주요 구성품

① 모터 케이싱

모터 케이싱은 모든 고체 로켓 모터에서 연소 시 발생하는 고압의 연소압력을 견딜 수 있도록 제작된 압력 용기를 말하며, 주로 섬유 강화 플라스틱(FRP, Fiber Reinforced Plastics)과 같은 복합 재료를 사용하고 있다. 그리고 탄체의 무게는 가볍고

---

9   https://www.energy.gov/ne/articles/6-things-you-should-know-about-nuclear-thermal-propulsion; http://www.military-today.com/missiles/ssc_x_8.htm

10 https://core.ac.uk/download/pdf/19143575.pdf

강도가 높도록 금속 합금으로 제작하고 있다. 소형 로켓에는 티타늄 합금과 알루미늄 합금을 사용하며 대형 로켓에는 니켈 합금강도 사용한다. 그리고 내부에 발생하는 고온의 연소가스로부터 탄체를 보호하기 위해 내부 표면에 단열재로 단열처리하며, 이를 라이너(liner)라고 부르고 있다.

② 고체 추진제

고체 추진제는 연료와 산화제가 적절한 비율로 혼합되어 있으며, 입자 형태를 사용하는 경우에는 입자의 형상은 다양한 형상이 있다. 추진제의 입자는 일정한 압력에서 주조 또는 압출 등으로 제작하며 크게 다음과 같이 균질 추진제(homogeneous propellant)와 불균질성 추진제(heterogeneous propellant)가 있다. 특히 비균질성 추진제는 복합 고체 추진제(composite solid propellant)라 부르고 있다. 이러한 추진제를 조성하려면 바인더와 연료 역할을 하는 유기물질의 고분자 재료, 고체 상태의 산화제, 금속연료가 필요하다. 이 밖에 경화제, 산화방지제, 연소 촉매, 가교 반응 촉매, 가소제 등을 사용하고 있다. 균질 추진제(또는 더블 베이스 추진제(double base)라고 함)는 나이트로글리세린(nitroglycerine)과 나이트로셀룰로스(nitrocellulose)를 혼합하여 건조하여 만든 고체 로켓 추진제이며 이들 재료가 모두 연료와 산화제의 성질을 갖고 있다. 이들 화약은 반강체(semi-rigid body) 형태로 겔화되어 압출시켜 제조하며, 12년 이상의 상당히 긴 저장 수명을 가지고 있다. 복합 추진제는 산화제와 연료를 혼합기에서 기계적으로 혼합시켜 제조한다. 산화제는 나트륨, 칼륨 또는 암모니아의 과염소산염 또는 질산염과 같은 무기 결정질 형태의 염이며, 결합제(binder) 역할도 하는 연료는 유기 수지(organic resin)이다.[11] 대표적인 연료로 사용하는 유기 수지로는 PBAN(poly butadiene acrylonitrile)과 같은 폴리부타디엔 계열과 HTPB(hydroxy terminated polybutadiene)를 가장 많이 사용하고 있다. 그리고 다양한 물성을 위한 소량의 촉매와 함께 복합 추진제의 에너지 품질을 높이기 위해 미세 금속 분말(알루미늄 등)도 첨가하고 있다.[12]

한편 균질 추진제는 최대 약 220초의 비추력을 제공하는 반면 복합 추진제는 비추력(I_p)이 260초이며, 밀도는 높으나 저장 수명이 더 짧다. 장거리 미사일에서

---

11 https://en.wikipedia.org/wiki/Polybutadiene_acrylonitrile
12 https://pubs.rsc.org/en/content/articlehtml/2019/ra/c9ra04531g

는 복합 추진제만 사용하고 소형 전술 미사일에서는 균질 추진제를 사용한다. 현재 대부분의 탄도 미사일에는 언제라도 사용할 수 있으면서도 저장이 쉽고 최소한의 군수지원이 필요한 고체 추진제 모터를 사용하고 있다. 이때 추진제 입자는 미사일의 용도에 따라 크기가 다를 수 있다. 예를 들어 대전차 미사일에 사용되는 추진제는 가장 작은 입자를 사용하며, 추진제의 무게도 수에 불과하다. 이에 비해 우주 왕복선 발사에 사용되는 로켓의 추진제의 입자의 크기는 가장 크며, 무게가 125t이다.[13]

③ 점화기

점화기는 로켓 모터의 추진제의 연소를 시작하는 데 사용하는 장치이다. 이 장치는 매우 짧은 시간 동안(로켓의 크기에 따라 0.1~2초) 작동하나 로켓 모터에 매우 중요한 구성품이다. 소형 로켓 모터의 점화기의 화약의 무게는 몇 그램이지만 대형 로켓은 수백 킬로그램이 필요하다. 점화기의 작동은 전기저항선에 전기를 인가하면, 이때 발생하는 열로 기폭제가 폭발하고 이 폭발열로 추진제를 연소하게 된다. 따라서 점화기는 필요할 때에 작동해야 한다. 따라서 우발적으로 작동하지 않도록 기계식 전기 안전장치가 있다.

④ 노즐

노즐은 모터 케이스 속에서 추진제가 연소하여 발생한 고온고압의 가스를 배출시켜 추력을 발생시키는 유로를 말한다. 따라서 고온과 고속의 연소 가스의 유동에 견딜 수 있도록 설계되어야 한다. 그리고 노즐의 크기는 로켓 모터의 성능과 효율성에 있어 매우 중요하다.

⑤ 추력 벡터 제어기

추력 벡터 제어기는 추력의 방향을 변경시키기 위해 노즐의 방향을 바꾸는 노즐을 통과한 연소 가스의 제트의 방향을 바꾸는 장치이다. 이 장치는 노즐 밖으로의 가스의 흐름을 편향시킬 수 있다. 추력 벡터 제어에는 짐벌 모터(gimbal motor)에 의한 제어, 분사구의 가변 노즐에 의한 제어, 분사 방해에 의한 제어, 분사에 의한

---

13 https://en.wikipedia.org/wiki/Rocket_propellant

제어 등이 있다.

2 고체 추진제의 종류 및 특성

로켓 모터의 구조가 가장 단순하며, 고체 화합물(연료와 산화제)의 혼합물로 채워진 케이싱(casing)은 주로 강철 재질로 되어있다. 고체 추진제를 사용하는 로켓의 작동원리를 살펴보면 다음과 같다. 먼저 추진제를 연소시키면 추진제는 케이싱)의 중심부에서 측면으로 연소한다. 이때 발생한 고온 고압의 연소 가스가 압력 차이로 인하여 노즐을 통해 밖으로 배출하면서 추력을 발생시킨다. 케이싱에 고체 추진제를 모두 채우지 않고 장미형이나 방사형 모양으로 구멍을 만든다. 이는 연소율을 일정하게 하여 추력을 제어하기 위해서이다. 액체 로켓은 추진제를 조절하여 로켓 모터의 작동을 제어할 수 있으나 고체 로켓은 일반 추진제가 점화되면 추진제가 모두 연소할 때까지 로켓 모터의 작동을 정지할 수 없기 때문이다.[14]

고체 로켓은 연료에 산화제를 섞어 로켓의 케이싱에 채워서 별도로 산소를 공급하지 않아도 연료와 산화제를 연소시킬 수 있다. 그리고 주요 원료인 산화제와 연료뿐만 아니라 소량의 첨가제의 종류와 양에 따라 성능이 달라진다. 로켓에 사용 목적에 따라서 추진제의 조성을 다르게 하며 조성에 따라서 균질성 추진제(homogeneous propellant), 복합형 추진제(composite propellant)가 있다. 이들 중에서 미사일이나 우주개발용 로켓에는 주로 복합형 추진제를 사용하고 있다. 고체 추진제를 만들려면 결합제(binder)와 연료 역할을 하는 유기물질의 고분자 재료, 고체 상태의 산화제, 금속연료, 경화제(hardener), 산화방지제, 연소 촉매제, 가교 반응 촉매제(bridging reaction catalyst), 가소제(plasticizer) 등이 필요하다. 미사일이나 우주개발 로켓의 추진 모터로는 안정성이 가장 뛰어난 알루미늄이 포함된 복합형 추진제를 가장 많이 사용하고 있다. 그리고 고분자 바인더로는 폴리부타디엔(HTPB, hydroxy terminated poly-butadiene)을 주로 사용하고 있다.

한편 대표적인 고체 추진제는 〈표 5.1〉에서 보는 바와 같다. 만일 고체 추진제를 사용하면 연료나 산화제를 저항하는 탱크나 펌프가 필요 없다. 그리고 혼합물의 밀도비추력(DSPM, Density Specific Impulse of Mixture)이 매우 커서 가볍고 작은 로켓

---

14 http://www.dtaq.re.kr/ko/index.jsp(국방과학기술용어사전, 2011)

표 5.1 고체 추진제의 종류 및 특성과 적용 사례

추진제 명칭	주요 성분	특성	적용 사례
아연-황 추진제 (Zinc-Sulfur propellants)	분말 아연과 분말 황(산화제)	• 연소 속도가 2m/s로 로켓을 빠르게 가속 가능 • 주황색 불꽃 덩어리를 남김	취미용 로켓
복기 추진제 (Double-Base propellants)	나이트로글리세린 (nitroglycerin)과 나이트로셀룰로스 (nitrocellulose)	• 불안정한 고에너지 단일 추진제와 안정화된 저에너지 단일 추진제 기능을 하는 두 개의 단일추진 연료로 구성된 복기 추진제 • 비추력은 235초(연기가 발생 적음)이고 알루미늄을 추가하면 250초로 향상하지만 금속 산화물이 생성하여 불투명한 연기가 발생	소총탄, 포탄, 로켓탄, 미사일 등
복합 추진제 (Composite propellants)	마그네슘 또는 알루미늄(연료) + 질산암모늄 또는 과염소산 암모늄 (산화제)	• 알루미늄 연료는 에너지 밀도가 높고 비정상적으로 발화하기 어려움 • 복합 추진제는 주조하며 경화 첨가제로 고무처럼 형태를 유지 • 비추력은 알루미늄의 경우 210초, 과염소산 암모늄의 경우 296초,	로켓포탄, 미사일, 우주 로켓, 로켓 등
무연추진제 (smokeless) propellants	CL-20 나이트로아민 $(C_6H_6N_6(NO_2)_6)$	• HMX보다 에너지 밀도가 20% 높음 • 연기가 발생하지 않아 미사일의 발사 위치를 탐지하기 어려움	미사일
전기고체 추진제 (Electric solid propellants)	플라스티솔 (plastisol)	• 전기를 인가하여 점화 및 연소조절이 가능한 고성능 추진제 • 기존의 로켓 모터 추진제와 다르게 지속 시간으로 안정된 점화 또는 소화 가능 • 화염이나 전기 스파크에 둔감	로켓이나 미사일의 점화기, 부스터 (Booster)

모터에 적합하다. 또한, 비추력은 낮으나 단위 체적당 추력은 높아서 가볍다.[15]

끝으로 대표적인 고체 추진제의 성분과 밀도, 발화점, 비추력, 그리고 혼합물의 연료와 산화제의 혼합비와 밀도비추력은 〈표 5.2〉에서 보는 바와 같다.

---

15 https://www.mpoweruk.com/rockets.htm

표 5.2 대표적인 고체 추진제의 주요 물성값

작용	성분	밀도 [g/cm³]	발화점 [℃]	비추력 [s]	혼합물 산화제/연료	혼합물 DSPM [kg · s/L]
연료	HTPB(Hydroxyl-terminated Poly-butadiene)	–	–	277	2.12	474
산화제	과염소산암모늄(NH_4ClO_4)	1.95	400	–		
연료	PBAN(Polybutadiene Acrylonitrile)	–	–	277	2.33	476
산화제	과염소산암모늄(NH_4ClO_4)	1.95	400	–		

3 추진제의 형상과 크기에 따른 연소특성

고체 추진제의 특성은 균질성이나 복합형 모두가 밀도가 높고 상온에서 화학적으로 안정적이어서 저장하기 쉽다. 고체 추진제의 연소는 〈그림 5.8〉과 같이 천공(perforation)의 모양과 크기를 변경하여 연소 속도와 지속시간을 제어하고 추력을 제어할 수 있다. 그리고 추진제의 연소에 따른 추력이 비교적 일정한 원통형(〈그림 5.8〉 ❷)이나 성형(〈그림 5.8〉 ❸)이 유도형 로켓에서 제어하기 쉽다. 만일 더 큰 추력이 필요한 경우에는 천공이 더 커야 한다. 하지만 연료가 짧은 시간 동안 연소가 된다. 연소 시간과 추력은 연료의 천공 유형에 따라 다르다. 결론적으로 고체 추진제는

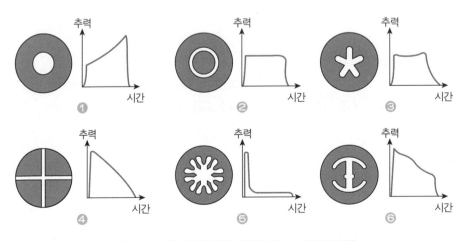

그림 5.8 고체추진제의 천공 형상과 연소 시 추력의 변화

화학적으로 안정적이고 쉽게 보관할 수 있고 터보 펌프나 복잡한 추진제 공급장치가 필요가 없다는 장점이 있다. 하지만 일단 연소가 된 이후에는 연료가 모두 소진될 때까지 추진 모터를 정지시킬 수 없으며, 추진제는 온도에 민감하다.

(3) 액체 로켓 엔진

1 구조 및 작동원리

로켓 모터(rocket motor)는 〈그림 5.9〉❶에서 보는 바와 같이 산화제 탱크, 연료 탱크, 제어 밸브 계통, 가스 발생기(gas generator), 터보 펌프(turbo pump), 분사기(injector), 점화기(igniter), 노즐(nozzle)로 구성되어 있다. 산화제와 연료를 가스 발생기에서 촉매제로 반응시켜 고온고압의 가스로 터보 펌프를 작동한다. 이 펌프로 연료와 산화제를 분사기에 공급하여 점화기로 연소시킨다.

노즐에서의 연소과정은 〈그림 5.9〉❷에서 보는 바와 같다. 연료와 산화제가 분사기 플레이트(injector plate)에서 혼합시켜 점화기로 점화하면 혼합물이 연소하기 시작한다. 이때 한편 점화기는 혼합물을 점화하기 위해 자동점화성 혼합물(hypergolic combinations)인 하이드라진(hydrazine)과 모노 메틸 하이드라진(mono methyl hydrazine)을 사용한다. 이들 물질은 연소 시 2,700℃를 초과하기 때문에 모터의 벽이 녹지 않도록 냉각장치가 필요하다. 그리고 액체 추진제가 저장된 탱크에서

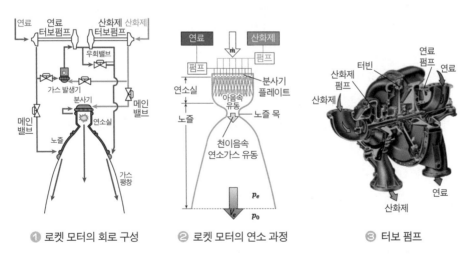

❶ 로켓 모터의 회로 구성   ❷ 로켓 모터의 연소 과정   ❸ 터보 펌프

그림 5.9 액체 로켓 엔진의 구성과 작동원리

공급되는 추진제의 압력은 연소실의 압력보다 높아야 백파이어(backfire) 현상이 발생하지 않는다.[16]

한편 혼합물이 연소하면서 발생한 가스가 아음속으로 노즐 목(throat of nozzle)을 통과하면서 팽창하여 초음속(약 1.5km/s~3km/s)으로 외부로 배출된다. 이 압력에 대한 반동력을 추력(thrust force)이라고 한다. 로켓의 추력은 운동량 보존법칙을 적용하면 식 [5-1]과 같이 나타낼 수 있다.

$$F_{thrust} = \dot{m} V_e + (P_e - P_o) A_e \quad\text{·······················} \quad [5\text{-}1]$$

여기서 $\dot{m}$, V_e, P_e, A_e는 각각 노즐로부터 분사되는 배출 가스의 질량 유량(mass flow rate) [kg/s], 평균 속도 [m/s], 압력 [Pa], 유로 단면적 [m²]이고, P_0는 주위 압력이다.

끝으로 액체 연료와 액체 산화제를 노즐의 분사기에 공급하려면 가압장치가 필요하다. 일반적으로 가압장치는 〈그림 5.9〉 ❸에서 보는 바와 같이 터보 펌프를 사용한다. 이 펌프는 가스 발생기로부터 공급받은 고압가스로 터빈을 구동시켜 작동한다. 그리고 펌프는 터빈의 구동축과 연결된 펌프의 구동축에 있는 임펠러(impeller)가 회전하면서 산화제와 연료의 압력을 높여 연소실로 유입되도록 한다.

일반적으로 액체 추진제를 저장 탱크에서 로켓 모터로 운반하는 데 사용되는 가스 가압방식과 펌프 가압방식이 있다. 먼저 가스 가압방식은 불활성 가스인 질소가스를 사용한다. 질소가스를 고압으로 저장한 후 압력 조절 밸브를 통해 공급시켜 액체 추진제를 연료 공급 계통(line), 제어 밸브, 분사 플레이트(jet plate)를 통과한 후 연소실로 강제로 유입시키는 방식이다. 통상 산화제와 연료의 혼합비율은 3~5이다. 이 방식은 밸브로 조작하여 로켓 모터의 작동을 켜거나 정지시킬 수 있는 간단한 방식이다. 하지만 고압의 질소가스(nitrogen gas)를 저장해야 하기에 저장 탱크의 무게가 무겁다. 다음으로 펌프 가압방식은 〈그림 5.9〉 ❷에서 보는 바와 같이 연료와 산화제를 펌프에 의해 고압으로 로켓 모터에 강제로 유입시키는 방식이다. 이 방식은 액체 산화제와 액체 연료는 저압으로 저장하기에 로켓의 무게가

16 https://www.britannica.com/technology/rocket-and-missile-system

가볍다. 이때 펌프는 촉매로 과산화수소(hydrogen peroxide)를 분해하여 얻은 증기와 산소를 공급하는 가스터빈에서 발생하는 동력에 의해 구동시킨다. 이 방식은 가스터빈과 펌프가 있어서 질소가스 가압방식보다 더 복잡하다. 그리고 액체 연료나 산화제를 누출시키지 않도록 펌프를 설계하는 것이 어렵다. 일반적으로 액체 산화제는 산(acids), 액체산소, 농축 과산화수소(H_2O_2), 질소산화물(N_2O_4) 등이므로 펌프를 특수재료로 제작하고 있다.

② 액체 추진제의 종류와 특성

액체 추진제는 저장온도에 따라서 저온 추진제와 상온 추진제로 분류하며, 대표적인 성분은 〈표 5.3〉과 같다. 저온 추진제의 산화제는 산소이며, 연료는 휘발유, 수소, 하이드라진 등 다양하며 대형 로켓이나 미사일의 추진제로 사용하고 있다. 그리고 상온 추진제의 산화제는 과산화수소를 사용하며, 연료로는 에틸알코올, 메틸알코올, 하이드라진 등 다양하다. 이 추진제는 주로 소형 미사일이나 보조 로켓 등에 사용하고 있다.

표 5.3 액체 추진제의 산화제와 연료의 종류와 적용 사례

저장온도	산화제	연료	주요 적용 사례
저온	산소 (oxygen)	휘발유(gasoline), 수소(hydrogen), 하이드라진(hydrazine), 에틸알코올(ethyl alcohol), 메탄(methane), 등유(kerosene), 에틸알코올 아닐린(ethyl alcohol aniline), 퍼퓨릴 알코올(furfural alcohol)	• 대형 로켓이나 미사일에 적합 • 독일의 V-2 로켓: 액체산소 + 에틸알코올 75% / 물 25%, 압축공기를 과산화수소와 과망간산 나트륨과 반응시켜 만든 고압가스로 터보 펌프를 작동 • 미국의 Saturn V 로켓(산소 + 등유)
상온	과산화수소 (hydrogen peroxide)	에틸알코올(ethyl alcohol), 메틸알코올(methyl alcohol), 하이드라진(hydrazine), 다이메틸하이드라진(dimethyl hydrazine), 메틸 하이드라진(Methyl hydrazine)	• 소형 미사일이나 보조 로켓에 적합 • 소련의 스커드-B, D 미사일: 질산 73%/사이산화 질소 27%+등유/휘발유 • 미국의 MIM-3 나이키 미사일: 하이드라진 + 적색 발연 질산(RFNA)

한편 액체 추진제는 액체 산화제와 액체 연료를 로켓 모터의 분사기에서 혼합하여 연소를 시킨다. 따라서 두 가지의 물질을 혼합시켜 추진제라고 하며, 이원추진제(Liquid Bipropellant)라고 부르고 있다. 대표적인 이원추진제의 특성은 〈표 5.4〉

표 5.4 이원추진제(bipropellant)의 종류와 물성값

추진제	작용	성분	밀도 [g/cm³]	비등점 [℃]	S.I[s]	혼합물		
						O/F MR	밀도 [g/cm³]	DSPM [kg · s/L]
석유 (petroleum) 추진제	연료	등유, 파라핀 (RP-1)	0.82	216.3	265(대기) 305(진공)	2.29	1.03	264
	산화제	액체산소(LOX)	1.14	-183.0	-			
극저온 (cryogenic) 추진제	연료	액체수소(LH2)	0.071	-252.9	425(진공)	5.0	0.29	294
	산화제	액체산소(LOX)	1.14	-183.0	-			
자동점화성 (hypergolic) 추진제	연료	하이드라진 (CH_6N_4O)	1.004	113.5	286	1.08	-	342
	산화제	사산화질소(N_2O_4)	1.45	21.15	-			
	연료	디메틸히드라진 ($C_2H_8N_2$)	0.79	63.9	277	2.10	-	316
	산화제	사산화질소(N_2O_4)	1.45	21.15	-			
	연료	Aerozine 50	-	-	280	1.59	-	326
	산화제	사산화질소(N_2O_4)	1.45	21.15	-			
	연료	메틸 히드라진 (CH_6N_2)	0.866	87.5	280	1.73	-	325
	산화제	사산화질소(N_2O_4)	1.45	21.15	-			

와 같다.[17] 표에서 S.I는 비추력(Specific Impulse), O/F MR는 산화제와 연료의 혼합비(Oxidant/Fuel Mixture Ratio), DSPM은 혼합물의 밀도비추력(Density Specific Impulse of Mixture)을 말하며, 추진제 종류별 특성은 다음과 같다.

① 석유-산소 이원추진제

석유-산소 이원추진제는 저렴하고 실용적이며 제어, 연소 개시 및 중지가 비교적 쉽다. 그리고 실온에서 안정적이고 폭발 위험성이 낮다. 수소 연료보다 단위 질량 당 에너지가 적으나 단위 체적당 더 많은 에너지를 발생할 수 있다. 극저온

---

17 https://www.mpoweruk.com/rockets.htm

연료보다 비추력은 낮으나 자동점화성 추진제보다 더 많다. 하지만 극저온 산화제는 온도 유지를 위한 단열이 필요하다.

② 극저온 수소-산소 이원추진제

수소-산소 이원추진제는 〈표 5.4〉에서 보는 바와 같이 다양하다. 일반적으로 이들 이원추진제의 연료의 비추력은 다른 연료보다 30~40% 정도 높으나 저온 상태를 유지해야 한다. 따라서 저장과 취급이 어렵고 단열 탱크가 필요하다. 특히 매우 낮은 밀도의 연료를 위해 저장용 대용량 탱크와 연료 펌프가 필요하다.

③ 자동점화성 이원추진제

자동점화성 이원추진제는 연료와 산화제가 서로 접촉하면 스스로 발화된다. 따라서 로켓의 연소 개시, 중지 그리고 재연소(re-combustion) 개시가 쉽다. 하지만 독성이 강하여 취급에 각별한 주의가 필요하며, 상온 상태에서 추진제를 액체 상태로 유지해야 한다. 하지만 비교적 연소를 제어하기 쉽다.[18]

❸ 액체와 고체 추진제의 특성 비교

액체 추진제는 극저온(액체수소, 액체산소 등과 끓는점이 120K 미만)과 저온 또는 상온에서 저장이 가능한 등유(kerosene, $C_{10}H_{22}$~$C_{16}H_{34}$), 하이드라진(hydrazine, NH_2NH_2), 사산화질소(nitrogen tetraoxide, N_2O_4), 과산화수소(hydrogen peroxide, H_2O_2) 등이 있다. 일반적으로 우주용 로켓에 사용되는 추진제(산화제/연료)는 모두 극저온 액체이다. 하지만 미사일에서 사용되는 추진제는 상온저장 또는 저온 추진제를 사용하고 있다. 그 밖에 우주용 로켓에는 하나의 추진제는 극저온이고, 다른 하나는 상온에서 저장 가능한 추진제를 동시에 사용하기도 한다.

한편 액체 로켓 엔진은 고체 로켓 엔진보다 구조가 복잡하며, 저온 또는 극저온 추진제를 사용하기에 장기간 저장이 어렵다. 특히 극저온 추진제를 사용하는 액체 추진제는 고체 추진제보다 같은 추진력과 연소 지속시간에 대해 더 높은 비추력과 연소 시간이 길다. 따라서 군사용보다는 상업용 로켓에 적합한 방식이다.

---

18 https://www.engineeringnotes.com/thermal-engineering/rockets/: https://www.sciencelearn.org.nz/resources/393-types-of-chemical-rocket-engines

또한, 고체 로켓 엔진보다 대형 로켓으로 제작하는데 적합한 방식이다.

④ 일반적인 로켓 추진의 요구조건

로켓 추진제의 요구조건은 다음과 같이 크게 여섯 가지가 있다. 첫째, 연소온도가 높아서 발열량(calorific value)이 많은 연소물질이어야 좋다. 둘째, 연소 생성물의 분자량(molecular weight)이 낮아서 분사 속도가 빠르고 비추력(specific impulse)이 커야 한다. 여기서 비추력이란 로켓 추진제의 성능을 나타내는 기준이 되는 값이며 추진제 1kg이 1초 동안에 연소할 때 발생하는 추력을 의미한다. 비추력의 단위는 초로 나타내며 비추력의 값이 클수록 추진제의 성능은 좋다. 셋째, 저장과 취급이 쉬워야 하고 쉽게 점화되는 연소물질이어야 한다. 넷째, 로켓 모터, 저장 탱크, 배관, 밸브, 점화 노즐, 밸브 등과 화학적으로 반응하지 않아야 한다. 다섯째, 로켓의 크기와 무게를 줄일 수 있도록 추진제의 밀도가 높아야 한다. 여섯째, 첫째와 둘째의 요구사항은 모순되므로 균형된 추진제가 필요하다. 이들 조건을 모두 만족하는 이상적인 추진제가 아직 개발되지 못했다. 예를 들어 액체수소를 연료로 사용하면 제트 속도는 매우 높으나 수소의 비중량이 낮아 연료 탱크의 크기가 크다. 그리고 액체수소를 저장하려면 매우 낮은 온도로 유지되어야 안전하다.[19]

(4) 하이브리드 로켓

하이브리드 로켓은 〈그림 5.6〉 ❸에서 보는 바와 같이 연소실 내부에 고체 추진제가 있고, 액체 산화제는 별도의 탱크에 저장되어 있다. 가장 단순한 시스템은 탱크에 산화제에 압력을 가하는 방법이다. 그리고 밸브를 개방하면 산화제(산소 또는 과산화수소)가 연소실로 공급되어 배출되기 전에 고체 연료와 반응하여 연소하는 방식이다. 하이브리드 로켓은 〈표 5.5〉에서 보는 바와 같이, 안정성과 비용이 저렴하며, 추력의 가변성이 우수하고 구조가 단순하나 연소율이 낮다. 이 때문에 각국에서 연소율을 높이려는 다양한 연구가 진행 중이다.[20]

---

19 https://www.engineeringnotes.com/; https://terms.naver.com/entry.naver?docId=2098131&cid=44414&categoryId=44414

20 Alessandro Mazzetti etc, "Paraffin-based hybrid rocket engines applications : A review and a market perspective", Acta Astronautica, Vol 126, pp. 286~297, 2016; https://aerospacenotes.com/propulsion-2/hybrid-rocket-propulsion/

표 5.5 하이브리드 로켓과 액체 로켓의 특성 비교

비교 요소	하이브리드 로켓	액체 로켓	세부 분석 내용 및 결과
기계적 시스템의 구조 및 구성품	단순	복잡	• 단일 액체 추진제만 필요하므로 배관과 밸브가 적고 작동이 더 간단함
고밀도 연료사용에 다른 부피 감소	우수	불리	• 고체 연료는 일반적으로 액체 연료보다 밀도가 높아 전체 시스템의 부피가 작음
금속 첨가제 사용 가능 여부	가능	불가	• 알루미늄, 마그네슘, 리튬 또는 베릴륨과 같은 반응성 금속 분말을 고체 연료에 쉽게 혼합할 수 있음 • 비추력과 밀도를 증가시킬 수 있음
연소 불안정성 측면	우수	낮음	• 하이브리드 로켓은 개방형 연소실에서 연소하며 고체 연료의 입자에 의해 연소 충격파를 소멸시킴 • 액체 로켓은 충격파에 의한 연소 불안정성 발생
추진제 가압	압축 기체 산화제 사용	고성능 터보 펌프 필요	• 액체 로켓에서 가장 설계하기 어려운 부분 중 하나는 터보 펌프(체적 유량이 많고 극저온 및 높은 휘발성 추진제를 고정밀 유량제어 필요) • 하이브리드 로켓은 유량이 적으며 압축 기체 산화제를 사용하기 때문에 터보 펌프가 불필요
연소실의 냉각 설계	불필요	필요	• 액체 로켓은 매우 높은 열 유속(heat flux)과 산화 및 응력으로 인한 로켓의 균열을 방지하려면 연소실과 노즐을 냉각시켜야 함(산화제 또는 연료로 냉각) • 하이브리드 로켓에는 연소실에 고체 추진제가 있어 별도의 냉각이 필요 없음

한편 하이브리드 로켓에는 액체상태의 산화제와 고체 상태의 연료를 주로 사용하고 있다. 이는 고체 산화제가 액체 산화제보다 위험성이 높고 성능이 낮기 때문이다. 그리고 HTPB(Hydroxyl-Terminate Poly-butadiene) 또는 파라핀 왁스와 같은 고체 연료를 사용하면 알루미늄, 리튬 또는 금속 수소화물과 같은 고에너지 연료 첨가제를 추가시킬 수 있기 때문이다.

2. 공기 흡입식 로켓 엔진

(1) 종류 및 작동원리

공기 흡입식 로켓 엔진은 연료를 연소하기 위해 대기 중 산소를 이용하기 때문에 미사일에 탑재하는 추진제의 양을 줄일 수 있어 로켓의 무게를 크게 줄일 수 있다. 추진체의 무게 중 75%가 산화제이기 때문이다. 따라서 소형 터보 제트엔진 또는 램제트 엔진 등을 동력원으로 사용하고 있다.

대표적인 사례로 〈그림 5.10〉과 같이 터보프롭 엔진(turbo-prop engine), 터보팬 엔진(turbo fan engine), 램제트 엔진(ram jet engine), 펄스 제트엔진(pulse jet engine)이 있다. 그 밖에 스크램제트 엔진(scram jet engine) 등이 있으며, 이들 엔진은 순항 미사일 단원에서 자세히 다루었다.[21]

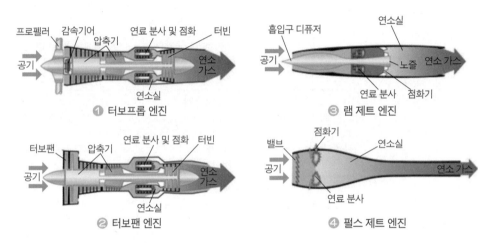

그림 5.10 공기 흡입식 로켓 모터의 구조 및 작동원리

(2) 엔진의 특성과 적용

터보 제트는 다수의 회전 기계가 있어 제작 비용이 많이 소요되나 램제트 엔진은 구조가 단순하고 회전 기계장치가 없이 고속으로 유입되는 공기의 압력을 이용하여 작동한다. 즉, 흡입구의 기하학적 구조를 이용하여 공기 속도를 낮추어 압력을 상승시킨 후, 여기에 연료를 분사하여 연료를 연소시켜 고온, 고압의 연소 가스가 발생한다. 그리고 연소 가스가 노즐을 통과하고 가속되어 분출하면서 추진력을 얻는 방식이다. 따라서 램 제트엔진은 유입 공기가 고속이어야 작동하며, 미사일에 램제트 엔진을 탑재한 경우에 작동이 가능한 속도까지 가속 시키는 부스터가 필요하다. 부스터는 기존 로켓 엔진(주로 고체 로켓 모터를 사용)을 사용하여 램제트

---

21 https://www.britannica.com/

엔진의 작동속도, 즉 초기 속도에 도달할 때까지 사용된다. 물론 램제트 엔진은 공기가 없이는 작동할 수 없으며 크기에 비해 높은 추력을 생성한다. 따라서 램제트 엔진은 장거리, 저고도로 안정 및 수평 비행을 하기 위한 미사일에 매우 적합하며 무게가 터보제트 엔진보다 가볍다.[22]

---

22 https://www.darpa.mil/about-us/timeline/tomahawk-cruise-missile-engines; http://mae-nas.eng.u su.edu/MAE_6530_Web/subpages/Fundamentals%20of%20Aircraft%20and%20Rocket%20Propul sion.pdf

제3절 추진시스템의 설계 이론

미사일이나 로켓의 노즐 등과 같은 압축성 유동은 이상기체에 관한 기본 법칙에 관한 이해가 필요하다. 특히 노즐이나 초음속 비행체에서 발생하는 압축성 유동을 해석하려면 열역학 법칙을 적용해야 한다. 또한, 이상기체 상태방정식(ideal gas state equation), 엔탈피(enthalpy)와 온도, 비열(specific heat), 엔트로피(entropy), 가역 등엔트로피 변화(reversible isentropic change)를 이해할 필요가 있다.[23]

1. 압축성 유체와 이상기체 상태방정식

(1) 압축성 유체의 특성

유체는 압력이나 유속이 변할 때 부피의 변화에 따라서 압축성 유체(compressible fluid)와 비압축성 유체(incompressible fluid)로 분류할 수 있다.

압축성 유체는 유체의 평형이나 운동을 생각하는 경우에 유체의 밀도 변화를 고려해야 하는 유체이다. 즉, 가압 또는 감압이 되어 밀도의 변화를 무시할 수 없다. 〈그림 5.11〉 ❶에서 보는 바와 같이 유체에 가하는 압력 P_1을 P_2까지 높이면, 유체가 압축되어 유체의 부피 V_1은 V_2상태로 감소한다. 이처럼 압력이 증가하여도 부피가 감소하지 않는 유체에는 물, 기름 등이 있다.[24]

비압축성 유체는 압력이나 유속이 변할 때 부피가 거의 변하지 않는다. 즉, 〈그림 5.11〉 ❷와 같이 유체에 가하는 압력 P_1을 P_2까지 높이더라도 최초의 부피 V_1은 압력이 상승한 후의 부피 V_2와 같다. 물론 유체의 상태는 액체인 경우이다. 균일한 비압축성 유체의 밀도는 시공간에 따라 일정하며, 잠수함이나 어뢰, 함정 등 수중 무기의 유동해석에 적용할 수 있다.

23　Morans, etc, "Principle of Engineering Thermodynamics", Wiley Press, 2019.

24　Frank White, "Fluid Mechanics (SI) 8/E", McGraw-Hill Press, 2015.

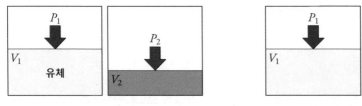
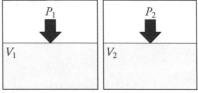

① 압축성 유체   **② 비압축성 유체**

그림 5.11 압축성 유체와 비압축성 유체의 차이점

한편 기체는 분자와 분자 간의 간격이 커서 일반적으로 압축성 유체라고 할 수 있다. 그러나 모든 기체의 유동은 압축성 유동이 아니다. 기체가 저속으로 유동할 경우, 예를 들어 마하 0.3(마하 1은 340m/s) 이하의 속도로 유동하는 공기는 비압축성 유체라고 간주할 수 있으나 유속이 80m/s 이상이 되면 압축성 유체로 해석할 필요가 있다. 예를 들어, 미사일이나 비행기 주위의 유동, 로켓 엔진, 포탄 등이 대기 중에서 고속 운동할 때 유체(공기, 연소 가스 등)의 밀도는 크게 변화한다. 따라서 이런 경우에는 압축성 유체의 유동해석을 적용한다. 그 밖에 액체 유동이지만 수격작용(water hammer)과 같은 밀도 변화가 일어나는 현상도 압축성 유동이다. 여기서 수격작용이란 물 또는 유동적 물체의 움직임을 갑자기 멈추게 하거나 방향이 바뀌게 될 때 순간적인 압력이 발생하는 현상이다. 예를 들어, 파이프 끝의 밸브를 갑자기 잠그거나 파이프 끝에 압력이 갑자기 증가할 때 발생하며 소음과 진동에 큰 문제를 발생시키는 형상이다.[25]

(1) 이상기체 상태방정식

이상기체(ideal gas)란 온도가 일정할 때 기체의 압력은 부피에 반비례한다는 보일의 법칙과 압력이 일정할 때 기체의 부피는 온도의 증가에 비례한다는 샤를의 법칙을 조합하여 만든 보일-샤를의 법칙(Boyle-Charles' law)을 따르는 기체이다. 이 법칙으로 온도(T), 압력(P), 부피(V)가 동시에 변화하는 조건에서 상태량의 관계는 식 [5-2]와 같이 다양하게 나타낼 수 있다.[26]

---

25   https://www.dft-valves.com/applications/water-hammer/

26   Richard E. Sonntag etc, "Fundamentals of Thermodynamics", Wiley Press, 2020.

$$PV = mRT \ \text{또는} \ PV = nMRT \ \text{또는} \ Pv = RT$$

$$\text{또는} \ P = \rho RT \ \text{...} \ [5\text{-}2]$$

여기서 R은 기체 상수, ρ는 밀도이고, m은 기체의 mole 수(number of moles) n과 분자량 M의 곱(m=nM)이다. 그리고 공기의 기체 상수 R_{air}은 287J/kg · K이다. 이는 1kg의 공기가 온도 1K 변화할 때마다 287J의 에너지 변화가 있다는 의미이다. 그리고 같은 온도와 압력 상태에서 모든 기체는 같은 부피 속에 같은 수의 분자가 있다는 아보가드로의 법칙(Avogadro's law)이 성립한다. 따라서 표준상태(0℃, 101.3kPa)에서 기체 1mole의 부피는 22.4l이며, MR값은 기체의 종류와 관계없이 일정한 값을 갖는다. 이 값을 식 [5-3]과 같이 일반 기체 상수(universal gas constant) R_u라고 정의하고 있다.

$$MR = R_u = 8.314 \text{kJ/kmol} \cdot \text{K} \ \text{...} \ [5\text{-}3]$$

식 [5-3]의 기체 상수 은 기체의 분자량 과의 관계는 식 [5-4]와 같이 나타낼 수 있다.

$$R = \frac{R_u}{M} = \frac{8.314 \text{kJ/kmol} \cdot \text{K}}{M} \ \text{..} \ [5\text{-}4]$$

2. 이상기체의 상태와 상태변화

(1) 비열과 비열비 그리고 엔탈피(enthalpy)의 관계

비열이란 어떤 물질 1g의 온도를 1℃만큼 올리는 데 필요한 열량을 말하며, 물질이 갖는 고유한 특성 중의 하나이다. 이때 물질의 상태 조건에 따라서 각각 정압비열(specific heat at constant pressure)과 정적비열(specific heat at constant volume)이라 정의한다. 정압비열(Cp)은 일정한 압력이 작용할 때, 그리고 정적비열(Cv)은 일정한 체적 상태에서 각각 1kg의 기체를 온도 1K 높이는 데 필요한 열량을 의미하며, 단위는 kcal/kg · K이다. 이를 식으로 표현하면 식 [5-5]와 같다.

$$C_v = \left(\frac{\partial u}{\partial T} \right)_{v=c}, \quad C_p = \left(\frac{\partial h}{\partial T} \right)_{p=c} \quad \text{.....................................} \quad [5\text{-}5]$$

여기서 u는 유체가 가지고 있는 단위 질량 당 내부에너지(internal energy)로 비내부에너지(specific internal energy)라고 한다. h는 유체가 가지고 있는 단위 질량 당 내부에너지와 유동 에너지(flow energy)를 합한 값으로 비엔탈피(specific enthalpy) 라고 한다. 따라서 엔탈피 H와 비엔탈피 h는 식 [5-6]과 같이 나타낼 수 있다.

$$H = U + PV \quad [\text{kcal}], \quad h = u + Pv \quad [\text{kcal/kg}] \quad \text{......................} \quad [5\text{-}6]$$

한편 v가 일정($dv=0$)한 상태인 밀폐 계(closed systems)에서 가스의 정압비열은 열역학 제1 법칙($dq=du+Pdv$, dq는 계의 단위 질량 당 유체에 가해지는 열량)을 적용하면, 다음과 같다. 예를 들어, 정압과정($v=c$)이라면 열량의 변화 dq는 내부에너지의 변화와 같으므로 $dq=du=C_v dT$와 같다, 그리고 정압과정, 즉 $P=C$(일정)이면 식 [5-5]의 두 번째 식은 $C_p = \dfrac{dh}{dT}$ 라고 쓸 수 있다.

따라서 이상기체에서는 내부에너지와 엔탈피가 온도 T만의 함수로 식 [5-7]과 같다. 또한, 내부에너지와 엔탈피가 온도만의 함수이므로 식 [5-8]과 같이 나타낼 수 있다. 즉,

$$du = C_v dT \quad \text{...} \quad [5\text{-}7]$$

$$dh = C_p dT = du + RdT \quad \text{...} \quad [5\text{-}8]$$

그리고 식 [5-8]에서 R에 대해 풀면 식 [5-9]와 같으며, 이 식에 좌, 우변에 정적비열 로 나누어 주면 식 [5-10]과 같이 나타낼 수 있다.

$$R = C_p - C_v \quad \text{...} \quad [5\text{-}9]$$

$$\frac{R}{C_v} = \left(\frac{C_p}{C_v}\right) - 1 = k - 1, \quad \therefore \; C_v = \frac{R}{k-1} \quad \text{.............................} \quad [5\text{-}10]$$

여기서 k는 비열비(Cspecific heat ratio, $k = \dfrac{C_p}{C_v}$)이며, 이 값은 정압비열과 정적비열의 비로 정의한다. 그리고 식 [5-10]에서 정압비열 C_p에 대해 풀면, 식 [5-11]과 같이 나타낼 수 있다.

$$C_p = \frac{k}{k-1} R \quad \text{..} \quad [5\text{-}11]$$

참고로 비열비는 기체의 종류와 상태에 따른 고유한 특성값이다. 참고로 공기의 비열비 $k = 1.4$, 기체 상수 $R = 287\text{J/Kg} \cdot \text{K}$이다.

(2) 등온과정

이상기체가 온도가 일정($T{=}C$)한 상태로 상태변화가 일어나는 등온과정(isothermal process)에서는 식 [5-2]는 식 [5-12]와 같이 나타낼 수 있다.

$$Pv = C \quad \text{...} \quad [5\text{-}12]$$

한편 기체에 외부로부터 열 출입이 없이 상태가 변화하는 단열 과정(adiabatic process)일 경우에는 식 [5-13]과 같이 나타낼 수 있다.

$$Pv^k = C \quad \text{...} \quad [5\text{-}13]$$

(3) 엔트로피와 비열의 관계

비엔트로피(specific entropy)는 단위 질량 당 엔트로피(entropy)의 변화량(dS)이며, 식 [5-14]와 같이 정의할 수 있다. 즉,

$$ds = \frac{dq}{T}, \quad dS = \frac{dQ}{T} \quad \text{....................................} \quad [5\text{-}14]$$

여기서 dQ는 유체에 가해진 총열량, dS는 유체의 엔트로피를 의미하며, 식 [5-14]에 열역학 제1 법칙을 적용하면, 식 [5-15]와 같이 나타낼 수 있다.

$$dq = du + Pdv \quad \Rightarrow \quad Tds = C_v dT + Pdv \qquad\qquad [5\text{-}15]$$

위 식을 T에 대해 정리하고, 최초의 상태 '1'에서 상태변화 후 상태 '2'까지 적분하면, 각각 식 [5-16, 17]과 같이 쓸 수 있다.

$$ds = \frac{C_v}{T}dT + \frac{P}{T}dv = C_v\frac{dT}{T} + R\frac{dv}{v} \qquad\qquad [5\text{-}16]$$

$$\int_1^2 ds = C_v\int_1^2 \frac{dT}{T} + R\int_1^2 \frac{dv}{v} \qquad\qquad [5\text{-}17]$$

한편 정적비열 C_v가 온도에 따라 변하지 않는 상태변화인 경우, 이상기체의 엔트로피의 변화량은 식 [5-18]과 같이 나타낼 수 있다.

$$s_2 - s_1 = C_v\ln\left(\frac{T_2}{T_1}\right) - R\ln\left(\frac{v_2}{v_1}\right) \qquad\qquad [5\text{-}18]$$

그리고 비엔탈피($h = u + Pv$)의 변화와 단위 질량 당 열량 의 관계를 알아보면, 각각 식 [5-19a, 19b, 19c, 19d]와 같이 나타낼 수 있다.

$$dh = du + Pdv + vdP \Rightarrow dh = du + Pdv + vdP = dq + vdP \qquad [5\text{-}19a]$$

$$dq = dh - vdP = C_p dT - vdP \qquad\qquad [5\text{-}19b]$$

$$\frac{dq}{T} = C_p\frac{dT}{T} - v\frac{dP}{T} = C_p\frac{dT}{T} - R\frac{dP}{P} \qquad\qquad [5\text{-}19c]$$

$$\int_1^2 ds = C_p\int_1^2 \frac{dT}{T} - R\int_1^2 \frac{dP}{P} \qquad\qquad [5\text{-}19d]$$

따라서 정압비열과 엔트로피 변화량의 관계를 식으로 표현하면, 식 [5-20]과 같다.

$$s_2 - s_1 = C_p \ln\left(\frac{T_2}{T_1}\right) - R\ln\left(\frac{P_2}{P_1}\right) \qquad \text{[5-20]}$$

(4) 등엔트로피 과정

압축성 유동의 가장 큰 특징은 앞서 언급한 바와 같이, 밀도가 일정한 상태라고 유동해석을 할 수 없다는 것이다. 압축성 기체는 기체 분자 사이에 점성, 열전도 및 충격파가 존재하지 않는다고 가정해야 기체의 팽창과정을 등엔트로피 과정(isentropic process)으로 해석할 수 있다. 그리고 이 과정을 거친 기체는 온도가 낮아지며, 이러한 상태변화를 '가역 단열 변화(reversible adiabatic change or isentropic change)'라고도 부르고 있다. 이런 상태변화는 기체와 주위 사이에 열교환이 없고, 마찰 등에 의해 내부에 열이 발생하지 않는다. 따라서 유체의 단위 질량 당 열량의 변화 $dq=0$이다. 이 과정에서 열량의 변화량을 에너지 방정식으로 표현하면 $dq=0=du+Pdv=C_v dT+Pdv$가 된다. 또한, $R=C_p-C_v$을 적용하면, 식 [5-21a, 21b, 21c, 21d]와 같이 나타낼 수 있다.

$$0 = C_v d T + Pdv = C_v\left(\frac{Pdv+vdP}{R}\right) + Pdv \qquad \text{[5-21a]}$$

$$C_v(Pdv+vdP) + RPdv = 0 \qquad \text{[5-21b]}$$

$$C_p Pdv + C_v vdP = 0 \qquad \text{[5-21c]}$$

$$\frac{C_p}{C_v}Pdv + \frac{C_v}{C_v}vdP = 0 \quad \Rightarrow \quad kPdv + vdP = 0 \qquad \text{[5-21d]}$$

위의 식 [5-21d]에 좌, 우변에 Pv로 나누어 정리하면, 식 [5-22]와 같이 각각 압력과 비체적, 그리고 비열비의 관계식으로 나타낼 수 있다.

$$k\frac{dv}{v} + \frac{dP}{P} = 0 \qquad \text{[5-22]}$$

그리고 식 [5-22]를 적분하면 식 [5-23]과 같이 된다. 즉,

$$k \ln v + \ln p = \text{C} \implies \therefore Pv^k = P_1 v_1^k = P_2 v_2^k = \text{C} \quad\text{[5-23]}$$

이상기체 상태방정식 Pv는 식 [5-23]에 대입하면 식 [5-24, 25]와 같이 나타낼 수도 있다. 즉,

$$Tv^{k-1} = \text{C} = T_1 v_1^{k-1} = T_2 v_2^{k-1} \quad\text{[5-24]}$$

$$TP^{\frac{1-k}{k}} = \text{C} = T_1 P_1^{\frac{1-k}{k}} = T_2 P_2^{\frac{1-k}{k}} \quad\text{[5-25]}$$

식 [5-22, 24]에서 보는 바와 같이 가역 단열 팽창과정에서는 압력과 온도가 감소함을 알 수 있다. 그리고 가역 단열압축 과정에서는 식 [5-22, 25]에서 보는 바와 같이, 체적은 감소하나 온도가 높아지는 것을 알 수 있다.

끝으로 식 [5-24, 25]로부터 온도와 밀도($\rho = 1/v$)의 관계식으로 정리하면 식 [5-26]과 같이 쓸 수 있다.

$$\frac{T_2}{T_1} = \left(\frac{P_2}{P_1}\right)^{\frac{1-k}{k}} = \left(\frac{v_2}{v_1}\right)^{k-1} = \left(\frac{\rho_2}{\rho_1}\right)^{k-1} \quad\text{[5-26]}$$

따라서 압력과 밀도의 관계는 식 [5-27]과 같이 나타낼 수 있다.

$$\frac{P_1}{\rho_1^k} = \frac{P_2}{\rho_2^k} \implies \therefore \frac{P}{\rho^k} = \text{C} \quad\text{[5-27]}$$

3. 음속과 충격파 발생의 관계

(1) 음파와 음속

음파는 유체(매질)를 따라 전달되는 역학적 파동이다. 유체의 탄성적 특성과 관성적 특성에 의해 음파가 전달되는 속도가 결정되며, 이를 음속(speed of sound)이라 한다. 즉 유체역학적 측면에서 보면 음속은 유체 속에서 작은 압력 변화가 전달되어 가는 현상을 말한다. 예를 들어, 수영장에 돌멩이를 던져 중심에서 주위로 퍼져나가는 물결이나 표면파가 이와 같은 현상을 직감적으로 볼 수 있는 현상이다.

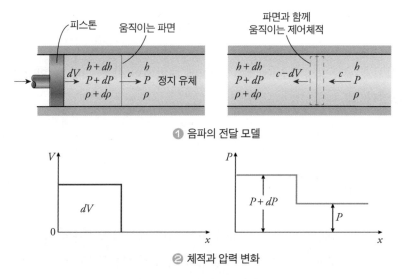

피스톤 움직이는 파면

파면과 함께
움직이는 제어체적

❶ 음파의 전달 모델

❷ 체적과 압력 변화

그림 5.12 음파의 전달과정 개념도

만일 유체가 기체인 경우라면, 음의 전달은 〈그림 5.12〉와 같이 표현할 수 있다.[27]

압축성 유동에서 중요한 는 음속(마하수)이며 매우 약한 압력파가 매질을 통과하는 속도가 음속이다. 압력파는 국부적 압력에 약간의 변화를 일으키는 작은 교란으로 인해 발생할 수 있다. 매질에서 음속의 관계를 얻으려면 〈그림 5.12〉와 같이 정지해 있는 유체로 채워진 덕트가 있다고 가정하자. 만일 덕트에 장착된 피스톤은 일정한 증분 속도(dV)로 오른쪽으로 이동하여 음파를 생성하게 된다면, 파면(wave front)은 유체를 통해 음속 로 오른쪽으로 이동하고 피스톤에 인접한 움직이는 유체를 정지해 있는 유체와 분리한다. 파면의 왼쪽에 있는 유체는 열역학적 특성에서 점진적인 변화가 일어난다. 반면에 파면의 오른쪽에 있는 유체는 원래의 열역학적 특성을 유지하게 된다. 이때 해석을 단순화하기 위해 〈그림 5.12〉 ❶의 오른쪽 그림과 같이 파면을 둘러싸고 함께 움직이는 제어 체적(control volume)을 고려해보자. 파면을 따라 이동하는 관찰자에게 오른쪽의 유체는 c의 속도로 파면을 향해 움직이는 것처럼 보인다. 하지만 왼쪽의 유체는 $(c-dV)$ 속도로 파면에서 멀어지는 것처럼 보인다. 물론 파면을 둘러싸는 제어 체적(control volume)은 정지된 상태이며, 정상 유동 과정(steady-flow process)이라 가정하자. 따라서 정상 유동 과정에 대

---

27 https://www.slideserve.com/finley/chapter-12-compressible-flow

한 질량 유량(mass flow rate, kg/s)은 식 [5-28]과 같이 표현할 수 있다.

$$\dot{m}_{right} = \dot{m}_{left}, \quad \rho Ac = (\rho + d\rho)A(c - dV) \quad \text{[5-28]}$$

여기서 $\dot{m}_{right}$와 $\dot{m}_{left}$는 제어 체적을 기준으로 각각 파면의 오른쪽으로 유출되는 질량 유량과 왼쪽으로 유입되는 질량 유량이다. 그리고 ρ는 유체의 밀도, A는 피스톤 단면적이다. 그리고 식 [5-28]을 정리하면 식 [5-29]와 같이 되고, 2차 항인 $d\rho dV$은 매우 작은 값이기 때문에 무시하고, A를 소거하면 식 [5-29]와 같이 간략히 쓸 수 있다.

$$\rho Ac = \rho Ac - \rho dV + Acd\rho - Ad\rho dV \quad \text{[5-28]}$$

$$cd\rho - \rho dV = 0 \quad \text{[5-29]}$$

한편 정상 유동 과정에서 제어 체적의 경계를 가로지르는 열이나 일은 없으며, 위치에너지 변화는 무시할 수 있다. 따라서 정상 유동 상태에서의 에너지는 식 [5-30a, 30b]와 같이 에너지 균형을 나타낼 수 있다. 즉,

$$h + \frac{c^2}{2} = h + dh + \frac{(c - dV)^2}{2} \quad \text{[5-30a]}$$

$$\frac{c^2}{2} = dh + \frac{(c - dV)^2}{2} = dh + \frac{c^2 - 2cdV + dV^2}{2} \quad \text{[5-30b]}$$

식 [5-30b]에서 2차 항을 무시하면 식 [5-30c]와 같다.

$$\frac{c^2}{2} = dh + \frac{c^2 - 2cdV}{2} \quad \Rightarrow \quad \therefore \ dh - cdV = 0 \quad \text{[5-30c]}$$

일반 음파의 진폭은 매우 작고 유체의 압력과 온도가 거의 변하지 않는다. 따라서 음파의 전파는 단열 과정인 등엔트로피 과정으로 취급할 수 있다. 그리고 비엔탈피 $h = u + Pv$에 좌, 우변을 미분하면 식 [5-31a, 31b]와 같다.

$$dh = du + Pdv + vdP = dq + vdP \quad\text{················}\quad [5\text{-}31a]$$

$$dq = dh - vdP = Tds \quad\text{························}\quad [5\text{-}31b]$$

또한, 등엔트로피 과정은 $ds=0$이므로 식 [5-31b]는 식 [5-32]와 같이 나타낼 수 있다. 즉,

$$dh = \frac{dP}{\rho} \quad\text{·······················}\quad [5\text{-}32]$$

식 [5-32]을 식 [5-29]와 식 [5-30c]에 연립하여 풀면, 식 [5-33]과 같이 음속에 대한 식으로 나타낼 수 있다.

$$c^2 = \frac{dP}{d\rho} , \quad c = \sqrt{\frac{dP}{d\rho}} \quad\text{···············}\quad [5\text{-}33]$$

등엔트로피 과정에서 압력과 온도의 관계는 $Pv^k = \dfrac{P}{\rho^k} = \mathrm{C}$ 이므로 식 [5-33]에서 $\dfrac{dP}{d\rho}$ 는 식 [5-34]와 같이 계산할 수 있다.

$$P = \mathrm{C}\rho^k \Rightarrow \frac{dP}{d\rho} = \frac{d}{d\rho}(\mathrm{C}\rho^k) = \mathrm{C}k\rho^{k-1} = (\mathrm{P}\rho^{-k})k\rho^{k-1} = k\frac{\mathrm{P}}{\rho} \quad\text{······}\quad [5\text{-}34]$$

끝으로 식 [5-34]를 식 [5-33]에 대입하면, 음속 c 는 식 [5-35]와 같이 나타낼 수 있다.$(P = \rho RT)$

$$\therefore \ c = \sqrt{k\frac{P}{\rho}} = \sqrt{kRT} \quad\text{·················}\quad [5\text{-}35]$$

결론적으로 식 [5-35]에서 보는 바와 같이, 이상기체의 음속(소리의 속도)은 온도만의 함수임을 알 수 있다.

5.1
exercise

온도가 -15℃의 공기 속을 시속 5,000km/h로 날아가고 있는 미사일이 있다면 이 미사일이 날아가고 있는 공기에서의 음속과 마하수를 계산하시오. 단 공기의 비열비 k는 1.4이고, 기체 상수 R은 $R=287$J/Kg · K이다.

풀이 먼저 음속은 식 [5-35]를 적용하여 계산하면 식 [5-36]과 같다.

$$c = \sqrt{kRT} = \sqrt{1.4 \times 287 \times (273.15 - 15)} = 322.06\text{m/s} \quad \cdots\cdots\cdots\cdots \quad [5\text{-}36]$$

그리고 식 [5-36]을 적용하면 미사일의 마하수를 식 [5-37]과 같이 계산할 수 있다.

$$M = \frac{V}{c} = \frac{(5,000 \times 10^3\text{m/h} \div 3,600\text{s/h})}{322.06\text{m/s}} = 4.31 \quad \cdots\cdots\cdots\cdots\cdots \quad [5\text{-}37]$$

(2) 마하수와 충격파의 발생

압축성 유동해석에서는 식 [5-38]과 같이 무 차원 속도인 마하수(Mach number) M으로 정의하여 해석하고 있다.

$$M = \frac{V}{c} \quad \cdots\cdots\cdots\cdots\cdots\cdots\cdots\cdots\cdots\cdots\cdots\cdots\cdots\cdots\cdots\cdots\cdots\cdots\cdots\cdots\cdots\cdots \quad [5\text{-}38]$$

여기서 c는 음속, V는 압축성 유체 속을 움직이는 물체의 속도를 의미한다.
한편 〈그림 5.13〉에서 보는 바와 같이 $M < 1.0$이면 아음속 흐름, $M = 1.0$이

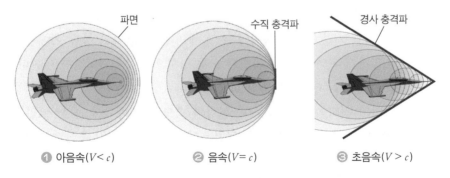

그림 5.13 전투기의 속도에 따른 파면의 전파와 충격파

$M > 1.0$면 음속 흐름, 그리고 이면 초음속 흐름이다. 그림에서 음원(전투기, 미사일, 포탄 등 비행체)에서 나오는 음(소리)의 파면이 전파하면서 이들 파면이 겹치게 되면 국부적으로 압력이 높은 충격파가 형성된다. 이러한 형성과정을 통해 알아보자.[28]

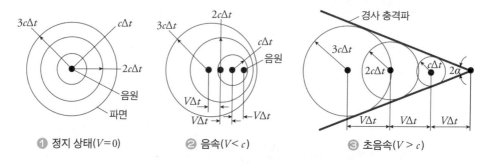

그림 5.14 단위시간 간격으로 발생하는 충격 파면의 전파

한편 〈그림 5.14〉는 기체 중의 임의지점에서 생긴 미소압력 교란(음파)이 그 위치로부터 음속 c로 주위에 전파하고 있는 것을 나타낸 그림이다. 음파가 전해지는 기체가 발생원, 즉 음원(source of sound)에 대하여 상대적으로 정지하고 있다면 어떤 시각에 있어서 미소 교란에 의한 압력 파면(wave front of pressure)은 구면(surface of sphere)으로 된다. 〈그림 5.14〉 ❶에서 보는 바와 같이 그 영향은 모든 방향으로 무한위치까지 전해진다. 따라서 미소 시간 Δt 동안 파면의 전파 거리는 $c\Delta t$이다. 그리고 기체의 음속과 음원의 속도에 따른 파면의 전파를 정지 상태, 아음속 상태, 초음속 상태로 구분하여 살펴보면 다음과 같다.

첫째, 아음속 흐름은 〈그림 5.14〉 ❷에서 보는 바와 같이 $V < c$인 경우, 즉 $0 < M < 1.0$인 경우이다. 이때 원점의 위치는 Δt시간 동안에 $V\Delta t$만큼 이동할 때 파면도 $c\Delta t$만큼 이동한다. 따라서 $3\Delta t$시간 후에 3개의 파면이 겹쳐지는 상태를 보면, 원점의 위치를 기준으로 앞쪽에 있는 유체의 흐름 영역인 상류 쪽에서 파면의 간격이 조밀하게 된다. 하지만 파면은 모두 방향으로 무한위치까지 미친다. 즉, 아음속 흐름에서는 $M = 0$인 비압축성 흐름과 같다.

둘째, 파면의 전파속도, 즉 음속과 원점의 속도가 같은 경우인 $M = 1$인 상태($V = c$)에서는 상류 쪽에 파면이 겹쳐서 〈그림 5.13〉 ❷와 같이 수직 충격파가 생긴다.

---

28 https://www3.nd.edu/~powers/ame.30332/notes.pdf

셋째, 초음속 흐름은 $M > 1.0$인 경우이며, 〈그림 5.14〉❸에서 보는 바와 같이 파면이 Δt시간 간격으로 최초 발생한 파면은 원점에서 $3c\Delta t$의 거리(파면의 반지름)만큼 전파된다. $2\Delta t$시간이 지난 두 번째 파면은 $2c\Delta t$ 거리까지 그리고 세 번째 발생한 파면은 Δt이 지난 후 $c\Delta t$ 거리만큼 전파된다. 이들 3개의 파면은 그림에서 보는 바와 같이 파면이 겹쳐지며 이것이 경사 충격파이다. 그리고 경사 충격파의 경사각을 마하각(Mach angle) α라고 정의하며, 2차원 흐름이라고 가정하면 원점의 속도와 음속의 관계는 식 [5-39]와 같다.

$$\sin\alpha = \frac{c}{V} = \frac{1}{M} \quad\text{[5-39]}$$

마하각 α은 $M < 1$의 경우에는 존재하지 않으며, $M = 1$의 경우에는 $90°$이다. 그리고 M이 증가하면 α는 감소한다. 일반적으로 $M > 5$의 경우를 극초음속 흐름(hyper-sonic flow)이라고 하여 초음속과 구별한다. 이는 초음속 흐름에서는 기체의 운동에너지가 총에너지에 점유하는 비율이 매우 높다. 만일 그 흐름이 느려지면 운동에너지가 열에너지로 변환되어 기체의 열역학적 특성을 현저히 변화시켜 이상기체로 취급할 수 없는 경우가 생긴다. 이는 마하수가 1에 가까운 초음속 흐름에서 일어나는 현상과 전혀 다른 양상을 나타내기 때문이다.

5.2 exercise

온도가 15.3인 공기 속을 미사일이 날아가고 있다. 이때 미사일 주위에 발생한 충격파의 마하각은 28°이다. 미사일의 속도는 시속 몇 km인가? 그리고 마하수를 구하라. 단 공기의 압력은 표준대기압이라고 가정하시오.

[풀이] 먼저 마하각과 음원의 속도 그리고 음원의 속도와 음속의 관계식인 식 [5-35]와 음속의 관계식인 식 [5-39]를 적용하면 식 [5-40]과 같다. 이때 기체 상수 $R = 287 \text{J/Kg} \cdot \text{K}$이다.

$$V = \frac{c}{\sin\alpha} = \frac{\sqrt{kRT}}{\sin\alpha} = \frac{\sqrt{1.4 \times 287 \times (273.15 + 15.3)}}{\sin 28°} = 725.16 \text{m/s} \quad\text{[5-40]}$$

다음으로 마하수는 식 [5-36]으로부터 식 [5-41]과 같이 계산할 수 있다.

$$M = \frac{V}{c} = \frac{725.16}{340.44} = 2.13 \quad\text{[5-41]}$$

(3) 음파와 마하 콘

기차를 타기 위해 플랫폼에서 기다릴 때 기차가 다가오면서 내는 기적소리와 멀어져 가면서 내는 기적소리는 다르게 들린다. 이러한 현상은 도플러 효과 때문이다. 이 효과는 음원의 속도와 관계가 있다. 음원이 일정한 속도로 움직이면서 음원으로부터 음파가 반경 방향으로 음속의 속도로 소리가 퍼져나가며, 그림으로 표현해보면 〈그림 5.15〉와 같이 세 가지 경우가 있다.

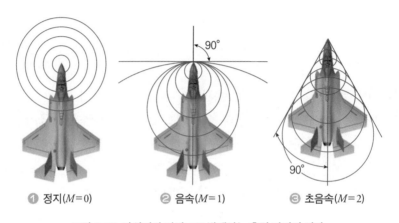

① 정지($M=0$) ② 음속($M=1$) ③ 초음속($M=2$)

그림 5.15 단위시간 간격으로 발생하는 충격 파면의 전파

첫째 〈그림 5.15〉 ❶에서 보는 바와 같이 음원이 정지한 상태에서 1초, 2초, 3초 후의 음파의 진행 위치를 나타낸 그림이다. 이 경우에는 음파가 반경 방향으로 고르게 퍼져나가므로 음파의 영향과 압축파의 영향이 균일하다.

둘째, 〈그림 5.15〉 ❷와 같이 음원의 속도와 음파의 속도가 같은 경우이다. 이 경우에는 음원이 항상 음파의 속도와 같다. 따라서 음원에서 만들어진 압력파의 경계가 음원 전면에 만들어진다. 이것을 음속 장벽이라 하며, 음원의 진행 방향과 직각을 이루고 있다.

셋째, 음원의 속도가 음파의 속도의 2배가 될 경우이다. 음원의 속도가 음파의 속도보다 빠르므로 항상 소리보다 음원이 앞서 나간다. 이 때문에 음원은 후방에서 만들어져 음파의 영향을 받지 않는다. 그리고 압력파의 경계는 음파의 접선에 90°로 진행하며 음원 방향에 대해서는 30°의 각도를 갖는다. 이와 같은 압력파의 경계를 마하 콘 또는 음속 장벽이라 하며 원뿔의 각도를 마하각이라 부른다.

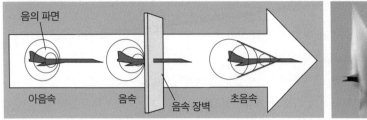
❶ 음원 속도와 음의 파편

음의 파면

아음속   음속   음속 장벽   초음속

❷ 음속장벽 발생 장면

그림 5.16 음속 장벽의 발생 원리와 실제 현상

한편 음파는 비행기나 미사일 등의 비행체의 날카로운 끝 등에서 만들어진다. 만일 비행체의 앞부분이 날카롭지 않고 무딘 형상이면 초음속으로 비행할 때 진폭이 넓은 충격파가 발생한다. 이때 발생하는 충격파는 원뿔 모양이며, 이를 마하 콘(Mach cone)이라 부른다. 만일 전투기가 〈그림 5.16〉 ❶에서 보는 바와 같이 음속을 돌파하면 전투기 주위에 수증기 모양의 음속 장벽(sonic barrier)과 충격파가 발생하며, 〈그림 5.16〉 ❷와 같은 현상을 볼 수 있다.

지상에서 어떤 사람이 2km 상공 위를 날아가는 전투기를 목격한 후로부터 3초가 지난 후에 전투기의 소리를 들었다. 전투기의 속도는 시속 몇 km인가? 단 공기 온도는 10.4℃이고 바람은 없으며 고도 변화에 따른 공기의 밀도는 일정하다고 가정하시오.

풀이 먼저 10.4℃의 공기의 음속은 식 [5-35]를 적용하여 계산하면 식 [5-42]와 같다. 즉,

$$c = \sqrt{kRT} = \sqrt{1.5 \times 287 \times (273.15 + 14.4)} = 351.84 \text{m/s} \quad \cdots\cdots\cdots \quad [5\text{-}42]$$

한편 전투기에서 나오는 소리를 듣고 있는 관찰자와의 거리와 고도 그리고 마하각의 관계를 그림으로 표현하면 〈그림 5.17〉과 같다.

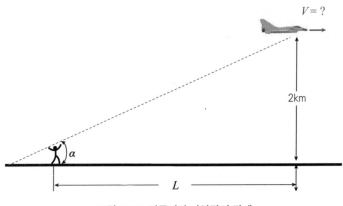

그림 5.17 전투기와 마하각의 관계

여기서 전투기에서 발생한 소리가 사람에게 도달하는데 걸린 시간과 수평거리를 비행할 때 걸린 시간과 같으며 식 [5-43]과 같이 계산할 수 있다.

$$t = \frac{L}{V} = \frac{(2\text{km} \times \tan\alpha)}{(c/\sin\alpha)} = \frac{2{,}000\text{m} \times \cos\alpha}{c} = \frac{2{,}000\text{m} \times \cos\alpha}{351.84\,\text{m/s}} = 3\text{s} \quad [5\text{-}43]$$

따라서 cosα=0.52776이므로 α=58.15°고 sinα=0.84939이다. 따라서 전투기의 속도는 식 [5-39]를 적용하면 식 [5-44]와 같이 계산할 수 있다.

$$V = \frac{c}{\sin\alpha} = \frac{351.84}{0.84939} = 414.23\text{m/s} \quad \cdots\cdots\cdots\cdots\cdots\cdots\cdots \quad [5\text{-}44]$$

제4절 충격파와 로켓 엔진의 노즐 설계 이론

1. 충격파의 발생 원리와 특성

(1) 충격파의 발생 원리

비행체가 아음속 속도로 비행할 때 전방의 공기는 음속으로 비행체 앞으로 전달되는 압력 변화로 인하여 비행체의 접근을 경고할 수 있다. 이 압력 변화 신호, 즉 경고로 인해 비행체가 도착하기 전에 공기가 옆으로 움직이기 시작하여 쉽게 통과할 수 있다. 비행체의 속도가 음속에 도달하면 비행기가 자체 기압을 따라잡기 때문에 압력의 변화로 비행체 앞의 공기에 경고할 수 없다. 오히려, 공기 입자가 비행체 앞에 쌓이면 비행체 바로 앞에서 유속이 급격히 감소하고 그에 따라 공기압력과 밀도가 높아진다. 비행체의 속도가 음속 이상으로 증가함에 따라 전방에 있는 압축공기의 압력과 밀도가 증가하고, 압축 영역은 비행체보다 약간 앞서 확장된다. 그리고 공기 유동의 특정 지점에서 공기 입자는 비행체 접근에 대한 사전 경고 없이 완전히 방해받지 않고 다음 순간에 같은 공기 입자가 강제로 온도, 압력, 밀도 및 속도의 순간적으로 급격한 변화를 겪는다. 이때 방해받지 않은 공기와 압축공기 영역 사이의 경계를 충격파 또는 압축파라고 부르고 있다. 즉, 충격파는 파동을 일으키는 파원이 파동의 전파속도보다 빨리 움직이는 경우 발생하는 파동이다.

(2) 충격파의 종류와 특성

충격파는 초음속 범위와 아음속 범위 사이의 경계로 형성되며 충격파가 기류에 수직으로 형성되는 충격파를 수직 충격파라 한다. 이 충격파의 바로 뒤의 유속은 아음속이며, 수직 충격파를 통과하는 초음속 기류는 다음과 같은 변화를 거친다. 먼저 기류가 아음속으로 느려진다. 이어서 충격파 바로 뒤의 기류는 방향을 바꾸지 않는다. 그다음 충격파 뒤의 기류의 정압과 밀도가 크게 높아진다. 끝으로 기

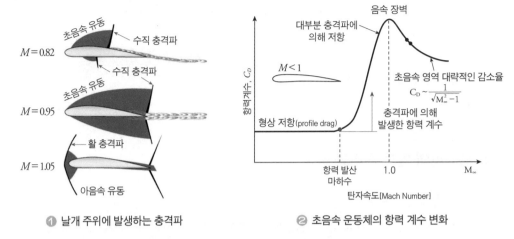

① 날개 주위에 발생하는 충격파   **②** 초음속 운동체의 항력 계수 변화

그림 5.18 충격파와 항력계수의 관계

류의 압력에너지인 총 압력(정 압력+동 압력)이 크게 낮아지게 된다.

수직 충격파와 경사 충격파를 발생시키는 가장 큰 요인은 날개의 형상이다. 전면이 뾰족한 날개가 초음속을 돌파하면 경사 충격파를 발생시켜 고속비행에 유리하다. 따라서 초음속 비행체인 미사일, 항공기, 포탄 등은 끝이 뾰족한 형상으로 만든다. 일반적으로 전면부에는 〈그림 5.18〉 **①**에서 보는 바와 같이 수직 충격파가 발생하고 점차 경사 충격파로 변화된다. 그리고 수직 충격파와 경사 충격파가 혼합된 활 충격파(bow shock wave)가 발생할 수도 있다.[29]

(3) 충격파의 영향

충격파 형성은 항력을 증가시켜 파동 바로 뒤에 조밀한 고압 영역이 형성된다. 고압 영역의 불안정성과 기류의 속도 에너지의 일부가 충격파를 통과할 때 열로 변환되어 항력이 커지며, 특히 공기류 박리(airflow separation) 현상이 생겨 항력이 훨씬 더 커진다. 충격파가 강하면 경계층이 공기류 박리를 견딜 수 있는 충분한 운동에너지가 있다.

충격파의 형성과 공기류의 박리로 인해 천이 음속 영역에서 발생하는 항력이

---

29 https://www.flightliteracy.com/high-speed-flight-part-two-boundary-layer-and-shock-waves/;
http://ftp.demec.ufpr.br/disciplinas/TM240/Marchi/Bibliografia/White_2011_7ed_Fluid-Mechanics.pdf

충격파 항력이다. 비행체의 속도가 항력 발산 마하수(임계 마하수)를 약 10% 초과하면 〈그림 5.18〉 ❷와 같이 급격히 항력이 커진다. 이 지점을 초과하여 비행속도를 초음속 영역으로 가속하려면 비행체에 상당한 추력이 필요하다. 즉, 수직 충격파는 날개의 윗면에 형성되고 추가적인 초음속 흐름 영역을 형성하고 아랫면에 수직 충격파가 형성된다. 비행속도가 음속에 가까워지면 〈그림 5.18〉 ❶의 하단에서 보는 바와 같이, 초음속 흐름의 영역이 확대되고 충격파가 날개의 뒷부분(trailing edge)에 발생하는 것을 볼 수 있다.

항력이 커지면 비행의 안정과 제어가 어렵다. 그리고 공기류 박리로 인한 양력 손실은 세류(비행 중 날개가 아래로 내리미는 공기)가 손실되고 날개의 압력 중심의 위치가 바뀐다. 공기류의 박리 현상이 발생하면 날개 뒤에 난류가 발생하여 꼬리 표면이 흔들린다. 수평 꼬리에 의해 제공되는 기수 상승과 기수 하강 피치 제어는 날개 뒤의 세류에 따라 달라진다. 따라서 세류가 증가하면 꼬리 표면이 보는 AOA를 효과적으로 증가시키기 때문에 수평 꼬리의 피치 제어 효과가 감소한 날개의 압력 중심의 움직임은 날개의 피칭 모멘트(pitching moment)에 영향을 미친다. 압력 중심이 후방으로 이동하면 마하 턱(Mach tuck) 또는 턱 언더(tuck under) 현상이 발생하고, 앞으로 이동하면 기수 상승 모멘트가 발생한다. 이것이 많은 터빈 엔진을 이용하는 항공기에서 'T자 모양의 꼬리' 형태로 설계한 주된 이유이며, 날개의 난기류에서 수평안정 장치를 최대한 멀리 배치한다. 여기서 마하 턱은 특정 조건에서 충격파가 날개 뿌리 부분에서 형성되고, 공기가 그 뒤쪽에서 분리되는 원인이 된다. 이유도 충격 분리는 양력 중심을 후방으로 이동하게 한다. 동시에 흩어진 공기가 수평 안정판 효력의 일부를 상실하는 원인이 되며, 비행기 기수가 내려가는 피칭 모멘트의 원인이 된다. 그리고 턱 언더 현상은 비행속도가 어느 한계를 넘으면 비행기의 기수가 아래로 처지는 현상이다. 비행체가 마하 0.8~0.9의 속도로 비행하고 있을 때, 어느 속도를 넘으면 그때까지와는 반대로 기수가 내려가는 현상이다. 날개 윗면에 생긴 충격파가 강해져서 날개의 압력 중심이 이동하거나, 충격파에 의해 날개 윗면의 기류가 박리 하거나, 양력계수(lift coefficient)의 감소로 인해 수평꼬리날개를 향해 내리 부는 기류의 각도가 급격히 변화함으로써 생기는 현상이다. 이에 대한 대책으로는 자동조종장치나 전용 교정장치를 작동시키거나, 설계할 때 미리 수평꼬리날개가 불어 내리는 기류의 영향을 받지 않는 위치에 놓거나 고속비행으로도 충격파가 강해지지 않는 날개 모양을 채용하는 등의 방법이 있다.

2. 로켓 엔진의 노즐 설계 이론

(1) 노즐을 통과하는 압축성 유동해석

압축성 유체의 흐름을 해석할 때 〈그림 5.19〉와 같이 기체가 고속으로 단열벽 (adiabatic wall)을 통과하고 있다고 가정해보자. 만일 1차원 유동이라 가정하면 유체의 성질은 오직 유동 방향에 대해서만 변화한다. 이때 유체의 속도 V, 압력 P는 주어진 단면에서 평균값을 나타낸 것이다. 그리고 시간에 따라 속도가 일정한 정상 상태 유동이라면 가역 단열 과정(reversible adiabatic change), 즉 등엔트로피 과정으로 해석할 수 있다. 따라서 유체는 외부와의 열과 일의 에너지 교환은 없다. 이처럼 가역적이고 단열 변화라면 마찰이 없어야 하지만 유체는 유로 벽과 마찰이 일어난다. 그러나 마찰은 단열 변화에 의한 유동의 변화보다는 덜 영향을 준다. 그리고 기체의 유동만 다루기 때문에 중력의 영향도 무시할 수 있다. 따라서 통로 단면적의 변화가 압축성 유동에 미치는 영향을 알아보면 다음과 같다.[30]

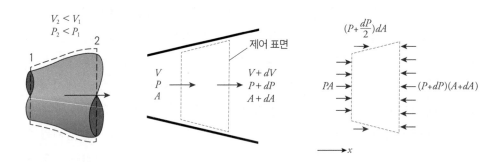

그림 5.19 1차원 압축성 유동의 상태량 해석

1 마하수와 단면적의 관계

단면적이 변화되는 통로를 통과하는 1차원 정상 유동(steady flow)에서 조종면 (control surface)을 〈그림 5.19〉의 오른쪽 그림과 같이 설정하면 다음과 같이 해석할 수 있다.

---

30 https://www.academia.edu/49095783/Aerodynamics_of_Rockets_And_Missiles; https://www.globalse curity.org/military/library/policy/navy/nrtc/14109_ch1.pdf

먼저 질량 보존의 법칙을 나타내는 연속방정식(continuity equation)은 식 [5-45]와 같이 나타낼 수 있다.

$$\int_{CS} \rho V_n dA = 0 \quad\text{[5-45]}$$

여기서 ρ는 유체의 밀도, V_n은 제어 체적 경계면과 수직 한 속도 성분이고, dA는 조종면 경계면의 미소 단면적이다. 따라서 식 [5-45]를 〈그림 5.19〉에 적용하면 식 [5-46]과 같이 나타낼 수 있다.

$$-\rho A V + (\rho + d\rho)(A + dA)(V + dV) = 0 \quad\text{[5-46]}$$

식 [5-46]에서 2차 미소 항을 무시하고 정리하면 식 [5-47]과 같이 쓸 수 있으며, 식 [5-47]에 모든 항에 ρAV값으로 나누면 식 [5-48]과 같다.

$$V\rho dA + VAd\rho + \rho AdV = 0 \quad\text{[5-47]}$$

$$\frac{d\rho}{\rho} + \frac{dA}{A} + \frac{dV}{V} = 0 \quad\text{[5-48]}$$

다음으로 1차원 유동의 운동량 방정식은 식 [5-49]와 같으며, F는 유체에 의해 작용하는 힘[N], V_x는 x방향의 속도이다.

$$\sum F_x = \int_{CS} V_x (\rho V_n dA) \quad\text{[5-49]}$$

식 [5-49]에서 조종면에 작용하는 유체의 압력에 의해 작용하는 힘의 합은 식 [5-50]과 같다. 그리고 위의 식에서 2차 미소 항을 무시하고 정리하면 식 [5-51]과 같다.

$$\sum F_x = PA + \left(P + \frac{dP}{2}\right)dA - (P + dP)(A + dA) \quad\text{[5-50]}$$

$$\sum F_x = -AdP \quad \text{..} \quad \text{[5-51]}$$

한편 정상류에서는 질량 유량 ρAV가 일정하므로 식 [8-49]는 식 [5-52]와 같다.

$$\sum F_x = \int_{cs} V_x (\rho V_n dA) = \rho A V d V \quad \text{..............................} \quad \text{[5-52]}$$

따라서 식 [5-51, 52]로부터 식 [5-53]과 같이 나타낼 수 있다. 그리고 식 [5-53]과 연속방정식 [8-48]을 연립하여 풀면, 식 [5-54]와 같다.

$$AdP + \rho AVdV = 0 \quad \text{..} \quad \text{[5-53]}$$

$$AdP + \rho A V \left(-V\frac{d\rho}{\rho} - V\frac{dA}{A} \right) = 0 \quad \text{.......................} \quad \text{[5-54]}$$

따라서 식 [5-54]에서 A를 소거하여 정리하면 식 [5-55]와 같이 나타낼 수 있다.

$$dP + \rho V^2 \left(-\frac{d\rho}{\rho} - \frac{dA}{A} \right) = 0 \quad \text{.............................} \quad \text{[5-55]}$$

또한, 등엔트로피 변화에서 음속 $c^2 = \dfrac{dP}{d\rho}$의 관계를 식 [5-55]에 적용하면 식 [5-56]과 같다.

$$dP + \rho V^2 \left(-\frac{dP}{\rho c^2} - \frac{dA}{A} \right) = 0 \quad \text{.........................} \quad \text{[5-56]}$$

단면적이 변화하는 통로를 통한 압축성 유동에 작용하는 마하수의 영향을 나타내는 방정식을 알아보면 다음과 같다. 즉, 식 [5-55]를 마하수$(M = \dfrac{V}{c})$의 관계식으로 표현하면 식 [5-57]과 같다.

$$dP(1 - M^2) = \rho V^2 \left(\frac{dA}{A} \right) \quad \text{.....................................} \quad \text{[5-57]}$$

2 노즐 단면적의 변화와 속도의 변화

① 1차원 노즐의 연속방정식과 운동량 방정식

아음속($M<1$) 유동인 경우, 식 [5-57]에서 보는 바와 같이 $1-M^2$의 값이 '양 (+)'의 값을 갖는다. 따라서 단면적이 증가하면 압력이 증가하게 됨을 알 수 있으 며, 식 [5-55]와 같이 속도가 감소함을 알 수 있다. 그리고 아음속 유동에서 단면 적의 감소는 압력의 감소와 속도가 증가함을 알 수 있다.

초음속($M>1$) 유동일 경우에는 $1-M^2$의 값이 '음(-)"의 값을 갖는다. 따라서 면 적이 증가함에 따라서 속도도 증가하게 되고, 면적이 감소함에 따라 속도도 감소 하게 된다. 그러므로 축소 노즐(convergent nozzle)에서 아음속 유동은 노즐에 어떠한 압력 차가 작용하더라도 음속보다 더 빠르게 가속될 수 없다.

한편 1차원 노즐 유동에서의 운동량 방정식인 식 [5-53]을 ρ에 대해 풀면, 식 [5-58]과 같이 나타낼 수 있다.

$$dP + \rho V dV = 0 \implies \rho = -\frac{dP}{VdV} \quad \text{.....................................} \quad \text{[5-58]}$$

그리고 위의 식을 연속방정식 $\dfrac{d\rho}{\rho} + \dfrac{dA}{A} + \dfrac{dV}{V} = 0$에 대입하여 정리하면, 식 [5-59]와 같다.

$$\frac{dA}{A} = -\frac{dV}{V} - \frac{d\rho}{\rho} = -\frac{dV}{V} - \frac{d\rho}{\left(-\dfrac{dP}{VdV} \right)} = -\frac{dV}{V} \left(1 - V^2 \frac{d\rho}{dP} \right) \quad \text{......} \quad \text{[5-59]}$$

따라서 음속은 밀도와 압력의 관계는 $c = \sqrt{\dfrac{dP}{d\rho}}$ 이므로 이를 식 [5-59]에 대입 하면, 노즐의 단면적과 밀도, 압력, 속도의 관계를 식 [5-60]과 같이 표현할 수 있다.

$$\frac{dA}{A} = -\frac{dV}{V} \left(1 - V^2 \frac{d\rho}{dP} \right) = -\frac{dV}{V} \left(1 - \frac{V^2}{c^2} \right) \quad \text{.............................} \quad \text{[5-60]}$$

또는 식 [5-60]을 마하수($M=\dfrac{V}{c}$)의 관계식으로 나타내면 식 [5-61]과 같다.

$$\frac{dA}{A}=-\frac{dV}{V}(1-M^2) \quad\text{……………………………………………}\quad [5\text{-}61]$$

② 노즐 단면적과 속도변화

노즐의 단면변화에 따른 유체의 속도변화는 식 [5-58, 59]로부터 아음속, 음속, 초음속 유동의 경우로 해석할 수 있다. 여기서 단면적과 속도는 항상 $A>0$, $V>0$이다.

첫째, 유체의 속도가 아음속($M<1$) 상태에서 노즐의 단면적이 넓어지면($dA>0$) 유속은 느려($dV>0$)지는 것을 알 수 있다. 둘째, 유체의 속도가 초음속($M>1$) 상태에서 노즐의 단면적이 넓어지면($dA>0$) 유속도 빨라($dV>0$)지는 것을 알 수 있다. 셋째, 유체의 속도가 음속($M=1$) 상태에서는 노즐의 단면적이 $dA=0$이다. 즉 노즐의 단면적 변화가 없는 일정한 부분에서 일어남을 알 수 있다. 이 부분을 노즐의 목(nozzle throat)이라 정의하고 있다. 따라서 아음속 상태에서 노즐의 단면적이 좁아지면 유속이 빨라져 최대 $M=1$이 되는 부분이 노즐 목이다.

5.4 exercise

관 속에 유체가 마하 3.3에서 흐르다가 속도가 12%가 감소하였다. 관의 단면적은 어떻게 변화하였는가? 그리고 속도가 14% 증가하였다면 단면적은 어떻게 변화하였는지 설명하시오.

풀이 첫 번째, 관의 단면적 변화는 식 [5-61]을 적용하면 단면적의 변화를 계산할 수 있다. 이때 주어진 조건에서 속도는 $M=3.0$이고 속도 감소율은 $\dfrac{dV}{V}=-0.12$이므로 식 [5-62]와 같이 계산할 수 있다. 즉, 단면적은 118.68% 감소하였다

$$\frac{dA}{A}=-\frac{dV}{V}(1-M^2)=-(-0.12)(1-3.3^2)=-1.1868 \quad\text{………………}\quad [5\text{-}62]$$

두 번째, 속이 14% 증가하였을 경우($\dfrac{dV}{V}=0.14$)의 단면적 변화는 식 [5-63]과 같이 계산할 수 있으며 단면적이 129.36% 증가하였다.

$$\frac{dA}{A}=-\frac{dV}{V}(1-M^2)=-(0.14)(1-3.2^2)=1.2936 \quad\text{…………………}\quad [5\text{-}63]$$

(2) 등엔트로피 유동의 상태량 해석

■1 정체 압력과 정체 온도

등엔트로피 유동에서 유로 단면적에 따른 유체 특성의 변화를 정량적으로 해석하려면 방정식으로 나타낼 필요가 있다. 압축성 유동에서 유체의 특성은 주로 정체 압력(靜壓)과 전(全) 온도(total temperature, T_t)로 나타내고 있다. 여기서 전 온도란 고속기류 속에 온도계를 넣으면 국부적으로 흐름이 저지됨으로써 흐름이 가지는 운동에너지가 열에너지로 변환되어 이것이 흐름의 실제 온도(T)에 가해진 양으로 온도계에 나타나는 온도를 말한다. 이때 에너지의 변화가 단열상태로 이루어진다고 할 때 이 온도가 정체 온도(stagnation temperature, T_s)이다.

■2 압축성 유동해석

① 에너지 방정식

압축성 유동이 임의의 제어 체적을 통과할 때 에너지의 관계는 식 [5-64]와 같이 에너지 방정식으로 나타낼 수 있다.

$$\frac{dE_{cv}}{dt} = \dot{Q} - \dot{W} + \sum \dot{m}_i \left(h_i + \frac{V_i^2}{2} + gZ_i \right) - \sum \dot{m}_o \left(h_o + \frac{V_o^2}{2} + gZ_o \right) \quad \cdots \cdots \text{[5-64]}$$

여기서 h_i과 h_o은 각각 제어 제적으로 유입되고 유출될 때 비엔탈피(specific enthalpy, $h=u+Pv$)이고, 비엔탈피 h는 비내부에너지(specific internal energy) u와 유동 에너지 Pv를 합한 값이다. 그리고 P는 압력, v는 비체적이다.

만일 가역 단열 과정($Q=0$)이고, 제어 체적의 체적변화가 없으며($W=0$) 정상 상태($\frac{d}{dt}=0$) 유동이고 위치에너지 변화($Z_i = Z_o$)와 마찰을 무시한다면, 에너지 방정식은 식 [5-65]와 같이 쓸 수 있다.

$$h_i + \frac{V_i^2}{2} = h_o + \frac{V_o^2}{2} = C(\text{일정}) \quad \cdots \cdots \cdots \cdots \cdots \cdots \cdots \cdots \cdots \text{[5-65]}$$

② 탱크에 연결된 디퓨저를 통한 압축성 유동

〈그림 5.20〉과 같이 탱크와 연결된 디퓨저(diffuser)를 통과하는 압축성 유체의

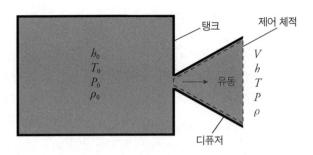

그림 5.20 탱크와 연결된 디퓨저의 압축성 유동

유동에서 에너지 방정식은 식 [5-65]를 유도할 때 적용하였던 가정과 같다. 따라서 이 식을 적용하여 풀면 식 [5-66]과 같이 나타낼 수 있다. 이때 탱크에서 제어 체적으로 들어가는 유체의 속도 $V_i = V_0 = 0$이다.

$$h_0 = h + \frac{V^2}{2}, \ h_0 = h + \frac{V^2}{2} \quad\text{.................................} \quad [5\text{-}66]$$

정압비열($C_p = \dfrac{dh}{dT}$)을 $dh = C_p dT$이다. 따라서 이 식을 적분하면 엔탈피와 정압비열은 $h = C_p T$가 된다. 따라서 식 [5-66]은 식 [5-67]과 같이 쓸 수 있다.

$$C_p T_0 = C_P T + \frac{V^2}{2} \quad\text{.................................} \quad [5\text{-}67]$$

여기서 탱크 내부에 있는 기체의 정체 온도 T_0는 식 [5-67]로부터 식 [5-68]과 같이 나타낼 수 있다.

$$T_0 = T + \frac{V^2}{2 C_p} \quad\text{.................................} \quad [5\text{-}68]$$

따라서 이상기체의 등엔트로피 과정에서의 상태방정식 [5-26]을 적용하면, 식 [5-68]은 식 [5-69]와 같다.

$$\frac{T}{T_0} = \left(\frac{P}{P_0} \right)^{\frac{1-k}{k}} = \left(\frac{\rho}{\rho_0} \right)^{k-1} \quad\text{.................................} \quad [5\text{-}69]$$

여기서 P_0와 ρ_0는 탱크 내부에 있는 기체의 정체 상태에서의 기체의 압력과 밀도를 나타낸 것이다.

5.5
exercise

공기가 단열상태로 덕트 속을 유동하고 있다. 만일 덕트 내의 단면 '1'에서의 온도(T_1)는 215℃이고 속도(V_1)는 62m/s이고 단면 '2'에서는 속도(V_2)는 315m/s였다. 공기의 정체 온도 T_0을 계산하시오. 단 공기의 정압비열은 1.0kJ/kg · K이다.

풀이 공기의 상태변화는 단열 과정이기 때문에 에너지 보존의 법칙을 적용한 에너지 방정식 [5-65]을 적용하면 식 [5-70]과 같이 나타낼 수 있다.

$$h_1 + \frac{V_1^2}{2} = h_2 + \frac{V_2^2}{2} \quad \cdots\cdots\cdots\cdots\cdots\cdots\cdots\cdots\cdots [5\text{-}70]$$

엔탈피는 $h = C_p T$이므로 이를 식 [5-70]에 적용하면 식 [5-71]과 같이 쓸 수 있다.

$$C_p T_1 + \frac{V_1^2}{2} = C_p T_2 + \frac{V_2^2}{2} \quad \cdots\cdots\cdots\cdots\cdots\cdots\cdots [5\text{-}71]$$

따라서 디퓨저 출구에서의 온도 T_2는 식 [5-72]와 같이 계산할 수 있다. 즉,

$$T_2 = T_1 + \frac{V_1^2 - V_2^2}{2C_p} = (273.15 + 215) + \frac{(62^2 - 315^2)}{2 \times (1.0 \times 10^3)} = 440.46\text{K} \cdots [5\text{-}72]$$

따라서 정체 온도 T_0는 속도가 "0(zero)", 즉 $V_1 = 0$일 때의 온도이므로 식 [5-72]는 식 [5-73]과 같이 나타낼 수 있다.

$$T_1 = T_0 + \frac{0^2 - V_1^2}{2C_p} \quad \cdots\cdots\cdots\cdots\cdots\cdots\cdots\cdots\cdots\cdots [5\text{-}73]$$

끝으로 식 [5-73]을 정체 온도 T_0에 대해 풀어서 계산하면 식 [5-74]와 같다.

$$T_0 = T_1 + \frac{V_1^2}{2C_p} = (273.15 + 215) + \frac{62^2}{2 \times (1 \times 10^3)} = 490.07\text{K} \cdots\cdots [5\text{-}74]$$

5.6
exercise

공기의 압력(P_1)이 1.4이고 온도(T_1)가 71℃인 상태에서 노즐을 통하여 단열 팽창하여 압력(P_2)이 771이 되었다. 만일 노즐 입구의 속도(V_1)가 0일 때 최종 속도(V_2)와 출구에서의 온도(T_2)를 구하시오. 단 공기의 정압비열은 1.0kJ/kg · K이다.

풀이 노즐 유동은 단열 상태변화이므로 상태방정식은 식 [5-75]와 같다.

$$\frac{T_2}{T_1} = \left(\frac{P_2}{P_1}\right)^{\frac{1-k}{k}} \quad \text{.....................................} \quad [5-75]$$

따라서 식 [5-75]로부터 노즐 출구에서의 공기의 온도 T_2에 대해 풀면 식 [5-76]과 같다.

$$T_2 = T_1\left(\frac{P_2}{P_1}\right)^{\frac{1-k}{k}} = (273.15 + 71)\left(\frac{771}{1.4 \times 10^3}\right)^{\frac{(1-1.4)}{1.4}} = 408.1\text{K} \cdots [5-76]$$

이때 식 [5-71]과 같이 에너지 방정식을 정압비열과 속도의 관계식으로부터 최종 속도 V_2을 계산하면 식 [5-77]과 같다.

$$\begin{aligned} V_2 &= \sqrt{2C_p(T_1 - T_2) + V_1^2} \\ &= \sqrt{2 \times 1,000 \times ((71 + 273.15) - (00 + 273.15)) + 0} \\ &= 796.24\text{m/s} \quad \text{.....................................} \quad [5-77] \end{aligned}$$

(3) 등엔트로피 유동의 상태량

1 정체 상태에서의 노즐의 상태량 비

〈그림 5.21〉과 같이 대형 저장 탱크에 연결된 노즐이 있다고 가정하자. 이때 탱크 속의 압축된 기체가 노즐을 통해 분출된다고 가정하자. 노즐을 통과하는 이상기체는 단열 변화가 일어난다. 따라서 노즐 입구와 출구에서의 엔트로피는 변화가 없이 일정하며, 등엔트로피 유동(isentropic flow)이라 부르고 있다.

이러한 경우를 그림으로 표현하면 〈그림 5.21〉 ❶과 같이 나타낼 수 있다. 즉 탱크에 연결된 노즐의 임의 위치에서의 온도, 압력, 밀도를 각각 T, P, ρ라고 하고, 비열을 일정하다고 가정하자. 이 경우에는 탱크 내부의 기체는 정지 상태로 볼 수 있으므로 정체 상태의 온도, 압력, 밀도를 각각 T_0, P_0, ρ_0을 적용할 수 있다. 따라서 탱크의 내부와 노즐의 임의 위치에서의 에너지 방정식을 식 [5-67]을 좌, 우변에

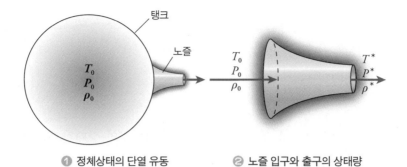

탱크

노즐

T_0
P_0
ρ_0

T_0
P_0
ρ_0

T^*
P^*
ρ^*

❶ 정체상태의 단열 유동   ❷ 노즐 입구와 출구의 상태량

그림 5.21 정체 상태에서의 노즐의 단열 유동의 상태변화 해석

온도 T로 나누어 정리하면, 식 [5-78]과 같이 나타낼 수 있다.

$$\frac{T_0}{T} = 1 + \frac{V^2}{2C_p T} \quad \text{[5-78]}$$

그리고 식 [5-78]에 $V = Mc$, $k = \dfrac{C_p}{C_v}$, $C_p = C_v + R$, $c = \sqrt{kRT}$ 의 관계를 적용하여 우측 두 번째 항을 정리하면 식 [5-79]와 같다.

$$\frac{V^2}{2C_P T} = \frac{V^2}{2[kR/(k-1)]} = \left(\frac{k-1}{2}\right)\frac{V^2}{c^2} = \left(\frac{k-1}{2}\right)M^2 \quad \text{[5-79]}$$

따라서 식 [5-79]를 식 [5-78]에 대입하면, 식 [5-80]과 같이 비열비와 마하수의 관계로 나타낼 수 있다.

$$\frac{T_0}{T} = 1 + \left(\frac{k-1}{2}\right)M^2 \quad \text{[5-80]}$$

그리고 식 [5-80]에 $\dfrac{T}{T_0} = \left(\dfrac{P}{P_0}\right)^{\frac{1-k}{k}} = \left(\dfrac{\rho}{\rho_0}\right)^{k-1}$ 의 관계식을 적용하여 압력, 밀도에 관한 식으로 정리하면 식 [5-81, 82]와 같이 표현할 수 있다.

$$\frac{P_0}{P} = \left[1 + \left(\frac{k-1}{2}\right)M^2\right]^{\frac{k}{k-1}} \quad \cdots\cdots\cdots\cdots\cdots\cdots\cdots\cdots\cdots\cdots\cdots\cdots\cdots\cdots\cdots\cdots\cdots \text{[5-81]}$$

$$\frac{\rho_0}{\rho} = \left[1 + \left(\frac{k-1}{2}\right)M^2\right]^{\frac{1}{k-1}} \quad \cdots\cdots\cdots\cdots\cdots\cdots\cdots\cdots\cdots\cdots\cdots\cdots\cdots\cdots\cdots\cdots\cdots \text{[5-82]}$$

이들 식은 정체 상태의 상태량과 임의의 지점에서의 상태량과의 비를 나타내는 식으로 로켓 엔진, 화학 플랜트 등과 같은 압축성 유동해석에 많이 활용되고 있다.

② 마하수와 노즐의 압력, 온도, 밀도의 관계

① 기체의 종류에 따른 임계상태량

기체의 흐름은 단면적이 점차 축소되면 노즐 목에서의 유속은 $M=1$이 되며 이 상태를 임계 상태(critical state)라고 한다.

임계 상태에서 유체의 상태를 〈그림 5.21〉 ②와 같이 '*'라 표시하여 위첨자로 표시하면, 식 [5-80]은 $\frac{T_0}{T^*} = 1 + \left(\frac{k-1}{2}\right)M^2 = 1 + \left(\frac{k-1}{2}\right) = \frac{1+k}{2}$ 이므로 식 [5-83]과 같이 임계 상태와 정체 상태의 상태량에 대한 비(ratio)로 표시할 수 있다.

$$\frac{T^*}{T_0} = \frac{2}{k+1} \quad \cdots\cdots\cdots\cdots\cdots\cdots\cdots\cdots\cdots\cdots\cdots\cdots\cdots\cdots\cdots\cdots\cdots\cdots\cdots\cdots\cdots \text{[5-83]}$$

이와 같은 방법은 압력과 밀도의 비로 표현하면 식 [5-84, 85]와 같다.

$$\frac{P^*}{P_0} = \left(\frac{2}{k+1}\right)^{\frac{k}{k-1}} \quad \cdots\cdots\cdots\cdots\cdots\cdots\cdots\cdots\cdots\cdots\cdots\cdots\cdots\cdots\cdots\cdots\cdots \text{[5-84]}$$

$$\frac{\rho^*}{\rho_0} = \left(\frac{2}{k+1}\right)^{\frac{1}{k-1}} \quad \cdots\cdots\cdots\cdots\cdots\cdots\cdots\cdots\cdots\cdots\cdots\cdots\cdots\cdots\cdots\cdots\cdots \text{[5-85]}$$

이때 기체가 공기인 경우는 비열비 $k=1.4$이므로 식 [5-83, 84, 85]에 대입하면 임계 상태의 온도, 압력, 밀도의 비는 식 [5-86]과 같다.

$$\frac{T^*}{T_0} = 0.833, \quad \frac{P^*}{P_0} = 0.528, \quad \frac{\rho^*}{\rho_0} = 0.634 \quad \text{.................................} \quad [5\text{-}86]$$

따라서 공기의 등엔트로피 유동에서 정체 상태량과 노즐 목에서의 상태량의 비가 식 [5-86]과 같지 않은 경우는 이곳에서의 마하수가 1이 아니라는 의미이다. 참고로 과열증기와 고온 연소 가스, 단원자 가스의 비를 계산하면 〈표 5.6〉과 같다.

표 5.6 등엔트로피 유동 기체의 임계 압력, 임계 온도, 임계 밀도의 비

임계비	$k=1.3$ (과열증기)	$k=1.33$ (고온 연소 가스)	$k=1.4$ (공기)	$k=1.667$ (단원자 가스)
P^*/P_0	0.5457	0.5404	0.5283	0.4871
T^*/T_0	0.8696	0.8584	0.8333	0.7499
ρ^*/ρ_0	0.6276	0.6295	0.6340	0.6495

② 유로 단면적의 변화에 따른 상태량 변화

유로 단면적의 변화와 상태량의 관계는 〈그림 5.22〉 ❶, ❷와 같이 노즐 목을 통한 흐름으로 유체는 음속 및 초음속 흐름을 통해 부드럽게 가속될 수 있다. 그러나 〈그림 5.22〉 ❸과 같이 불룩(bulge)한 유로를 통한 흐름은 물리적인 이유로 음파 ($M=1$)가 될 수 없다.

❶ 축소-확대 노즐의 압축성 유동　　❷ 노즐 목을 통한 압축성 유동　　❸ 볼록한 노즐의 압축성 유동

그림 5.22 이상기체의 유로 단면적과 유동

그리고 이상기체의 등엔트로피 유동에서 연속방정식은 면적과 마하수만 포함하는 대수 방정식으로 변환할 수 있다. 이때 음파 조건(덕트에서는 실제로 발생하지 않을 수 있음)에서 임의의 단면에서 질량 유량은 질량 보존의 법칙에 따라 식 [5-87]과 같이 나타낼 수 있다.

$$\rho A V = \rho^* A^* V^* \text{ 이므로 } \quad \frac{A}{A^*} = \left(\frac{\rho^*}{\rho}\right)\left(\frac{V^*}{V}\right) \quad \text{................................} \quad [5\text{-}87]$$

식 [5-87]에 식 [5-81, 85]를 적용하면, 식 [5-88]과 같이 나타낼 수 있다. 즉,

$$\frac{\rho^*}{\rho} = \left(\frac{\rho^*}{\rho_0}\right)\left(\frac{\rho_0}{\rho}\right) = \left[\frac{2}{k+1}\left(1 + \frac{k-1}{2}M^2\right)\right]^{\frac{1}{k-1}} \quad \text{.......................} \quad [5\text{-}88]$$

한편 식 [5-80]과 $c = \sqrt{kRT}$ 의 관계를 정리하면 식 [5-89]와 같이 나타낼 수 있다.

$$\frac{V^*}{V} = \frac{\sqrt{kRT^*}}{V} = \frac{\sqrt{kRT^*}}{V}\left(\frac{T^*}{T_0}\right)^{1/2}\left(\frac{T_0}{T}\right)^{1/2}$$

$$= \frac{\sqrt{kRT^*}}{V}\left(\frac{2}{k+1}\right)^{1/2}\left[1 + \left(\frac{k-1}{2}\right)M^2\right]^{1/2}$$

$$= \frac{2}{M}\left\{\frac{2}{k+1}\left[1 + \left(\frac{k-1}{2}\right)M^2\right]\right\}^{1/2} \quad \text{................................} \quad [5\text{-}89]$$

그리고 식 [5-87]을 마하수와 비열비의 관계식으로 정리하면 식 [5-90]과 같다.

$$\frac{A}{A^*} = \frac{\rho^*}{\rho}\frac{V^*}{V} = \left[\frac{2}{k+1}\left(1 + \frac{k-1}{2}M^2\right)\right]^{\frac{1}{k-1}} \cdot \frac{2}{M}\left\{\frac{2}{k+1}\left[1 + \left(\frac{k-1}{2}\right)M^2\right]\right\}^{1/2}$$

$$= \frac{2}{M}\left(\frac{2}{k+1} + \frac{k-1}{k+1}M^2\right)^{\frac{1}{k-1}} \cdot \left(\frac{2}{k+1} + \frac{k-1}{k+1}M^2\right)^{\frac{1}{2}}$$

$$= \frac{2}{M}\left(\frac{2 + (k-1)M^2}{k+1}\right)^{\frac{k+1}{2(k-1)}} \quad \text{................................} \quad [5\text{-}90]$$

여기서 식 [5-90]을 1차원 등엔트로피 압축성 유동일 경우의 노즐 면적 비의 관계로 정리하면, 식 [5-91]과 같이 나타낼 수 있다.

$$\frac{A}{A^*} = \frac{1}{M}\left[\frac{1+\dfrac{(k-1)}{2}M^2}{\dfrac{(k+1)}{2}}\right]^{\frac{k+1}{2(k-1)}} \qquad\qquad [5\text{-}91]$$

만일 공기인 경우, 즉 $k=1.4$이면 식 [5-91]과 같이 간단하게 나타낼 수 있다.

$$\frac{A}{A^*} = \frac{1}{M}\frac{(1+0.2M^2)^3}{1.728} \qquad\qquad\qquad [5\text{-}92]$$

또한, 식 [5-80, 81, 82, 90]을 이용하여 마하수와의 관계를 나타내면 〈그림 5.23〉에서 보는 바와 같다.

그림에서 보는 바와 같이 주어진 등엔트로피 덕트 흐름에서 발생할 수 있는 최소 영역이 음파 또는 임계 목 영역임을 알 수 있다. 다른 모든 덕트에서 $A^* < A$가 되어야 한다. 많은 흐름에서 임계 음속 목은 실제로 존재하지 않으며 덕트의 흐름은 완전히 아음속이거나 더 드물게는 완전하게 초음속이다.

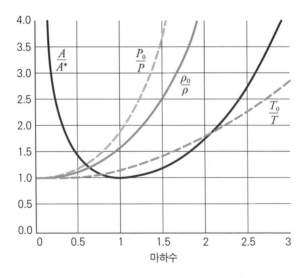

그림 5.23 등엔트로피 공기 유동에서 마하수와 면적 비

③ 노즐에서 최대 질량 유량

식 [5-87]에서 A^*/A는 $\rho V/\rho^* V^*$와 같으며, 단위 면적당 임계 질량 유량과 비교한 임의의 단면에서 단위 면적당 질량 유량이다. 〈그림 5.23〉에서 A^*/A는 $M=0$에서 $M=1$까지 마하 1로 증가하고 마하 1보다 큰 에서 0으로 다시 내려간다. 따라서 주어진 정체 조건에 대해 노즐 목에서 최대 질량 유량으로 덕트를 통과한다. 그런 다음 덕트는 질식(choking)되어 목이 넓어지지 않는 한 추가 질량 흐름을 전달할 수 없다. 목이 더 수축이 되면 덕트를 통한 질량 흐름이 감소해야만 한다. 만일 최대 질량 유량을 구하려면 노즐 목에서의 임계 속도 V^*는 식 [5-93]과 같다.

$$V^* = a^* = \sqrt{kRT^*} \quad\text{------------------------------}\quad [5\text{-}93]$$

여기서 정체 온도와 임계 온도의 관계는 $\dfrac{T^*}{T_0} = \dfrac{2}{k+1}$ 이므로 식 [5-93]은 식 [5-94]와 같다.

$$V^* = \sqrt{\frac{2k}{k+1} RT_0} \quad\text{----------------------------}\quad [5\text{-}94]$$

한편 식 [5-85]와 식 [5-94]로부터 최대 질량 유량 $\dot{m}$은 식 [5-95]와 같다.

$$\dot{m}_{\max} = \rho^* A^* V^* = \rho_0 \left(\frac{2}{k+1}\right)^{\frac{1}{k-1}} A^* \left(\frac{2k}{k+1} RT_0\right)^{\frac{1}{2}} \quad\text{--------------}\quad [5\text{-}95]$$

만일 기체가 공기인 경우, 즉 $k=1.4$이면 식 [5-96]과 같이 간단하게 나타낼 수 있다. 그리고 $P_0=\rho_0 RT_0$이므로 정체 압력의 관계식으로도 표현할 수 있다.

$$\dot{m}_{\max} = 0.6847 A^* \rho_0 \sqrt{RT_0} = \frac{0.6847 P_0 A^*}{\sqrt{RT_0}} \quad\text{--------------}\quad [5\text{-}96]$$

따라서 이 식에서 보는 바와 같이 덕트를 통한 등엔트로피 유동에서 최대 질량 유량은 목의 면적과 정체 압력에 비례하고 정체 온도의 제곱근에 반비례한다.

<그림 5.24>와 같이 덕트를 통해 공기가 등엔트로피 유동을 하고 있다. 만일 단면 '1'에서 면적, 속도, 압력, 온도가 각각 $A_1 = 0.05\text{m}^2$, $V_1 = 180\text{m/}$ s, $P_1 = 500\text{kPa}$, $T_1 = 470\text{K}$이다. 이때 정체 온도 T_0, 단면 '1'에서의 마하수 M_1, 정체 압력 P_0, 임계 단면적 A^*을 계산하시오. 또, 단면 '2'에서 면적이 0.036m^2인 경우 유동이 아음속 또는 초음속이면 M_2, P_2을 계산하시오.

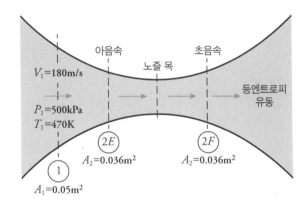

그림 5.24 덕트의 유동 조건

풀이 a) 정체 온도 T_0는 식 [5-68]을 적용하여 계산하면 식 [5-97]과 같다.

$$T_0 = T_1 + \frac{V_1^2}{2C_p} = 470 + \frac{180^2}{2 \times 1,005} = 486\text{K} \quad\cdots\cdots\cdots\cdots\cdots\cdots\cdots\cdots [5\text{-}97]$$

b) <그림 5.24>에서 단면 '1'에서의 음속 $a_1 = \sqrt{kRT_1} = \sqrt{1.4 \times 287 \times 470} = 435\text{m/s}$ 이므로 마하수 M_1은 $M_1 = \dfrac{V_1}{a_1} = \dfrac{180}{435} = 0.414$이다. 즉 단면 '1'에서 공기는 아음속 유동임을 알 수 있다.

c) 임계 단면적 A^*은 식 [5-92]를 적용하여 계산하면 식 [5-98]과 같다.

$$\frac{A_1}{A^*} = \frac{1}{M_1}\frac{(1+0.2M_1^2)^3}{1.728} = \frac{1}{0.414}\frac{(1+0.2 \times 0.414^2)^3}{1.728} = 1.547 \quad\cdots\cdots [5\text{-}98]$$

따라서 식 [5-98]에 $A_1 = 0.05\text{m}^2$을 대입하여 임계 단면적 A^*을 구하면 0.323m^2 이다.

d) 공기의 최대 질량 유량은 식 [5-96]을 적용하여 구하면 식 [5-99]와 같다.

$$\dot{m}_{\text{max}} = \frac{0.6847P_0A^*}{\sqrt{RT_0}} = \frac{0.6847 \times (563 \times 10^3) \times 0.323}{\sqrt{287 \times 486}} = 33.4\text{kg/s} \quad [5\text{-}99]$$

e) 노즐 목의 상류 지점의 단면 '2E'에서 아음속 유동에서 단면적의 비는 다음과 같이

계산할 수 있다. 즉, $\dfrac{A_2}{A^*} = \dfrac{0.036}{0.323} = 1.115$이다. 따라서 단면 '2E'에서의 마하수 M_{2E}

는 〈그림 5.23〉의 왼쪽에서 나타낸 단면적 비에 해당이 되며 약 0.67이다. 그리고 압력은 식 [5-100]과 같이 구할 수 있다.

$$P_{2E} = \frac{P_0}{\left[1 + \left(\dfrac{k-1}{2}\right)M^2\right]^{\frac{k}{k-1}}} = \frac{563\text{kPa}}{[1 + (1.4-1)/2) \times 0.674^2]^{3.5}} \quad \cdots\cdots \text{[5-100]}$$

f) 초음속인 경우, 즉 단면 '2F'에서의 마하수 M_{2F}는 〈그림 5.23〉에서 목의 오른쪽

에 해당한다. 즉, $\dfrac{A_2}{A^*}$ 인 지점의 마하수는 약 1.4이다. 그리고 이 지점에서 압력은

식 [5-100]과 같이 구할 수 있다.

$$P_{2F} = \frac{P_0}{\left[1 + \left(\dfrac{k-1}{2}\right)M^2\right]^{\frac{k}{k-1}}} = \frac{563\text{kPa}}{[1 + (1.4-1)/2) \times 1.4^2]^{3.5}} = 177\text{kPa} \quad \text{[5-101]}$$

g) 결론적으로 초음속에서의 압력(P_{2F})은 아음속에서의 압력(P_{2E})에 비해 매우 낮다. 그리고 노즐의 목은 단면 '1'과 단면 '2F' 사이에서 발생함을 알 수 있다.

5.8 exercise

정체 압력과 정체 온도가 각각 P_0=200kPa, T_0=500K에서 노즐 목을 통해 출구 마하수 2.5까지 공기를 팽창시키려고 한다. 이때 질량 유량은 3kg/s 이다. 만일 이 과정을 등엔트로피 유동이라 가정한다면 노즐의 유로 단면 적과 출구에서의 압력, 온도, 속도, 단면적을 구하시오.

풀이 a) 초음속 출구를 생성하려면 노즐 목의 유동이 음속이어야 한다. 따라서 식 [5-96]

으로부터 $\dot{m} = \dfrac{0.6847 P_0 A^*}{\sqrt{RT_0}}$ 이므로 노즐 목의 단면적 A^*는 식 [5-102]와 같이 계

산할 수 있다.

$$A^* = \frac{\dot{m}\sqrt{RT_0}}{0.6847 P_0} = \frac{3.0\sqrt{287 \times 500}}{0.6847 \times (200 \times 10^3)} = 0.0083\text{m}^2 \quad \cdots\cdots\cdots\cdots \text{[5-102]}$$

따라서 노즐 목의 지름 d는 단면적과 $A^* = \dfrac{\pi d^2}{4}$이므로 d = 10.3cm이다.

b) 출구에서의 온도 T_e와 압력 P_e는 출구에서의 마하수를 알고 있으므로 식 [5-103,104]를 적용하면 다음과 같다.

$$P_e = \frac{P_0}{\left[1 + \left(\frac{k-1}{2}\right)M^2\right]^{\frac{k}{k-1}}} = \frac{200\text{kPa}}{[1 + (1.4-1)/2) \times 2.5^2]^{3.5}} = 11.7\text{kPa} \quad \text{[5-103]}$$

$$T_e = \frac{T_0}{1 + \left(\frac{k-1}{2}\right)M^2} = \frac{500}{1 + \left(\frac{1.4-1}{2}\right)2.5^2} = 222\text{K} \quad \text{.................... [5-104]}$$

c) 출구 속도는 마하수와 온도를 식 [5, 35, 36]을 적용하면 식 [5-105]와 같다.

$$V_e = M\sqrt{kRT_e} = 2.5\sqrt{1.4 \times 287 \times 222} = 747\text{m/s} \quad \text{...................... [5-105]}$$

d) 출구 단면적은 식 [5-92]를 적용하여 노즐의 목 단면적과 출구 마하수를 대입하여 계산할 수 있다.

$$\frac{A_e}{A^*} = \frac{1}{M}\frac{(1 + 0.2M^2)^3}{1.728} = \frac{1}{2.5}\frac{(1 + 0.2 \times 2.5^2)^3}{1.728} = 2.64 \quad \text{.............. [5-106]}$$

식 [5-106]에서 $A^* = 0.0083\text{m}^2$이므로 $A_e = 0.0219\text{m}^2 = \frac{\pi d_e^2}{4}$가 된다. 따라서 노즐 출구의 지름 $d_e = 16.7\text{m}$이다. 이때 노즐 목의 단면적 A^*의 계산은 출구 마하수의 수치에 어떤 의존하지 않으며 출구는 초음속이었다.

(4) 노즐의 종류에 따른 압축성 유동의 특성

미사일, 로켓 등에 주류 사용되는 노즐은 일반적으로 〈그림 5.25〉와 같은 축소-확대 노즐(Laval 노즐)을 사용하고 있다. 이들 노즐의 압축성 유동의 특성을 살펴보면 다음과 같다.

■ 수축 노즐

수축 노즐은 〈그림 5.26〉①에서 보는 바와 같이 유로가 좁아져서 노즐을 통과하는 기체가 수축한 후 출구에서 팽창하게 되어있다. 이때 압축성 기체의 유동 과정은 등엔트로피 유동이다. 이를 실험적으로 구명(究明)하려면, 먼저 〈그림 5.26〉①과 같은 수축 노즐이 있다고 가정하고 노즐의 상류에 정체 압력 P_0으로 압축 기체가 저장된 탱크가 있다고 가정하자. 이때 배압(P_b, back pressure)을 정체 압력(P_0)보다 낮추거나 정체 압력을 배압보다 높이면, 〈그림 5.26〉②와 같이 상태 a에서 e까지의 순서로 압력비가 분포한다. 그리고 이들 조건에 대해서 구체적으로 알아보면 다음과 같다.

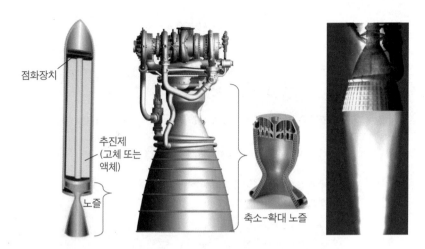

점화장치

추진제
(고체 또는
액체)

노즐

축소-확대 노즐

그림 5.25 미사일 로켓에 사용되는 축소-확대 노즐

첫째, 조건 a의 경우는 배압 P_b보다 정체 압력 P_0을 서서히 감소시키면 〈그림 5.26〉 ❷의 곡선 a에서 보는 바와 같이 아음속 상태로 가속되어 P_b가 작을수록 질량 유량이 증가한다.

둘째, 조건 b와 c인 경우, 노즐을 통과하면서 임의지점의 압력 P가 감소하며 목을 음파로 만드는 임계 압력(P^*) 보다 압력이 높다. 따라서 전체적으로 노즐의 유동은 아음속이고 제트 출구 압력(P_e, exit pressure)는 배압 P_b와 같다. 질량 유량($\dot{m}$)은 〈그림 5.26〉 ❸에서 보는 바와 같이 아음속 등엔트로피 이론에 의해 예측할 수 있으며, 노즐 목에서의 질량 유량 $\dot{m}_{max}$ 값보다 작다. 그리고 조건 c의 경우 배압 P_b는 노즐 목의 임계 압력 P^*와 정확히 같으며 유체의 속도는 노즐 목에서 음속이 된다. 이 상태에서 제트 출구의 압력은 배압과 같고($P_e=P_b$), 질량 유량은 식 [4-18]과 같이 최대가 된다. 이때 노즐 목의 상류 유동은 모든 곳에서 아음속 유동이며, 국부적 노즐 단면적의 비 A^*/A는 등엔트로피 이론을 적용하여 예측할 수 있다.

셋째, $P_b<P^*$인 d와 e의 조건의 경우, 노즐이 최대 목 질량 유량(maximum throat mass flow)에서 질식되기 때문에 응답할 수 없다. 노즐 목에서 유체는 $P_e=P_b$인 상태로 음속 상태를 유지한다. 그리고 노즐의 압력 분포는 〈그림 5.26〉 ❷에 표시된 c 상태인 경우와 같다. 이때 출구 제트는 초음속으로 팽창하여 제트 압력이 P^*상태에서 P_b 상태로 감소할 수 있다. 또한, 제트의 구조는 복잡하고 다차원적이다. 그리고 제트는 초음속 유동이므로 노즐의 질식된 유동 조건에 영향을 주는 신호를 노

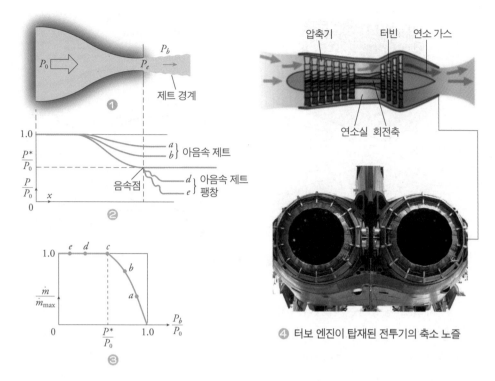

그림 5.26 축소 노즐의 압축성 유동과 적용 사례

즐의 상류로 보낼 수 없다.

한편 축소 노즐의 적용 사례는 〈그림 5.26〉 ④에서 같이 터보 제트엔진 등을 탑재한 전투기 등이 그림과 같이 노즐의 출구를 오므려서 출구에서 질량 유량을 최대로 높여서 연소 가스의 질량 유량을 최대로 높이는 경우가 있다.

② 축소-확대 노즐

① 노즐의 형상과 상태변화

아음속 유동을 초음속까지 가속하기 위해서는 〈그림 5.27〉과 같이 오직 축소-확대 노즐(convergent-divergent nozzle)을 사용하여야 가능하다. 축소-확대 노즐은 〈그림 5.27〉 ①에서 보는 바와 같이 아음속으로 축소부를 통과할 때 단면적이 유로 단면적이 좁아져 기체가 압축된다. 노즐 목(nozzle throat)을 통과하면서 유로 단면적이 넓어져 기체는 자유 팽창(free expansion)한다. 자유 팽창이란 단열이 된 진공 공

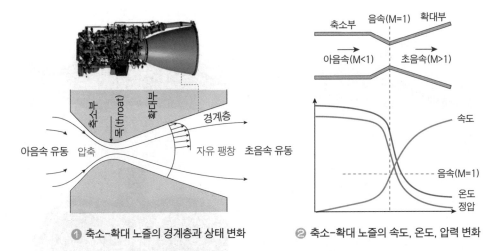

축소부   음속(M=1)   확대부

아음속(M<1)   초음속(M>1)

속도

음속(M=1)

온도
정압

❶ 축소-확대 노즐의 경계층과 상태 변화

❷ 축소-확대 노즐의 속도, 온도, 압력 변화

그림 5.27 축소-확대 노즐의 경계층 유동과 기체의 상태변화

간으로 저절로 팽창하는 비가역과정이다. 실제 기체는 자유 팽창을 하는 도중에도 온도 변화가 발생한다. 그리고 노즐 벽면 부근에는 벽과 기체의 마찰저항으로 속도가 줄어들어 〈그림 5.27〉 ❶의 아래쪽 그림에 제시된 바와 같이 유체의 경계층의 두께가 하류로 갈수록 두껍다.[31]

한편 축소-확대 노즐을 통과할 때 속도, 온도, 정압(static pressure)의 변화는 〈그림 5.27〉 ❷와 같이 온도, 정압은 노즐 목을 통과하면서 낮아지고 속도는 급격히 증가한다. 유체의 속도가 초음속이고, 단면적이 넓어지면($dA>0$)이면 마하수는 증가하나 압력, 밀도, 온도는 감소한다. 그 밖에 아음속과 초음속 상태에서의 단면 형상과 노즐 단면적, 속도, 밀도, 압력, 온도의 관계를 요약하면 〈표 5.7〉에서 보는 바와 같다.

---

31 http://ftp.demec.ufpr.br/disciplinas/TM240/Marchi/Bibliografia/White_2011_7ed_Fluid-Mecha-
nics.pdf

표 5.7 등엔트로피 흐름에서 아음속과 초음속 흐름 비교

구분	아음속($M<1$)		초음속($M>1$)	
단면 형상				
면적 변화()	−	+	−	+
속도(마하수) 변화	+	−	−	+
밀도/압력/온도 변화	−	+	+	−

② 축소확대 노즐에서의 초음속 유동

축소-확대 노즐은 아음속 기체의 속도를 초음속으로 가속하는 노즐로 미사일, 로켓, 제트엔진 등 고속 분사 추진에 활용되고 있다. 대표적인 사례를 알아보면 〈그림 5.28〉 ❶과 같다. 그림에서 축소-확대 노즐 끝에 노즐 배압을 조절하기 위해서 탱크를 설치하여 노즐의 배압(출구 압력)을 변화시켜가며 압력비 P_e/P_b을 조절하면, 노즐 내에서의 압력 분포는 〈그림 5.28〉 ❷와 같이 나타난다. 이때 노즐에서는 등엔트로피 유동이라고 가정한다면, 다음과 다섯 가지 조건에서 다양한 유동 현상을 볼 수 있다.

첫째, 배압 P_b을 정체 압력 P_0보다 약간만 낮추면 노즐 내에서 흐름이 생기며, 국소 정압 P와 정체 압력 P_0의 비인 P/P_0와 마하수 의 분포는 〈그림 5.28〉 ❷, ❸에서 곡선 'A'와 곡선 'B'와 같이 나타나며, 모두 아음속 유동 상태이다. 둘째, 첫 번째 경우보다 배압 P_b을 더 낮추면 노즐을 통과하는 기체의 유량은 증가하여 〈그림 5.28〉 ❷의 곡선 'C'와 같이 노즐 목에서 유동은 임계 상태($M=1$)가 된다. 그리고 압력과 마하수의 분포는 〈그림 5.28〉 ❸의 점 'C'와 같다. 셋째, 배압 P_b가 〈그림 5.28〉 ❷의 곡선 'C'와 곡선 'H' 사이, 즉 $P_H > P_b > P_C$인 경우에 등엔트로피 흐름에서는 노즐 출구에서의 압력 P_e는 P_b가 되지 않고 흐름의 어느 곳에서 등엔트로피 과정이 일어나야 한다. 따라서 점성의 영향도 고려되어야 한다. 하지만 가장 간단한 가정은 엔트로피의 증가가 하나의 수직 충격파를 통해서 일어난다고 생각하는 것이다. 이 생각은 실제의 유동에서 충격파가 발생하는 것으로부터 이해할 수 있다. 넷째, 배압 P_b가 P_C와 P_J의 중간값의 압력이라면, 노즐 출구의 압력 P_e가 P_G까지 되기 위해서는 충격파의 위치와 압력 분포는 곡선 'D'나 곡선 'E'와 같다. 그리

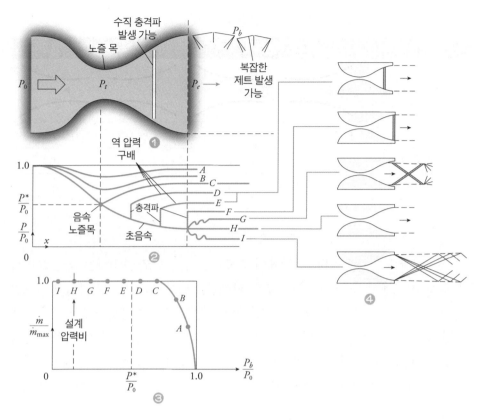

그림 5.28 축소-확대 노즐의 압축성 유동

고 〈그림 5.28〉 ❷에서 보는 바와 같이, P_b가 P_C의 압력보다 낮아져서 충격파의 위치가 노즐 목에서 하류 쪽으로 이동한다. 그리고 P_b가 P_F가 되었을 때 〈그림 5.28〉 ❷의 곡선 'F'와 같이 충격파가 노즐 출구에 도달한다. 다섯째, P_b을 P_F보다 낮추어도 노즐 내의 흐름은 영향을 받지 않는다. 그리고 노즐의 출구 압력 P_e는 노즐 목($P*/P_0 = 0.528$)에서의 압력과 같은 압력을 유지한다.

결론적으로 배압 P_b을 계속 낮추면 충격파의 발생이 멈추고, 〈그림 5.28〉 ❷의 곡선 'H'와 같이 노즐 끝까지 계속하여 속도가 증가한다. 이 상태가 축소-확대 노즐의 사용하는 목적을 달성한 상태이다.

공기가 유로 단면적이 변하는 덕트를 통하여 등엔트로피 유동하고 있다. 이때 덕트의 임의의 단면 '1'의 단면적 A_1에서 0.2m^2이고 속도 V_1은 175m/s, 압력 P_1은 620kPa, 온도 T_1은 210℃이다. 단면 '1'에서의 마하수 M_1과 정체 온도 T_0와 정체 압력 P_0를 구하시오. 또한, 단면 '1'이 목이 되기 위한 V_1, T_0, P_0는 어떤 조건이 되어야 하는지를 계산하시오.

풀이 a) 단면 '1'에서의 마하수 M_1과 정체 온도 T_0와 정체 압력 P_0은 V_1과 T_0을 이용하여 구할 수 있으며, 공기의 정압비열은 $1.0\text{kJ/kg} \cdot \text{K}$이다. 그리고 주어진 조건은 등엔트로피 유동이므로 에너지 방정식 식 [5-67]을 적용하면 식 [5-107]과 같다.

$$C_p T_0 = C_P T_1 + \frac{V_1^2}{2} \quad\text{..} \quad [5\text{-}107]$$

식 [5-107]을 T_0에 대해 풀면 식 [5-108]과 같이 계산할 수 있다. 이때 공기의 비열비 $k=1.4$, 기체 상수 $R=287\text{J/Kg} \cdot \text{K}$이다.

$$T_0 = T_1 + \frac{V_1^2}{2C_P} = (210 + 273.15) + \frac{175^2}{2 \times (1.0 \times 10^3)} = 408.46\text{K}$$

$$= 225.31℃ \quad\text{..} \quad [5\text{-}108]$$

한편 단면 '1'에서 공기의 음속 c_1은 식 [5-35]를 적용하면, 식 [5-109]와 같이 구할 수 있다.

$$c_1 = \sqrt{kRT} = \sqrt{1.4 \times 287 \times (210 + 273.15)} = 447.67\text{m/s} \quad\text{..........} \quad [5\text{-}109]$$

식 [5-109]에서 구한 음속과 단면 '1'에서의 속도를 식 [5-36]을 적용하면, 마하수 M_1은 식 [5-110]과 같다.

$$M_1 = \frac{V_1}{c_1} = \frac{175}{447.67} = 0.397 \quad\text{.....................................} \quad [5\text{-}110]$$

따라서 정체 압력과 마하수의 관계는 식 [5-81]과 같으므로 식 [5-111]과 같이 나타낼 수 있다.

$$\frac{P_0}{P_1} = \left[1 + \left(\frac{k-1}{2}\right)M_1^2\right]^{\frac{k}{k-1}} \quad\text{...............................} \quad [5\text{-}111]$$

그리고 식 [5-111]을 정체 압력 P_0에 대해 정리한 후 주어진 조건에서 k와 M_1을 대입하면 하면 식 [5-112]와 같다.

$$P_0 = P_1\left[1 + \left(\frac{k-1}{2}\right)M_1^2\right]^{\frac{k}{k-1}} = 620 \times \left[1 + \left(\frac{1.4-1}{2}\right)M_1^2\right]^{\frac{1.4}{1.4-1}}$$

$$= 691.22 \text{kPa} \cdots\cdots\cdots\cdots\cdots\cdots\cdots\cdots\cdots\cdots\cdots\cdots\cdots\cdots\cdots\cdots\cdots\cdots\cdots [5\text{-}112]$$

b) 단면 '1'의 노즐 목은 $M_1 = 1$ 인 지점이므로 $V = M_1 c_1 = 1.0 \times c_1 = c_1 = 447.67 \text{m/s}$이다. 그리고 정체 온도와 정체 압력은 식 [5-86]을 적용하면 식 [5-113, 114]와 같다.

즉, $\dfrac{T^*}{T_0} = 0.833 = \dfrac{T_1}{T_0}$와 $\dfrac{P^*}{P_0} = 0.528 = \dfrac{P_1}{P_0}$ 이므로 다음과 같이 계산할 수 있다.

$$T_1 = 0.833\, T_0 = 0.833 \times (210 + 273.14) = 402.46 K = 129.31\,^\circ\text{C} \cdots [5\text{-}113]$$
$$P_1 = 0.528 P_0 = 0.528 \times 620 = 327.36 \text{kPa} \cdots\cdots\cdots\cdots\cdots\cdots\cdots\cdots [5\text{-}114]$$

1. 추진시스템의 정의와 공기흡입 방식과 비-공기 흡입방식의 차이점을 설명하시오.

2. 추진시스템을 이용한 방향 제어의 방식 중에서 핀 제어방식, 짐벌 제어방식, 보조 로켓 제어방식, 추력 날개 제어방식의 작동원리와 장단점 그리고 적용 사례를 설명하시오.

3. 대표적인 비-공기 흡입식 추진방식 중에서 고체 추진제, 액체 추진제, 복합 추진제 방식의 시스템 구성과 작동원리를 그림을 그려서 설명하고 이들의 장단점을 비교하시오.

4. 고체 추진제의 종류와 특성 그리고 적용 분야를 설명하시오.

5. 고체추진제의 천공의 형상과 연소 시 추력의 변화를 나타낸 〈그림 5.8〉의 물리적 개념을 설명하시오.

6. 액체 로켓의 구성과 작동원리를 나타낸 〈그림 5.9〉에서 로켓 엔진의 연소과정과 터보 펌프 (turbo pump)의 작동원리를 설명하시오.

7. 액체 추진제의 산화제와 연료의 종류 그리고 적용 사례를 도표를 그려서 설명하시오.

8. 로켓 엔진에 사용되는 액체와 고체 추진제의 특성과 요구조건을 설명하시오.

9. 공기 흡입식 로켓 엔진인 터보프롭 엔진, 터보팬 엔진, 램제트 엔진, 펄스 제트엔진, 스크램제트 엔진의 구조 및 작동원리를 그림을 그려서 설명하시오. 그리고 이들 엔진의 장단점을 비교하시오.

10. 이상기체이란 어떤 기체이며 이상기체 상태방정식의 물리적 개념을 설명하시오.

11. 비열, 비열비, 엔탈피, 엔트로피의 정의와 물리적 개념을 설명하시오. 그리고 이상기체의 상태변화 중에서 등온과정과 등엔트로피 과정에서 온도와 압력 그리고 비열비의 관계를 설명하시오.

12. 음파의 전달과정을 나타낸 〈그림 5.12〉를 설명하고, 충격파의 종류와 파면의 전파과정을 그림을 그려서 설명하시오.

13. 온도가 10.1℃이고 표준대기압 상태인 공기 중을 미사일이 날아가고 있을 때 미사일 주위에 발생한 충격파의 마하각이 31°이다. 미사일의 속도는 시속 몇 km인가? 그리고 마하수는? 그리고 이때 마하각의 의미를 설명하시오.

14. 지상에서 어떤 사람이 2.4km 상공 위를 날아가는 전투기를 목격한 후로부터 4초가 지난 후에 전투기의 소리를 들었다. 전투기의 속도는 시속 몇 km인가? 단 공기 온도는 20℃이고 바람은 없으며 고도 변화에 따른 공기의 밀도는 일정하다고 가정하시오.

15. 정체 압력과 정체 온도가 각각 P_0=270kPa, T_0=533K에서 노즐 목을 통해 출구 마하수 3.5까지 공기를 팽창시키려고 한다. 이때 질량 유량은 4.52kg/s이다. 만일 이 과정을 등엔트로피 유동이라 가정한다면, 노즐의 유로 단면적과 출구에서의 압력, 온도, 속도, 단면적을 구하시오.

16. 축소 노즐의 압축성 유동과 적용 사례를 나타낸 〈그림 5.26〉에서 각각의 조건에 따른 압력과 질량 유량의 관계를 설명하시오. 그리고 전투기의 축소 노즐의 구조와 작동원리와 효과를 설명하시오.

17. 축소-확대 노즐의 상태변화를 나타낸 〈그림 5.27〉에서 상태변화와 유체의 속도, 온도, 압력의 변화를 설명하시오.

18. 축소확대 노즐에서의 초음속 유동을 〈그림 5.28〉에서 설명하시오. 이때 발생하는 충격파의 형태를 각각의 유동 조건에 따라 비교하여 설명하시오.

제6장
미사일의
유도 및
추적시스템

제1절 비행 제어 시스템의 원리와 방법

1. 비행 제어방법

미사일은 〈그림 6.1〉에서 보는 바와 같이 비행 중에 운동을 피칭(pitching), 요잉(yawing), 롤링(rolling)이 동시에 일어난다. 즉 피칭이란 미사일이 앞뒤 방향의 흔들리는 현상이고, 요잉은 수직축을 기준으로 회전 진동하는 현상이다. 그리고 롤링이란 미사일이 좌우로 흔들리는 현상을 말한다. 비행기가 안정된 자세로 비행하려면 이들 현상이 최소화되어야 좋다. 이 때문에 날개나 추력 노즐 등을 이용하여 미사일의 안정성과 비행경로를 수정하고 있다.[1]

미사일이나 로켓의 비행 방향을 제어하는 방법은 날개 제어, 추력 벡터 제어, 측면 추진 분사 제어 등이 있으며 원리와 특성을 알아보면 다음과 같다.

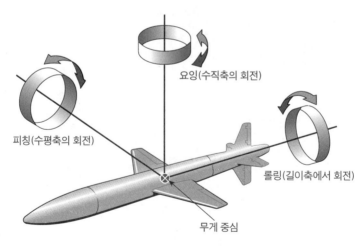

그림 6.1 비행체의 운동 개념도

---

1   https://defense-arab.com/vb/threads/94481/

(1) 날개 제어

날개를 이용한 제어방법에는 〈그림 6.2〉에서 보는 바와 같이 귀 날개(canard) 제어, 날개(wing) 제어, 꼬리날개(tail fin) 제어방법이 있다. 이들의 차이점은 미사일의 무게 중심과 이들 장치의 위치가 다르다. 귀 날개는 미사일의 기수 부근의 날개이며, 꼬리날개는 미사일의 끝부분에 있는 날개이다. 일반적으로 날개는 무게 중심의 부근에 있고 귀 날개와 꼬리날개보다 상대적으로 날개의 면적이 크다. 미사일의 동체 앞부분에 있는 크기가 작은 귀 날개는 기동성을 좋게 해준다. 따라서 미사일뿐만 아니라 유로파이터, 수호이 Su-35 등 전투기에서 많이 사용하는 방법이다.

미사일에는 대부분이 꼬리날개가 있어서 비행 중에 안정성을 유지할 수 있게 되어있다. 그리고 추가적인 양력이나 방향이나 자세 제어 기능을 향상하기 위해 귀 날개나 날개를 장착하고 있다. 하지만 꼬리날개, 날개 그리고 귀 날개를 모두 장착한 미사일의 거의 없다.[2]

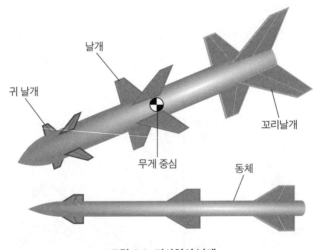

그림 6.2 미사일의 날개

한편 귀 날개와 꼬리날개가 장착된 미사일의 경우, 귀 날개의 롤링 운동을 하면 〈그림 6.3〉과 같이 꼬리날개 주위에 와류(vortex flow)가 생긴다. 그 결과 꼬리날개는 귀 날개와 반대 방향으로 롤링 운동으로 인하여 안정화 된다.

---

2   https://www.cusf.co.uk/

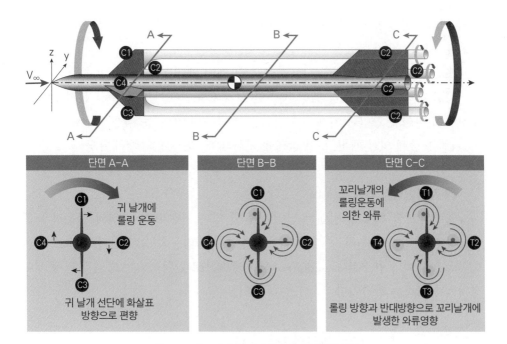

단면 A-A

귀 날개에
롤링 운동

C1

C4   C2

C3

귀 날개 선단에 화살표
방향으로 편향

단면 B-B

C1

C4   C2

C3

단면 C-C

꼬리날개의
롤링운동에
의한 와류

T1

T4   T2

T3

롤링 방향과 반대방향으로 꼬리날개에
발생한 와류영향

그림 6.3 귀 날개와 꼬리날개의 공기역학적 영향

(2) 추력 벡터 제어

1 제어 원리

로켓 추진시스템은 비행체(로켓포탄, 미사일, 로켓)에 추진력을 제공하는 것 외에도 회전 모멘트를 제공하여 비행체의 자세와 비행경로를 제어할 수 있다. 즉,

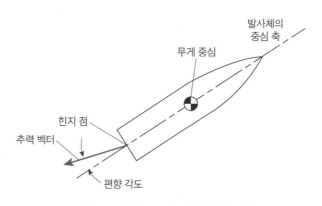

발사체의
중심 축

무게 중심

힌지 점

추력 벡터

편향 각도

그림 6.4 기계식 노즐의 편향과 추력 벡터

추력 벡터의 방향을 제어함으로써 〈그림 6.4〉와 같이 비행체의 피칭(pitching), 요잉 (yawing), 롤링(rolling) 운동을 제어할 수 있다.

모든 화학 추진시스템에는 로켓의 추력 벡터 제어(TVC, Thrust Vector) Control) 메커니즘이 적용된다. 추력 벡터 제어란 로켓이나 제트엔진의 추진 분사 방향을 조정하여 비행 방향이나 자세를 제어하는 것이다. TVC에는 짐벌 모터에 의한 제어, 가변 노즐에 의한 제어, 분사 방해에 의한 제어, 분사에 의한 제어 등이 있다.

② 제어방법과 특성

일반적으로 TVC 방법에는 단일 노즐이 있는 엔진 또는 모터의 경우와 노즐이 2개 이상 있는 경우의 두 가지가 있으며 세부 방법은 다음과 같다. 참고로 이들 방식은 노즐이나 연소실(thrust chamber)을 기계적으로 편향시키는 방법과 편향 제어 장치를 장착하는 방법이다.

① 노즐 방향과 추력 제어에 의한 TVC 방법

만일 단일(1개) 노즐로 추력 벡터를 제어하는 경우에는 〈표 6.1〉에 제시된 바와 같으며 제어 원리와 적용 분야를 살펴보면 다음과 같다.

첫째, 힌지(hinge) 또는 짐벌(gimbal) 조인트 방식은 한 축에 대해서만 회전할 수 있으나 짐벌 방식은 여러 축을 회전할 수 있는 유니버설 조인트(universal joint)로 되어있다. 따라서 짐벌 방식을 많이 사용한다. 이 방식은 모두 로켓 엔진 전체가 베어링에 의해 피벗이 되어 추력 벡터를 회전시킬 수 있다. 특히 작은 각도의 경우에 특정한 충격에서 거의 무시할 정도로 손실이 적어서 많이 적용하는 방식이다. 하지만 이 방식은. 비행체의 탱크에서 가변식 엔진으로 추진제를 공급하기 위한 주름 파이프(bellows pipe)와 같은 유연성이 있는 배관이 필요하다. 둘째, 탄성체로 적층한 링과 구형 금속판으로 고정하여 만든 탄성체 베어링에 연결된 노즐을 편향 제어방법이 있다. 탄성체 베어링(flexible laminated bearing)은 두께 0.7~2mm의 탄성체와 거의 같은 두께의 금속 끼움쇠(shim)를 교대로 적층 밀착시킨 베어링이며 전단 변형에 의한 요동 운동만을 지지한다. 셋째, 밀봉된 회전식 볼 조인트(sealed rotary ball joint)로 연결하여 제트의 편향 제어하는 방법이다. 넷째, 제트 날개(jet vane) 방식으로 고정된 로켓 노즐의 분출구 속에 있는 고온에 견딜 수 있는 공기역학적 날개로 추력 벡터를 제어하는 방식이다. 이 방식은 추가 항력으로 비추력이 2~5% 적고 날개에 의해 항력이 크며 마찰로 의해서 날개가 침식되는 단점이 있다. 이 방식은 2차 세계대전에 사용하였던 독일의 V-2 미사일과 1991년 이라크군이 사용하였던 소련제 스커드 미사일에 적용하였다. 이 방식은 항력에 의한 성능이 감소하나

표 6.1 노즐 방향과 추력 벡터의 제어 원리와 적용 분야

TVC 방법	노즐과 제어 장치의 형상	제어 원리	로켓 추진제
힌지, 짐벌 조인트		유니버설 조인트로 연결하여 노즐 편향제어	액체
탄성체 베어링 노즐		탄성체로 적층한 링과 구형 금속 판으로 고정하여 만든 베어링에 연결된 노즐을 편향제어	고체
회전 볼 조인트 노즐		밀봉된 회전식 볼 조인트로 연결하여 제트 편향제어	고체
제트 날개 (분출구 날개)		분출구에 있는 4개의 내열성 공기 역학적 날개로 제트 편향제어	액체+고체
제터베이터		노즐 출구 근처에 짐볼 모양의 회전하는 날개 모양의 깃을 조정하여 제트 편향제어	고체
제트 탭		고온 가스 유동의 안쪽과 바깥쪽으로 회전하는 네 개의 패들 (peddle)로 제트 제어	고체

단일 노즐을 갖는 미사일의 롤링 제어에는 유리하다. 다섯째, 배기 제트의 방향을 제어하기 위해 제트류 속에 놓인 조종면인 제터베이터(jetovator)를 이용하여 제트의 방향을 편향시키는 방법이다. 이 방법은 배기 제트에 고온에 견딜 수 있는 구동 기구(driving unit)를 삽입하여 분출 가스 유동 일부를 편향시키는 방법이다. 여섯째, 제트 탭(jet tabs)에 의한 방법이다. 이 방법은 고온 가스 유동의 안쪽과 바깥쪽으로 회전하는 네 개의 패들(peddle)로 제트를 제어하는 방법이다. 한편 이들 방법의 장단점을 비교하면 〈표 6.2〉와 같이 요약할 수 있다.

표 6.2 기계식 추력 벡터 제어의 장·단점 비교

TVC 방법	주요 장점	주요 단점
힌지 또는 짐벌 조인트	• 단순하고 기술 수준이 낮은 검증된 방법 • 낮은 토크, 출력에 적합 • 추력 손실이 매우 적음 • 추진제가 공급되는 동안에 추력을 ±12도 제어	• 유연성이 있는 배관이 필요하고 관성이 큼 • 질량 유량이 커서 대형 액추에이터의 크기가 큼
탄성체 베어링 (동적 노즐)	• 검증된 기술이며 구동 부품에 밀봉장치가 불필요 • 추력을 최대 ±12도 제어 가능	• 저온 상태와 가변 구동력과 토크가 매우 큼
회전 볼 조인트 (동적 노즐)	• 검증된 기술 노즐 전체가 움직이면 추력 손실이 없이 노즐을 ±20도 제어 가능	• 볼 조인트 사이에 고온 가스를 누출되지 않도록 밀봉이 필요 • 작동 동력의 변동과 크기가 큼 • 밀봉을 유지하기 위한 지속적인 부하가 필요
제트 날개 (분출구 날개)	• 검증된 기술이며 작동 동력이 적고 유량이 큼 • 1개의 노즐로 ±9도 롤(roll) 제어 가능	• 날개가 제트 속에 있는 동안 추력이 0.5%~3% 손실되고 침식 • 미사일의 길이가 증가하고 작동 시간이 제한
제터베이터	• 중거리 탄도 미사일에 적용하여 검증된 기술 • 작동 동력이 적고 경량화 가능	• 작동하는 동안에 고온 가스의 재순환으로 추력이 손실되고 침식
제트 탭	• 검증된 기술이며 유량이 크고 작동 동력이 작음 • 소형 패키지화가 가능	• 탭이 제트 속에 있는 동안에 탭이 침식하고 추력이 손실

② 분사 장치에 의한 TVC 방법

주로 대형 로켓이나 미사일에 적용하는 방법이며, 노즐을 통한 주요 흐름의 일부가 아닌 별도의 분리된 추력 장치를 이용하는 방법이다. 그리고 노즐의 측면에 액체 또는 고온 가스를 분사시켜 분출하는 제트를 추력 벡터를 제어하는 방법과 소형 연소실을 추가로 장착하여 이 연소실에서 나오는 배출 가스로 추력 벡터를 제어하는 방법이 있다. 이 방법의 제어 원리와 적용 분야는 〈표 6.3〉과 같다.

표 6.3 분사 장치에 의한 추력 벡터 제어의 원리와 적용 분야

TVC 방법		노즐과 제어 장치의 형상	제어 원리	로켓 추진제
측면 분사	액체		2차 추가 유체 분사하여 제트 제어	고체
	고온 가스		2차 추가 고온 가스를 분사하여 제트 제어	
소형 연소실	힌지 장착식 보조 연소실		짐벌 장치로 연결된 2개 이상의 연소실로 추력 편향 제어	액체
	터보엔진의 배기가스 와류		짐벌 장치로 연결된 2개 이상의 터보 엔진의 연소실로 추력 편향 제어	

먼저 측면 분사 방식은 노즐의 분출구의 측면으로 유체(또는 고온 가스)를 주입하여 초음속 배기 흐름의 비대칭 왜곡을 유발하는 방법이다. 이 방법은 노즐 벽을 통해 주류 가스 흐름으로 2차 유체를 주입하면 노즐 분기부에서 비스듬한 충격을 형성하여 메인 가스 흐름의 비대칭 분포를 유발하여 측면으로 작용하는 힘을 발생시켜 제어하는 방식이다. 다음으로 소형 연소실에 의한 방법 중에서 짐벌 장치로 연결된 소형 로켓 엔진이나 터보엔진으로 추력 벡터를 제어하는 방법도 있으며, 주로 액체 대형 로켓이나 미사일에 적용하고 있다. 한편 이들 방법의 장단점을 분석해보면 〈표 6.4〉에서 보는 바와 같다.

표 6.4 추력 벡터 제어의 장단점 비교

TVC 방법		장점	단점
측면 분사	액체	• 분사 비추력과 중량 감소가 상쇄하는 검증된 기술 • 유량이 많고 비행 전에 점검 가능 • 액체가 공급되는 시간 동안에 ±6°의 롤 제어 가능 • 다양한 로켓 모터에 적용 가능	• 독성 액체가 필요 • 탱크와 공급 시스템의 패키지화 곤란 • 액체 또는 독성 연기가 누출을 방지하기 위한 유지관리 곤란 • 추력 벡터 제어 각도가 범위 작음
	고온 가스	• 가볍고 작동 동력이 작으며 유량이 많음 • 부피가 작고 성능손실이 적음	• 다수의 고온 구성품의 밀봉 필요 • 고온 가스에 의해 배관이 팽창하고 작동 시간이 제한 • 특수 고온 가스 밸브 필요하고 검증되지 않음
소형 연소실	힌지 장착식 보조 연소실	• 검증된 기술, 터보 펌프로 공급, 성능감소가 적음 • 작동 동력이 적고 소형화 가능 • 작동 시간이 제한되지 않음	• 부수 장치가 필요하며 복잡 • 로켓에 가해지는 모멘트가 작음
	터보엔진의 배기가스 와류	• 검증된 기술이며 경량화 가능 • 저압 상태에서 성능손실이 적음	• 로켓의 롤 제어에만 적용 가능 • 제한된 횡력(side force)

③ 주요 기능과 적용[3]

TVC의 주요 기능을 살펴보면, 첫째, 비행경로나 궤적을 고의로 변경하는 기능을 한다. 예를 들어, 표적 추적 미사일의 비행경로나 방향 변경하거나 동력 비행 중에 비행체를 회전시키거나 자세를 변경할 수 있다. 둘째, 동력 비행 중 의도된 궤적을 이탈하거나 자세를 수정할 수 있다. 셋째, 주 추력 시스템(main thrust system)이 작동하는 동안 비행체의 무게 중심을 잃었을 때 고정노즐의 추력 벡터의 방향을 수정할 수 있다.[4]

---

3 https://defense-arab.com/vb/threads/94481/

4 https://aerospacenotes.com/propulsion-2/thrust-vector-control/

2. 미사일 기체와 비행 제어

(1) 날개의 형상과 배열 설계방법[5]

〈그림 6.5〉❶은 초음속 날개(supersonic fin, 초음속 핀)의 윗면을 자세히 나타낸 그림이다. 공기류(air flow)는 초음속 날개의 형상 때문에 팽창파(expansion waves)를 통해 가속되어 날개의 위에 저압 영역이 형성된다. 〈그림 6.5〉❷는 초음속 날개의 전체 단면을 나타낸 그림이다. 공기류에 의한 압력과 경사 충격파에 의해 날개의 하부에 고압 영역이 생성된다. 따라서 핀의 상부와 하부의 압력 차이가 발생하여 뜨는 힘인 양력이 발생한다.

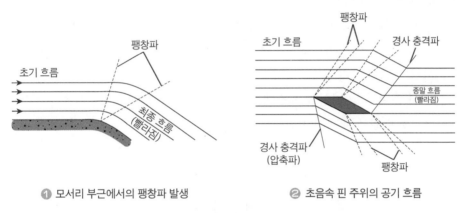

❶ 모서리 부근에서의 팽창파 발생　　　❷ 초음속 핀 주위의 공기 흐름

그림 6.5 초음속 날개의 팽창파와 경사 충격파 발생

미사일에는 초음속 날개를 장착하며, 종류는 〈그림 6.6〉❶에서 보는 바와 같이 크게 세 가지가 있다. 그리고 미사일의 용도와 속도에 따라서 각기 다른 날개를 장착하고 있다.[6]

일반적으로 미사일의 초음속 날개는 단면 형상에 따라서 〈그림 6.6〉❷와 같이 크게 세 가지 유형이 있다. 먼저 이중 쐐기(double wedge) 형상의 날개는 항력(drag force)이 약해서 좋으나 날개의 강도(strength)가 약하다. 하지만 변형된 이중 쐐기형

5　https://en.wikipedia.org/wiki/Prandtl-Meyer_expansion_fan#:

6　http://www.aerospaceweb.org/question/weapons/q0261.shtml

① 미사일의 날개 형상   ② 단면 형상의 종류

그림 6.6 일반적인 미사일의 초음속 날개의 종류와 단면 형상

날개는 이중 쐐기형상보다 항력은 약하나 날개의 강도는 더 강하다. 그리고 양면 볼록(biconvex)형은 큰 항력을 유발하나 이들 중에서 날개의 강도가 가장 강하나 제작이 어렵고 제작비가 비싸다.[7]

　한편 미사일 날개의 설계 시에 불필요한 충격파 효과를 줄이기 위해 〈그림 6.7〉과 같이 다양한 방법으로 미사일 동체에 배열하고 있다. 미사일 날개의 배열은 미사일 동체의 형상과 크기, 비행속도, 유도방식, 레이더 반사 면적, 로켓 추진 방식, 발사 플랫폼 등 다양한 요소에 따라 채택하고 있다. 참고로 지대지 미사일은 주로 십자형 배열을 채택하고 있다.

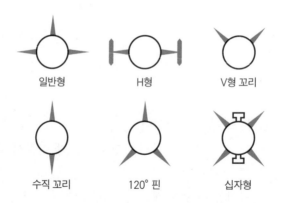

그림 6.7 일반적인 미사일 날개의 배열 방법

7　https://www.okieboat.com/GMM/GMM%203%20and%202%20CHAPTER%203%20Principles%20of%20Missile%20Flight%20and%20Jet%20Propulsion.pdf

(2) 비행 제어 시스템과 유도시스템

일반적인 미사일의 제어 시스템의 작동과정은 〈그림 6.8〉과 같다. 시스템의 작동과정을 살펴보면, 먼저 자유 자이로스코프(free gyroscope)는 미사일 자세를 결정할 수 있는 관성의 기준을 제공한다. 그리고 특정 자세에 대해 자이로 신호를 자이로스코프에서 컴퓨터/네트워크에 전송한다. 이 신호는 주어진 순간의 롤(roll), 피치(pitch), 요(yaw)의 양에 따라 비례한다. 자이로 신호를 다른 정보(예를 들어 유도 신호)와 비교한 후 오차(보정) 신호를 생성한다. 이 신호는 제어 장치로 입력되어 조종익의 위치나 로켓 모터의 노즐을 제어(추력 벡터 제어)한다. 그 결과 미사일의 자세와 위치를 피드백 메커니즘(feedback mechanism)에 제어 결과에 대한 응답 신호(feedback signal)를 다시 컴퓨터/네트워크에 입력되어 오차를 줄이는 과정을 반복하게 된다. 그리고 내부 피드백 과정과 별도로 그림과 같이 외부 피드백 기능도 있다. 미사일 자세의 변화를 감지한 후, 이를 자이로스코프에 끊임없이 이들 데이터를 입력하여 오차를 줄여주는 원리이다.[8]

미사일에는 두 가지 유형의 조종면(control surface)이 장착되어 있다. 그중에서 하나가 고정된 날개이며, 미사일의 안정성과 약간의 양력을 발생하는 기능을 한다. 그리고 움직일 수 있는 조종익(꼬리날개)이 있다. 이 장치는 미사일의 비행 자세

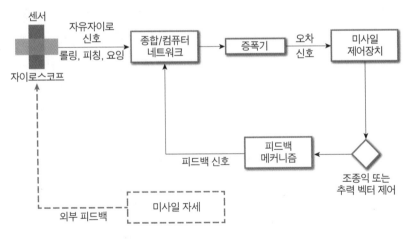

그림 6.8 비행 제어 시스템의 작동과정

---

8 https://en.wikipedia.org/wiki/Rate_gyro; https://apps.dtic.mil/sti/pdfs/ADA390349.pdf

와 궤적을 수정하는데 필요한 조향과 자세 보정을 하는 장치이다.

한편 기본 제어 신호는 미사일의 내부와 외부, 또는 내부와 외부에서 입력될 수 있다. 이러한 신호를 제어하기 위해 미사일에는 제어 신호를 혼합, 통합 그리고 평가하는 컴퓨터가 탑재되어 있다. 컴퓨터 네트워크는 유도 신호, 미사일의 움직임(회전 및 평행 이동), 조종익의 위치의 정보를 계산하고 다른 장치에 전송한다. 그리고 미사일이 움직이는 동안 끊임없이 계산하고 이들 신호의 오차를 계산하여 조종익을 움직이게 한다. 그리하여 미사일의 비행 방향을 수정할 수 있다.

(3) 유도시스템의 기능과 작동원리

미사일의 유도기능과 제어는 같은 의미가 아니다. 유도시스템은 미사일을 적절한 비행경로(궤적)에 유지하고 표적을 향하도록 하는 데 사용하는 미사일의 두뇌라고 할 수 있다. 하지만 제어 시스템은 두 가지 별개의 작업을 수행한다. 첫째, 미사일을 적절한 비행 자세로 유지한다. 제어 시스템은 자이로 스코프와 같은 장치를 사용하여 회전 및 병진을 통해 탄도를 수정한다. 둘째, 유도시스템의 명령에 응답하여 표적을 향해 미사일을 조종한다. 제어 시스템을 사람과 비유하면 근육이라 할 수 있다. 따라서 미사일의 유도 및 제어 시스템은 미사일의 비행경로를 결정하고 미사일을 적절한 비행 자세(안정성)로 유지하기 위해 함께 작동한다. 이들 시스템이 합쳐진 작동과정은 네 가지 단계이다. 먼저 제1단계, 추적 과정(tracking)으로 표적과 미사일의 위치가 끊임없이 결정되는 과정이다. 제2단계, 계산과정(computing)으로 추적 정보는 제어에 필요한 방향을 결정하는 데 사용된다. 제3단계. 지시 과정(directing)으로 지시 또는 수정 신호가 제어 장치에 적용된다. 제4단계, 조향(steering) 과정으로 보정된 신호를 사용하여 조종익의 움직임을 지시한다. 이들 과정 중에서 처음 3단계 과정은 미사일의 유도시스템에 의해 수행되고, 4단계 과정인 조향 기능은 미사일의 제어 시스템에 의해서 작동되는 기능이다.

한편 〈그림 6.9〉는 가장 기초적인 미사일 유도시스템의 작동원리를 나타낸 그림이다. 그림에서 보는 바와 같이 미사일에 탑재된 가속도 센서, 자이로 등 운동 센서로부터 획득한 운동 정보와 유도 신호 센서에서 얻은 유도 신호를 내장 또는 지상에 있는 컴퓨터에서 정보를 처리한다. 이들 정보는 컴퓨터 네트워크를 통해 미사일에 탑재된 작동장치(actuator)를 제어하여 미사일의 조종익을 제어한다. 이때 조종익의 위치 센서에 의해 얻은 정보는 다시 컴퓨터에 전송되어 피드백하여 오차를

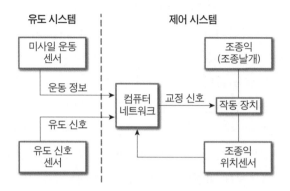

그림 6.9 미사일의 유도 및 제어 시스템

수정한다. 그리고 이를 다시 작동장치에 입력하면서 미사일의 탄도를 수정한다. 즉 유도시스템과 제어 시스템은 상호 연동하여 작동하게 되어있다.

(4) 미사일의 유도단계

일반적으로 미사일의 비행단계는 〈그림 6.10〉과 같이 발사 단계(boost phase), 중간 단계(mid-course phase), 종말 단계(terminal phase, 최종 단계)로 구분하고 있다. 초기 발사 단계는 탄도 미사일의 부스터(1단 로켓)와 지속 비행용 로켓 엔진(2단 추력 로켓, dual-thrust rocket motor)이 작동하는 비행단계이다. 중간 단계는 발사 단계의 종말부

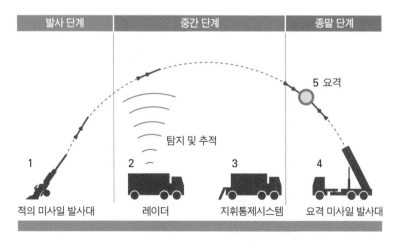

그림 6.10 미사일의 유도단계 및 요격과정 개념도

터 종말 단계 사이의 유도과정을 뜻한다. 종말 단계는 미사일의 중간 단계의 종말부터 탄착까지의 유도과정이다. 예를 들어 탄도 미사일일 경우에는 재진입으로부터 탄착까지의 탄도 부분의 과정이다. 이들 유도단계는 크게 세 가지 단계로 구분할 수 있으며, 유도 특성을 살펴보면 다음과 같다.[9]

첫 번째, 발사(상승) 단계는 발사 단계 또는 초기 단계라고도 한다. 이 단계 동안에 미사일은 부스터의 연료 공급이 끝날 때까지 가속이 이어지는 단계이다. 예를 들어, 2단 로켓 모터를 사용하는 중거리(MRBM) 미사일의 경우 부스터의 추진제가 모두 연소할 때까지를 말한다. 만일 사거리 연장 미사일의 경우에는 추가로 장착된 부스터의 추진제가 모두 소진될 때까지이다. 특히 초기 발사 단계는 미사일의 비행경로에 매우 중요한 단계이다. 미사일 발사대와 미사일은 사격 통제 시스템(FCS, Fire Control System)에 있는 컴퓨터에 의해 특정 방향을 겨냥한다. 즉 미사일의 조준 단계라고 할 수 있는데 이 단계에서 미사일의 궤적이나 비행경로를 설정한다. 따라서 미사일은 발사가 끝나면 사전에 계산된 지점에 있어야 한다. 하지만 일부 미사일은 발사 단계 중에 유도하는 방식도 있다.[10]

두 번째, 중간 단계는 2번째 또는 중간(순항) 유도단계라고도 하며 다른 단계보다 비행거리와 비행시간이 가장 길다. 이 단계 동안에 미사일은 원하는 경로를 유지하는데 필요한 궤도를 수정한다. 이때 필요한 유도 정보는 다양한 수단(GPS, 무선 지령 등)을 통해 미사일에 제공된다. 그리고 중간 유도의 목적은 표적을 명중시키거나 가장 가까운 지점에 미사일이 떨어지도록 하는 것이다.

세 번째, 종말(최종) 단계는 미사일을 표적과 충돌하거나 근접지점에 도착하는 것이다. 따라서 높은 정확도를 얻기 위해 응답이 빨라야 한다. 이 단계에서는 미사일은 기본적으로 표적보다 높이 날아가 표적을 향해 하강하면서 충돌 또는 폭발하며 발사 및 중간 단계보다 속도가 빠르다.[11]

---

9 https://www.mwrf.com/markets/defense/article/21848658/the-3-major-phases-of-effective-missile-defense-systems

10 https://www.bbc.com/news/world-asia-36831308

11 https://fullydefence.com/classifying-the-different-phases-of-ballistic-missile/

제2절 미사일의 유도방식과 특성

1. 유도방식의 분류

미사일로 고정된 표적을 타격할 때 다양한 비행경로 또는 궤적으로 타격할 수 있지만 이동 표적에 대해서는 특수 요구사항을 충족해야 한다. 유도시스템의 센서들은 표적을 정밀해야 지향해야 미사일과 표적 사이의 작은 각도 변위를 감지할 수 있다.

일반적으로 유도방식에 따라서 미사일을 〈그림 6.11〉과 같이 분류할 수 있다. 즉 유도방식에 따라 유도방식과 비유도 방식(unguided type)으로 구분하며, 비유도 방식에는 주로 로켓포나 다연장 로켓포(MLRS)가 이에 해당한다. 물론 유도기능이 추가된 GMLRS(Guided MLRS)가 있는데 이 무기는 미사일과 거의 같다.[12] 그리고 유도식 미사일은 비-호밍유도, 호밍유도(homing guidance), 직접유도 방식 등이 있다.

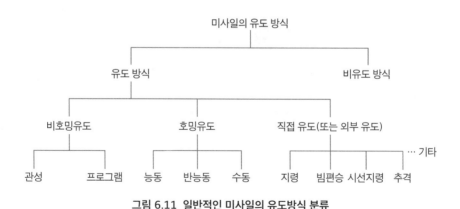

그림 6.11 일반적인 미사일의 유도방식 분류

---

12 George M. Siouris, "Missile Guidance and Control Systems", Springer-Verlag New York, Inc, 2004;
    Pitman, G.R, "Inertial Guidance", John Wiley & Sons, Inc, New York, NY, 1962.

이들 방식의 원리와 적용 사례를 살펴보면 다음과 같다.[13]

2. 유도방식의 종류와 특성

(1) 호밍유도 방식

호밍유도는 어떤 방식으로 표적을 감지한 후 미사일의 날개, 추력 벡터 제어 장치 등과 같은 조종면에 명령을 송신하여 표적에 유도하는 방식이다. 일반적으로 요격 미사일(interceptor missile)과 같이 이동 표적을 요격하기 위해 미사일이 스스로 표적을 추적하여 명중시키는 방식이다. 즉, 사수가 발사 후 망각(fire and forget)할 수 있는 방식으로 전술 미사일에 적합한 방식이다. 이 방식은 미사일이 표적을 추적하는 방식에 따라 〈그림 6.12〉와 같이 능동 호밍유도(active homing system), 반능동 호밍유도(semi-active homing system), 수동 호밍유도(passive homing system)가 있다. 참고로 호밍유도는 미사일의 종말 유도뿐만 아니라 단거리 미사일의 경우에는 전체 비행 중에도 사용하고 있다.[14]

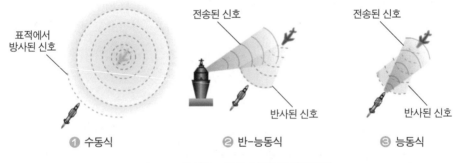

그림 6.12 호밍유도 방식의 종류 및 작동원리

1 수동 호밍유도

수동 호밍유도는 〈그림 6.12〉 1에서 보는 바와 같이 표적으로부터 전파, 적외선, 소리 등 방사된 신호를 미사일의 센서가 감지하여 표적의 위치로 미사일이 유

---

13 https://www.thinkdefence.co.uk/guided-multiple-launch-rocket-system-gmlrs/

14 https://www.jhuapl.edu/Content/techdigest/pdf/V29-N01/29-01-Palumbo_GuestEditor.pdf

도되는 방식이다. 이 방식의 표적으로부터 나오는 신호의 세기가 약하거나 다수의 기만 신호가 있으면 표적에 명중시키기 어려운 단점이 있다.

② 반능동 호밍유도

반능동 호밍유도는 〈그림 6.12〉 ②와 같이 추적 레이더와 같은 별도의 추적장치에서 표적에 전송된 신호의 반사 신호를 미사일에 탑재된 센서에서 수신하여 표적을 추적하는 방식이다. 예를 들어 전송 신호를 지상, 해상, 공중 기반의 레이더, 레이저 발생기, 적외선 발생기 등의 추적시스템을 이용할 수 있다.

반능동 호밍유도는 표적이 미사일 비행 중 외부 레이더에 의해 끊임없이 조사되어야 한다. 조사 에너지(illuminating energy)는 추적 레이더(target-tracking radar) 또는 별도의 송신기에서 제공한다. 그리고 표적에 의해 반사된 레이더 에너지인 반사된 신호는 미사일의 앞쪽에 있는 수신장치인 탐색기(seeker, 추적기)가 포착하여 유도시스템을 제어하게 된다.

반능동 호밍유도 시스템에 사용되는 장비는 수동 시스템에 사용되는 장비보다 더 복잡하고 부피가 크다. 그리고 조사 에너지를 많이 보낼 수 있어서 훨씬 더 넓은 범위에 걸쳐 미사일을 유도할 수 있다. 대표적으로 1977년에 미국이 공대공 미사일로 개발한 AIM-7F Sparrow가 있다. 그리고 1977년에 미국이 개발한 능동 및 반능동 호밍유도의 기능을 모두 갖춘 공대공 AIM-54C Phoenix 미사일이 있다.[15]

③ 능동 호밍유도

능동 호밍유도는 〈그림 6.12〉 ③에서 보는 바와 같이 미사일 자체에 탑재된 장비에서 표적으로 신호를 전송하여 이 신호가 반사된 신호를 추적하여 표적으로 유도되는 방식이다. 예를 들어 레이더 송신기와 수신기가 미사일에 탑재된 경우이다. 이 방식의 장점은 미사일을 발사한 후 표적에 명중될 때까지 사수가 기다리지 않아도 된다. 하지만 미사일에서 보내는 전송 신호가 적이 탐지할 가능성이 있으며 송수신 장치를 미사일에 탑재해야 한다. 따라서 미사일의 무게가 무겁고 더 높

---

15 https://en.wikipedia.org/wiki/AIM-54_Phoenix?msclkid=1d7f02d9bc7c11ec9615d52cd630768f;
   https://en.wikipedia.org/wiki/AIM-7_Sparrow

은 비용과 전파방해에 대한 민감성이 커진다. 이 방식은 주로 공대공 미사일과 대전차 미사일 등에 적용하고 있다.

또한, 이 유도방식을 적용한 대표적인 사례로 미국의 PAC-3 Patriot 미사일은 능동식이다. 이 미사일은 탄두를 정확히 파괴하지 못하면 더 큰 피해가 발생하는 화학탄두를 탑재한 탄도 미사일을 직접 충돌하여 파괴하기 위해 개발하였다. 따라서 종전의 모델인 PAC-1과 PAC-2 미사일과 달리 탄두에 작약 대신에 금속 산탄이 들어있다. 그리고 이들 미사일보다 PAC-3 미사일은 더 소형화되어, 더 많은 미사일을 발사대에 장착할 수 있다.

(2) 직접(외부) 유도방식

직접 유도방식이란 미사일의 외부에서 미사일이 표적을 향해 날아가도록 사람이나 추적시스템에 의해 유도하는 방식을 말한다. 이러한 방식은 〈그림 6.13〉과 같이 다양한 방식이 있으며, 이들 방식의 원리와 특성 그리고 적용 사례는 다음과 같다.

1 지령 유도방식

지령 유도방식의 미사일은 〈그림 6.13〉 1에서 보는 바와 같이 미사일 외부에서 미사일에 유도 지령을 한다. 이 방식은 미사일과 분리된 추적시스템을 사용하여 미사일과 표적을 모두 추적한다. 따라서 미사일에 탐색기를 탑재할 필요가 없다. 추적시스템은 2개의 개별 추적 장치로 구성될 수 있다. 하나는 미사일용이고 다른 하나는 표적을 추적하는 장치이며 이들을 하나의 시스템으로 통합할 수 있

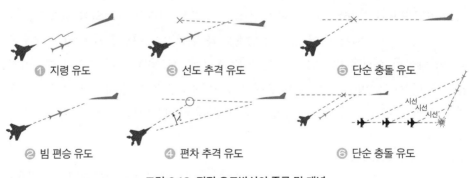

① 지령 유도   ③ 선도 추격 유도   ⑤ 단순 충돌 유도

② 빔 편승 유도   ④ 편차 추격 유도   ⑥ 단순 충돌 유도

그림 6.13 직접 유도방식의 종류 및 개념

다. 이때 표적을 추적하는 것은 레이더, 광학, 레이저 또는 적외선을 이용한 추적시스템을 사용할 수 있다. 그리고 미사일의 위치 정보를 추적시스템에 제공할 때 미사일의 후미에 레이더 표지(radar beacon) 또는 적외선 발생기를 사용할 수 있다. 여기서 레이더 표지장치는 추적장치에 전파를 송신하여 미사일의 거리, 방향을 자동으로 표시하는 장치이다. 한편 표적과 미사일의 거리, 고도, 방위가 컴퓨터에 제공되면, 컴퓨터는 위치 및 위치 비율 정보(즉, 거리 및 거리 비율)를 사용하여 표적과 충돌하게 될 요격 미사일의 비행경로를 결정하게 된다. 이들 정보는 미사일이 비행 중에 미사일로 전송되며, 현재의 추적 정보를 기반으로 미사일의 예상 비행경로와 비교하고, 현재 비행경로를 새 경로로 변경하도록 미사일의 조종면에 제어 신호를 보낸다. 이러한 방법을 지령 유도라고 하며, 미사일의 추적시스템이나 무선장치와 같은 지령 링크를 통해 미사일 수신기에 전송되는 방식이다.

이 방식은 장거리 표적일 경우에 추적 오차가 크다. 따라서 주로 단거리 미사일 시스템에 적용하고 있다. 지령 유도의 단점은 미사일의 외부에 있는 추적시스템이 표적으로 추적하려면 추적 신호를 항상 강하게 조사(illuminate)해야 한다. 따라서 추적시스템과 미사일의 유도장치에 데이터를 고속으로 데이터를 전송과 수신하기 때문에 적이 이들 신호를 쉽게 감지하여 미사일로부터 회피할 수도 있다.

2 빔 편승 유도방식

빔 편승 유도(beam riding guide) 방식은 지령 유도의 또 다른 방식이다. 〈그림 6.13〉 ②에서 미사일은 지상(또는 함정 또는 항공기)에 있는 레이더 또는 레이저 추적시스템에서 표적(항공기)을 향해 조사하는 빔을 따라가거나 빔을 편승하기 위해(미사일을 빔의 방향과 일치) 미사일에는 표적 추적 빔을 감지하는 안테나가 탑재되어 있다. 그리고 빔의 변조 속성을 활용하여 표적 추적 빔의 중심(scanning axis)과 미사일의 위치와의 거리를 계산하여 미사일의 조종면으로 전송한다. 이러한 수정 신호는 미사일을 가능한 표적 추적 중심에 유지하도록 미사일의 조종면을 제어한다. 이와 같은 원리로 미사일은 빔을 따라 움직여 표적을 명중시킬 수 있다. 미사일이 편승한 빔은 표적을 직접 추적하거나 컴퓨터를 사용하여 미사일이 표적과 충돌하도록 빔의 방향을 예측할 수 있다. 이 경우, 표적을 추적하는 데 별도의 추적기가 필요하다. 일부 지상 추적시스템은 V자형 빔을 사용하여 표적을 추적한다. 이 경우 미사일은 V의 바닥에 편승한다. 미사일이 V의 바닥을 벗어나면 미사일의 감지 회로로 인해 미사일이 V의 바닥으로 돌아간다. 그리고 미사일이 레이더 빔을 계속 편승하면 미사일이 표적을 요격할 수 있다.

빔 편승 유도방식은 유도 장비가 미사일에 탑재되어 있어서 같은 표적 추적 빔으로 다수의 미사일을 발사할 수 있다. 따라서 회피 기동하는 표적을 요격하는 미사일에 적합하다. 하지만 장거리 표적에 대한 추적 시 오차가 커서 단거리 표적에 적합한 방식인 단점이 있다.

③ 추격 유도방식

추격 유도방식이란 미사일은 추격 궤도에서 항상 표적을 향해 직접 날아간다. 따라서 미사일의 비행 방향은 기본적으로 유도시스템에 의해 미사일과 표적 사이의 시선(LOS, Line of Sight)을 따라 유지된다. 그리고 미사일은 공격하는 동안 끊임없이 회전한다. 일반적으로 추격 경로를 비행하는 미사일은 사냥개가 토끼를 쫓는 것과 비슷하게 표적의 꼬리를 추격한다. 이때 미사일에 요구되는 기동은 비행의 종말 단계에서 점점 더 어려워진다. 그리고 미사일이 표적보다 상당히 빨라야 한다. 일반적으로 미사일 비행경로의 가장 급한 기울기는 비행이 끝날 때 발생하기 때문에 미사일은 이 시점에서 표적을 추월해야 한다. 만일 표적이 회피를 시도하면 미사일에 가해지는 최종적으로 요구되는 각가속도(angular acceleration)가 공기역학적 능력을 초과할 수 있어 요격에 실패할 수 있다.

일반적으로 미사일은 부스터 모터 추력이 비행의 짧은 부분 동안만 작동되기 때문에 비행이 거의 끝나갈 무렵에 종말 단계에서 가속이 어렵다. 그 결과 미사일이 속도를 잃고 최소 선회능력을 가질 때 짧은 반경의 고속 선회를 하려면 미사일에 더 많은 에너지가 필요하다. 따라서 이 방식은 저속의 항공기나 미사일을 요격하는 미사일에 적합하다.

① 선도 추격 방식

선도 추격(lead pursuit) 방식은 〈그림 6.13〉 ❸에서 보는 바와 같이 미사일이 이동하는 표적의 속도를 참작해서 그 표적의 전방인 '×'로 표시된 지점을 향해 날아가도록 유도하는 방식이다. 이 방식은 비교적 속도가 빠른 공중 표적을 요격할 때 적용하는 유도방식 중 하나이다.

② 편차 추격 방식

미사일은 표적을 추적하고 유도 지령을 생성한다. 이 유도방식은 〈그림 6.13〉
❹와 같이 미사일의 탄두가 고정된 각도 λ로 LOS를 선도하는 것을 제외하고 순수
추격 방식과 유사하다. 만일 편차 추격에서 고정된 선도 각도(lead angle)가 0인 경우
에는 순수 추격 방식과 같다. 따라서 어떤 미사일도 편차 추격을 위해 설계되지 않
고 있다. 하지만 불규칙 에러(error)와 예상하지 못하게 미사일이 비행경로를 이탈
하는 경우에 편차 추격방식을 적용할 수 있다.

③ 단순 충돌 및 선도 충돌방식

단순 충돌방식이란 〈그림 6.13〉❺와 같이 요격기와 미사일이 표적과 충돌할
정도로 직선으로 날아가는 것을 말한다. 그리고 선도 충돌방식이란 요격기가 〈그
림 6.13〉❻에서 보는 바와 같이 표적의 예상 경로를 향해 미사일과 평행한 경로로
날아간다. 이때 표적의 속도와 방향이 일정하면, 일정한 속도의 미사일은 충돌까
지 직선 경로로 날아갈 것이다. 표적과 미사일의 비행경로는 미사일에서 표적까지
LOS가 있는 삼각형을 모양을 갖게 된다. 이 방식의 비행경로가 거의 직선이므로
미사일이 최소한의 기동을 할 수 있다는 장점이 있다.

④ 시선 지령 유도방식

시선 지령 유도(CLOS, Command to Line Of Sight) 방식은 미사일이 추적장치와 항
공기 사이의 시선(LOS, Line Of Sight)을 따라 놓이도록 유도하는 방식으로 3점 유도
방식이라고도 한다. 주로 단거리 대공미사일이나 대전차 미사일에 적용하고 있다.
대표적으로 대전차 미사일인 TOW(Tube-launched, Optically tracked, Wire-guided) 미사일,
Javelin 미사일, Mistral 미사일 등에 적용되고 있다.[16]

오늘날 이들 미사일은 시선 유도방식과 빔 편승 유도방식과 시선 유도방식
을 동시에 적용하는 경우가 많다. 즉 레이저 빔(laser beam)에 이용 표적을 지시하면,
미사일 발사 후 초기에는 시선 유도방식에 의해서 어느 지점까지 유도된 후 미사
일이 레이저 빔을 따라서 표적으로 유도하는 방식을 가장 많이 사용하고 있다.

---

16 https://en.wikipedia.org/wiki/BGM-71_TOW; https://en.wikipedia.org/wiki/FGM-148_Javelin?msc
lkid=ef180613bedc11eca02f958fab42062d; https://en.wikipedia.org/wiki/Mistral_(missile)

5 비례 항법 유도방식

비례 항법(proportional navigation) 유도방식은 표적에 대한 시선의 각도 비율에 비례하는 비율로 선도 각도를 변경하는 방식으로 유도하는 방법이다. 미사일은 LOS의 회전을 측정하고 그에 비례하는 비율로 회전한다. 고전적 비례 항법은 표적을 요격하기 위해 방위각 오차를 줄이려고 한다. 회전율과 가시선 비율 사이의 비례 상수를 항법 상수(N, navigation constant)라고 하는데 미사일이 날아간 궤적은 항법 상수의 영향을 크게 받는다. 항법 상수는 미사일 횡 가속도(a_n)와 가시선 속도($d\lambda/dt$)와 접근속도의 곱 사이에서 유지된다. 따라서 비례 항법은 식 [6-1]과 같이 표현할 수 있다.

$$a_n = NV_c\left(\frac{d\lambda}{dt}\right) \quad \text{[6-1]}$$

6 미사일 경유 추적방식

미사일 경유 추적(TVM, Track-Via-Missile)방식은 반능동 레이더 유도방식과 무선 지령 유도의 장점을 결합한 일종의 하이브리드 유도방식이다.

미사일을 통한 추적이라고도 하는 이 방식은 미사일을 대공 표적을 공격하는 데 사용되는 최신 기술 중 하나이다. 일반적으로 이 경우 지상 레이더 추적시스템은 지령 유도방식처럼 표적과 미사일을 모두 추적한다. 그러나 TVM의 경우에 표적 추적 빔(target-tracking beam)은 표적지시기(target illuminator) 역할도 하며 미사일의 수신기는 반능동 호밍유도 방식과 같이 표적지시기에서 표적에 조사된 빔의 반사 신호를 감지한다. 지상 컴퓨터는 지령을 생성하여 이를 미사일에 재전송하여 레이더 표적 추적기를 유도하고 제어하는 방식이다.

한편 지령 유도방식은 미사일이 표적에 가까워질수록 추적용 레이더와 미사일은 멀어지기 때문에 미사일의 위치에 대한 오차가 커진다. 하지만 TVM 방식은 이 문제점을 줄이기 위해 미사일에 수신기가 있다. 대표적인 사례로 미국의 지대공 Patriot(Phased Array Tracking Radar to Intercept On Target) 미사일이 있다. Patriot 미사일 중에서 PAC-1과 PAC-2 모델은 지상에 유도용 레이더가 표적을 조준하면 거기서 반사되어 나오는 전파를 미사일이 수신한다. 만약 반능동 방식이라면 이 수신된 신호를 기반으로 스스로 판단하여 어느 경로로 날아갈지 결정할 것이다. 하지만 Patriot 미사일은 이 수신된 정보를 그대로 지상 통제소에 전달한다. 그러면 지상 통제소가 현재 미사일이 표적으로부터 거리와 방향에 있는지를 계산하여 미사일에 어느 방향으로 비행하라고 지령을 내린다. 미사일이 표적에 가까워질수록 미사일 자체 수신기도 역시 표적에 가까워지기 때문에 지령 유도방식처럼 위치 오차가 커지는 문제가 줄어든다. 그리고 미사일 자체의 두뇌에 해당하는 부분이 없으므로 미사일의 단가를 낮출 수 있다.

(3) 유도시스템의 종류와 특성

〈표 6.5〉는 대표적인 유도시스템의 탐색 및 추적 방법과 감지장치 그리고 특성을 나타낸 그림이다. 이처럼 다양한 유도시스템이 있으나 각각 장단점이 있다. 즉, 실전에 다양한 표적을 요격할 수 있는 가장 적합한 유도방식은 없다. 따라서 유도시스템은 미사일 궤적 중에서 특정 단계에서 작동하는 하나 이상의 유도방식을 적용하고 있으며 복합 유도시스템(composite guidance systems)이라고 한다. 이와 같은 유도방식의 사례로 다음과 같은 두 가지 사례가 있다.

첫째, 발사 단계에서 중간 단계까지 빔 편승 또는 반능동 호밍유도 방식을 사용할 수 있다. 이어서 종말 단계에서 더 정확한 추적 및 유도를 위해 능동 또는 수동으로 유도방식이 전환하는 방식을 사용하기도 한다. 이 방식은 미사일을 발사한 항공기가 다른 방법보다 더 빨리 교전 지역에서 이탈할 수 있는 장점이 있다.

표 6.5 대표적인 미사일의 유도시스템

유도방식	항법	감지 센서	일반적인 특성
능동 호밍유도	비례 항법 단순 추격 편차 추격	레이더, 적외선, 적외선 영상, 레이저, TV	• 지상 시스템 없음 • 단일 표적에 유도, 미사일 가격이 비쌈
반능동 호밍유도		레이더, 적외선, 적외선 영상, 레이저, TV	• 지상 시스템이 미사일이 요격 위치에 도달할 때 기능 유도
수동 호밍유도		적외선, 가시광선, 전자기 에너지	• 지상 시스템 없음, 단일 표적에 유도 • 모든 감지장치가 레이더와 비교하여 기능이 제한됨
지령 유도	모든 방법	레이더, 적외선, 가시광선	• 지상 시스템은 단일 표적에 유도, 미사일은 지상 시스템과 동적으로 연결
빔 편승 유도	시선(LOOS), 프로그램		• 지상 컴퓨터는 프로그램된 비행에 필요하며 미사일 가격이 저가

그림 6.14 항공기의 플레어 발사 장면

둘째, 능동식 유도시스템이 수동식 시스템과 함께 사용하는 미사일은 〈그림 6.14〉와 같이 표적 항공기에서 발사하는 플레어(flare)에서 나오는 적외선에 의한 방해에 상관없이 표적에 유도될 수 있다. 따라서 주로 지대공 미사일에 적용하고 있다. 지대공 미사일은 지상 또는 해상에서 공중 표적에 대해 발사하여 방어할 지점이나 지역에 접근하는 적의 항공기 또는 미사일을 요격하는 방어 무기이다.[17]

---

17 https://en.wikipedia.org/wiki/Flare_(countermeasure); http://www.sunray22b.net/missile_defence.htm

제3절 탐지 및 추적시스템

일반적으로 대공포나 미사일에 사용되는 센서는 무선 주파수 대역(radio-frequency band)에서 표적에 의해 반사된 전자기 에너지나 적외선 대역(infrared band, 700nm~1mm)에서 표적이 방출하는 전자기 에너지를 이용하여 작동한다.

1. 일반적인 레이더의 기능과 작동원리

(1) 주요 발전과정

❶ 레이더의 개발 이전

1차 세계대전 중반부터 2차 세계대전 초기까지 항공기의 엔진 소음을 포착하여 항공기를 감지하는 데 〈그림 6.15〉와 같은 청음기(acoustic location)를 사용하였다. 수동식 음향 위치를 감지하는 방법은 물체에 의해 생성된 소리나 진동을 감지하여 물체의 위치를 결정하기 위해 분석할 때 사용하였으며 다양한 모델을 전쟁에 활용하였다.

예를 들어 〈그림 6.15〉 ❶과 같은 두 개의 혼(horn)으로 소리를 감지하는 방식은 음향 이득(gain)과 방향성이 모두 우수하다. 사람의 귀에 비해 간격이 멀리 떨어진 혼 사이의 간격은 소리의 방향을 파악하는 관찰자의 능력을 높일 수 있다. 음향 기술은 소리 굴절로 인해 모서리 주변과 언덕 너머를 볼 수 있다는 장점이 있다. 하지만 레이더가 전력화되면서 2차 세계대전 이후에 방공 작전에서 음파 탐지장치를 사용하지 않았다.[18]

당시 청음기는 다양한 방식이 개발되었으며 매우 큰 청진기처럼 튜브를 사용하여 관측자의 귀에 연결된 큰 뿔이나 마이크로 구성되어 있다. 그리고 소리의 진

---

18 https://en.wikipedia.org/wiki/Active_electronically_scanned_array

① 혼(horn)형(미국, 1921)   ② 원형(독일, 1917~1940)

③ 6각형(프랑스, 1930s)   ④ 개인용(독일, 1930s)

그림 6.15 항공기 위치 추적을 위한 청음기

폭을 최대화하는 진폭을 찾기 위해 〈그림 6.15〉 ③과같이 음향거울(sound mirror) 형식으로 연결하여 음원의 위치를 파악할 수 있도록 성능이 개선되었다. 서로 다른 위치에 있는 두 개의 음향거울은 두 개의 서로 다른 방위를 생성한다. 따라서 삼각측량법을 사용하여 음원의 위치를 결정할 수 있다.[19]

② 레이더 개발 이후

레이더의 주요 발전과정은 〈표 6.6〉과 같이 1887년부터 시작되어 1930년대부터 독일, 영국, 프랑스, 미국 등을 중심으로 집중적으로 연구가 시작되었다. 그 결과 2차 세계 당시에는 컴퓨터가 없어서 레이더 콘솔에 전시된 에코(전파가 표적에서 반사되어 돌아온 수신 신호) 중에서 어떤 신호가 표적에서 반사된 것인지 식별하기 매우 어려웠다. 그 이유는 주위의 잡음 신호와 표적에서 오는 신호를 사람이 직

---

19 https://www.globalsecurity.org/military/library/policy/army/accp/ad0699/lesson1.htm

표 6.6 레이더의 주요 발전역사

년도	개발자(국가)	개발 내용 밑 주요 특성
1887	Heinrich Hertz(독일)	전파가 물체에 부딪혀 반사될 수 있음을 실증하여 전자기파의 존재를 밝힘
1895	Aleksandar Stevanovic (러시아)	멀리서 발생하는 번개를 탐지하는 검파기를 개발하였고 1897년에 전파 송신기도 개발하여 두 함선 간의 통신을 위해 장비를 시험하다가 세 번째 함선이 지나갈 때 전파 간섭이 발생하는 것을 발견
1904	Christian Hülsmeyer (독일)	원격이동계측기(telemobiloscope)라는 충돌을 피할 수 있도록 선박을 탐지하기 위해 전파 에코를 사용하는 방법으로 최대 3km까지 선박의 존재를 감지했으나 거리는 측정할 수 없었음
1938	John Rawlinson (영국)	주파수가 43MHz(파장 7m)인 항공기 경보 시스템을 함정에 탑재하였음. 항공기 고도에 따라 48~80km까지 탐지할 수 있었고 별도의 고정식 송신 안테나와 수신 안테나로 구성되어 있었음.
1940	미국 해군	미 해군에 의해 'RADAR'라는 명칭을 최초로 사용함
1941	미국, 영국 공동	항공기탑재용 휴대용 레이더 개발
1943	Robert Page(미국)	Mono pulse 레이더를 개발하여 단일 펄스에서 오차 각도 정보를 유도하여 추적 정확도를 크게 높였음. 특히 빔 방향을 한 지점에서 다른 지점으로 변경하는 데 필요한 시간을 크게 줄여 전체 감시를 유지하면서 여러 표적을 거의 동시에 추적이 가능하게 되었음
1973	미국 해군	이지스 시스템의 핵심인 AN/SPY-1 레이더 개발함. 자동 감지 및 추적시스템으로 3차원 수동 전자 스캔 어레이 안테나를 사용하여 컴퓨터로 제어하며 반구형 탐지 범위를 제공함
1982	Northrop Grumman 사 (미국)	1970년대 중반에 Hughes AN/TPQ-36(이동식 대-포병 레이더) 개발하여 1982년 전력화하였음. 로켓포탄은 24km, 포탄(박격포탄 포함)은 5~12km 탐지 가능하며 탐지 방위각은 90°임, 동시에 10개의 표적을 탐지할 수 있음. X 대역의 수동 위상 배열방식이고 방위각은 위상 변위로 작동하며 성능이 개량된 AN/TPQ-37 레이더도 운용되고 있음
1994	Saab AB 사 등 (스웨덴, 노르웨이)	수동식 전자주사식의 ARTHUR 대-포병 레이더 개발하여 1994년부터 전력화하였음. 포탄은 15~20km에서 탐지 가능하며 120mm 박격포탄도 탐지 가능하며, 탐지거리 내에서 CEP 0.45%로 매우 정밀함. 그리고 최근 개발된 모델은 CEP 0.1%이고 100개 이상 표적을 동시에 추적할 수 있고 탐지거리는 200km까지 성능이 개량되었음
1995	Northrop Grumman, Raytheon(미국)	AESA 레이더는 지상용 J/FPS-3, F-2 전투기용 J/APG-1 에 최초로 전력화하였음. 그리고 F-15J 전투기에 탑재된 AAM-4B 공대공 미사일의 탐색기에 적용하였으며 오늘날 F-22, F-35 등 전투기에 가장 많이 적용하고 있음
2002	이스라엘	EL/M-2084 다기능(Multi Mission) 3차원 레이더를 개발하였는데 로켓과 미사일은 100km, 항공 감시 및 탐지는 474km 가능함. 주요 용도는 조기 경보, 적의 무기 위치 정보 획득, 아군 무기 추적, 사격 통제용이며 다양한 무기체계와 상호연동이 가능함. 특히 저고도로 침투하는 RCS가 작은 항공기나 미사일을 탐지 성능이 우수함

접 판단해야 했기 때문이다. 특히 표적이 많을수록 콘솔로 보고, 소리로 듣고 표시할 때 오류가 있고 피로가 쌓여 새롭게 나타나는 표적 신호를 보지 못하는 경우가 많이 발생하였다. 이러한 문제는 디지털 컴퓨터를 적용하면서 해결되어 오늘날에는 자동으로 표적을 식별하고 추적할 수 있게 되었다. 2차 세계대전 당시 독일군은 〈그림 6.15〉와 같은 청음기로 항공기에서 나오는 소리를 추적하여 방공 작전 임무를 수행하였다.[20]

한편 1940년대에는 빠른 빔 조향이 가능한 위상배열 레이더(Phased Array Radar)가 개발되었다. 이후 레이더의 안테나는 위상배열 방식을 주로 사용하게 되었고 최근에는 능동형 전자주사식 위상배열 레이더(AESA)와 수동형 전자주사식 위상배열 레이더(PESA)를 많이 사용하고 있다.

(2) 레이더의 기능과 작동원리

레이더(RADAR, Radio Detecting And Ranging)는 마이크로파(극초단파, 10cm~ 100cm 파장) 정도의 전자기파를 물체에 발사시켜 그 물체에서 반사되는 전자기파를 수신하여 물체와의 거리, 방향, 고도 등을 측정하는 장치이다.

레이더의 작동과정은 크게 4단계로 이루어진다. 첫 번째, 송신기에서 생성된 전자파 에너지를 안테나로 표적에 방사시키고 표적에서 반사된 신호를 안테나로 받아 수신기에 전송한다. 두 번째로 수신된 신호 중 저잡음 수신기로 유효신호만 선별하여 증폭한 후 주파수 하향변화, 디지털 복조 처리를 하여 신호처리기로 전송한다. 세 번째, 신호처리 과정을 거쳐 필요한 정보를 추출하고 분석하여 표적의 거리, 방위, 고도, 속도 정보를 생성한다. 끝으로 피아식별기 정보를 이용하여 피아를 식별한 후 표적 정보를 통제기에 전시하거나 지휘 · 통제 시스템이나 정밀유도 타격체계에 전달할 수 있다.[21]

레이더의 작동과정은 〈그림 6.16〉과 같이 나타낼 수 있다. 일반적으로 짧은 펄스의 반복적인 RF 펄스 신호는 송신기(transmitter)에서 생성되고 안테나에 의해 공

---

20 https://rarehistoricalphotos.com/aircraft-detection-radar-1917-1940/; https://en.wikipedia.org/wiki/AN/TPQ-36_Firefinder_radar; https://en.wikipedia.org/wiki/EL/M-2084; https://en.wikipedia.org/wiki/ARTHUR_(radar)

21 López-Rodríguez, "Computational Burden Resulting from Image Recognition of High Resolution Radar Sensors Patricia" sensors ISSN 1424-8220, 2013.

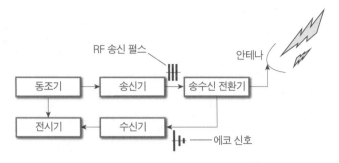

그림 6.16 일반적인 레이더의 구성 및 작동원리

중으로 방사된다. 그림에서 송수신 전환기(duplexer)는 하나의 안테나를 송신과 수신에 사용할 수 있도록 하는 자동 전자 스위치 장치이다. 반사 물체(표적)는 레이더 신호의 일부를 가로채서 다시 방사하며, 그중 일부는 레이더 방향으로 되돌려 보낸다. 이때 되돌아온 에코 신호(echo signal)는 레이더 안테나에 의해 수집되고 수신기(receiver)에서 증폭된다. 레이더 수신기의 출력이 충분히 크면 전시기(display)를 통해 표적을 탐지할 수 있다. 일반적으로 레이더는 일정한 거리와 각도에서 표적 위치를 결정하나 에코 신호는 표적의 특성에 대한 정보도 제공할 수 있다.

① 기계식 레이더

기계식 레이더는 송신기에서 생성된 전파 에너지 빔을 기계적인 방식으로 조향하는 방식이다. 이 방식은 2차 세계대전 이후 아직도 사용하는 방식이다. 기계식을 안테나를 구동하기 때문에 빔 조향 속도가 느리고 고장률이 높으며 부피가 크고 무거운 단점이 있다. 이 때문에 전자적으로 안테나를 제어하는 전자주사식 위상배열 레이더로 대체되고 있다. 자세한 내용은 '군사과학 총서 1'의 제5장 자주대공포의 탐지 및 추적시스템의 내용을 참고하기 바란다.

② 위상배열 레이더

위상배열 안테나의 종류와 빔 조사방식의 원리는 〈그림 6.17〉과 같이 크게 세 가지 방식이 있다. 1960년대 개발한 PESA 방식은 〈그림 6.17〉 ①에서 보는 바와 같이 송신기와 수신기가 분리되어 있으며 컴퓨터로 제어하게 되어있다. 한편 1980년대 개발한 AESA 방식은 〈그림 6.17〉 ②, ③에서 보는 바와 같이 IC의 고

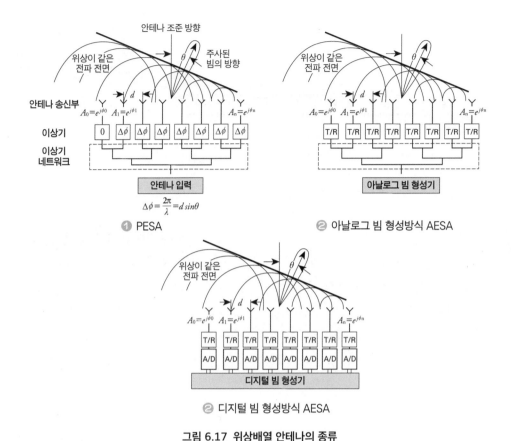

그림 6.17 위상배열 안테나의 종류

속 동작을 가능한 갈륨(Ga)-비소(As) 칩(chip)을 방식을 적용하였다. AESA는 PESA 방식보다 발전된 2세대 위상배열 레이더이다. 이 방식은 위상배열 안테나에 아날로그 형성기와 디지털 형성기로 아직도 대부분의 위상배열 레이더는 PESA 방식을 사용하고 있다. AESA 방식은 1959년에 미국의 DARPA에서 개발하였고 ESAR(Electronically Steered Array Radar)라고 불렀다. 최초의 ASESA 레이더의 모듈은 1960년 제작되었다. 이것으로 AN/FPS-85 레이더를 개발했다.

2. 다기능 레이더

(1) 개발 배경

추진 및 제어기술 발전에 따라 최저고도 또는 초고속 비행을 하는 대공 표적이 증가하고 있으며, 스텔스 기술의 발전함에 따라 레이더 반사 면적(RCS, Radar Cross Section)은 점차 감소하는 추세이다. 여기서 RCS란 원거리에서 입사 전기장 강도에 대한 수신 산란 전기장 강도의 세기의 비로 나타내는 레이더 표적의 반사 정도를 나타내는 척도이다. 이 값은 표적의 크기와는 무관하며, 표적의 외부 형상, 구조, 재질, 주파수, 편파(polarization), 관측 방향과의 함수로 나타낸다. 여기서 편파란 빛이나 전파에서 파동의 진동 방향이 어떤 특정한 성질을 가지고 있는 파동을 뜻한다.

한편 전자파의 활용도가 높아지면서 전자파 교란이 심해지고, 의도적인 적의 전자 공격은 매우 지능화되고 있다. 이에 따라 방공 작전의 시나리오는 점점 더 복잡해지고 있다. 따라서 레이더 기술도 융통성과 기민성 그리고 정확도를 높이려고 단일 센서로 표적을 탐색(surveillance)하거나 추적(tracking)하는 한계를 극복하기 위해 이종의 센서들과의 정보를 융합시키는 센서 융합기술이 적용되는 추세이다. 또한, 기존 단일 플랫폼 중심의 작전 위주에서 다양한 플랫폼에 탑재된 센서들이 네트워크로 연결되어 전장 상황의 인식 능력을 높인 광대역 주파수 특성을 갖는 다기능 레이더(Multi-functional Radar)를 개발하였다.

(2) 주요 기능

다기능 레이더 시스템은 하나의 레이더로 탐색, 추적, 표적 식별, 미사일 중간 비행단계 유도 등 다양한 임무를 수행할 수 있다. 특히 광대역의 AESA 레이더(능동 전자 주사 배열 레이더, Active Electronically Scanned Array radar), 전자전 및 데이터링크 기능에 동시에 사용되면 간결하고 신속한 작전이 가능하다.[22] 이때 표적 우선순위(target prioritization)를 결정하려면 다양한 표적이 존재하는 환경에서 레이더 플랫폼에 따라 각각의 표적의 중요도를 결정해야 한다. 전술 상황에서 위협 표적을 먼저 식별하고 추적하도록 할당하려면 관측된 정보를 토대로 표적의 위협수준을 판단하는 것이 중요하다. 다음으로 빔 스케줄링(beam scheduling)이 중요하다. 다기능 레이더로 탐색, 추적, 식별 등 다양한 임무를 처리하기 위해서는 각각의 임무 목적에 맞는 레이더 빔을 적절한 위치에 방사시켜야 한다. 레이더의 부하(load)와 하드웨어적 한계

---

22 Peter W. Moo & David, "Multifunction RF Systems for Naval Platforms" Journal of Sensors, Volume 18, 2018.6.

로 인하여 하나의 레이더에서 동시에 처리할 수 있는 빔의 수는 제한되어 있다. 이 때문에 레이더를 효율적으로 운용하기 위해 할당된 표적의 중요도와 제한 사항을 고려해야 한다. 그리하여 각각의 레이더 빔을 시간에 따라 적합하도록 방사할 수 있도록 운용 소프트웨어에 반영해야 하며 이를 빔 스케줄링이라 한다.

3. 다기능 AESA 레이더

대표적인 다기능 레이더인 능동 전자주사식 위상 배열(AESA, Active Electro-nically Scanned Array) 레이더의 개발은 1차 세계대전 중에 무기 동기화(gun synchronization)가 공중전에 대혁신을 일으킨 것처럼 현대 전투기와 방공무기의 사격 통제장치의 성능을 비약적으로 높였다.

AESA 레이더는 〈그림 6.18〉 ❶에서 보는 바와 같이 송신 안테나 어레이(배열)에서 일정한 위상차로 전자기 빔을 조사하면 〈그림 6.18〉 ❷에서 보는 바와 같이 위상차에 해당하는 만큼 일정한 각도로 빔이 조향이 된다. 따라서 안테나의 각도를 변경하지 않고도 여러 각도로 빔을 방사하여 물체의 탐지할 수 있다. 이러한 원리를 이용한 다기능 AESA 레이더의 구성과 작동원리 그리고 특성을 살펴보면 다음과 같다.[23]

안테나 정면으로 빔이 조향됨

배열간 위상차에 해당하는 각도로 빔이 조향됨

❶ 위상이 동일한 경우　　　　❷ 배열간 위상을 변화시켰을 경우

그림 6.18 위상배열 레이더의 빔 조향의 원리

23　박영근 등, "대포병탐지레이더 국내·외 개발 현황 소개 및 미래 대포병탐지레이더 발전 방향 제시", 국방과 기술, pp. 76~85, 2021.5.

(1) 작동원리

AESA의 원리는 잠자리(곤충류)의 눈과 같이 10,000~30,000개의 낱눈(lens lets)으로 구성된 복잡한 눈(복안)을 가지고 있다. 덕분에 잠자리에 있는 낱눈들은 3차원 구조에 흩어져 있어서 높이와 각도가 다른 위치에서 움직이는 물체를 감지할 수 있다. 이처럼 AESA 레이더에도 낱눈 구조로 되어있다. AESA 레이더의 원판 위에는 손가락 크기 정도의 송·수신 모듈이 500~1,500개가 방위각, 고각 방향으로 일정하게 배열되어 있다. 그리고 이 송·수신 모듈들이 잠자리의 낱눈들처럼 각각의 목표물(표적)을 동시에 탐지, 추적할 수 있다.[24]

대표적인 다기능 능동 위상배열 레이더의 구성과 작동원리는 〈그림 6.19〉와 같다. 그림에서 보는 바와 같이 여러 개의 모듈로 구성된 송·수신 어레이가 레이더 신호를 송신하고 동시에 통신, ES, 레이더 신호를 수신한다. 이때 수신 어레이에서 수신한 디지털 신호는 디지털 수신기를 통해 신호 및 데이터를 처리한다. 그리고 송신 어레이는 디지털 파형 발생기에서 무선신호를 송신한다. 이들 송·수신 신호를 실시간으로 처리하여 안테나 제어 및 표적 할당 시스템으로 데이터를 전송

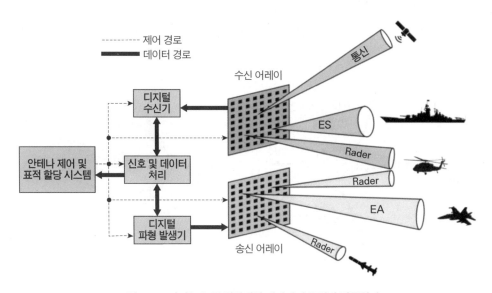

그림 6.19 다기능 능동 위상배열 레이더의 구성과 작동원리

---

24   M. Uhlmann, "Design characteristics of the AMSAR airborne phased array antenna", Electronic Beam Steering(Ref. No. 1998/481), 1998.

한다. 이 데이터를 기반으로 안테나 신호를 제어하고 표적을 할당하여 감시 및 타격체계와 연동하여 표적을 타격하거나 감시에 활용한다.

(2) 주요 기능 및 특성

AESA 레이더의 성능은 일반 기계식 레이더보다 매우 우수하다. 기계식이 안테나 스캔 영역에 따라 시차가 발생하나 AESA 레이더의 경우에는 회전하지 않더라도 충분한 영역을 스캔(주사)할 수 있다. 이 때문에 일정한 영역을 지속해서 조향할 수 있고, 빔 형성 능력이 더 균일하고 송·수신 모듈이 각각 고속 프로세서에 연동되어 있어서 고속으로 방향 전환과 추적이 가능하다. 이러한 특성 때문에 고속으로 기동하는 적 항공기나 미사일도 신속하게 추적할 수 있다. 또한, 기계식은 적기나 미사일이 전투기 기체에 근접할 때 사각 지역이 생긴다. 하지만, AESA 레이더의 경우에는 이들 표적이 근접해도 사각 지역이 없어서 모두 탐지할 수 있는 장점이 있다.[25]

AESA 레이더의 특성은 〈그림 6.20〉에서 보는 바와 같이 기계식 레이더처럼 송신부와 수신부가 따로 분리되어있지 않고 작은 송·수신 모듈 수천 개가 레이더 전반부에 장착되어 여러 가지 기능을 수행한다. 따라서 AESA는 신뢰성과 정비

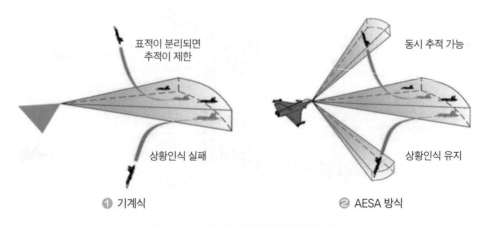

그림 6.20 레이더 주사방식에 따른 특성 비교

---

25 Min-Kil Chong etc, "Development of Planar Active Electronically Scanned Array(AESA) Radar Prototype for Airborne Fighter", Journal of KIEES 20(21), pp. 1380~1393, 2010.12..

성이 우수하고 탐지거리가 길다. 그리고 동시에 여러 기능을 수행할 수 있고 표적 탐지 후 추적 및 통합 센서를 향해 접근해오는 이동체를 예측하거나 재밍(jamming), 통신 등이 가능하다. 이러한 특성이 있어서 전투기나 미사일 등에 적용하고 있다. 한편 AESA는 빔을 송신하고 수신하는 송·수신 모듈이 안테나에 다수 배열된 레이더이다. 따라서 각 소자가 송수신 기능이 있어서 원하는 방향으로의 송신 빔을 생성하거나 특정 빔의 수신 및 모드 변경 등을 개별적으로 수행할 수 있다. 즉, 고속으로 빔을 조향시킬 수 있다. 그뿐만 아니라 다수의 빔을 제어하여 다중 모드(multi mode) 방식으로 동시에 운용할 수 있고 포착하기 어려운 표적에 대한 지속적 감시와 추적이 가능하다. 또한, 가볍고 스텔스능력이 우수하며 탐지거리와 탐지 범위가 넓고 동시에 다수의 표적과 교전할 수 있다. 그러나 단위 면적당 열이 집중되어 발열량이 많아 시스템을 냉각하기 어려워 부피가 크고 복잡한 구조의 액체 냉각장치가 필요하다.

(3) 적용 분야

AESA 레이더의 적용 분야는 전투기의 임무 수행에 필요한 공대공(Air-to-Air), 공대지(Air-to-Ground) 및 공대해(Air-to-Surface) 교전 시 표적에 대한 탐지, 추적 및 화기 통제 기능을 수행한다. AESA 레이더의 정보는 전투기에 있는 전방 상향 시현기(HUD, Head-Up Display)나 다기능 시현기(MFD, Multi-Function Display) 등에 전시할 수 있다. 따라서 AESA 레이더의 기능은 공대공, 공대지, 공대해, 대-전자 공격(Anti-Electronic Attack) 등의 EP 기능과 전자 공격(EA), 자기진단(Built-In-Test), 다중화(Redundancy) 관리가 가능하다.[26]

특히 AESA 레이더는 〈그림 6.21〉에서 보는 바와 같이 다수의 표적 또는 특정한 표적을 지정(locking)하여 초정밀 추적이 가능하다. 그리고 탐지 각도가 기계식 레이더보다 훨씬 넓고 동시에 다수의 표적을 추적할 수 있는 장점이 있다. 이러한 특성 때문에 전투기 또는 함정 등과 같은 기동무기에서 미사일이나 항공기 등의 표적 추적에 활용되고 있다.

---

26 https://www.globaldefensecorp.com/aesa-radar/

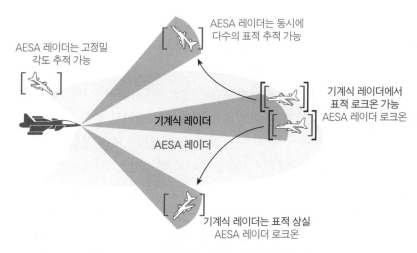

AESA 레이더는 동시에
다수의 표적 추적 가능

AESA 레이더는 고정밀
각도 추적 가능

[✈]

기계식 레이더에서
표적 로크온 가능
AESA 레이더 로크온

기계식 레이더

AESA 레이더

기계식 레이더는 표적 상실
AESA 레이더 로크온

그림 6.21 AESA 레이더와 기계식 레이더의 추적 성능 비교

4. 전자-광학식 추적장치(탐색기)

전자-광학 추적 장치(EOTS, Electro-Optic Imaging and Tracking Systems)는 가시광선
이나 적외선 또는 이들 모두를 측정하여 표적을 측정하는 방식이다. 이 추적장치
는 미사일이 표적을 탐색하여 포착한 후 추적하여 표적으로 유도하는 센서이다.

일반적으로 영상 센서 장치와 센서 제어 장치로 구성되어 있다. 영상 센서 장
치는 표적 지향, 표적 거리 측정 및 영상 획득 기능이 있으며 센서 제어 장치는 영
상 센서 장치에 지령을 내리고 수신된 영상과 위치 데이터를 유도장치에 제공한
다. EOTS에서 얻어진 표적의 위치 정보는 미사일의 비행 제어 장치에 전달하여
실시간으로 표적을 추적하며 대공포의 추적시스템도 거의 비슷하며 주로 공대공
미사일에 많이 적용하는 방식이다. 자세한 내용은 '군사과학 총서 1'의 제5장 자주
대공포의 탐지 및 추적시스템 단원에 있다.

제4절 탐지 및 추적시스템 기술의 발전추세

　　레이더 기술이 발전함에 따라 아날로그형 수동식 혹은 능동식 위상배열 안테나에서 디지털형 능동 위상배열 안테나를 적용하는 추세이다. 디지털형 능동 위상배열 안테나란 개별 소자 단위에서 DAC(Digital to Analog Converter)와 ADC(Analog to Digital Converter)가 각각 송/수신 경로에 포함되어 각각이 송신 파형을 발생시켜 송신 빔을 생성한다. 동시에 수신 신호를 디지털 신호로 변환 후 디지털 빔 형성기에서 수신 빔을 형성하는 안테나 형태이다. 반면에 기존의 아날로그형 능동 위상배열 안테나는 송신은 물론 수신에서도 아날로그 빔 형성기를 통해 신호가 결합되어 수신 빔을 형성하는 형태이다. 하지만 아날로그 신호를 각 배열 소자에서 디지털 신호로 변환하여 데이터를 처리하는 완전 디지털 능동식 위상배열 안테나의 많은 장점이 있음에도 불구하고, 대량의 디지털 데이터 처리를 하려면 하드웨어 비용과 물리적인 크기의 제한 등으로 문제점이 있었다. 그러나 최근 하드웨어의 비약적인 발전으로 인해 집적화된 송수신 단일 칩이 개발되어 소자 단위에서 송/수신 단을 모두 디지털화한 디지털 능동 위상 배열 레이더가 개발되었다.[27]

　　또한, 레이더 기술은 스마트 레이더와 인지 레이더 등이 개발될 것이다. 스마트 레이더란 학습기능을 지닌 레이더를 말하며 탐지 및 식별 간의 경험했던 정보들을 바탕으로 수신부에서 데이터를 신호를 처리하여 부분적으로 레이더의 기능을 스스로 최적화할 수 있을 것이다. 그리고 송신부도 레이더의 운용 환경에 적합한 레이더 파형(waveform)을 조정한 후 송신하여 최적화된 인지기능(cognitive function)도 갖게 될 것이다. 이뿐만 아니라 딥러닝(deep learning) 기술을 적용하여 종전의 정보 데이터를 분석하여 잠재적인 표적들에 대한 탐지와 식별능력이 향상될 것이다. 여기서 딥러닝이란 컴퓨터가 사람처럼 생각하고 배울 수 있도록 하는 기술인데 많

27　JoungMyoung Joo etc, "Transmitting Near-Field Measurement of Full Digital Active Phased Array Antennas for Multi-Function Radar Application", Journal of KIEES 30(12), pp. 979~991, 2019.12; Merrill I. Skolnik, "Radar Handbook" McGraw-Hill, 2008.

은 데이터를 분류해서 같은 집합들끼리 묶고 상하 관계를 파악하는 기술이다. 이 기술은 기계학습(machine learning)의 한 분야이지만 차이가 있다. 기계학습은 컴퓨터에 먼저 다양한 정보를 가르치고 그 학습한 결과에 따라 컴퓨터가 새로운 것을 예측한다. 하지만 딥러닝은 인간이 가르치지 않아도 스스로 학습하고 미래 상황을 예측할 수 있다.[28]

---

28 https://www.iiss.org/blogs/analysis/2019/03/trends-in-missile-technologies

1. 미사일이나 로켓의 비행 방향을 제어하는 방법은 날개 제어, 추력 벡터 제어, 측면 추진 분사 제어 등이 있다. 이들 제어방법의 원리와 특성을 그림을 그려서 설명하고 각각의 적용 사례와 그 이유를 설명하시오.

2. 추력 벡터의 개념과 노즐 방향과 추력 제어에 의한 TVC 방법의 종류와 원리 그리고 적용되는 로켓을 설명하시오.

3. 분사 장치에 의한 추력 벡터 제어의 원리와 적용 분야를 그림을 그려서 간단히 설명하시오.

4. 기계식 추력 벡터 제어방식과 분사 장치에 의한 추력 벡터 제어의 장단점을 비교하여 설명하시오.

5. 분사 장치에 의한 추력 벡터 제어방법 중에서 측면 분사와 소형 연소실에 의한 방법의 차이점과 작동원리 그리고 장단점 및 적용 사례를 설명하시오.

6. 초음속 날개의 팽창파와 경사 충격파의 발생 과정을 그림을 그려서 설명하고 이들 충격파가 날개에 미치는 영향을 유체역학적으로 설명하시오.

7. 일반적인 미사일의 제어 시스템의 작동과정을 블록다이어그램으로 나타낸 〈그림 6.8〉을 작동과정 순서별로 설명하시오.

8. 미사일의 유도시스템과 제어 시스템의 차이를 설명하고 탄도 미사일의 유도단계인 발사 단계, 중간 단계, 종말 단계별로 유도시스템과 제어 시스템의 기능을 설명하시오.

9. 일반적인 미사일의 유도방식을 분류한 〈그림 6.11〉에서 각각의 유도방식의 원리와 차이점을 설명하시오. 그리고 기계식 레이더와 위상배열 레이더의 차이점과 장단점을 비교하시오.

10. 다기능 능동 위상배열 레이더의 구성과 작동원리와 장단점과 적용 사례를 설명하시오.

제7장
미사일의 탄두와 추진제

제1절 폭발물의 분류와 발전과정

1. 폭발의 정의와 고에너지 반응의 기준

폭발물은 많은 양의 에너지를 빠르게 방출한다. 예를 들어 추진제는 로켓 엔진이나 화포나 총의 약실에서 매우 빠르게 연소하지만 대기 중에 개방된 상태에서 상대적으로 느리게 연소한다. 일반적으로 지연혼합물이나 연막제는 추진제보다 더 느리게 반응하며 이때 발생하는 빛, 색상, 연기, 열, 소음을 이용하여 연막탄, 소이탄, 신호탄 등의 용도로 사용하고 있다.

폭발물의 화학반응은 전자 이동 반응 또는 산화-환원 반응의 유형이 있다. 전자 이동에 의한 화학반응은 하나의 원자, 분자 또는 이온에서 다른 것으로 한 개의 전자가 이동하는 반응을 말한다. 이러한 반응은 보통 무기 화학반응에서 일어난다. 대표적으로 에틸렌 계열 탄화수소(hydrocarbon of ethylene series)의 레독스 중합(redox polymerization)이나 유기 화합물의 자동 산화 등의 연쇄 개시 반응에 사용된다. 또 다른 화학반응에는 물질 간의 전자 이동으로 산화와 환원 반응이 동시에 일어나는 산화-환원 반응이 있다. 이 반응은 전자를 잃은 쪽은 산화수가 증가하고 산화되고 전자를 얻은 쪽은 산화수가 줄어들고 환원되며, 잃은 전자와 얻은 전자의 개수는 항상 같다.

표 7.1 고에너지 반응의 등급의 기준과 적용 사례

등급	반응속도 기준	혼합물, 화합물	적용 사례
연소	수 mm/s 급(음속 이하)	지연혼합물, 발연제	신호탄, 연막탄, 소이탄, 조명탄 등
폭연	수 m/s 급(음속 이하)	로켓 추진제, 흑색화약 등	미사일 추진 모터, 공포탄 등
폭발	1km/s 초과(음속 이상)	다이너마이트, TNT, RDX 등	포탄 또는 미사일 탄두의 작약, 지뢰, 수류탄 작약 등

이러한 화학반응은 반응속도를 기준으로 〈표 7.1〉과 같이 연소(burnning or combustion), 폭연(deflagration), 폭발(detonation or explosive burning)로 구분하고 있다. 여기서 연소란 물질이 빛이나 열 또는 불꽃을 내면서 빠르게 산소와 결합하는 반응하여 연소 속도가 초당 수 밀리미터의 속도로 비교적 느리게 화염이 전파하는 경우를 말한다. 그리고 연소 속도가 음속 이하이면 폭연, 음속 이상일 경우 폭발 또는 폭굉이라 한다. 폭발이란 용어는 연소 중에서 일부 현상을 말하며 이를 엄밀히 구분하기 어렵다.

일반적으로 폭발은 반응속도(화염전파속도 또는 연소 속도)가 최소 1km/s보다 큰 화학적 반응으로 고온고압 상태의 가스를 순간적으로 대량으로 발생하는 현상을 말한다. 이 현상은 단일 물질이나 혼합물의 평형 상태가 파괴되면서 발생하게 되며 이들 물질이나 혼합물을 폭발물이라고 부르고 있다. 일반적으로 군용 폭발물은 실온에서 거의 고체이며, 외부 산소가 없어도 폭발할 수 있도록 제조하고 있다.

2. 폭발의 유형과 특성

폭발은 〈표 7.2〉와 같이 물리적 폭발, 화학적 폭발, 핵폭발로 분류하며 이들 세 가지 현상의 정의와 특성은 다음과 같다.

표 7.2 일반적인 폭발의 형태와 폭발물의 분류

분류	정의 및 현상	적용 사례
물리적 폭발	폭발과 파편이 날아가면서 물리적 손상 발생	작약
핵폭발	핵분열이나 핵융합으로 열, 충격파, 방사성 물질 오염 발생	원자폭탄, 수소폭탄
화학적 폭발	열 방출을 동반한 발열이나 열이 방출하는 화학적 변화 또는 분해로 인해 발생하는 현상	신호탄, 추진제, 고성능 폭발물(뇌관, 작약)

첫째, 물리적 폭발은 파괴적인 과정이며, 폭발과 파편이 날아가면서 손상을 발생하는 과정이다. 둘째, 핵폭발은 엄청난 양의 열을 매우 빠르게 방출하는 핵분열이나 핵융합 과정의 결과로 나타나는 현상이다. 그리하여 폭발 주변의 공기를 팽창시키는 현상이다. 그리고 핵폭발 주위에 있는 물질은 공기의 팽창에 의한 압력 충격파와 열에 의해 손상된다. 핵폭발을 일으키는 방사성 원소는 폭발물이라고

부르지 않으나 핵 물질을 폭발시키려면 화학물질을 사용해야 한다. 즉 스스로 폭발하지는 않는다. 셋째, 화학적 폭발은 열 방출을 동반한 발열이나 열이 방출하는 화학적 변화 또는 분해로 인해 발생하는 현상이다. 이것은 철이 산화되면서 녹이 발생하고 열이 발생하나 너무 천천히 발생하기 때문에 이 열이 주위에 영향을 미치기 전에 발산된다. 이에 비해 나무나 석탄 등은 더 빨리 화학적 반응으로 연소한다. 이때 이들 물질은 대기 중의 산소와 결합하여 화염과 연기가 발생하고 열을 방출한다. 만일 폭발성 물질을 이와 유사하게 화학적 반응을 하게 하면 연소를 더욱 가속화된다. 그리하여 화학반응의 속도가 빨라지면 엄청난 양의 고온 가스가 발생하면서 순간적으로 고압이 형성되면서 압력과 열에너지를 방출하며, 이러한 폭발성 물질을 폭발물이라 한다. 대부분의 폭발성 물질에는 물질 속에 산소가 포함되어 있다.

한편 미사일과 로켓의 탄두에 사용될 폭발물은 다음과 같은 요구조건을 만족하고 있어야 적합하다. 첫째, 공기와 습기 등 일반적으로 접촉할 수 있는 다른 물질에 대해 화학적으로 반응을 일으키지 않는 불활성 특성이 있어야 한다. 둘째, 사용하고 하는 주변 온도 조건에서 열적으로 안정이 되어있어야 하며, 동시에 편리한 방법으로 점화할 수 있을 만큼 충분히 낮은 온도에서 점화될 수 있어야 한다. 셋째, 반응 개시에 필요한 에너지가 적어서 쉽게 폭발되어야 한다. 끝으로 이들 조건을 만족하는 안전하고 신뢰성이 높은 폭발물이 적합하다.

3. 화학적 폭발물의 분류와 화학반응

화학적 폭발물에는 나이트로 화합물(nitro compounds), 질산에스터(nitric ester), 나이트로아민(nitramine), 염소산 및 과염소산의 유도체(derivatives of chloric and perchloric acids), 아지드(azides), 질소가 풍부하여 폭발을 일으킬 수 있는 다양한 화합물 등이 있다. 이들 폭발물은 화학적 성질과 성능 및 용도에 따라 〈표 7.3〉과 같이 분류하고 있다. 폭발물의 성질에 따라 제1 고성능 폭발물, 제2 고성능 폭발물 그리고 추진제로 분류한다. 제1 고성능 폭발물은 뇌관이나 신관의 기폭제에 사용하며, 제2 고성능 폭발물은 작약에 사용한다. 끝으로 저성능 폭발물은 추진제로 사용하며 총이나 화포용과 로켓이나 미사일용으로 분류한다.

표 7.3 화학적 폭발물의 분류와 주요 용도

대분류	소분류 및 폭발물 종류		적용 사례
제1 고성능 폭발물	아지드화납(PbN_6), 스티브산납, 뇌홍, Terazene, 아지드화수은, LMNR(lead mononitroresorcinate), KDNBF(potassium dinitrobenzofurozan) 등		뇌관, 신관의 기폭제 또는 도폭제 등
제2 고성능 폭발물	군용	TNT, RDX, HMX, PETN, 피크르산, 테트릴, 나이트로셀룰로스, 나이트로글리세린, 나이트로구아니딘 등	포탄, 수류탄, 지뢰 등의 작약
	상용	ANFO(Ammonium Nitrate Fuel Oil), emulsion slurry 등	건설용 폭약 등
저성능 폭발물 (추진제)	화포용	단기 추진제, 복기 추진제, 삼기 추진제, 흑색화약 등	소총탄, 대구경탄의 추진제
	로켓용	복기 추진제, 복합 추진제, 액체 연료와 산화제 등	미사일, 로켓의 추진제

한편 화학 폭발물은 산소, 질소 및 탄소, 수소와 같은 산화성 원소(연료)를 포함하고 있다. 일반적으로 산소는 NO, NO_2및 NO_3와 같이 질소와 결합한다. 이 규칙의 예외는 아지드화납 폭발물처럼 산소를 포함하지 않는 요오드화질소(Nitrogen triiodide, NI_1)나 아조이미드(azoimide, NH_3NI_1)와 같은 질소 화합물이 있다. 예를 들어 〈그림 7.1〉에서 보는 바와 같이 화학반응이 일어나면 질소와 산소 분자가 분리되었다가 다시 결합하면서 이산화탄소, 물, 질소 등의 물질이 생성된다. 그리고 화학반응이 일어나는 동안 많은 양의 에너지가 방출되며 고온의 가스가 발생한다. 또한, 반응 중에 방출되는 반응열은 폭발성 분자를 요소로 분해하는 데 필요한 열과 이러한 요소가 재결합되어 CO_2, H_2O, N_2 등을 형성할 때 방출되는 열의 차이이다.

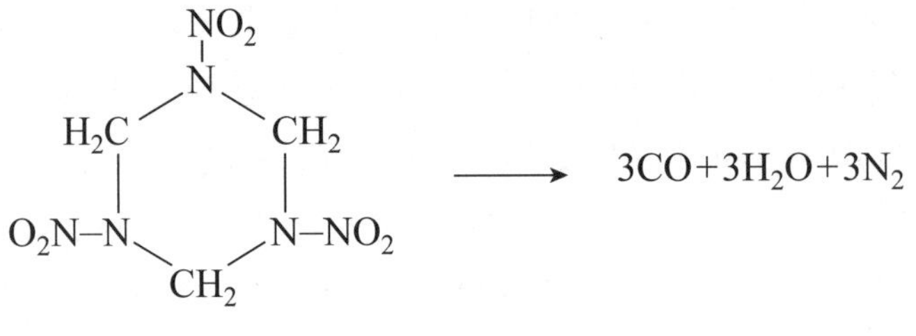

그림 7.1 연료의 화학반응 후 생성물

4. 군사용 폭발물의 발전추세

화약은 〈표 7.4〉에서 보는 바와 같이 기원전 220년에 중국의 연금술사가 최초로 발견하였다. 이후 서기 222년경에 의하면 로마의 황제 알렉산드르 6세가 물에 접촉한 연소하는 물질이라고 불렀다는 기록이 있다. 690년에는 아랍인이 메카를 포위할 때 흑색화약을 사용하였다고 전해진 후 1249년 영국의 로저 베이컨이 흑색화약을 제조하면서 총이나 화포 등에 널리 사용되기 시작하였다.

표 7.4 군용 폭발물의 주요 발전사

연도	발전과정 및 적용 사례	개발
220 BC	연금술사가 우연히 화약을 발견	중국
222~235 AD	알렉산드르 6세 황제가 물과 접촉하면 저절로 연소하는 '생석회 덩어리'라고 불렀다는 기록	로마
690	아랍의 메카를 포위할 때 흑색화약을 사용	아랍
940	흑색화약과 유사한 화약으로 화구(fire ball)를 발명	중국
1040	Pein King에 흑색화약 공장을 건설	중국
1249	Roger Bacon이 최초로 흑색화약 제조	영국
1646	Bofors사가 흑색화약 생산	스웨덴
1690	뇌홍(mercury fulminate) 제조 성공	독일
1742	Glauber가 피크르산(picric acid) 제조 성공	독일
1867	Nobel이 다이나마이트(dynamite) 제조 성공	스웨덴
1880	Hepp가 순수 TNT 제조 성공	독일
1891	TNT 생산 시작	독일
1902	피크르산(picric acid)을 TNT로 대체 시작	독일
1906	Tetryl을 폭발물로 사용	독일
1925	RDX 대량생산 시작	미국
1943	Bachmann이 HMX 제조 성공	독일
1952	PBXs(RDX + polystyrene + dioctylphthalate) 제조	미국
1987	Arnie Nielsen가 HMX보다 에너지 밀도가 15% 높은 CL-20 합성	미국

연도	발전과정 및 적용 사례	개발
1997	Eaton 등이 HMX보다 에너지 밀도가 20%~25% 높은 ONC(octanitro-cubane, $C_8(NO_2)_8$) 합성	미국
2000	Eaton 등이 HpNC(heptanitrocubane, $C_8H(NO_2)_7$) 합성	미국

특히 1902년 독일이 TNT를 포탄의 작약으로 사용하기 시작하면서 포탄의 위력은 매우 커졌다. 그리하여 1, 2차 세계대전을 거치면서 테트릴, RDX 등 다양한 고성능 화약이 개발되었다. 이 시기에 개발된 군용 화약은 아직도 약간의 화학적 조성만 다를 뿐 TNT, RDX를 기반으로 제조한 화약을 사용하고 있으며 〈그림 7.2〉에서 보는 바와 같다.

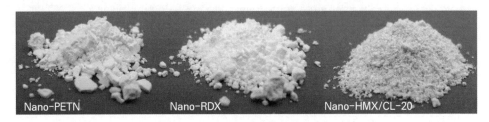

그림 7.2 RDX, PETN, CL-20 폭발물

한편 최근에 개발된 화약은 폭발에너지의 밀도를 증가시켜 같은 크기의 탄두에 더 많은 폭발에너지가 발생시킬 수 있는 고에너지 화약을 개발하고 있다. 대표적인 사례로 1997년에 개발된 ONC는 〈그림 7.3〉에서 보는 바와 같이 TNT와 같이 충격에 둔감한 고성능 폭발물이며, 8개의 수소 원자가 각각 나이트로기(NO_2)로 대체된다는 점을 제외하고는 쿠반(cubane, C_8H_8)과 분자구조이다. 이 폭발물은 HMX보다 성능이 20~25% 더 우수하며 폭발 시에 수증기를 생성하지 않는다. 그리고 폭발속도는 10.1km/s로 매우 빠르다.[1]

---

1 Manelis G, Nazin G, Rubtsov Y, Strunin V., "Thermal Decomposition and Combustion of Explosives and Propellants", New York: Taylor and Francis, 2003; https://m.hanwhacorp.co.kr/common/tnt_more.pdf&name=tnt_more.pdf; https://pubmed.ncbi.nlm.nih.gov/28618276/

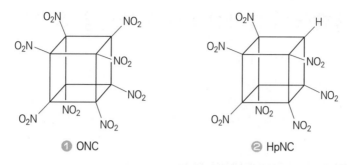

① ONC   ② HpNC

그림 7.3 ONC와 HpNC의 분자구조 비교

2000년에 개발된 HpNC는 8개의 탄소가 쿠반 분자구조인 고성능 폭발물로 ONC와 비슷하다. 이 줄질은 쿠바 분자의 모서리에 있는 8개의 수소 원자 중 7개가 나이트로기로 대체된 상태이다. 따라서 HMX보다 성능이 더 우수하다.[2]

---

2   https://www.ch.ic.ac.uk/local/projects/wang/nitro5.html

제2절 폭발물의 화학반응과 미사일용 폭발물의 특성

1. 폭발물의 화학반응의 원리와 특성

(1) 연소 현상

연소(combustion)는 화합물이 산소와 반응하여 높은 열과 빛을 발산하면서 이산화탄소, 물 등의 산화 생성물을 만들어 내는 화학반응을 말한다. 일반적으로는 불꽃을 내며 타는 현상을 말한다. 연소과정에서 발생하는 화학반응은 매우 빠르고 발열성이 높으며 화염을 동반한다. 연소과정에서 생성된 에너지는 미반응 물질의 온도를 높여서 반응속도를 빠르게 한다.

예를 들어 성냥개비에 불이 붙었을 때 성냥을 치는 초기 과정에서는 충분한 마찰로 많은 열이 발생하도록 한다. 이때 발생한 마찰열은 성냥 머리의 국부적으로 온도를 상승시켜 연소를 위한 화학반응이 시작되면서 성냥 머리가 점화된다. 성냥 머리에 점화하면 열이 발생하고 이때 발생한 반응생성물은 화염과 함께 공기 중에서 연소하며, 바람이 불거나 성냥개비의 나무가 젖어 열이 약해지면 불꽃이 꺼지게 된다.

(2) 폭연 현상

폭연(deflagration)은 화염, 스파크, 충격, 마찰 또는 고온에 노출될 때 소량의 물질이 순간적으로 발화하는 현상을 말하며, 연소의 전도 속도가 음속 이하이다. 폭연 폭발물은 일반 가연성 물질보다 더 빠르고 격렬하게 연소하며 불꽃이나 딱딱거리는 소리나 쉬쉬 소리와 함께 탄다. 폭연 폭발이 시작되면 고체 미립자 사이의 마찰, 액체 성분의 공극 또는 거품의 압축, 또는 폭발물의 소성 흐름에 의해 국부적이고 고온 지점이 발생한다. 그 결과 열과 휘발성 중간체를 생성하고 기체 상태에서 높은 발열 반응이 일어나서 다량의 에너지가 발생한다. 이 에너지가 새로 노출된 물질의 분해와 휘발하여 열에너지가 발생하면서 자가 전파 과정을 거치면서 폭연이 일어난다.

　폭연의 연소율은 밀폐 정도가 증가함에 따라 증가하며 식 [7-1]과 같다.[3]

$$r = \beta P^{\alpha} \quad\cdots\cdots\cdots\cdots\cdots\cdots\cdots\cdots\cdots\cdots\cdots\cdots\cdots\cdots\cdots [7\text{-}1]$$

　조성물의 표면이 타는 속도인 '선형 연소 속도'는 식 [2-15]와 같이 계산할 수 있다. 여기서 r은 선형 연소 속도 [mm/s], P는 주어진 순간에 조성물 표면의 압력, β는 연소율 계수, α는 연소율 지수이다. 그리고 연소율 지수 는 다른 압력에서 폭발성 물질을 연소시키고 선형 연소율 측정하여 실험적으로 구한 값으로 0.3에서 1.0보다 크다.

밀폐되지 않은 대기압$(9.869 \times 10^{-2} \text{N/mm}^2)$ 상태에서 일반적인 추진제의 선형 연소율 r이 5mm/s이고, 연소율 지수 α가 0.528인 경우에 연소율 계수와 선형 연소 속도를 계산하시오.

풀이　a) β값은 선형 연소율 r과 연소율 지수 α값을 식 [7-1]에 대입하면 식 [7-2]와 같다.

$$5 = \beta(9.869 \times 10^{-2})^{0.528} \quad\cdots\cdots\cdots\cdots\cdots\cdots\cdots\cdots\cdots [7\text{-}2]$$

　　따라서 $\beta = 16.98 \text{mm/s} (\text{N/mm}^2)^{1/0.528}$이다.

　b) 총열 내부에서 추진제가 연소할 때 압력이 4,000배 증가하였다면, 선형 연소 속도는 식 [7-1]을 적용하여 식 [7-3]과 같이 계산할 수 있다.

$$r = 16.98 \times (4{,}000 \times 9.869 \times 10^{-2})^{0.528} = 399 \text{mm/s} \quad\cdots\cdots\cdots [7\text{-}3]$$

3　https://www.nakka-rocketry.net/burnrate.html

(3) 폭발 현상

폭발(detonation)은 화합물이 화학반응을 시작할 때 열 메커니즘이 아닌 충격파의 전파를 통해 분해되는 현상이며, 이러한 화합물을 폭발물이라고 한다. 고체 또는 액체 폭발물의 충격파 전파속도는 1,500m/s에서 9,000m/s 사이이며, 폭연 과정보다 더 빠르다. 그리고 폭발물이 분해되는 속도는 열전달 속도가 아니라 충격파의 전달 속도에 의해 결정되며 불로 점화하거나 충격을 가하면 폭발이 개시할 수 있다.

■1 폭발압력과 연소율

연소 후 폭발하는 현상은 폭발성 물질이 원통형 용기에 밀폐되어 있고 한쪽 끝에서 점화될 때 발생할 수 있다. 폭발성 혼합물이 화학적 분해로 생성된 가스가 밀폐 용기에 있으면 연소 표면의 압력이 높아져서 선형 연소 속도를 증가시킨다. 그리하여 연소 표면에서 발생한 압력 펄스에 의해 선형 연소 속도가 음속을 초과하여 폭발한다.

폭발하는 폭발물의 선형 연소율 지수 는 1보다 작으며, 폭발하는 동안에 〈그림 7.4〉 ❶에서 보는 바와 같이 1보다 커진다. 그리고 더 높은 압력에서는 〈그림 7.4〉 ❷와 같이 더 증가하는 현상이 일어난다. 이러한 방식으로 폭발하는 폭발물은 〈그림 7.5〉와 같이 연소 시작과 폭발 시작 사이에 상당한 지연이 발생한다. 이 지연은 폭발 성분의 특성, 입자 크기, 밀도 및 밀폐 여부에 따라 차이가 있다. 이러한 연소 원리는 지연 신관 및 폭파 기폭 장치에 사용되고 있다.

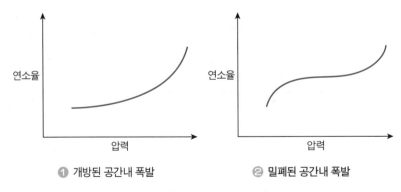

❶ 개방된 공간내 폭발   ❷ 밀폐된 공간내 폭발

그림 7.4 폭발물의 폭발압력과 연소율의 관계

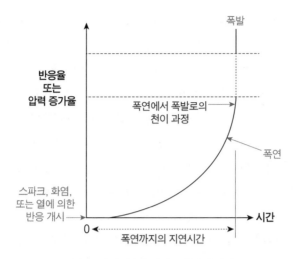

그림 7.5 폭연에서 폭발로의 천이 과정

폭발성 화합물은 충격파를 가속하는 화학적 발열 분해반응을 하며, 충격파 속도가 음속을 초과하면 폭발이 발생한다. 그리고 폭발개시가 즉시 일어나지는 않으나 폭연에서 폭발까지 지연시간은 수 μs의 매우 짧은 시간으로 거의 무시할 수 있다.

② 충격파의 전파과정

폭발 과정은 매우 복잡한 과정으로 매우 단순화된 정성적 분석에 대해서 알아보면 다음과 같다.

만일 〈그림 7.6〉과 같이 기체가 들어있는 튜브에 피스톤을 움직이면 음파와 유사한 파동이 발생하며, 이때 희박한 영역과 압축 영역이 존재하게 된다. 이때 기체 온도는 압축 영역에서 높아지고 단열 팽창으로 인해 냉각된다. 폭발이 발생하

그림 7.6 음파를 만들기 위한 가스의 압축과 팽창

면 파면(wave front)의 압축 부분은 온도가 폭발성 결정의 분해 온도 이상으로 상승할 수 있도록 충분하게 높다. 폭발하는 결정이 파면 바로 뒤에서 분해되면서 많은 양의 열과 가스가 발생한다. 그리고 차례로 파도의 전면에서 높은 압력에 의해 내부 압력을 높인다. 파면이 전진하기 위해서는 파면에서 이러한 높은 압력이 유지되어야 한다. 파면이 전방으로(측면이 아닌) 상당한 거리로 전파되기 위해서는 폭발성 물질이 튜브 내부에 밀폐하거나 원통형 모양이 되어야 한다. 폭발성 물질의 지름이 너무 작으면 파면의 왜곡이 발생하여 속도가 감소하고 폭발을 지지하기에는 에너지 손실이 너무 커서 측면 쪽으로 에너지 손실이 커져서 폭발 충격파(detonation wave)가 약해진다. 결과적으로 폭발성 물질의 지름은 폭발성 물질의 특성인 특성 임계치보다 커야 한다. 제2 고성능 폭발물의 원통형 펠릿(pellet)을 따라 폭발하는 것은 충격파의 축 방향 압축이 폭발물의 상태를 변화시켜 발열 반응이 일어나도록 하는 자체 전파과정이다.

한편 〈그림 7.7〉 ❶은 원통형 펠릿에서 발생하는 파면의 전파과정을 나타낸 그림이다. 그림에서 보는 바와 같이, 충격파면은 안정된 상태에 도달할 때까지 진폭이 증가하면서 폭발성 물질을 통해 이동한다. 정상 상태(steady state)의 조건은 화학반응에서 방출되는 에너지가 열로 주변 매질에 손실된 에너지와 폭발물질을 압축하고 유동하는데 사용된 에너지가 같을 때이며, 이때 폭발 충격파는 초음속 속도이다. 예를 들어, 액체 나이트로글리세린과 같은 균질한 액체 폭발물이 폭발

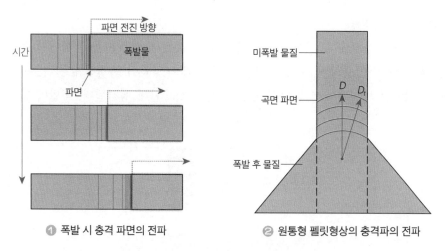

❶ 폭발 시 충격 파면의 전파   ❷ 원통형 펠릿형상의 충격파의 전파

그림 7.7 폭발물의 폭발 시 충격 파면의 전파

이 시작될 때 압력, 온도 및 밀도가 모두 증가하여 폭발 파면을 형성한다. 이 과정은 10~12초 정도의 시간 내에서 발생한다. 액체 나이트로글리세린의 분해를 위한 발열 화학반응은 폭발 충격파 전면(detonation wave front)에서 일어난다. 그리고 충격파의 두께는 대략 0.2mm이다. 충격파 전면의 끝으로 갈수록 압력의 세기는 약 220kbar에 근접하고 온도는 3,000°C 이상이며, 밀도는 30% 정도 더 높아진다.

③ 폭발물의 밀도와 폭발속도

비균질의 민수용 폭발물의 폭발속도는 증가하다가 폭발물의 압축 밀도가 증가함에 따라 감소한다. 비균질 폭발물의 압축은 폭연에서 폭발로의 전환을 매우 어렵게 만든다. 하지만 균질한 군용 폭발물의 폭발속도는 〈표 7.5〉와 같이 폭약 성분의 압축 밀도가 증가함에 따라 증가한다.

균질한 폭발물에 대한 최대 폭발속도에 도달하려면 폭발물을 최대 밀도로 제조해야 한다. 예를 들어 결정성 폭발물일 경우에 압축 밀도는 압착(pressing), 주조, 압출 등 압밀 기술(consolidation technique)에 따라 차이가 있다.

〈표 7.5〉에서 보는 바와 같이 제2 고성능 폭발물이 제1 고성능 폭발물보다 폭발속도가 빠르며 HMX, RDX, 스티브산납 등 다른 폭발물도 이러한 경향이 비슷하다.

표 7.5 제1, 제2 고성능 폭발물의 밀도와 폭발속도의 관계

뇌홍	밀도[g/cm³]	1.25	1.66	3.07	3.30	3.96	제1 고성능 폭발물
	폭발속도[m/s]	2,300	2,760	3,925	4,480	4,740	
나이트로구아니딘	밀도[g/cm³]	0.80	0.95	1.05	1.10	1.20	제2 고성능 폭발물
	폭발속도[m/s]	4,695	5,520	6,150	6,440	6,775	
TNT	밀도[g/cm³]	1.2	1.3	1.4	1.5	1.55	
	폭발속도[m/s]	5,625	5,975	6,325	6,675	6,850	

④ 폭발물질의 지름의 영향

원통형 펠릿 형상의 폭발물의 폭발속도는 일정한 크기까지 지름의 크기와 비례관계에 있다. 정상 상태 조건에서 원통형 펠릿의 폭발 파면의 형상은 〈그림 7.7〉

❷와 같이 평평하지 않고 볼록하다. 이때 D는 축 방향의 폭발속도이고 D_t는 폭발물 표면에 가까운 폭발속도이다. 그리고 폭발속도가 펠릿의 중심에서 표면으로 점차 감소하는 것을 볼 수 있다.

폭발물의 입자가 큰 경우에 표면 효과는 작은 지름의 펠릿과 비슷할 정도로 폭발속도에 영향을 미치지 않는다. 표면 효과가 너무 커서 파면이 안정적이지 않을 때의 펠릿 지름을 임계 지름이라고 한다. 이 현상은 균질한 군용 폭발물에만 존재한다. 비균질 민수용 폭발물의 경우에 폭발속도는 지름과 비례하여 증가한다. 균질 및 비균질 폭발물의 폭발 거동이 다른 이유는 폭발 메커니즘 때문이다. 균질 폭발물은 충격파의 전파를 위해 분자 내 반응에 의존한다. 하지만 비균질 폭발물의 폭발은 공기, 기포, 공극 등에 민감하고 분자 간의 반응에 의존하기 때문이다.

5 폭발속도에 대한 폭발성 물질의 영향

폭발 과정은 충격파로 간주할 수 있으며, 충격파면은 일정한 속도로 폭발되지 않은 폭발물로 진행하고 그 뒤에 〈그림 7.8〉과 같이 화학반응 영역이 뒤따라 온다. 폭발 충격파가 앞으로 진행하려면 반응 구역에서 속도가 음속과 폭발성 물질의 속도의 합과 같아야 하며, 이를 식으로 표현하면 식 [7-4]와 같다. 여기서 D는 정상상태 파면의 속도, U는 폭발물의 입자 속도이고, c는 음파 속도이다.[4]

$$D = U + c \quad\text{···}\quad [7\text{-}4]$$

폭발물 입자의 속도가 매우 느린 경우, 즉 U가 작으면 충격파가 약해지고 그 속도는 음속에 근접하게 되며, 이러한 조건에서는 폭발이 일어나지 않는다. 하지만 폭발물 입자의 속도가 빠를 경우, 즉 U가 크면 충격파가 음속보다 빠르게 이동하여 폭발이 발생한다. 이때 폭발속도는 폭발물을 구성하는 물질과 물질의 속도에 의해 결정이 된다.

---

4 https://wiley-vch.e-bookshelf.de/products/reading-epub/product-id/754542/title/Ammonium%2B Nitrate%2BExplosives%2Bfor%2BCivil%2BApplications.html?autr=%22Erode+G.+Mahadevan%22

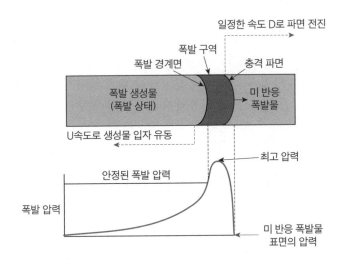

그림 7.8 고성능 폭발물의 폭발 과정과 폭발속도

6 폭발물의 분류

폭발물은 쉽게 점화되어 폭발할 수 있는 정도에 따라서 분류할 수 있다. 제1 고성능 폭발물은 작은 기계적 또는 전기적 자극으로도 쉽게 점화되거나 폭발한다. 제2 고성능 폭발물은 쉽게 폭발하지 않는다.

2. 폭발물의 종류 몇 화학반응

(1) 제1 고성능 폭발물

제1 고성능 폭발물(primary explosives)은 연소에서 폭발로 매우 빠르게 전환되고 폭발을 덜 민감한 폭발물에 전달할 수 있다는 점에서 제2 고성능 폭발물(secondary explosive)과 차이가 있다. 제1 고성능 폭발물은 열이나 충격을 받으면 폭발하며 폭발 시 폭발물의 분자는 분자나 원자 또는 이온 등으로 나누어지면서 엄청난 양의 열과 충격 에너지를 생성한다. 이 에너지가 더 안정적인 제2 고성능 폭발물을 폭발시키며 이를 폭발물 연쇄 과정이라고 한다. 즉 제1 고성능 폭발물을 제2 고성능 폭발물을 폭발하기 위한 뇌관이나 신관 등의 기폭약으로 사용하는 폭발물이다. 대표적인 제1 고성능 폭발물인 아지드화납(lead azide) 반응식은 식 [7-5]와 같다.[5]

---

5 이진호, '무기공학' 제2판, 도서출판 북코리아, 2020. 12; 이진호, 군사과학 총서1 '군사과학의 이해(총포와 기

$$\frac{1}{2}PbN_6 \rightarrow \frac{1}{2}Pb^{2+} + N_3^- \xrightarrow{213kJ} \frac{1}{2}Pb + N_2 + N \quad \text{·················· [7-5]}$$

이 반응에서 213kJ의 열에너지를 흡수하는 흡열 반응이다. 그리고 질소 원자 하나가 N_3이온과 다른 N_3이온과 반응하여 식 [7-6]과 같이 두 분자의 질소를 만든다.

$$\frac{1}{2}PbN_6 + N \rightarrow \frac{1}{2}Pb^{2+} + N_3^- + N \rightarrow \frac{1}{2}Pb + 2N_2 + 657kJ \quad \text{········· [7-6]}$$

이 반응에서 657kJ의 열에너지를 생성하며 하나의 N_3^-기가 분해하면 인접한 2개에서 3개의 N_3^-가 포함될 수 있다. 이들 이온이 동시에 분해되면 N_3^- 이온 22개가 분해될 수 있다. 따라서 아지드화납의 폭발로의 빠른 전이는 소수의 아지드화납 분자가 분해하면 많은 수의 N_3^- 이온에서 폭발을 유도하여 전체 질량의 폭발을 일으킬 수 있다. 제1 고성능 폭발물은 열에 대한 민감도와 폭발 시 발생하는 열량이 상당히 다르며 폭발 시 열과 충격은 다양할 수 있으나 제2 고성능 폭발물과 비슷하다. 그리고 폭발속도는 3,500~5,500m/s 정도이다.

한편 제1 고성능 폭발물은 충격, 마찰, 전기 스파크 또는 고온에 쉽게 발화하는 민감도가 높다. 그리고 밀폐 또는 개방된 공간 모두에서 폭발하는 특성이 있으며, 〈표 7.6〉과 같이 다양한 폭발물이 있다. 참고로 아지드화수은이나 뇌홍은 거의 사용하지 않는다.

(2) 제2 고성능 폭발물

제2 고성능 폭발물은 열이나 충격으로 쉽게 폭발할 수 없으며, 보통 제1 고성능 폭발물보다 폭발 강도가 더 강력하다. 그리고 제1 고성능 폭발물보다 덜 민감하며, 제1 고성능 폭발물의 폭발로 생성된 충격에 의해서만 폭발을 개시할 수 있다. 대표적인 사례로 식 [7-7]과 같이 RDX 폭발물의 화학반응을 들 수 있다.

$$C_3H_6N_6O_6 \rightarrow 3CO + 3H_2O + 3N_2 \quad \text{··· [7-7]}$$

동무기', 도서출판 북코리아, 2020.12.

표 7.6 폭발물의 종류에 따른 반응 특성 비교

반응 조건	비폭발성 연소물질	폭연 폭발물	폭발 폭발물
반응 개시	화염, 스파크, 고온	화염, 스파크, 마찰, 충격, 고온	대부분 적당한 초기 조건에서 폭발 시작
습기 여부	젖은 상태에서 반응이 시작되지 않음	←	적은 상태에서도 반응 개시
반응에 필요한 산소	외부에서 산소공급 필요	폭발물 속에 산소가 포함되어 있음	←
반응 시 발생하는 소리	소리가 나지 않고 화염이 발생하면서 버닝(burning)	불꽃이나 딱딱거리는 소리나 쉬쉬 소리	크고 날카로운 쾅 소리
가스 생성	적음	추진제의 추진력으로 사용되는 가스 생성	충격파의 생성과 파괴력으로 사용
반응 전파속도	폭연보다 느림	아음속	초음속
반응 전파 원리	열 반응	←	충격파
연소 속도	주위 압력이 증가하면 연소 속도가 증가	←	영향을 받지 않음
밀폐 용기의 강도	영향을 받지 않음	←	폭발속도에 영향을 받음
물질의 크기와 반응속도의 관계	연수물질의 크기와 무관	구성물질의 크기와 무관	폭발물의 지름과 관계가 있음(임계 지름)
반응의 전환 및 화학조성의 변화	폭연 또는 폭발로 전환되지 않음	반응 조건을 충족하면 폭발로 전환 가능	• 폭발 충격파의 전파가 실패할 경우 폭연으로 되돌아가지 않음 • 폭발물의 조성은 화학적으로 변하지 않음

RDX는 제1 고성능 폭발물이 폭발에너지에 의해 격렬하게 폭발하며, 분자구조는 폭발과 함께 붕괴하면서 순간적으로 무질서한 원자 덩어리가 생성된다. 이들 원자는 즉시 재결합하여 상당한 양의 열과 가스를 방출하게 된다. RDX의 폭발속도는 너무 빨라서 충격파가 생성되어 주변에 강한 충격이나 파편 효과로 영향을 미친다. 이때 가스의 팽창압력보다 충격파가 주위에 먼저 영향을 준다. 제2 고성능 폭발물은 매우 안정적이며 폭발속도는 5,500~9,000m/s 범위이다.

(3) 저성능 폭발물

저성능 폭발물의 대표적인 사례가 추진제이며, 자체에 가연성 물질이 포함된 폭발물이다. 추진제는 연소만 하고 폭발하지 않는다. 일반적으로 연소는 다소 격렬하게 진행되며 불꽃이나 스파크, 딱딱거리는 소리가 동반되나 고성능 폭발물이 폭발하는 경우처럼 날카롭고 큰 소리가 나지는 않는다. 추진제는 화염 또는 스파크에 의해 반응이 개시될 수 있으며, 고체에서 기체 상태로 비교적 천천히 변화하는 물질이다. 대표적인 사례로 나이트로글리세린, 무연추진제, 질산암모늄 폭발물 등이 있다.

추진제의 연소율에 미치는 영향 요소는 연소실의 압력, 추진제 입자의 초기 온도, 연소 표면에 평행하게 흐르는 연소 가스의 속도, 국부적인 정압(local static pressure), 로켓 모터 가속도와 회전속도 등이다. 여기서 정압이란 정지하고 있는 유체 속의 압력을 말한 유체의 총 압력(total pressure) 중에서 흐름의 속도에 관계되는 부분의 압력인 동압(dynamic pressure)과의 상대적인 뜻이다. 정압은 유체가 관 내를 흐르고 있을 때 흐름과 직각 방향으로 작용하는 압력이고, 동압은 유체 밀도의 절반에 유체 속도의 제곱을 곱한 값이다.

3. 폭발물의 종류별 적용 사례

저성능 폭발물은 〈표 7.7〉에서 보는 바와 같이 고성능 폭발물보다 화학적 반응속도가 상대적으로 느린 물질이다. 이러한 물질에는 대표적으로 추진제(propellant)와 조명탄이나 연막탄의 사용하는 화약이 있다. 주로 미사일, 로켓, 소총탄이나 포탄의 추진제로 사용하고 있다.[6]

고성능 폭발물은 고성능 폭약(HE, High Explosives)은 충격파 생성, 폭파, 파편화, 관통, 공중폭발 등의 효과를 얻기 위해 사용하는 폭발물이다. 고성능 폭발물은 외부의 에너지를 폭발물에 가했을 때 반응의 정도에 따라 제1 고성능 폭발물과 제2 고성능 폭발물로 분류한다. 제1 고성능 폭발물은 제2 고성능 폭발물에 비해 적은 에너지에도 폭발하는 민감한 화약이다. 제1 고성능 폭발물은 주로 미사일 또는 대

---

6 John A. Conkling & Chris Mocella, "Chemistry of Pyrotechnics Basic Principles and Theory", 2nd edition, CRC Press, 2010.

구경 포탄의 신관이나 소총탄의 뇌관에 사용하는 기폭제(약), 도폭제(약), 뇌관 화약 등으로 사용되고 있다.

제1 고성능 폭발물보다 외부의 에너지에 둔감하나 폭발위력이 높은 제2 고성능 폭발물은 미사일 탄두 또는 포탄의 작약, 대구경 포탄, 지뢰, 수류탄 등의 작약(bursting charge)으로 사용하고 있다.

표 7.7 미사일용 폭발물의 분류와 적용

분류	세부분류	적용 사례
저성능 폭발물	• 추진제 • 조명제, 발연제	미사일 추진제, 로켓 모터 추진제 등
고성능 폭발물	• 제1 고성능 폭발물(민감도 높음)	미사일 탄두의 신관(기폭제, 도폭제, 뇌관 화약 등)
	• 제2 고성능 폭발물(민감도 낮음)	미사일 탄두 등

군용 폭발물 중에서 로켓 추진제나 총이나 포탄에 사용되는 추진제 등은 연소과정이라 하지만 폭발이라 할 정도로 연소 속도가 빠르다. 연소와 폭발속도는 화염전면(flame front)의 전파속도로 결정할 수 있으며, 자세한 내용은 '군사과학 총서 1'의 제2장 내용을 참고하기 바란다. 따라서 본 절에서는 미사일과 로켓포에 사용하는 폭발물을 중점적으로 소개하였다.

제3절 군사용 폭발물의 분자구조와 생성 원리

1. 폭발물의 위력

폭발물의 위력은 '위력 지수(P.I, power index)'와 표준 폭발물인 피크르산(picric acid, $C_6H_3N_3O_7$)을 기준으로 상대적인 폭발위력을 나타내는 '상대 폭발물 지수(R.P.I, relative power index)'가 있다. 이들 지수의 정의와 물리적인 개념은 다음과 같다.[7]

(1) 위력 지수

폭발물 1g에 대한 값이 열량과 가스의 체적의 크기로 비교한다. 이를 폭발물의 위력 지수(P.I)라 하며, 식 [7-8]과 같다.[8]

$$P.I = Q \times V \text{...} [7-8]$$

여기서 위력 지수는 폭발물 1g당 발생하는 열량[J]과 발생하는 가스의 체적 [cm^3]의 곱이며, $Q[J]$는 폭발물의 발생하는 열량(또는 폭발열)이고, 는 발생하는 가스의 체적이다. 예를 들어 1g의 RDX 폭발물이 폭발하면 5,036J의 열에너지와 908cm^3의 가스가 발생한다. 따라서 RDX 폭발물의 위력 지수는 이들 값을 곱하면 구할 수 있다. 결국 $P.I_{RDX}$는 4,572.6kJcm³이다.

(2) 상대 위력 지수

폭발물의 상대 위력 지수는 피크르산 폭발물과 비교한 상대적인 위력 지수이

---

7 https://www.oxfordreference.com/view/10.1093/acref/9780199594009.001.0001/acref-97801
   99594009-e-0431

8 https://www.globalspec.com/reference/55654/203279/explosive-power-and-power-index

며, 식 [7-9]와 같다.[9] 이때 기준 폭발물인 피크르산은 발열량 $Q_{picric\ acid}$은 3,249J/g, 발생 가스의 체적 $V_{picric\ acid}$은 831cm³/g 이다. 참고로 피크르산은 페놀에 황산을 작용시켜 다시 진한 질산으로 나이트로화하여 만들며 노란색 결정물질이다.

$$R.P.I = \frac{Q \times V}{Q_{\pi cric\ acid} \times Q_{\pi cric\ acid}} \times 100\% \quad \cdots\cdots\cdots\cdots\cdots\cdots\cdots\cdots [7\text{-}9]$$

따라서 식 [7-9]는 피크르산의 위력 지수를 계산하면, [7-10]과 같이 나타낼 수 있다.

$$R.P.I = \frac{Q \times V}{Q_{\pi cric\ acid} \times Q_{\pi cric\ acid}} \times 100\% \quad \cdots\cdots\cdots\cdots\cdots\cdots\cdots [7\text{-}10]$$

표 7.8 폭발물의 폭발 지수 비교

특성 구분	폭발물	Q[J/g]	V[cm³/g]	P.I[kJcm³]	R.P.I[%]
제1 고성능 폭발물	뇌홍	1,755	215	3,773.3	14
	스티븐산납	1,855	301	5,583.6	21
	아지드화납	1,610	218	3,509.8	13
제2 고성능 폭발물	나이트로글리세린	6,194	740	4,583.6	170
	PETN	5,794	780	4,519.3	167
	RDX	5,036	908	4,572.6	169
제2 고성능 폭발물	HMX	5,010	908	4,549.1	169
	나이트로구아니딘	2,471	1,077	2,661.3	99
	피크르산	3,249	831	2,699.9	100
	테트릴	4,335	820	3,554.7	132
	TNT	4,247	740	3,142.8	116

---

9 Jacqueline Akhavan, "The Chemistry of Explosives", Second Edition, Royal Society of Chemistry, 2011.(www.rsc.org); https://www.globalspec.com/reference/55654/203279/explosive-power-and-power-index

7.2
exercise

아지드화납(Lead azide, pb(N₃)₂) 폭발물 1g은 1,610J의 열에너지를 발생하며 발생 가스의 부피는 218cm3이다. 이 폭발물의 위력 지수는 얼마인가? 그리고 RDX 폭발물의 위력 지수와 상대 위력 지수를 비교하시오.

풀이 a) 폭발물의 위력 지수는 〈표 7.8〉의 값을 적용하면, $P.I_{azid} = Q \times V = 1,610 \times 218 = 3509.8 kJcm^3$이다. 따라서 단위 환산을 하면 $P.I_{azid} = 370.3$이다. RDX는 아지드화납 폭발물보다 약 13배 폭발 지수가 크다.

b) 상대 위력 지수는 식 [7-10]을 적용하면 RDX의 R.P.I는 식 [7-11]과 같다. 즉,

$$R.P.I = \frac{4,572.6 kJ/cm^3}{2,699.9 kJ/cm^3} \times 100 = 169.4\% \quad \text{......................} \quad [7-11]$$

따라서 RDX 폭발물은 피크르산 폭발물보다 약 1.69배 폭발위력이 크다.

2. 폭발물의 산소 균형과 폭발 특성의 관계

(1) 산소 균형의 정의와 계산

폭발물의 산소 균형은 폭발하면서 탄소(C)는 이산화탄소(CO_2), 수소는 물(H_2O), 질소(N)는 질소가스(N_2) 물질로 된다고 가정하고 계산한 산소의 과부족을 나타낸다. 예를 들어, 산소가 남는 것을 산소 균형의 양(+), 부족한 것을 음(-)이라 한다. 일반적으로 산소 균형이 영(zero) 또는 영에 가까운 폭발물이 폭발했을 때 위력이 가장 크다. 그리고 산소 균형이 영일 경우에 수소, 탄소, 일산화탄소 등의 물질은 생성되지 않는다.

만일 폭발물을 $C_X H_Y O_Z N_W$와 같이 일반식으로 나타내면 식 [7-12]와 같이 계산할 수 있다. 이때 탄소의 원자량은 12.0107 amu, 수소는 1.00794 amu, 산소는 15.9994 amu, 질소는 14.00674 amu이다.

$$O.B = \frac{\text{산소의 분자량}}{\text{폭발물의 분자량}} \times \left\{ z - \left(2x + \frac{y}{2} \right) \right\} \times 100 \, [\%] \quad \text{..............} \quad [7-12]$$

예를 들어, TNT의 산소 균형을 계산하면, TNT의 구성 성분은 $N_3C_7H_5O_6$ 이므로 $x=7$, $y=5$, $z=6$, $w=3$이다. 이를 식 [2-1]에 적용하면, TNT의 산소 균형 $O.B_{TNT}$는 식 [7-13]과 같다.

$$O.B_{TNT} = \frac{16}{227.1312} \times \left\{ 6 - \left(2 \times 7 + \frac{5}{2} \right) \right\} \times 100 = -73.96\% \quad \cdots\cdots \text{ [7-13]}$$

한편, 탄광 갱도에서 사용하는 폭파용 폭약은 폭발 시에 유독 가스가 발생하지 않도록 주의할 필요가 있다. 폭약의 폭발 생성 가스 중 인체에 유독한 일산화탄소(CO), 이산화질소(NO_2), 이산화황(SO_2) 등이 있다. 이 중에서 NO_2와 SO_2가 생성되면 냄새로 감지할 수 있으나 CO는 무색무취이므로 CO의 생성되지 않도록 갱내용 폭약에서는 반드시 산소 균형을 양(=)가 되어야 한다. 하지만 군사용 폭약인 경우는 폭발 시 연기 발생 여부가 중요하다.[10]

끝으로 주요 폭발물의 산소 균형과 폭발속도 및 폭발압력은 〈표 7.9〉와 같다. 표에서 보는 바와 같이 HNB를 제외하고 폭발물의 종류에 따라서 산소 균형이 '-' 인 경우에 폭발속도와 폭발압력이 높다. 이러한 특성을 고려하여 공기와의 노출 여부를 결정할 수 있다.[11]

표 7.9 주요 폭발물의 산소 균형과 폭발 특성

폭발물	밀도[g/m³]	산소 균형[%]	폭발속도[m/s]	폭발압력[kbar]
TNT	1.6	-73.96	6,930	190
RDX	1.8	-21.61	8,750	338
HMX	1.9	-21.61	9,110	390
HNB	2.0	0	9,400	406
CL-20	2.0	-10.95	9,400	420

---

10 https://www.ch.ic.ac.uk/local/projects/wang/discussion1.html;

11 "The Oxygen Balance for Thermal Hazards Assessment". iomosaic.com. Retrieved 2022.10; "U.S. Explosive Ordnance, Bureau of Ordnance", Washington, D.C.: U.S. Department of the Navy. 1947.

RDX[(CH$_2$)$_3$N$_3$(NO$_2$)$_3$]와 PETN[C$_6$H$_8$O$_{12}$N$_4$]의 산소 균형을 계산하시오. 그리고 이들 폭발물의 산소 균형과 폭발 강도의 관계를 비교하시오.

풀이 첫째, RDX의 구성 성분은 N$_6$C$_3$H$_3$O$_6$이므로 $x=3$, $y=6$, $z=6$, $w=6$이다. 따라서 산소 균형 O.B$_{RDX}$는 식 [2-3]과 같다.

$$O.B_{RDX} = \frac{16}{222.117} \times \left\{ 6 - \left(2 \times 3 + \frac{6}{2} \right) \right\} \times 100 = -21.61\% \quad \cdots\cdots [7-14]$$

둘째, PETN의 구성 성분은 C$_5$H$_8$O$_{12}$N$_4$이므로 $x=5$, $y=8$, $z=12$, $w=4$이다. 따라서 산소 균형 O.B$_{RDX}$는 식 [2-4]와 같다.

$$O.B_{RDX} = \frac{16}{316.073} \times \left\{ 12 - \left(2 \times 5 + \frac{8}{2} \right) \right\} \times 100 = -10.12\% \quad \cdots\cdots [7-15]$$

결론적으로 PETN이 RDX보다 산소 균형이 크다.

(2) 산소 균형이 폭발열에 미치는 영향

폭발열에 대한 산소 균형의 영향은 〈그림 7.9〉에서 보는 바와 같다. 이때 폭발열은 산소 균형이 0일 때 최대에 도달한다. 이는 탄소에서 이산화탄소로, 수소에서 물로 화학적으로 산화에 해당하기 때문이다. 따라서 산소 균형은 가능한 한 0에 가까운 산소 균형을 제공하도록 폭발물의 구성을 최적화해야 좋다. 예를 들어, TNT의 산소 균형은 -73.96%이다. 따라서 산소가 매우 부족하고 산소 균형이 79%인 질산암모늄과 혼합하여 산소 균형이 0으로 감소하도록 하면 폭발열이 가장 많다.[12]

(3) 폭발속도와 폭발압력

폭발속도란 폭발물이 폭발하면서 발생하는 충격파(shock wave)의 전파속도로 정의된다. 측정 방법은 지름 1inch인 폭발물을 슬리브(sleeve) 형태로 되어있는 강철관(steel tube)에 넣은 후 폭발물을 폭발시켜 폭발 충격파의 속도를 측정하며 '군사과학

---

12 https://pubs.rsc.org/en/content/articlelanding/2019/ta/c8ta12506f; https://www.researchgate.net/figure/The-oxygen-balance-of-TNT-PETN-and-ANFO_tbl1_26817 9701; https://en.wikipedia.org/wiki/Oxygen_balance

총서 1' 제2장을 참고하면 자세히 알 수 있다.[13]

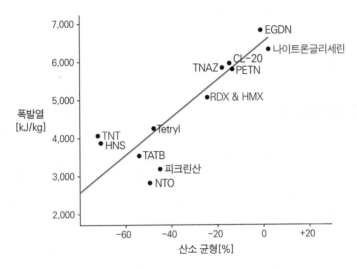

그림 7.9 폭발물의 산소 균형과 폭발열의 관계

13 https://www.ch.ic.ac.uk/vchemlib/mim/bristol/tnt/tnt_text.htm; Streitweiser & Heathcock, "Intro duction to Organic Chemistry", MacMillan, New York, 1981; https://m.hanwhacorp.co.kr

제4절 군용 폭발물의 제조와 가공방법

1. 폭발물의 분자구조

화학적 폭발물은 무기 화합물과 유기 화합물이 있으며 폭발물로 사용되고 있는 대부분은 유기 화합물이다. 여기서 무기 화합물이란 탄소 이외의 원소로 이루어진 화합물이고, 유기 화합물은 탄소의 산화물이나 금속의 탄산염 등 소수인 간단한 물질을 제외한 모든 탄소 화합물이다.[14]

(1) 무기 화학 폭발물

대표적인 무기 화학 폭발물(inorganic chemical explosives)에는 1891년에 개발한 아지드화납(lead azide, $Pb(N_3)_2$)이며 분자구조는 〈그림 7.10〉과 같다. 제조방법은 아지드화나트륨(sodium azide, NaN_3) 용액 속에 약 2%의 젤라틴(gelatin)이나 덱스트린(dextrin)을 첨가해서 결정의 발달을 막으면 약간 둔감한 순도 93%의 무정형 입자상 물질(amorphous substance)인 아지드화납을 만들 수 있다.

이 폭발물은 소량이더라도 깃털을 이용하여 마찰시키면 폭발하는 마찰과 충격에 민감한 물질이다. 이 물질은 녹는점이 190℃이고 350℃에서 폭발하기 때문에 고온 저장이 가능하다. 또한, 고체 상태로 큰 압력에도 압축되지 않으며 습기에 반응하지 않으며, 소량이라고 정전기나 화염에 의해 폭발한다. 그리고 이 물질은

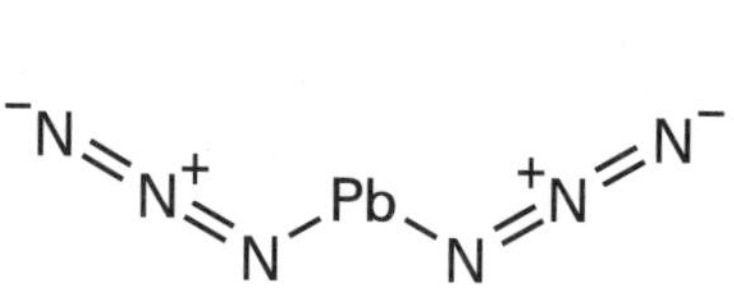

$$^-N{=}N{\overset{+}{=}}N{-}Pb{-}N{\overset{+}{=}}N{=}N^-$$

그림 7.10 아지드화납의 분자구조

---

14 J. Kelly, "Gunpowder", New York: Basic Books, 2004.

원료를 쉽게 구할 수 있고 가격이 저렴하며 보존성이 우수하나 발화점이 높은 단점이 있다. 주로 뇌관이나 신관의 기폭제(initiator)로 사용하고 있다.

(2) 유기 화학 폭발물

고성능 폭발물의 자체는 분자 내 산소를 운반하는 나이트로기(nitro group)와 나머지 폭발물 사이의 결합 특성에 따라 크게 세 가지로 분류하며, 주요 폭발물의 분자구조는 〈그림 7.11〉과 같다.

첫째, 탄소–나이트로기 폭발물에는 TNT(trinitrotoluene)와 같이 나이트로기가 탄소 원자에 결합이 되어있는 폭발물이 있다. 둘째, 질소–나이트로기 폭발물에는 RDX나 HMX와 같이 나이트로기가 질소 원자에 결합이 되어있는 폭발물이 있다. 셋째, 산소–나이트로기 폭발물에는 나이트로글리세린(NG), PETN과 같이 나이트로기가 산소 원자와 결합이 되어있는 폭발물이 있다.

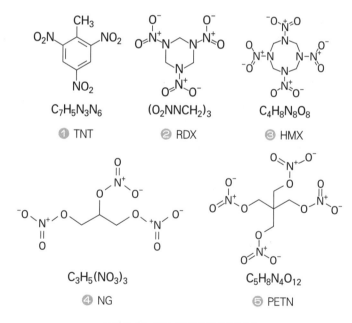

그림 7.11 주요 폭발물의 분자구조

2. 폭발물질의 생성 방법

나이트로화 반응(nitration reaction)은 폭발물을 준비하는 데 중요한 역할을 하는 과정이며, 이것은 발열 반응이며 폭발성 물질을 생성한다. 이 반응은 〈표 7.10〉과 같이 세 가지 방법이 있다. 예를 들어, TNT, RDX, 나이트로글리세린, PETN 등과 같이 가장 일반적으로 사용되는 군용 및 상업용 폭발성 화합물은 모두 나이트로화하여 제조할 수 있다.

표 7.10 폭발물의 나이트로화 반응의 분류

구분	C-nitration (나이트로 화합물)	O-nitration 나이트로 에스터 (nitro ester)	N-nitration 나이트로아민
분자구조	질산기가 탄소 원자에 직접 결합해 있는 유기 화합물	산소 원자에 결합한 질산기가 탄소 원자에 직접 결합해 있는 유기 화합물	질소 원자에 결합한 질산기가 탄소 원자에 직접 결합해 있는 유기 화합물
나이트로화 반응	$-\overset{\textstyle\mid}{\underset{\textstyle\mid}{C}}-NO_2$	$-\overset{\textstyle\mid}{\underset{\textstyle\mid}{C}}-ONO_2$	$-\overset{\textstyle\mid}{\underset{\textstyle\mid}{C}}-NNO_2$
	탄소 원자에 질산기를 결합	산소 원자에 질산기를 결합	질소 원자에 질산기를 결합
시제(agent)	질산과 황산의 혼합물	←	질산암모늄
대표적인 폭발물	TNT, 피크르산, 테트릴, TATB, HNS	나이트로셀룰로스, 나이트로글리세린, PETN	RDX, HMX, 나이트로구아니딘

나이트로화 반응은 유기 화합물에 나이트로기($-NO_2$)을 결합하는 반응이다. 벤젠과 같은 방향족 화합물을 나이트로화 반응을 할 때 진한 질산과 진한 황산의 혼합액을 사용하여 반응시킨다. 지방족 탄화수소의 나이트로화 반응은 고온 기체 속에서 질산 증기에 의하여 행해진다. 나이트로화 반응은 염료, 의약품, 농약, 폭약의 제조 등 공업적으로 매우 중요하다.[15]

일반적으로 일부 군용 및 상업용 폭발물에 대한 나이트로화를 위한 화학반응은 〈표 7.10〉과 같이 세 가지 방법이 있다. 대표적인 예로서 벤젠(benzene, C_6H_6)의 나

---

15 세화 편집부, "화학대사전", 도서출판 세화, 2001.5.(http://www.sehwapub.co.kr)

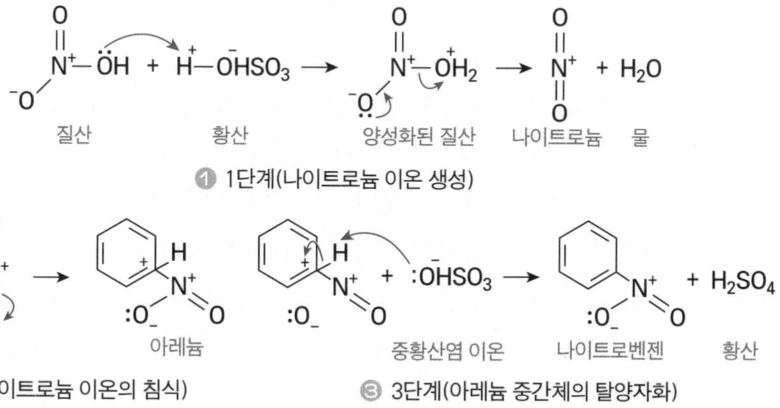

그림 7.12 벤젠의 나이트로화 반응의 과정

이트로화 반응과정을 살펴보면 〈그림 7.12〉와 같다. 먼저 제1단계로 〈그림 7.12〉 ❶에서 보는 바와 같이 질산과 황산은 혼합시켜 나이트로늄 이온(NO_2^+)이 생성된다. 제2단계는 〈그림 7.12〉 ❷에서 보는 바와 같이 나이트로늄 이온의 침식과정으로 벤젠이 나이트로늄 이온과 반응하여 아레늄 이온(arenium ion)이 만들어진다. 마지막 제3단계로 〈그림 7.12〉 ❸에서 보는 바와 같이 아레늄 중간체(intermediate)의 탄소 결합 부위에 붙어있는 양자화된 상태의 수소를 탈양자화(deprotonate) 시켜 나이트로벤젠을 생산할 수 있다.[16]

3. 고성능 폭발물의 제조방법

(1) TNT 폭발물

TNT의 제조는 1891년 독일에서 시작되었으며, 1899년에 알루미늄을 TNT와 혼합한 폭발물이 개발되었다. 1902년에 TNT가 독일군에 채택되어 피크르산을 대체하였으며, 1912년에는 미군도 TNT를 사용하기 시작했다. 이후 1차 세계대전 중 모든 군대에서 사용하였으며 오늘날에도 사용되고 있다.

TNT는 아마톨(amatol, 질산암모늄 + TNT), 펜톨라이트(pentolite, PETN + TNT), 테트리톨(tetrytol, Tetryl 80~65% + TNT 20~35%), 토펙스(torpex, RDX 42% + TNT 40% + 알루미

---

16 https://www.chemistrylearner.com/nitration.html

늄 분말 18%), composition B(RDX 60% + TNT 39% + Beeswax 1%)처럼 많은 폭발물의 구성 요소이다.[17]

TNT는 〈그림 7.13〉과 같이 톨루엔(toluene)의 나이트로화(nitration) 반응을 통해 합성시켜 만든다. 합성 과정은 3단계 과정을 거치며, 그림과 같이 각각의 온도 조건에서 황산과 질산과 반응시키면 나이트로화하여 제조할 수 있다.[18] 이 폭발물의 특성을 살펴보면, 옅은 황색의 결정성 고체(〈그림 7.13〉 ❶)이며 정제된 형태이며, 가장 안정적인 고성능 폭약 중 하나이며 장기간 보관이 가능하다. 그리고 타격이나 마찰에 상대적으로 둔감하며 흡습성이 없으며 금속과 반응하지 않으나 알칼리성 물질에 쉽게 반응하여 열과 충격에 매우 민감한 불안정한 화합물이 된다. 이러한 특성 때문에 주로 미사일 탄두나 포탄 등의 기폭제나 작약으로 사용되고 있다. 그리고 기뢰와 같은 수중 폭발물로는 TNT에 알루미늄을 첨가한 폭발물을 사용하고 있다.

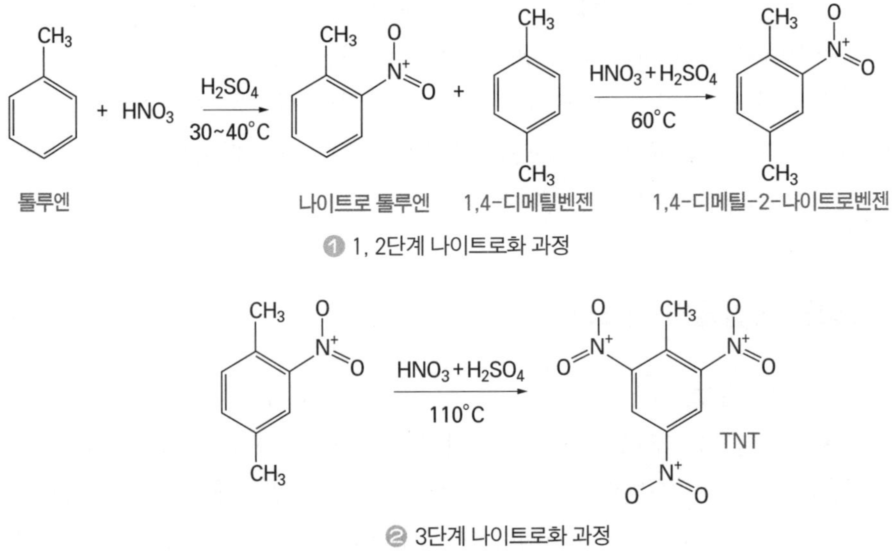

❶ 1, 2단계 나이트로화 과정

❷ 3단계 나이트로화 과정

그림 7.13 TNT의 합성 과정

---

17 https://www.dreamstime.com/stock-image-trinitrotoluene-tnt-image22313751
18 https://www.mdpi.com/1420-3049/25/16/3586/htm

한편 TNT가 폭발할 때에는 탄소의 생성으로 검은 연기를 발생하는데 이는 TNT 분자구조(〈그림 7.13〉 ❷) 내에서 상대적으로 산소가 부족하기 때문이며, 산소 균형(oxygen balance)은 -74%이다.

참고로 산소 균형에 정의와 물리적인 의미는 다음 절에서 다루었으며, 〈그림 7.14〉는 TNT의 결정 입자와 분자구조를 나타낸 그림이다.

❶ TNT 결정 입자   ❷ TNT의 분자구조

그림 7.14 TNT의 결정 입자와 분자구조

(2) RDX 폭발물

1920년에 개발된 RDX는 헥사민(hexamine, $C_6H_{12}N_4$)을 나이트로화하여 만든다. RDX는 〈그림 7.15〉와 같이 헥사민과 다량의 진한 질산으로 나이트로화하면 RDX를 만들 수 있다. 하지만 민감도가 높고 융점은 203℃로 높은 무색 흰색 결정성 고체 폭발물로 단독으로는 거의 사용되지 않는다.

일반적으로 다른 폭발물이나 오일 또는 왁스(wax), 탄화수소와 혼합하여 사용하고 있다. 혼합물과 혼합하여 사용하면 저장 안정성이 높으며 군용 고폭탄 중 가장 강력한 폭발물이다. 일반적인 군용으로 널리 사용되고 있는 TNT와 혼합되어 있다. RDX는 왁스와 알루미늄 분말과 혼합하여 미사일 탄두로 사용하고 있다.

한편 RDX를 기반으로 왁스, 탄화수고, TNT와 혼합시켜 만든 대표적인 폭발물은 다음과 같이 세 가지가 있다. 먼저 Composition A는 폭발속도를 감소시키는 왁스를 RDX와 혼합하여 만들며, 폭발 시 왁스가 산소와 반응함으로 RDX보다 폭발 강도가 낮다. 그리고 Composition A-3는 RDX의 민감도를 낮추기 위해

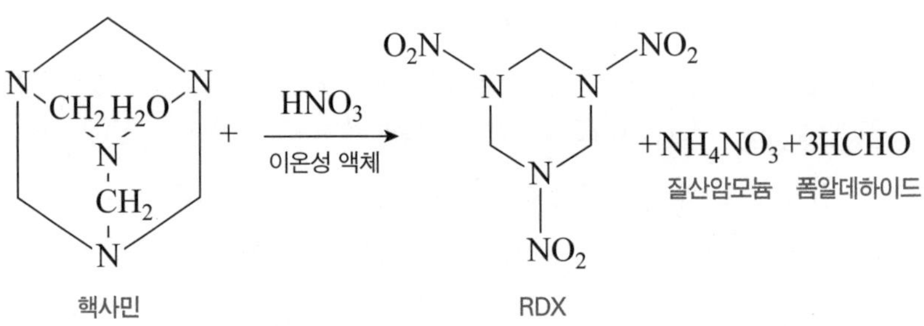

그림 7.15 RDX의 합성 과정

Composition A에 탄화수소를 첨가하여 만들며 대구경 포탄이나 미사일 탄두에 사용하고 있다. 끝으로 Composition B는 'Cyclotol'이라고도 부르며 RDX와 TNT는 6:4로 혼합한 후 탄화수소를 첨가하여 만든다. 성형 시 압입 주조가 가능하고 강철, 마그네슘, 구리합금을 약간 부식시킨다. 하지만 TNT보다 최고압력과 충격량은 1.1배, 수중충격은 1.23배, 성형 작약 효과는 1.69배 크다. 이 폭발물은 주로 대구경 포탄의 작약이나 미사일 탄두 등에 사용되고 있다.

(3) 나이트로글리세린 폭발물

나이트로글리세린(nitroglycerine)은 1846년 Ascanio Sobrero가 최초로 만든 액체 폭발물이다. 이 폭약은 〈그림 7.16〉과 같이 글리세롤(glycerol) 또는 글리세린(glycerine)을 질산과 황산의 혼합물로 처리하여 만들었으며, 처리 과정에서 높은 발열 반응이 일어난다. 따라서 혼합물을 냉각시키지 않으면 폭발한다. 액체 나이트로글리세린은 순도가 높으면 무색이며, 알코올에는 녹지만 물에는 녹지 않는다. 그리고 충격에 매우 민감하여 발명 초기에는 불순물이 들어있는 나이트로글리세

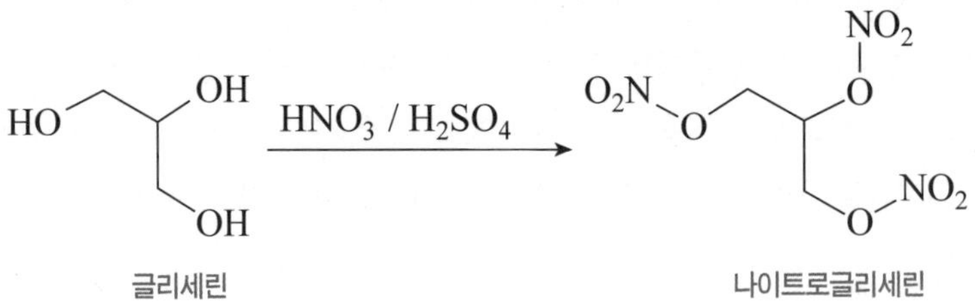

그림 7.16 나이트로글리세린의 합성 과정

린을 사용했을 때 폭발을 예측하기가 매우 어려웠다.

이후 1866년에 노벨(Alfred Nobel)이 이러한 문제를 해결하여 나이트로글리세린을 안정화한 다이너마이트(dynamite)라는 고체 폭발물을 개발하였다. 이 폭발물은 나이트로글리세린에 규조토에 흡수시켜서 안전하게 사용할 수 있도록 만든 화약의 혁명적 변화를 일으켰다. 다이너마이트는 안전한 폭약으로 광산, 토목공사 등에 널리 사용되었으나 연기가 많이 나고 폭발력이 상대적으로 약해서 군사용으로 적절하지 않았다. 이후 노벨은 1887년에 무연화약(smokeless powder)인 발리스타이트(ballistite)를 개발하였다.

(4) HMX 폭발물

1930년에 발명한 폭발물로 높은 융점의 폭발물(High Melting point eXplosive)라는 뜻으로 HMX 또는 사이클로 테트라 메틸렌 테트라민($C_4H_8N_8O_8$, Cyclo tetra methylene tetramine)이라 부른다. 이 물질은 더 격렬한 폭발을 일으키나 생산비가 비싸다. 나이트로화 공정에 농축된 질산과 많은 에너지가 필요하기 때문이다. 하지만 공업적으로 생산하고 있는 폭약으로는 가장 폭발에너지가 많다. 제조방법은 TNT와 약간의 RDX 그리고 왁스를 혼합하여 만들며 핵무기 기폭제 등에 사용하고 있다.[19]

HMX는 합성 과정이 복잡하며 1단계로 전구물질을 먼저 제조해야 하며, 〈그림 7.17〉 ❶에서 보는 바와 같이 TAT(1,3,5,7-tetracetyl-1,3,5,7-tetra -zacyclooctane), DADN(1,5-diacetyl-3,7-dinitro-1,3,5,7-tetrazacyclooctane), DANNO (1,5-diacetyl-3-nitro-5-nitroso-1,3,5,7-tetrazacyclooctane)가 있다. 이들 중에서 대표적으로 TAT와 DADN을 이용하여 HMX를 합성하고 있다.

❶ 전구물질 TAT를 이용한 합성방법

TAT는 110℃에서 DAPT($C_{23}H_{26}F_2N_2O_4$) 헥사민과 무수 아세트산(acetic anhydride, $C_4H_6O_3$)과 반응시켜 만들 수 있다. 그리고 TAT를 〈그림 7.17〉 ❷와 같이 75℃에서 15분 동안 적연질산(RFNA, red fuming nitric acid)과 폴리인산의 혼합물과 반응시키면 RDX와 HMX가 섞인 물질이 생성된다. 이를 다시 용매에 녹여 용해도의 차이를

---

[19] Khadijeh Didehban etc, "HMX Synthesis by using RFNA/ as a Novel Nitrolysis System", Oriental Journal Of Chemistry, Vol. 34, No.(1) pp. 576~579, 2018.

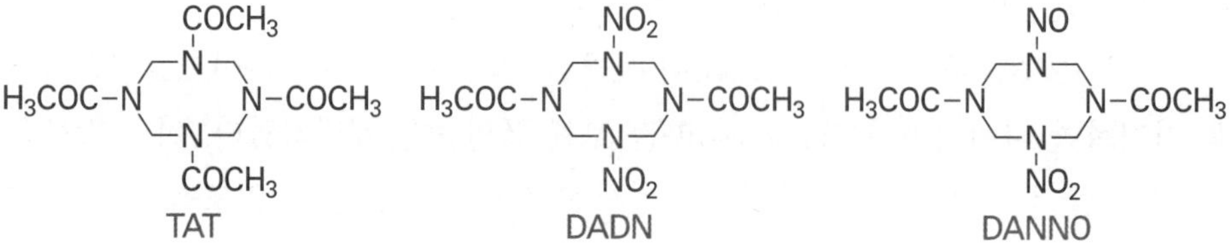

❶ HMX의 주요 원료

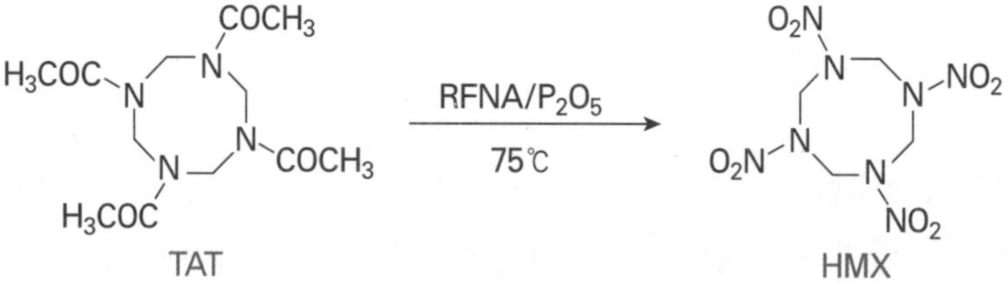

$$RFNA/P_2O_5 \quad 75℃$$

❷ HMX원료 중 TAT의 나이트로화 과정

그림 7.17 HMX의 원료와 합성 과정

이용하여 분리하면 HMX만 얻을 수 있다.

참고로 적연질산은 엷은 노란색이지만 공기 중에 노출되면 붉은색으로 변하는 독성이 강한 산화제이다. 이 물질은 -42℃~ 86℃에서 사용할 수 있어서 주로 미사일 로켓 산화제로도 사용하고 있다.

❷ 전구물질 DADN을 이용한 합성방법

DADN 원료를 이용한 HMX 합성방법은 〈그림 7.18〉과 같이 DADN 원료를 황산과 폴리인산(poly phosphoric acid)으로 나이트로화하여 만들 수 있다.

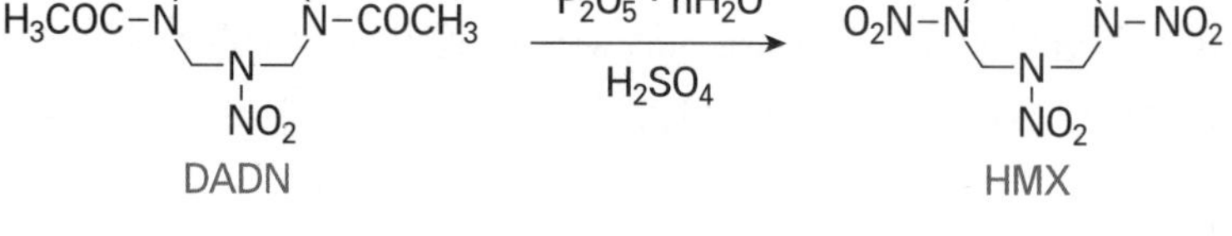

$$P_2O_5 \cdot nH_2O \quad H_2SO_4$$

그림 7.18 DADN 원료를 이용한 HMX 합성방법

(5) HBX 폭발물

HBX-1, HBX-3, H-6는 RDX, TNT, 분말 알루미늄 및 D-2 왁스와 염화칼슘을 주조할 수 있는 혼합물인 이원 폭발물이며, 조성은 〈표 7.11〉과 같다. HBX-1과 HBX-3은 주로 미사일 탄두와 수중 무기의 작약으로 사용하며, H-6은 일반 포탄의 작약으로 사용되고 있다.[20]

표 7.11 HBX 폭발물의 종류와 조성과 적용 사례

구분	RDX + 나이트로셀룰로스, 염화칼슘, 규산칼슘	TNT	알루미늄	왁스+레시틴 (lecithin)	적용 사례
HBX-1	40.4 ± 3%	37.8 ± 3%	17.1 ± 3%	4.7 ± 1%	미사일 탄두, 수중 무기
HBX-3	31.3 ± 3%	29.0 ± 3%	34.8 ± 3%	4.9 ± 1%	
H-6	45.1 ± 3%	29.2 ± 3%	21.0 ± 3%	4.7 ± 1%	포탄의 작약

(6) Cyclotol 폭발물

Cyclotol은 RDX와 TNT의 혼합비율을 달리하여 세 가지가 있다. 일반적인 RDX/TNT의 조성 범위는 65~85%/35~15%이고, 군용 탄두에 최적화된 조성비는 77/23을 이며 주조가 가능한 폭발물이다. 주로 성형작약탄과 특수 파편 발사체, 수류탄의 작약에 사용되고 있다.[21]

(7) PETN 폭발물

PETN(Pentaerythritol tetranitrate) 폭발물은 1894년 펜타에리트리톨(pentaery-thritol, $C_5H_{12}O_4$)을 나이트로화하여 처음 제조된 고성능 폭발물이다. 2차 세계대전 중에는 PETN이 충격에 더 민감하고 화학적 안정성이 좋지 않았기 때문에 RDX가 PETN보다 더 많이 활용되었다. 이후 PETN 50%와 TNT 50%를 혼합한 폭발물이 개발되어 'Pentrolit' 또는 'Pentolite'라는 폭발물로 개선되어 있으며, 수류탄과 대전차 성형작약탄 등에 기폭제로 사용되었다.

참고로 2차 세계대전에 사용되었던 폭발물의 조성과 적용 사례는 〈표 7.12〉에

---

20 https://en.wikipedia.org/wiki/High_Blast_Explosive

21 https://en.wikipedia.org/wiki/Cyclotol

서 보는 바와 같다. 그리고 Baronal 폭발물을 제조할 때 사용하는 가소제(plasticizer)는 플라스틱이나 고무에 첨가하여 분자간 힘을 약화하고, 유리 전이온도를 저하하여 유동특성, 유연성, 탄성, 접착성, 가공성 등을 부여하는 휘발성이 낮은 유기 화합물이다.

표 7.12 제2차 세계대전에 사용된 폭발물의 조성과 적용 사례

폭발물	주요 성분 및 및 조성	적용 사례
Baronal	질산바륨(Ba(NO$_3$)$_2$ + TNT + 알루미늄 분말	폭탄 작약
Composition A	RDX 88.3% + 비폭발성 가소제 11.7%	폭탄 작약
Composition B	RDX 59.5%+ TNT 39.4% + 왁스 1%	포탄, 로켓탄, 지뢰, 수류탄 등의 작약
H-6	RDX 44% + TNT 29.5% + 알루미늄 분말 21% + 파라핀 왁스 5% + 염화칼슘 0.5%	어뢰, 기뢰 등 수중 폭발물의 작약
Minol-2	TNT 40% + 질산암모늄 40% + 알루미늄 분말 20%	
Pentolites	PETN 50% + TNT 50%	작약, 기폭제
Picratol	피크르산 52% + TNT 48%	성형작약탄, 폭탄 등의 작약
PTX-1	RDX 30% + tetryl 50% + TNT 20%	성형작약탄, 지뢰, 수류탄, 폭탄 등의 작약
PTX-2	RDX 41~44%, PETN 26~28% + TNT 28~33%	
PVA-4	RDX 90% + PVA 8% + DBP(dibutyl phthalate) 가소제 2%	
Tetrytols	Tetryl 70& + 30% TNT 30%	화학탄의 기폭제, 성형작약탄 등의 작약
Torpex	RDX 42% + TNT 40% + 알루미늄 분말 18%	어뢰, 기뢰 등 수중 폭발물의 작약

(8) 질산암모늄

일반적인 질산암모늄 제조방법에는 식 [7-16]과 같이 150℃에서 40~60% 질산에 기체 암모니아를 주입하는 방법이다.

$$\text{NH}_3 + \text{HNO}_3 \ \rightarrow \ \text{NH}_4\text{NO}_3 \quad \cdots\cdots\cdots\cdots\cdots\cdots\cdots\cdots\cdots \quad [7\text{-}16]$$

고농도 질산암모늄 결정은 녹은 질산암모늄 용액(99.6% 이상)을 높이가 낮은 타워(tower) 위치에서 아래로 분사하면 작은 공 모양(球形) 입자를 생성한다. 이 결정은 비흡수성이며 나이트로글리세린과 함께 사용된다. 하지만 흡수성이 있는 질산암모늄은 높은 타워 아래로 고온인 농도가 95%인 질산암모늄을 분사하여 얻을 수 있다. 이때 생성된 작은 공 모양은 취급 중 파손을 방지하기 위해 주의하여 건조한 후 냉각해야 하며, 디젤유 등과 같은 연료유(fuel oil)와 함께 사용하고 있다. 질산암모늄은 상용 폭발물에 사용할 수 있는 가장 저렴한 산소 공급원이다. 이 폭발물은 연료와 함께 단독으로 사용하거나 나이트로글리세린이나 TNT와 같은 다른 폭발물과 사용할 수 있다.

4. 저성능 폭약의 제조방법

(1) 로켓 추진제(저성능 폭약)의 주요 성분

모든 추진제에는 나이트로셀룰로스(nitrocellulose)가 포함되어 있으며 기타 폭발물과 첨가제가 혼합되어 있다. 추진제 설계의 목적은 폭발 없이 부드러운 연소를 가능하게 하는 혼합물을 생산하도록 하는 것이다. 나이트로셀룰로스는 셀룰로스(Cellulose, $C_6H_7O_2(OH)$)라는 천연 고분자를 나이트로화시켜 만든 젤 같은 물질이다. 나이트로화 정도는 연소할 때 방출되는 에너지의 양을 제어하는 척도이다. 나이트로화의 효과는 수산(OH)기를 질산(NO_3) 기로 대체하는 것이다. 생성된 나이트로셀룰로스 분자는 $C_6H_7N_3O_{11}$이며, 이 과정이 수백 번 반복되어 나이트로셀룰로스 중합체로 된다.

(2) 로켓 추진제(저성능 폭약)의 종류

추진제는 조성에 따라서 단기 추진제, 복기 추진제, 삼기 추진제가 있으며 이들의 성분과 특성은 다음과 같다.

첫째, 단기 추진제(single Base Propellants)는 폭발성 성분으로 나이트로셀룰로스만 포함되어 있으며, 폭발열은 3100J/g에서 3700J/g이다. 둘째, 복기 추진제(double Base propellant)에는 나이트로셀룰로스(NC)와 나이트로글리세린(NG, $C_3H_5(NO_3)_3$)이 포함되어 있다. 이 추진제는 단기 추진제보다 연소 속도가 빠르며 폭발열은 4300J/g에서 5200J/g 사이이다. 셋째, 삼기 추진제(triple Base propellant)는 NC와 NG

그리고 최대 55%의 나이트로구아니딘(Nitroguanidine, $CH_4N_4O_2$)이나 RDX가 추가되어 있다. 폭발 열량은 단기 추진제와 비슷하나 섬광이 적게 발생하며 야간에 적의 관측이 어려운 추진제이다. 참고로 나이트로구아니딘은 1차 세계대전에서 독일군이 박격포탄 작약을 폭발시키는 기폭제로 사용했다. 이 폭발물질은 질산암모늄과 파라핀을 혼합하여 만들었으며, 이를 이용하여 2차 세계대전 중에 삼기 추진제가 개발되어 사용하게 되었다.

(3) 대표적인 추진제의 제조법

1 나이트로셀룰로스

셀룰로스의 나이트로화에는 황산과 질산의 혼합물을 사용한다. 셀룰로스를 나이트로화시키는 〈그림 7.19〉에서 보는 바와 같이 동안 분자의 수산기(hydroxyl group, -OH) 중 일부가 질산 염기(nitrate group, -ONO₂)로 치환되며, 셀룰로스의 섬유 구조를 파괴하지 않는다. 수산기의 나이트로화 정도는 반응 조건 중에서 특히 황산과 질산의 혼합비율, 나이트로화 시간 그리고 온도에 따라 차이가 있다.

면(cotton), 린터(cotton linter) 또는 목재 섬유소(wood cellulose)는 기계적 빗질로 깨끗하게 만든 후에 표백시켜 나이트로화하기 위한 보다 개방된 구조로 만든다. 여기서 린터란 면실에 생기는 짧은 섬유를 말하며 목화를 조면기에 넣어 종자에서 면섬유를 분리할 때에 씨에 남는 짧은 섬유이다. 길이는 약 1/8인치에서 1/4인치이며, 인조섬유나 면화약 등의 제조에 사용하고 있다.

한편 제조 과정을 단계별로 알아보면, 먼저 제1단계로 섬유를 전처리 질화반응기(pre-nitrator)에서 나이트로화 산(nitrating acid)과 혼합된다. 다음으로 섬유와 나이트로화 산 사이에 매우 밀접한 접촉이 얻어지는 제2단계 나이트로화 단계를 거친

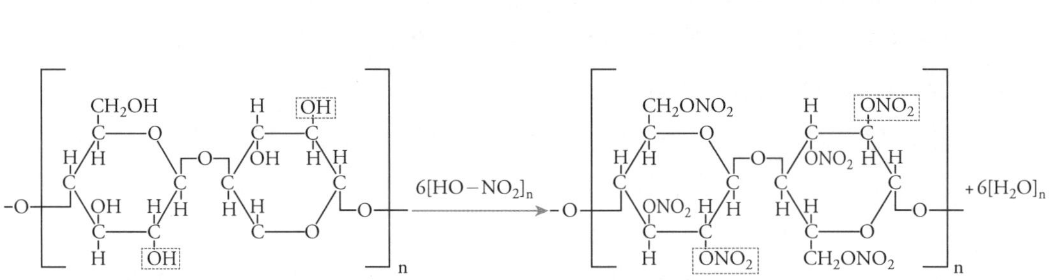

그림 7.19 셀룰로스의 나이트로화 과정

다. 이어서 나이트로화 섬유는 나이트로화가 완료되는 제3단계로 이동하게 된다. 원심분리를 하면 나이트로셀룰로스에서 나이트로화 산이 제거된다. 저-나이트로화 제품(low-nitrated products)의 경우 나이트로셀룰로스는 묽은 산과 물로 세척이 필요하다. 하지만 고-나이트로화 제품(high-nitrated products)은 세척 없이 다음 단계로 계속 진행됩니다. 그런 다음 나이트로셀룰로스를 물과 혼합하고 고압에서 끓인 다음 나이프 블레이드가 포함된 롤러 사이에 젖은 나이트로셀룰로스 섬유를 압착 하여 펄프로 만든다. 그런 다음 펄프(셀룰로스 섬유)를 끓여서 여러 번 씻어내어 이물질을 제거하고 단단히 뭉친다. 나이트로셀룰로스의 제조 과정은 〈그림 7.20〉과 같다.[22]

나이트로셀룰로스는 완전히 건조된 상태로 저장하면 매우 위험할 수 있다. 따라서 일반적으로 물 또는 에탄올에 저장하거나 운반한다. 나이트로셀룰로스는 보통 용매에 용해되면 겔(gel) 형태가 된다. 예를 들어, 폭파 목적으로 사용되는 상용 폭발물에는 나이트로글리세린에 용해된 나이트로셀룰로스가 포함되어 있다. 일부

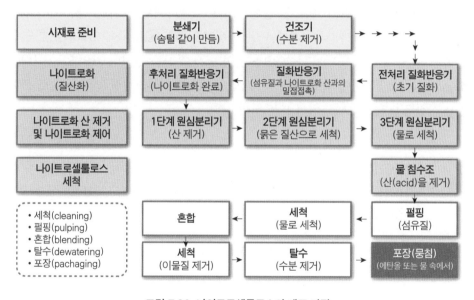

그림 7.20 나이트로셀룰로스의 제조 과정

---

22 James I. Chang etc, "The experience of waste minimization at a nitrocellulose manufacturing plant", Conservation and Recycling, pp. 333~351, 2000.5.

소화기 탄약의 추진제 조성물에는 아세톤과 물의 혼합물에 용해된 나이트로셀룰로스가 포함되어 있다. 나이트로화 정도는 나이트로셀룰로스의 적용에서 매우 중요한 역할을 한다. Guncotton은 13.45%의 질소를 함유하고 있으며 이중 염기 및 고에너지 추진제의 제조에 사용된다. 하지만 반면 상용 젤라틴 및 세미 젤라틴 다이너마이트에 사용되는 나이트로셀룰로스는 12.2%의 질소를 함유하고 있다.

② 나이트로글리세린

나이트로글리세린(nitroglycerine)은 일정한 온도에서 고농축 질산과 황산의 혼합물에 고농축 글리세린을 주입하여 제조한다. 혼합물을 염수와 함께 교반기에 넣고 끊임없이 휘저어 썩으면서 냉각한다. 그리고 반응이 끝나면 나이트로글리세린과 산을 분리기에 부으면 중력에 의해 나이트로글리세린이 분리된다. 이어서 나이트로글리세린을 물과 탄산나트륨(sodium carbonate)으로 씻어서 잔류 산을 제거하며, 깨끗하게 세척된 제품이 다량으로 쌓이면 위험함으로 연속 제조 공정으로 처리해야 한다.

나이트로글리세린의 제조 공정은 나이트로글리세린과 이때 잔류 산(residual acid)이 제거됨에 따라 새로운 혼합 산을 반응조(reaction chamber)에 연속적으로 공급할 수 있는 연속 공정을 적용하고 있다. 이 방법은 부산물 형성이 거의 없는 나이트로글리세린의 생산성이 높일 수 있다. 그리고 나이트로글리세린 생성을 위한 화학 반응은 반응은 〈그림 7.21〉에서 보는 바와 같다.

$$
\begin{array}{c}
CH_2OH \\
| \\
CHOH \\
| \\
CH_2OH
\end{array}
\quad + \quad 3HONO_2 \quad \longrightarrow \quad
\begin{array}{c}
CH_2ONO_2 \\
| \\
CHONO_2 \\
| \\
CH_2ONO_2
\end{array}
\quad + \quad 3H_2O
$$

그림 7.21 나이트로글리세린의 생성 과정

나이트로글리세린과 이와 유사한 질산에스터(nitric acid esters)를 운송은 매우 위험하며, 비폭발성 용매의 용액 형태로 또는 5% 이하의 나이트로글리세린을 함유하는 미세 분말 불활성 물질로 혼합한 경우에만 운송할 수 있다.

오늘날에는 나이트로글리세린을 군용 폭발물로 사용하지 않으며 추진제나 상용 폭파용 폭발물에만 사용되고 있다. 이 폭발물은 실온에서 액체 상태이기 때문에 용기에 쉽게 주입할 수 있다. 하지만 추진제로 사용하면 탄도 성능이 불규칙한데 이는 탄두가 회전하면서 액체가 움직이기 때문이다. 그리고 이 폭발물은 매우 민감하며 쉽게 폭발할 수 있어서 나이트로셀룰로스로 겔화(gelling)하여 둔감하게 하여 상업용 기폭제로 사용하고 있다.

③ 나이트로구아니딘

나이트로구아니딘(nitroguanidine)은 α 형태와 β 형태로 최소한 두 가지 결정 형태로 존재한다. 이들 형태의 생성 과정을 살펴보면 다음과 같다.

α 형태는 진한 황산에 질산 구아니딘(guanidine nitrate)을 용해하고 뜨거운 물에서 결정화하기 전에 넘쳐흐르는 물에 부어 제조할 수 있다. 이 결정은 매우 거칠고 길며 가늘고 유연하면서 광택이 나는 바늘 모양이다. 이 형태는 가장 일반적인 형태이다.

β 형태는 구아니딘 황산(guanidine sulfate)과 황산암모늄(ammonium sulfate)의 혼합물을 나이트로화하고 뜨거운 물에서 결정화하여 작고 얇고 길쭉한 판의 양치류 같은 클러스터(fern-like clusters)를 형성하여 제조할 수 있다. β 형태는 진한 황산에 용해한 후 넘쳐흐르는 물에 침적(immersing)시켜 α 형태로 바꿀 수 있다. 교질(아교처럼 끈끈한) 추진제(colloidal propellants)에 혼합시킬 수 있도록 결정의 크기를 줄이기 위해 뜨거운 나이트로구아니딘 용액을 냉각된 금속 표면에 분무한다. 이때 찬 공기를 불어서 금속판을 냉각시키면 미세한 분말 형태의 나이트로구아니딘을 만들 수 있다. 이때 나이트로구아니딘의 제조를 위한 반응은 〈그림 7.22〉에서 보는 바와 같다.

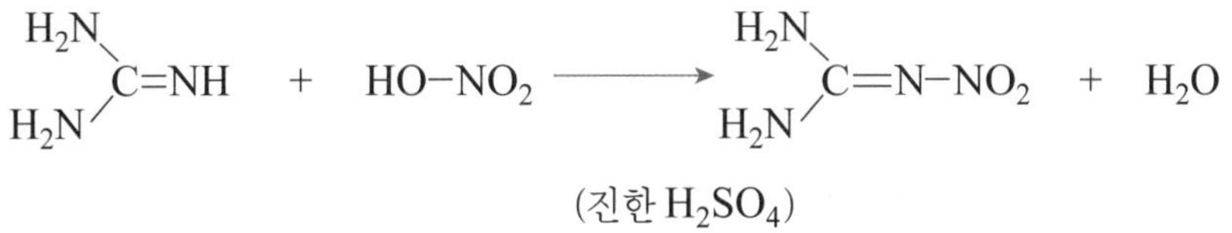

$$\begin{array}{c} H_2N \\ \diagdown \\ C=NH \\ \diagup \\ H_2N \end{array} + HO-NO_2 \longrightarrow \begin{array}{c} H_2N \\ \diagdown \\ C=N-NO_2 \\ \diagup \\ H_2N \end{array} + H_2O$$

(진한 H_2SO_4)

그림 7.22 나이트로구아니딘의 생성 과정

5. 폭발물의 주조 및 형상 가공방법

대부분의 군용 폭발물은 밀도가 1g/cm³ 미만인 과립 형태로 제조되는 고체 화합물이다. 이러한 과립형 화합물(granular compound)은 다른 폭발성 또는 불활성 첨가제와 혼합하여 밀도가 1.5~1.7g/cm³이 되며, 다음과 같이 주조, 압착 또는 압출 방법으로 최종적인 형상을 가공하고 있다.

(1) 주조 가공

1️⃣ 원리 및 적용 분야

주조(casting) 기술은 폭발성 조성물을 미사일 탄두나 포탄과 같은 대형 용기에 채우는데 사용하는 방법이다. 주조는 폭발성 조성물이 녹을 때까지 가열하고, 이를 용기에 붓고 냉각시켜 고형화하는 방법이다. 따라서 공정이 간단해 보이지만 공정 조건을 최적화하려면 많은 경험이 필요하다.

주조의 단점은 주조 조성물의 밀도가 압축 또는 압출로 만든 조성물만큼 높지 않다. 그리고 응고 시 조성물이 수축하기 때문에 균열이 발생할 수 있으며 고체 성분이 침강하여 조성물이 불균일하게 될 경우도 있다. 특히 발화 온도가 용융 온도에 가까운 폭발성 조성물은 주조할 수 없다. 하지만 주조의 장점은 공정이 간단하고 저렴하며 복잡한 용기에 폭발 조성물을 채울 수 있는 유연성과 대량생산이 가능하다.

대표적인 사례로 발화 온도(240℃)보다 상대적으로 낮은 용융 온도(80.1℃)를 갖는 TNT를 탄두에 주입할 때 주조법으로 하고 있다. 그 결과 2차 세계대전에서 주조에 대량의 TNT가 사용되었다. 또한, 용융시킨 TNT를 질산암모늄과 혼합하여 만든 amatol 화약이나 질산암모늄과 알루미늄을 혼합하여 만든 TNT보다 위력이 50% 더 강력한 마이놀(minol) 화약을 탄두에 주입할 때 주조법을 사용하고 있다.[23] 그리고 TNT는 RDX, HMX, 알루미늄, 과염소산 암모늄(ammonium perchlorate, NH_4ClO_4)을 함께 결합하는 에너지 바인더(energy binder)로 사용하고 있다. 폭발성 조성물의 주조를 위한 제조 공정은 균질한 고체 조성물을 생산하기 위해 정밀하게 제어된 냉각, 진동 및 진공 기술이 필요하다. 폭발성 결정의 순도와 크기는 폭발에

---

23 https://web.archive.org/web/20170224053606/http://www.dtic.mil/dtic/tr/fulltext/u2/763332.pdf

중요한 요소이므로 주조할 때 정밀한 모니터링이 필요하며 주조 후에는 폭발 조성물의 균열 여부를 측정하기 위해 X선 분석을 하고 있다.[24]

② TNT 주조 공정

TNT의 주조 공정은 매우 복잡하며 일반적으로 RDX와 결합하여 TNT의 점도를 높여 TNT 주조가 잘되도록 한다. TNT 주조 공정은 액체 TNT의 냉각 속도를 제어하기 어렵다. 이 때문에 주조 중에 폭발할 수도 있고, 탄두에 공극(air gap)이 발생하여 나중에 파괴될 수 있다. 주조 결함에 의해서 화포에서 발사하는 순간 후진 관성력에 의한 충격으로 발사체가 폭발할 수도 있다. 따라서 주조 시 적절한 시간에 가열봉(heating rod)을 상승시켜 탄두 내부에 주입된 TNT의 경화 속도를 제어해야 공극이 발생하지 않는다. 따라서 TNT를 주조할 때 TNT의 온도가 90°C에 도달할 때까지 가열되는 탄두에 85°C 액체 TNT를 주입한다. 그리고 냉각수로 냉각을 한다. 이때 TNT에 공극이 발생하지 않게 액체 TNT의 표면까지 뜨도록 아래에서 위로 냉각되도록 해야 한다. 그리고 TNT 경화 후 전체 공극이 탄두에서 증발하도록 하여 공극을 제거하도록 해야 한다. 그 밖에 알키드 수지(alkyd resin), 소르비탄(sorbitan) 모노스테아레이트(monostearate), 피로갈롤(pyrogallic acid), 안트라센(anthracene), 나프탈렌, 테트릴 등의 혼합물을 TNT 기반의 조성물에 첨가하여 주조 결함을 줄일 수 있다.

한편 TNT의 양생(curing) 공정은 〈그림 7.23〉과 같이 TNT가 탄두에 완전히 주입된 후 시작하며, 냉각은 탄두의 하단에서 상단 쪽으로 냉각하면서 액체 TNT에 있는 기포(air bubbles)가 서서히 제거한다. 이때 냉각을 위해 일반적으로 물을 사용하여 냉각한다. 그리고 탄두의 하단 쪽을 식힌 다음에 가열 막대를 넣어 액체 TNT 온도를 아래보다 위쪽이 높게 유지하도록 한다. 이러한 공정은 자동화가 어려워 보통 다년간의 경험을 가진 전문 작업자에 의해 이루어지고 있으며 소요시간은 대략 4시간 30분이다.[25]

---

24 Kaidar Ayoub etc, "Application of advanced oxidation processes for TNT removal: A review", Journal of Hazardous Materials, Volume 178, Issues 1-3, 2010; Parry and B.W. Thorpe, "Influence of HNS on the microstructure and properties of cast TNT", MRL-R-812 report.

25 O. Srihakulung etc, "Improving TNT curing process by using Infrared camera", Defence Technology Institute, 2014.6.

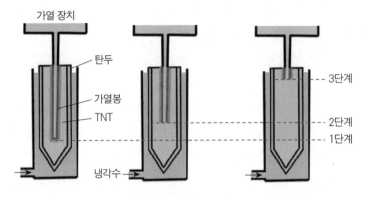

가열 장치

탄두

가열봉

TNT

냉각수

3단계

2단계

1단계

그림 7.23 액체 TNT의 양생 공정

(2) 프레스 가공

프레스(pressing) 가공기술은 분말 폭발성 조성물을 작은 용기에 적재하는 데 자주 사용됩니다. 프레스 가공은 매우 높은 온도 조건을 필요하지 않으며, 진공 상태에서 가공할 수 있다. 그리고 모든 공정을 자동화하여 대량생산이 가능한 방법이다. 하지만 자동화 기계의 가격이 비싸고 주조보다 공정이 더 위험하다.

폭발성 조성물은 〈그림 7.24〉와 같이 용기나 금형에 직접 압축되어 알약 형태로 제조할 수 있다. 이 방법으로 생산되는 폭약은 압축된 조성물의 밀도가 변화하여 표면 근처에서 이방성이 된다. 따라서 다단계로 점차 압력을 증가시키면서 누르거나 두 개의 피스톤을 사용하면 그림 〈7.24〉 ❷, ❸에서 보는 바와 같이 이방성을 줄일 수 있다.

한편 폭발성 조성물의 안정성, 균일성, 고밀도를 위해서는 정수압 압축 성형

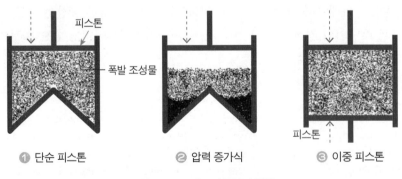

피스톤

폭발 조성물

피스톤

❶ 단순 피스톤

❷ 압력 증가식

❸ 이중 피스톤

그림 7.24 프레스 가공법의 종류

(hydrostatic pressing)과 등방 압축 성형(isostatic pressing) 방법이 필요하다. 이 방법은 모두 피스톤 대신 유압(물 또는 유압유)으로 폭발 조성물이 압축된다. 정수압 압축 성형 방법은 〈그림 7.25〉 ❶에서 보는 바와 같이 단단한 표면에 폭발 조성물을 놓고 고무 다이어프램으로 덮여 있다. 등방 압축 성형방법은 폭발 조성물을 고무 백에 넣은 다음 〈그림 7.25〉 ❷와 같이 가압 가능한 유체에 담그는 방법이다.[26]

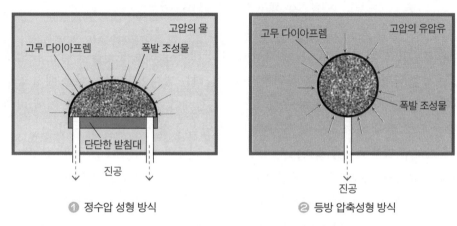

① 정수압 성형 방식   ② 등방 압축성형 방식

그림 7.25 마찰에 민감한 폭발물의 성형 방식

한편 마찰에 매우 민감한 폭발성 조성물을 경화하기 위해 정수압 및 등방 압축 성형방법을 사용하고 있다. 이들 방법으로 폭발 조성물을 압착 후에 원하는 형태로 가공하며, 이때 선반 가공, 밀링 가공, 드릴 가공, 절단 가공, 보링(boring) 가공 등 다양한 가공방법을 할 수 있다. 하지만 폭발물을 가공하는 것은 매우 위험해서 원격으로 조종할 수 있는 자동화 설비와 방폭설비가 갖추어져 있는 특수 시설이 필요하다.

(3) 압출 가공

추진제 조성물은 램(ram extrusion) 압출 가공이나 스크루 압축(screw extrusion) 방식으로 형상을 가공한다. 램 압축방식은 〈그림 7.26〉과 같이 원통형 통(barrel)에 폭

---

26 https://www.sciencedirect.com/topics/materials-science/isostatic-pressing; https://www.researchgate.net/publication/283674212_Development_of_isostatic_pressing_technology_of_explosive_charge

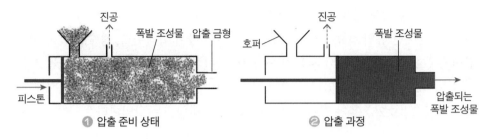

그림 7.26 램 방식의 추진제 압출 가공 원리

발물 조성물을 넣고 피스톤을 움직여 고압 상태에서 폭발 조성물이 작은 구멍이 있는 압출 금형(extrusion die)을 통과하면서 압출하는 방식이다. 이 방식은 배치 공정이며 압출하기 전에 폭발물의 구성 요소를 혼합해야 하는 단점이 있다. 이에 비해 〈그림 7.27〉과 같은 스크루 압출 가공방법은 연속 공정으로 가공할 수 있다.

스크루 압축방식은 플라스틱 산업에서 오랫동안 사용하고 있던 방법으로 고분자 결합제인 고분자 결합 폭발물(polymer bonded explosives)을 포함하는 폭발성 구성 요소를 혼합한 후 압출하는데에도 사용하고 있다. 이 방식의 작동원리는 〈그림 7.27〉 ❶에서 보는 바와 같이, 분말 또는 과립 구성 요소가 한쪽 끝에 들어가고 회전하는 스크루에 의해 원통형 배럴을 따라 밀어내는 고기 다지기와 매우 유사한 원리로 압출한다.

일반적으로 폭발성 조성물의 압출기에는 폭발성 성분이 배럴을 따라 이동할 때 혼합 및 압축할 수 있도록 〈그림 7.27〉 ❷에서 보는 바와 같이 단축 또는 2축 회전 스크루가 있다.

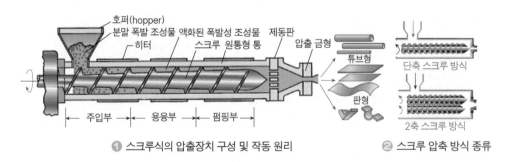

❶ 스크루식의 압출장치 구성 및 작동 원리   ❷ 스크루 압축 방식 종류

그림 7.27 스크루 방식의 추진제 압출 가공 원리

이때 압출된 폭발성 조성물의 결정에는 고분자가 들어있으며, 이 물질은 접착제 기능을 한다. 따라서 폭발성 조성물이 압출 후 형상을 그대로 유지할 수 있다.

6. 폭발물이 환경에 미치는 영향

(1) TNT의 오염 영향

TNT는 용해 속도가 빠르고 토양에 강하게 흡착하지만 쉽게 분해되며 TNT로 오염된 토양에서 식물이 흡수할 수 있다. 그 결과 정원 식물이나 수생 및 습지의 식물, 나무, 식물 뿌리에 축적될 수 있다.

수중 식물이 죽을 수 있는 TNT의 농도는 5,000μg/L이다. 그리고 오염된 토양에서 자란 식물의 독성은 토양 특성에 따라 다르다. 예를 들어, 흙 재질이 미사토(微砂土, silty soil)이면 TNT 농도가 200μg/L이상이면 식물의 수확량은 크게 줄어드나 토양에는 영향은 없다. 그리고 점토에서 TNT의 농도가 400μg/L 미만에서 식물의 수확량이 감소하는 것으로 알려져 있다. 여기서 미사토란 미사 함량이 80% 이상이고 점토함량이 12% 이하의 범위에 있는 토양이다.

(2) RDX의 오염 영향

RDX는 물에 매우 천천히 용해되고 토양에 강하게 흡착하지 않으며 지하수의 오염 물질과 섞여서 이동한다. 그리고 식물이나 동물의 세포조직에 축적되지 않으나 오염된 토양에서 식물이 흡수할 수 있으며, 먹이 사슬을 따라 소량의 RDX가 이동할 수 있다. 토양 속에 RDX가 580μg/L농도로 오염되어 있으면 식물이 죽는다. 그리고 수중에서는 식물이 5~6농도가 되면 죽는 것으로 알려져 있다.

(3) HMX

HMX는 TNT보다 낮은 정도로 토양에 흡착하고 RDX보다 더 잘 용해되며 지하수를 품고 있는 지층인 대수층에서 미생물 작용에 의한 생물 분해를 억제한다. 그리고 분해 및 분해 생성물이 거의 없다. 따라서 간 및 중추신경계 손상을 일으킬 가능성이 있으나 암이나 동물의 생식 문제를 발생 여부는 밝혀지지 않았다.

제5절 탄두 작약과 로켓 추진제

1. 미사일의 탄두 작약

(1) 미사일의 탄두

대공미사일의 치명성을 높이는 방향은 크게 두 가지 방향으로 요약된다. 첫째, 방향은 공중 표적의 크기와 속도, 그리고 탄체의 경도(hardness) 등 표적 특성에 적합한 요격 수단을 개발하는 것이다. 둘째, 요격 미사일의 속도, 민첩성 그리고 탄두에 장착된 신관 등의 특성변화에 취약한 점을 해결한 요격 미사일을 개발하는 것이다. 보통 공중 표적의 탄두는 작은 금속 조각으로 통에 둘러싸인 폭발장약으로 구성되어 있다. 이 탄두는 요격 미사일에 의해 표적까지 운반된다. 만일 요격 미사일이 표적에 직접 명중된다면 이러한 탄두는 필요가 없다. 요격 미사일의 운동에너지만으로도 표적을 파괴할 수 있기 때문이다. 하지만 최근까지 오늘날 휴대용 단거리 미사일을 제외하고 직접타격방식 미사일은 드물다. 일반적으로 요구되는 사거리가 길어질수록 미사일의 크기는 증가하고 민첩성은 감소한다. 그 결과 표적에 가장 근접한 지점에서 표적에 치명적인 파편을 고속으로 발사시킬 수 있는 탄두가 필요하다. 순항 미사일의 경우 공중 표적에 대한 미사일과 표적의 접근 속도는 음속에 8배에 달한다. 하지만 전술 탄도 미사일은 더 빠른 경우가 많다.[27]

한편 신관이라 부르는 표적 탐지장치(target detecting devices)는 표적에 명중하려면 탄두 파편은 공중 표적과 미사일의 접근 속도와 비슷한 속도까지 도달하도록 가속되어야 한다. 이때 요구되는 파편의 가속도와 최종 속도에 도달하려면 폭발물을 사용해야만 가능하다.

---

27 Sam Waggener, "The Evolution Of Air Target Warheads', Naval Surface Warfare Center, 23Rd International Symposium, USA, 2007.4.

(2) 미사일 탄두의 발전과정

1 1950년대와 1960년대

1950년대에 대표적인 사례는 공대공 사이드와인더 1A 미사일과 함대공 RIM-2 TERRIER 미사일이 있다. 이들 미사일에 탑재된 탄두는 탄두의 중심축에 대하여 대칭되는 파편 형태가 형성되도록 설계되었다.

사이드와인더 1A 탄두는 매끄러운 강철 통에 폭발물을 충전시킨 탄두이었다. 그리고 통과 폭발물 사이에는 플라스틱 망이 있다. 플라스틱 망은 폭발 가스가 사각형 망 안쪽으로 집중되도록 하는 기능을 한다. 그리고 폭발 가스압력에 의해 금속 원통이 확장될 때 사각형 망을 따라서 탄두 원통이 파괴하기 위한 용도이다. TERRIER 탄두는 폭발물이 폭발하면서 사각형 모양으로 골절이 되도록 사각형 와이어 링이 있다. 그리고 탄두는 한쪽 끝이 가늘어져 비교적 넓은 막대 모양의 분사 형태(polar spray pattern)로 파편이 날아가게 하였다. 사이드와인더와 TERRIER의 탄두 모두 비교적 작은 파편을 다량으로 날아가도록 설계되었다. 이들 미사일의 표적은 상대적으로 가벼운 전투기와 폭격기이었다. 따라서 표적에 대한 타격 확률을 높이려면 표적 부근에서 폭발하지 않는 한 탄두는 작은 파편을 다량으로 타격할 수 있어야 한다. 당시 탄두에는 TNT와 RDX의 혼합시킨 폭발물을 사용하였다. 최초의 현대 폭발물인 TNT는 제1차 세계대전 이전에 개발되었다. 이 폭발물은 상대적으로 저렴한 용융 주조 가능한 폭발물이다. RDX는 1900년대 초에 발견되었지만 제2차 세계대전까지는 군사용으로 사용되지 않았다. 하지만 이 폭발물은 TNT보다 폭발 강도가 약 10~20% 더 우수하다.

한편 1950년대 초기에 탄두 설계의 특징을 〈그림 7.28〉 ①에서 보는 바와 같이, CR(Continuous Rod) 탄두를 개발하였다. CR 탄두는 항공기의 동체나 날개를 파괴함으로써 치명적인 피해를 줄 수 있는 긴 막대를 비산 시킬 수 있는 탄두이다. CR 탄두는 폭발물로 채워진 탄두 원통의 둘레를 따라 길게 이어지는 강철 막대 묶음을 이중으로 되어있다. 만일 탄두에 장입된 폭발물이 폭발하면서 막대가 방사형으로 날아가면서 격자를 형성한다. "완전 개방 반경"에 도달하여 막대는 계속 확장되면서 파손되어 표적에 충돌하는 원리이다.

CR 탄두는 해군의 대공미사일에 1960년대부터 1970년대까지 적용한 개념이다. 용했습니다. 하지만 1960년대에 사용된 전투기와 폭격기를 요격하기에는 CR

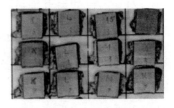

① 원통형 연속 막대 묶음 상자의 단면과 팽창 현상

② 강철 원통형 상자와 마름모 패턴 그물망

③ 역 노치(opposed notch) 방법에 의해 형성된 파편

그림 7.28 탄두의 탄체의 종류

탄두는 효과가 미미하였다. 이들 표적보다 CR 탄두는 타격력이 부족하여 격추하기 어려우나 일부 손상을 줄 수 있었다.

❷ 1970년대와 1980년대

1970년대와 1980년대에는 더 빠른 속도와 파편의 크기를 제어하는 방법에 중점을 둔 파편 탄두가 다시 등장했다. 폭발물의 질량을 늘리고 RDX 또는 HMX(High Molecular weight rdX) 고성능 폭발물을 사용하면 더 높은 파편 속도를 얻을 수 있다. HMX는 RDX보다 폭발 강도가 10% 정도 더 우수하다. 그리고 순항미사일을 효과적으로 요격할 수 있는 파편 크기를 최적화할 수 있는 기술이 개발되었다. 당시에 가장 널리 사용한 파편 크기의 제어방법은 Pearson 노치와 역 노치 기술이다. 이들 기술은 탄두가 폭발하면서 발생한 파편이 탄두의 중심축을 중심으로 방사형으로 날아간다. 따라서 대칭 시작 탄두라고도 한다. 이 기술의 방법과 특징을 알아보면 다음과 같다.

먼저 Pearson 노치는 〈그림 7.28〉 ❷와 같이 강철 원통에 다이아몬드 형상으로 노치가 되어 있다. 이 방법은 일정한 크기로 강철 원통의 80% 정도 파편으로 만들 수 있다. 다음으로 역 노치 방법은 1970년대에 개발되어 현재까지도 사용하고 있다. 이 방법은 원통 안쪽과 바깥쪽을 서로 마주 보는 좁은 경사진 홈 또는 직선형 홈이 있다. 홈은 홈 사이에 남아 있는 두께가 필요한 원통의 강도와 강성을 제공하는 동시에 폭발 시 원통이 반대쪽 홈 사이에서 깨끗하게 파손이 되게 된다. 역 노치 방법을 사용하면 더 넓은 조각의 크기를 선택할 수 있으나 Pearson 노치 기법보다 원통이 약하다. 역 노치 기법은 원통 질량의 90% 이상을 원하는 크기의 조작

으로 만들 수 있다. 역 노치 방법을 사용한 탄두에서 회수된 파편은 〈그림 7.28〉 ❸
과 같다.

❸ 1990년대 이후

공중 표적 탄두는 1980년대 후반까지 축 대칭 탄두를 사용하였다. 즉, 모
든 방위각 방향에서 같은 파편이 생성되는 탄두이었다. 이런 탄두는 공중 표적
을 효과적으로 요격하기 어려웠다. 이러한 단점을 보완하기 위해 개발한 탄두가
AI(Asymmetric Initiated) 탄두이다. AI 탄두는 폭발 시 파편이 공중 표적을 향해 집중
해서 날아가도록 설계되었다. 이 때문에 비대칭 시작 탄두라고도 부르고 있다.[28]

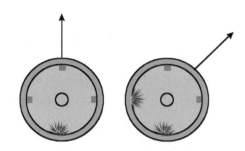

❶ 비대칭 시작(AI) 탄두의 작동 개념

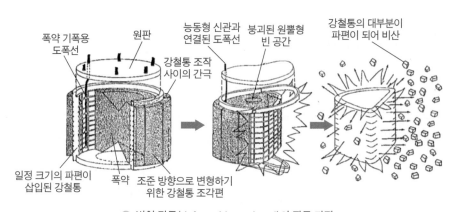

❷ 변형 탄두(deformable warhead)의 작동 과정

그림 7.29 AI 탄두의 개념과 작동과정

28 Pearson, John "A Fragmentation Model Applied to Shear-Control Warhead," Naval Weapons Center,

AI 탄두는 〈그림 7.29〉 ❶에서 보는 바와 같이, 표적 방향과 반대되는 폭발물이 폭발하면서 화살표 방향으로 파편이 날아가도록 설계되어 있다. 이 방법은 대칭 시작 탄두에서 생긴 파편의 속도보다 20~30% 더 빠르다. 이때 파편화 과정은 〈그림 7.29〉 ❷와 같다. 그림에서 축 방향에서 시작된 원통형 탄두의 파편 속도 V는 Gurney의 경험방정식 [7-16]을 적용하여 추정할 수 있다.

$$V = 1.25\left(\frac{1}{2} + \frac{m_{case}}{m_{\text{explosive}}}\right)^{-1/2}$$ .... [7-16]

여기서 m_{case}은 탄두의 원통 질량, $m_{\text{explosive}}$은 폭발물 질량이다.

(3) 미사일 탄두의 파편 속도의 계산

■ 정적 탄두

탄두가 폭발하면 파편은 V_f의 속도로 날아가며, 파편의 질량 m이 작을수록 그리고 탄두 속에 있는 폭발물의 질량 M이 클수록 파편의 속도는 빨라진다. 이를 식으로 표현하면 식 [7-17]과 같이 나타낼 수 있으며, D는 폭발물의 폭발속도 값이다.

$$V_f = \frac{D}{3}\sqrt{\frac{2M}{(2m+M)}}$$ .... [7-17]

예를 들어 어떤 원통형 파편 탄두에 폭발속도가 8,100m/s를 갖는 질량 12kg의 RDX/TNT가 질량 8kg의 강철로 만든 강철 탄체에 채워있다. 이 탄두가 폭발하였을 때 파편의 초기 속도를 계산하면, 식 [7-18]과 같이 구할 수 있다.

$$V_f = \frac{D}{3}\sqrt{\frac{2M}{(2m+M)}} = \frac{8,100}{3}\sqrt{\frac{2 \times 12}{(2 \times 8) + 12}} = 2,500 m/s$$ .... [7-18]

China Lake, NWC TP 7146, May 1991.2; R. W. Gurney, The Initial Velocities of Fragments from Bombs, Shells, and Grenades, BRL Report 405, 1943.9

❷ 동적 탄두

움직이는 미사일과 같은 동적 탄두에서의 파편은 탄두에서는 탄체(casing)와 직각인 방향으로 폭발한다. 따라서 파편의 실제 속도는 이 속도와 미사일의 전진 속도를 합한 속도이며, 〈그림 7.30〉 ❶과 같이 나타낼 수 있다. 결과적으로 파편의 방향은 아크 탄젠트함수를 이용하여 계산할 수 있다.

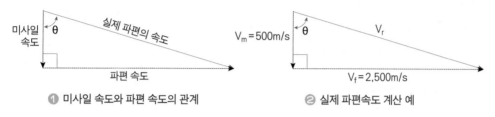

❶ 미사일 속도와 파편 속도의 관계   ❷ 실제 파편속도 계산 예

그림 7.30 미사일의 속도와 파편 속도의 관계

예를 들어, 미사일이 500m/s의 속도로 날아가는 동안에 2,500m/s의 속도의 파편이 발생하였을 경우 실제 파편의 속도는 다음과 같이 계산할 수 있다. 즉 파편의 실제 속도 V_r은 〈그림 7.30〉 ❷와 같이 벡터로 나타낼 수 있다. 따라서 실제 파편의 속도 V_r은 식 [7-19]와 같다.

$$V_r = \sqrt{V_m + V_f} = \sqrt{500^2 + 2500^2} = 2,550 m/s \quad \cdots\cdots\cdots\cdots\cdots\cdots \text{[7-19]}$$

그리고 파편의 각도 θ는 $\theta = \tan^{-1}\left(\dfrac{2,500}{500}\right) = 78.7°$이다.

❸ 파편의 공기 마찰의 영향 요소

표적에 가하는 탄두 또는 파편의 속도는 탄두와 표적 사이의 거리, 파편의 밀도, 파편의 항력계수, 파편의 질량, 파편의 밀도, 파편의 단면적, 폭발이 일어난 지점에서의 공기의 밀도에 따라서 영향을 받는다.

일반적으로 제1 고성능 폭발물의 폭발로 생성되는 폭발 충격파가 필요하다. 추진제는 일반적으로 화염에 의해 시작되며 폭발하지 않고 폭연만 발생하며, 비폭발성 가연성 물질, 폭연 및 폭발성 물질에 대한 영향의 비교는 〈표 7.13〉과 같다.

표 7.13 **폭발물의 종류에 따른 반응 특성 비교**

반응 조건	비폭발성 연소물질	폭연 폭발물	폭발 폭발물
반응 개시	화염, 스파크, 고온	화염, 스파크, 마찰, 충격, 고온	대부분 적당한 초기 조건에서 폭발 시작
습기 여부	젖은 상태에서 반응이 시작되지 않음	←	적은 상태에서도 반응 개시
반응에 필요한 산소	외부에서 산소공급 필요	폭발물 속에 산소가 포함되어 있음	←
반응 시 발생하는 소리	소리가 나지 않고 화염이 발생하면서 버닝(burning)	불꽃이나 딱딱거리는 소리나 쉬쉬 소리	크고 날카로운 쾅 소리
가스 생성	적음	추진제의 추진력으로 사용되는 가스 생성	충격파의 생성과 파괴력으로 사용
반응 전파속도	폭연보다 느림	아음속	초음속
반응 전파 원리	열 반응	←	충격파
연소 속도	주위 압력이 증가하면 연소 속도가 증가	←	영향을 받지 않음
밀폐 용기의 강도	영향을 받지 않음	←	폭발속도에 영향을 받음
물질의 크기와 반응속도의 관계	연수물질의 크기와 무관	구성물질의 크기와 무관	폭발물의 지름과 관계가 있음(임계 지름)
반응의 전환 및 화학조성의 변화	폭연 또는 폭발로 전환되지 않음	반응 조건을 충족하면 폭발로 전환 가능	• 폭발 충격파의 전파가 실패할 경우 폭연으로 되돌아가지 않음 • 폭발물의 조성은 화학적으로 변하지 않음

2. 로켓 추진제의 특성과 종류

(1) 추진제의 일반 특성과 종류

1 추진제의 일반 특성

추진제는 폭발하지 않고 예측이 가능한 연소를 하면서 다량의 고온 가스를 생성하는 폭발성 물질이다. 추진제가 연소하면서 발생하는 가스는 발사체를 추진하는 데 사용할 수 있다. 총탄이나 미사일을 추진하거나 어뢰의 터빈이 구동하기 위한 가스 발생기에 가스를 빠르게 생성하기 위해 추진제는 고폭탄과 같이 연료에 적절한 양의 산소, 탄소, 수소가 필요하다.

균질 추진제(1원 액체 추진제, mono-propellant)는 예를 들어 나이트로셀룰로스와 같이 연료와 산화제가 같은 분자에 있다. 하지만 불균일 추진제(2원 액체 추진제, bipropellant)는 별도의 화합물에 연료와 산화제가 있다. 총이나 화포용 추진제가 균질하나 로켓이나 미사일 추진제는 비균질(heterogeneous)하다.[29]

2 총포용 추진제의 특성

소구경 탄약의 추진제는 총구에서 발사체, 즉 총탄의 운동 에너지를 크게 하도록 다량의 가스를 생성하도록 설계해야 한다. 그리고 발사체(탄자)의 속도는 가스가 생성되는 속도에 따라 달라지며, 이는 식 [7-20]과 같이 화학 에너지의 방출량과 총기의 효율에 따라서 차이가 있다.

$$mQ\eta = \frac{1}{2}MV_m^2 \quad\text{[7-20]}$$

여기서 V_m은 발사체의 총구속도[m/s], m은 추진제의 질량[g], M은 발사체의 질량, Q는 추진제 단위 질량 당 발생하는 연소 열량[J/g]이다.

한편 연소 가스가 발사체에 가하는 힘의 양은 식 [7-21]과 같이 가스의 양과 온도에 따라 차이가 있다.

$$F = nRT_0 = \frac{RT_0}{M} \quad\text{[7-21]}$$

여기서 F는 [J/g]에서 발사체에 가해지는 힘이고, n은 추진제 1g에서 생성된 가스의 몰수[mol/g], T_0는 추진제의 단열 화염 온도[k], M은 연소 가스의 평균 몰질량[g/mol], R은 일반 기체 상수 8.3145[J/mol K], F의 값은 밀폐 용기 속에서 추진제를 연소시켜 실험적으로 구할 수 있으며, 총 추진제의 성능을 비교하는데 유용하다.

---

[29] https://www.sciencedirect.com/science/article/pii/S1878535215000106

참고로 단열 화염 온도(adiabatic flame temperature)는 연소하면서 생성된 열이 외부로 손실되지 않고 모두 생성물의 가열에 사용한다고 가정하고 이론적으로 계산한 연소온도이다.[30]

(2) 추진제의 종류[31]

1 단기 추진제

단기 추진제(single-base propellants)는 권총에서 화포에 이르기까지 모든 종류의 화기에 사용된다. 이 추진제는 질소가 12.5~13.2% 들어있는 나이트로셀룰로스가 90% 이상으로 구성되어 있다. 나이트로셀룰로스는 카바마이트(carbamite, $C_{24}H_{25}NO_4$)이나 프탈산디부틸(DBP, dibutyl phthalate, $C_{16}H_{22}O_4$)과 같은 가소제를 추가하여 겔화시킨 다음에 압출한 후, 필요한 입자 모양으로 잘게 절단하여 사용하며, 에너지 함량 Q는 3,100~3,700J/g이다.

참고로 가소제(plasticizer)는 고분자에 배합되어 탄성률과 유연성을 부여하고 용융 점도를 저하해 수지의 가공성을 향상하기 위한 첨가제이다.

2 복기 추진제

복기 추진제(double-base propellants)는 단기 추진제의 Q를 높이고 총열 내부의 가스압력을 높이기 위해, 나이트로셀룰로스를 나이트로글리세린과 혼합하여 만든 추진제이다. 복기 추진제는 Q값이 약 4,500J/g이며, 권총과 박격포 탄약의 추진제로 사용하고 있다. 복기 추진제의 단점은 높은 화염 온도로 인한 총열의 과도한 침식과 총구 섬광(muzzle flash)이 발생하여 적에게 사수의 위치를 쉽게 노출될 수 있다. 총구 섬광은 연소 생성물(예: 수소 및 일산화탄소 가스)의 연료와 공기가 폭발하면서 발생하는 현상이다.

3 삼기 추진제

삼기 추진제(triple-base propellants)는 복기 추진제의 총구 섬광을 줄이기 위해 세 번째 에너지 물질인 나이트로구아니딘이 나이트로셀룰로스와 나이트로글리세린

---

30 https://www.sciencedirect.com/topics/engineering/adiabatic-flame-temperature

31 이진호, "무기 공학", 북코리아, 2020.12.

에 추가시킨 추진제이다. 복기 추진제에 약 50% 나이트로구아니딘을 추가하면 화염 온도가 낮아지고 기체 부피가 증가한다. 다. 결과적으로 총신 침식 및 총구 섬광이 감소하고 추진제의 성능도 약간 감한다. 삼기 추진제는 전차 포탄, 대구경 포탄 등의 추진제로 사용하고 있다.[32]

④ 고에너지 추진제

고에너지 추진제는 삼기 추진제에 추가시킨 나이트로구아니딘을 RDX로 대체하여 추진제의 폭발속도와 폭발에너지를 증가시킨 추진제이다. 이 추진제는 매우 높은 에너지가 필요한 전차포에만 적용하고 있다. 하지만 이 추진제는 화염 온도가 높아서 포열의 침식과 비정상 폭발로 이어질 수 있어서 취급 시 주의가 필요하다.

표 7.14 폭발물의 종류에 따른 반응 특성 비교

기능	첨가제	주요 작용
가소제	프탈산디부틸, 카바마이트, 메틸 카바마이트	나이트로셀룰로스의 겔화
섬광 억제제	황산칼륨(K_2SO_4), 질산칼륨(KNO_3), 황산알루미늄칼륨($KAl(SO_4)_2$), 빙정석(sodium cryolite)	총구 섬광을 감소
안정제	카바마이트(diphenyl diethyl urea), 디페닐 디메틸 요소($C_{10}H_{13}ClN_{20}$), 백악(chalk), 디페닐아민(diphenylamine, $C_{12}H_{11}N$)	추진제의 저장 수명 연장
냉각 및 표면 완화제	프탈산디부틸, 카바나이트, 메틸 카바마이트, 디나이트로톨루엔(dinitrotoluene)	화염 온도의 저하와 결정표면의 연소율을 감소
표면 윤활제	흑연(graphite)	추진제 입자의 마찰을 감소
구리 제거제	납 또는 주석 함유한 화합물 박판이나 조성물	발사과정에서 소총탄의 외피나 포탄의 회전대에 의해서 생긴 구리 침전물 제거
마모 감소제	이산화타이타늄(TiO_2), 활석($Mg_3(OH)_2Si_4O_{10}$)	총강의 침식 감소

---

32 Rakesh R. Sanghavi, "Studies on RDX Influence on Performance Increase of Triple Base Propellants", 2006.8(https://doi.org/10.1002/prep.200600044)

5 추진제의 첨가제

소구경 화기의 추진제에는 추진제에 필요한 특정한 특성을 갖도록 첨가제가 포함되어 있으며, 기능에 따라 〈표 7.14〉와 같이 분류할 수 있다. 이들 첨가제는 하나 이상의 기능을 할 수 있도록 사용된다. 예를 들어 카바마이트 가소제는 안정제와 냉각제 그리고 표면 완화제로 사용될 수 있다.

6 기타 연구 중인 추진제

① 액체 추진제

액체 추진제는 고체 추진제보다 무게가 가볍고 생산이 저렴하며 우발적인 점화에 상대적으로 안전하다. 그리고 단위 부피당 에너지 출력이 높으며 저장 용량이 크다. 이러한 특성 때문에 다양한 연구가 진행 중이다.

대표적인 사례로 질산 하이드록실 암모늄(HAN, Hydroxyl Ammonium Nitrate, $NH_3OH^+NO_3^-$)의 수용액(농도 최대 63%까지)을 나이트로메테인(nitro methane, CH_3NO_2)과 질산이소프로필(isopropyl nitrate, $C_3H_7NO_3$)의 혼합물을 50대 50의 비율로 혼합한 액체 추진제가 개발되었다. 이때 사용한 나이트로메테인은 드라이클리닝 및 반도체 공정에서 염소화 용매의 안정제로 사용되며 엔진의 연료 첨가제로 사용되는 약간의 점성이 있는 무색 액체이다. 그리고 질산이소프로필은 프로필렌 또는 프로필렌을 함유한 탄화수소 가스를 농도 약 87%의 황산에 15~20℃에서 흡수량이 황산과 프로필렌을 1대 1~1.5의 비율이 될 때까지 흡수시킨 후, 약 4배량의 물로 묽게 한 후 증류시켜 제조한 순도 91%(물 9%)의 이소프로필알코올과 질산을 반응시켜 만든 물질이다.[33]

② 복합 추진제

단기, 복기, 삼기 추진제와 같이 고체 추진제는 화염이나 충격 또는 전기 스파크 등으로 인해 우발적으로 폭연이 시작될 가능성이 있다. 대표적인 사례로 1982년 포클랜드 전쟁에서 아르헨티나군이 프랑스제 엑소세(exocet) 미사일로 영국군

---

33 L. Courthéoux, S. etc, "Improvement of catalyst for the decomposition of HAN-based mono propellant -comparison between aerogel and xerogel", 39th AIAA Joint Propulsion Conference, Huntsville, 2003.8.

의 구축함에 명중되어 화재가 발생하였고 이로 인하여 구축함에 탑재된 미사일 탄약이 화염으로 인해 차례로 폭발함으로써 결국 구축함이 침몰하였다. 이러한 문제점을 해결하기 위해 추진제가 이들 외부의 에너지에 둔감한 복합 추진제가 개발되었다. 이 추진제를 LOVA(low vulnerability ammunition)라고도 부르기도 한다. LOVA는 RDX(Research Department eXplosive) 또는 HMX(High Molecular weight rdX), 불활성 중합체 결합제와 가소제를 혼합시켰다. 그리하여 나이트로셀룰로스 기반의 추진제보다 반응 개시에 덜 취약한 복합 추진제이다.

3. 로켓 모터와 고체 추진제

(1) 고체 추진제를 사용하는 로켓 모터의 적용

미사일 추진기관(로켓 모터)은 추진제나 연료를 연소시켜 발생하는 고온 고압의 가스를 노즐로 배출하여 추력을 발생시킨다. 추진기관은 산화제가 포함된 로켓 추진기관과 공기를 산화제로 사용하는 공기흡입 엔진이 있다. 그리고 로켓추진기관은 고체추진기관과 액체추진기관 그리고 액체추진기관이 있다. 하지만 군사용은 주로 고체추진기관을 사용하고 있다.

고체 로켓 모터는 액체 또는 기타 로켓보다 상대적으로 단순한 구조이어서 신뢰성이 높고 제조가 쉽다. 그리고 즉시 점화될 수 있으며, 작동 전에 액체를 탱크로 저장할 필요가 없다. 하지만 일반적으로 비추력(specific impulse)이 액체 추진 로켓보다 낮고 쉽게 추력을 조절할 수 없다. 일단 점화되면, 발사 중 추력을 제어하는 특별한 장치가 없는 한 모터는 연소하여 소멸이 된다. 그러나 장기간 보관할 수 있고 짧은 시간에 안정적으로 발사할 수 있어서 미사일과 같은 군사용에 많이 사용된다.

한편 고체 추진 로켓은 적재 용량을 늘리기 위해 〈그림 7.31〉과 같이 주 로켓

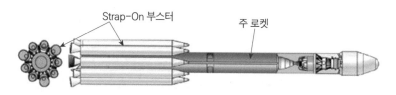

Strap-On 부스터   주 로켓

그림 7.31 미국의 Delta II 우주 로켓(1989)

에 추가하여 Strap-On 부스터(booster)로 자주 사용되거나 정상보다 빠른 속도가 필요할 때 스핀 안정화를 위한 부가 로켓(spin-stabilized add-on upper stages)에 사용하고 있다. 그리고 추력의 범위가 넓은 분야에도 고체 추진 로켓을 많이 응용하고 있다.

(2) 고체 로켓 모터의 구성과 작동원리

■ 로켓 모터의 주요 구성

고체 추진 로켓 모터는 〈그림 7.32〉 ❶과 같이 연소관(motor case), 추진제, 점화 장치(igniter), 단열재(thermal insulation), 노즐 조립체(nozzle assembly), 추력 벡터 제어 장치(TVC, Thrust Vector Controller) 등으로 구성되어 있다.[34]

첫째, 연소관은 연소가 발생하기 때문에 연소실이라고도 부르고 있으며 모터 작동으로 인한 약 3~30MPa.의 내부 압력을 견뎌야 한다. 따라서 충분한 안전 계수를 고려해야 하며 일반적으로 강철이나 고강도 알루미늄 합금 또는 유리, 케블라 및 탄소 등과 같은 복합소재로 제작하고 있다.

둘째, 단열재는 온도가 약 2,000~3,500K의 고온의 연소 가스에서 나오는 열로부터 연소관, 로켓 모터 등의 하부 구성품을 보호하는 구성품이다. 절연체 재료는 열전도율이 낮고 열용량이 크고 냉각할 수 있어야 한다. 일반적 단열재에 사용

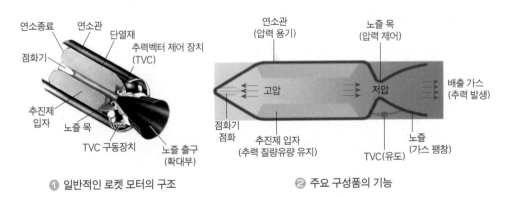

❶ 일반적인 로켓 모터의 구조   ❷ 주요 구성품의 기능

그림 7.32 고체 추진 로켓 모터의 구조 및 기능

---

34 https://www.astronomyclub.xyz/chamber-pressure/chemical-rocket-propulsion.html; https://engine ering.purdue.edu/AAE/research/propulsion/Info/rockets/solids; https://koreascience.kr/article/JAK O200418138125669.page

하는 재료는 보강재를 첨가한 EPDM(Ethylene Propylene Diene Monomer)을 사용하고 있다.

셋째, 점화기는 추진제 표면에 연소를 시작하는 데 필요한 에너지를 제공하는 구성품이다. 일반적으로 점화는 전기 에너지로 시작한다. 이때 점화 장약은 단위 질량 당 내부에너지의 크기인 비(比) 에너지(specific energy)가 높으며 가스 또는 고체 입자를 방출하는 고성능 폭약이다. 일반적으로 열 방출 화합물에는 불꽃 재료(pyrotechnic materials), 흑색화약, 금속 산화물(알루미늄 분말 등) 그리고 고체 로켓 추진제 등이 있다.

넷째, 노즐은 고온 고압의 연소 가스는 축소-확대 노즐을 통해 배출된다. 이러한 방식으로 추진제의 화학 에너지가 운동 에너지로 변환되면서 추력을 발생한다. 노즐의 형상은 총 에너지 중 운동 에너지로 변환되는 양을 직접 결정하는 요소이다. 따라서 노즐 설계는 로켓 모터의 성능에 매우 중요하다. 특히 추진제 입자의 형상은 연소율과 배기가스의 발생을 예측하는데 중요한 요소이다. 그리고 노즐 크기는 배기가스에서 추력을 생성하면서 설계한 연소실 압력을 유지하도록 설계해야 한다. 단순한 고체 로켓 모터는 일단 추진제가 점화되면 연소를 중지시킬 수 없다. 연소실 내에서 연소에 필요한 모든 성분이 들어있기 때문이다. 하지만 우주용 로켓 등에 사용하고 있는 고체 로켓 모터는 노즐 형상을 제어하거나 통풍구를 사용하여 연수가 중지 또는 재점화가 가능한 로켓도 있다.

2 로켓 모터의 작동원리

고체 추진 로켓 모터의 작동원리는 〈그림 7.32〉 2와 같이 고체 추진제가 연소하면서 다량의 고온 고압의 연소 가스가 발생하게 된다. 이 가스는 노즐 밖의 대기 압력과의 압력 차이로 인하여 노즐 목(nozzle throat)을 통과하여 대기 중으로 배출된다. 이때 축소-확대 노즐에 의해 노즐의 출구 방향에서 연소 가스가 팽창하면서 유속이 증가하면서 추력이 발생하게 된다. 이 추력으로 연소 가스의 유동 방향과 반대 방향으로 로켓이 날아가는 원리이다. 따라서 추진제의 연소 속도를 조절하여 노즐 목에서의 가스의 압력을 제어하면 추력의 크기를 제어할 수 있다. 따라서 노즐 목의 유로 단면적을 조절하거나 고체 추진제의 연소 속도(추진제 입자의 크기, 형상, 성분 등)를 조절하여 추력을 제어할 수도 있다.

한편 로켓의 비행 방향 제어법 중에서 그림과 같이 노즐의 방향을 변경함으로써 추력의 방향을 바꿀 수 있다. 이에 필요한 장치가 TVC이다.

(3) 고체 추진제의 형상에 따른 침식 현상[35]

추진제가 연소하면서 발생한 가스가 전방에서 후방으로 흘러가면서 빠른 유동을 형성하는데 이로 인해 후방에서의 연소 속도가 증가하는 침식 연소 현상이 발생한다. 침식 연소는 연소실의 압력을 급격히 증가시켜 연소관의 구조적인 안정성에 영향을 주기 때문에 로켓 설계 시 중요한 고려 요소이다. 예를 들어 추진제의 길이(L)와 추진제의 지름(D)인 고체 추진제는 L/D 값이 클수록 침식 연소의 영향이 크다.

4. 고체 로켓 추진제의 종류 및 성능

(1) 고체 추진제의 종류 및 특성

소총이나 화포의 추진제와 마찬가지로 고체 로켓 추진제는 입자로 알려진 기하학적 모양의 형태로 제조하고 있다. 단거리 미사일의 경우 추진제 입자는 소총탄이다 포탄보다 크고 숫자가 적으며 전체 표면을 연소하도록 설계되어 질량 연소율이 높다. 장거리 대형 미사일의 경우 로켓 모터에는 하나 또는 두 개의 큰 입자로 되어있다. 고체 로켓 추진체에는 복합 추진체와 복기 추진체가 있다.[36]

① 복기 추진제

복기 로켓 추진제는 균질하며 나이트로셀룰로스에 나이트로글리세린(가소제)으로 소성(plasticity)을 부여하여 유동하기 쉽게 한 추진제이다.

추진제의 제조 공정은 추진제 입자의 크기에 따라 다르다. 압출식 복기 로켓 추진제는 입자가 더 작아서 작은 로켓 모터에 사용한다. 하지만 주조된 복기 로켓 추진제는 입자가 더 커서 대형 로켓 모터에 사용하고 있다.

---

35 Sutton, G. P., Rocket Propulsion Elements, 6th ed, John Wiley & Sons Inc. 1992; S.Gh.Moshir etc, "One Dimensional Internal Ballistics Simulation of Solid Rocket Motor", ISME, Vol. 14, No. 1, 20133.

36 https://www.grc.nasa.gov/www/k-12/airplane/srockth.html; https://engineering.purdue.edu/~propulsi/propulsion/rockets/solids.html

② 복합 추진제

복합 로켓 추진제는 고분자 연료/결합제(바인더) 매트릭스에 결정질 산화제 (crystalline oxidizer)를 포함하는 2상 혼합물이다. 산화제는 미세하게 분산된 과염소산 암모늄 분말이다. 연료는 고무 성질의 물질 HTPB(Hydroxy-Terminated-Poly Butadiene) 또는 가소성 물질인 폴리 카프로 락톤(PCL, Poly-Capro-Lactone, $C_6H_{10}O_2)_n$)을 사용하여 가소화(plasticize) 한 고분자 물질이다.

복합 로켓 추진제는 사용되는 연료 유형에 따라 압출되거나 주조할 수 있으며 플라스틱인 복합 추진제는 압출 가공을 하지만 고무 같은 복합 추진제는 주조 또는 압출 가공법으로 제조하고 있다. 그리고 대표적인 고체 로켓 추진제는 〈표 7.15〉와 같은 조성과 특성이 있다.

표 7.15 대표적인 고체 로켓 추진제의 조성과 특성

추진제 종류	주요 성분	비추력 [N · s/kg]	화염 온도 [K]
복기 추진제	나이트로셀룰로스(13.25% N 포함), 나이트로글리세린, 가소제, 기타 첨가제	2,000	2,500
복합 추진제	과염소산 암모늄(Ammonium perchlorate), HTPB, 알루미늄, 기타 첨가제	2,400	2,850
	과염소산 암모늄, CTPB(Carboxy-Terminated Poly Butadiene), 알루미늄, 기타 첨가제	2,600	3,500

③ 기타 응용 분야

고체 추진제는 매우 짧은 시간에 많은 양의 가스가 필요한 시스템에서 사용할 수 있다. 이러한 시스템에는 자동차용 에어백과 항공기의 조종사용 사출좌석 등이 있다. 이러한 분야에 추진제 조성물을 사용하는 이유는 가스가 생성되는 속도가 빠르기 때문이다. 하지만 이때 발생하는 가스는 매우 뜨겁고 유독성이 있으며 우발적으로 반응이 개시될 우려가 있다. 따라서 저장 수명이 길고 화염 온도가 낮으면서도 생산 비용이 저렴한 무독성 가스를 생산하는 신물질 개발이 진행 중이다.

(2) 고체 추진제의 성능

로켓 추진제는 폭발 없이 균일하고 원활하게 연소가 되도록 설계되었다는 점에서 총과 화포의 추진제와 매우 유사하다. 하지만 총이나 화포의 추진제는 총열의 더 높은 작동 압력으로 인해 더 빨리 연소하며 약실의 압력이 400MPa까지 상승한다. 하지만 로켓 추진제의 연소실 압력은 최대 7MPa의 범위에서 연소해야 한다. 그리고 지속적인 추진력을 제공하기 위해 더 오랜 시간 동안 연소가 되어야 한다.

로켓 추진제의 성능은 비추력(I~sp~, specific impulse)으로 나타내고 있다, 이 값은 식 [7-22]와 같이 노즐을 통한 가스의 추력과 유량에 따라 차이가 있다.

$$I_{sp} = \frac{\text{로켓 모터의 추력}}{\text{노즐 목에서의 연소가스의 질량 유량}} \quad \text{[7-22]}$$

I_{sp} 값은 노즐 출구에서 연소 가스의 속도와 압력에 따라 결정되며, 식 [7-23]과 같다.

$$I_{sp} = \left[\frac{2F}{\gamma - 1} \left\{ 1 - \left(\frac{P_e}{P_c} \right)^{\frac{\gamma - 1}{\gamma}} \right\} \right]^{1/2} \quad \text{[7-23]}$$

여기서 F[J/g]는 추진제의 힘 상수이고, γ는 연소 가스의 비열비(ratio of specific heats), P_e는 노즐 출구의 압력, P_c는 연소실의 압력이다. 따라서 비추력은 추진제의 특성과 로켓 모터 등의 설계에 따라 차이가 있다.[37]

(3) 고체 추진제의 형상이 추력에 미치는 영향

고체 추진제가 연소할 때 추진제의 형상에 따라서 연소 시간과 추력(압력)의 관계는 〈그림 7.33〉에서 보는 바와 같이 크게 세 가지 유형이 있다. 추진제가 연소할 때 연소 표면적이 급격히 증가하여 연소량이 증가하면 추력이 점차 증가하는 누진 연소(progressive combustion), 반대로 연소 표면적이 거의 일정하여 추력의 변화가 거의 없는 중성 연소(neural combustion), 그리고 연소 초기의 연소 표면적이 가장 넓었으나 연소하면서 감소하는 누감 연소(regressive combustion)가 있다. 이들 연소형태 중에서 유도기능이 없는 로켓은 누진 연소 그리고 미사일에는 비행 제어가 쉬운 중성 연소를 주로 적용하고 있다.[38]

---

37 https://www.grc.nasa.gov/www/BGH/realspec.html; https://www.engineeringtoolbox.com/specific-heat-ratio-d_602.html

38 https://www.sciencedirect.com/science/article/pii/S2214914721002075

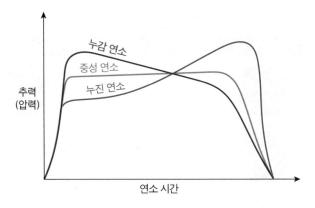

그림 7.33 고체 로켓의 시간과 추력의 관계

따라서 고체 추진제를 로켓의 연소관 속에 충전할 때 〈표 7.16〉과 같이 원통형 내부공간에 모두 채우지 않고 공간을 만들어 추력의 세기를 조절할 수 있도록 설계할 수 있다. 즉, 원통형 로켓 연료관에 중앙아 원통형 공간이 있도록 추진제를 충전한 관형은 누진 연소를 한다. 하지만 끝 담화형, 내외부 튜브형, 봉-튜브형, 성형, 견골형, 슬롯-튜브형, 슬롯이 된 튜브형, 바퀴형, 다공관형 형상으로 충전하면 중성 연소를 하게 된다.

일반적으로 고체 추진제는 연소관에 한 가지 종류의 추진제를 노즐 입구에서 연소관의 끝단까지 〈표 7.16〉에서 제시된 다양한 형상으로 충전한다. 그러나 미사일이나 로켓이 비행하는 동안 추력을 변화시킬 필요가 있다. 따라서 연소관에서 로켓 모터 노즐까지 추진제의 단면 형상을 〈그림 7.34〉에서 보는 바와 같이 다양한 방법으로 충전하며, 그 특성을 살펴보면 다음과 같다.

첫째, 〈그림 7.34〉 ❶에서 보는 바와 같이 연소관 끝단은 공간이 없는 원통형으로 충전하고 노즐 입구 쪽의 일정한 구간은 관형(tube type)으로 충전하는 방식이다. 이 방식은 연소 초기에는 방사형으로 화염 전면이 전파되면서 누진 연소하다가 발사체(미사일 또는 로켓)가 어느 정도 가속된 상태에서 중성 연소가 필요할 때 적합하다. 둘째, 성분이 다른 두 가지 추진제를 연소관에 〈그림 7.34〉 ❷에서 보는 바와 같이 완전히 충전하는 방식이다. 그리하여 추진제의 성분에 따라 연소율의 차이를 이용하여 연소 시간에 따른 추력을 변화시킨다. 이 방식은 다른 방식보다 제작 비용이 많이 소요되기 때문에 오늘날에는 사용하지 않고 있다. 셋째, 〈그림 7.34〉 ❸에서 보는 바와 같이 단일 성분의 추진제로 노즐 입구 쪽에는 바퀴형 단면

표 7.16 일반적인 원통형 고체 로켓의 추진제의 단면 형상

입자 형태	형상	연소형태	입자 형태	형상	연소형태
끝 담화형 (end grain)		중성	견골(犬骨)형 (dog bone)		중성
관(管)형		누진	슬롯-튜브형 (slot-tube)		중성
내외부 튜브형		중성	슬롯이 된 튜브형 (slotted)tube		중성
봉(棒)-튜브형		중성	바퀴형 (wagon wheel)		중성
성(星)형		중성	다공관(多孔管)형		중성

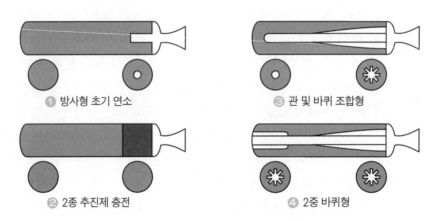

① 방사형 초기 연소

③ 관 및 바퀴 조합형

② 2종 추진제 충전

④ 2중 바퀴형

그림 7.34 대표적인 고체 추진제의 충전 방식

으로 충전하고 연소관 끝단 쪽에 가까울수록 관형으로 충전하는 관 및 바퀴 조합
형이 있다. 이 방식은 연소 초기에는 연소 표면적이 넓어서 연소율이 높다. 따라서

연소 초기에 강한 추력으로 발사체를 가속한 후 연소 초기보다는 약하나 추력의 점차 증가시킬 수 있다. 끝으로 〈그림 7.34〉 ④와 같은 2중 바퀴형이 있다. 이 방식은 바퀴 모양의 공간의 크기가 그림과 같이 위치에 따라서 다르다. 즉, 연소가 시작되는 노즐 쪽에서 연소관 끝단으로 갈수록 연소 표면적이 감소하다가 일정한 구간은 관형으로 유지되다가 다시 연소 표면적이 증가하도록 설계되어 있다. 그 결과 연소 시간에 따라서 연소 표면적을 변화시켜 발사체를 연소 초기와 말기에 가속한다. 이 방식은 정지 관성력이 큰 대형 발사체에 적합하다.[39]

5. 액체 추진제의 종류와 특성

액체 로켓 추진제는 단일화 추진제(mono propellants)와 이원화 추진제(bi propellants)로 분류하며 분류기준과 종류 그리고 특성은 다음과 같다.[40]

단일화 추진제는 외부에 산소가 없어도 연소하는 액체 추진제를 말한다. 이러한 추진제는 에너지와 추력이 상대적으로 낮아서 약한 추력이 필요한 소형 미사일에 적합하다. 대표적인 단일 추진제로는 하이드라진(hydrazine, N_2H_4), 과산화수소(hydrogen peroxide, H_2O_2), 산화에틸렌(ethylene oxide, C_2H_4O), 질산이소프로필(isopropyl nitrate, $C_3H_7NO_3$), 나이트로메테인(nitromethane, CH_3NO_2) 등이 있다. 여기서 하이드라진은 질소와 수소의 화합물로 1887년에 개발된 물질이다. 공기 중에서 발연 하는 무색의 액체이며 암모니아와 비슷한 냄새가 나며 금속이온을 금속상태까지 환원시키는 특징이 있다. 이 물질은 2차 세계대전 중 중에 독일군이 로켓의 추진제로 사용하였다. 현재는 고농도의 과산화수소와 더불어 로켓연료나 연료전지 등에 사용되고 있다. 이 물질은 화합물 및 염류 모두 매우 독성이 강하고 그 증기는 피부, 점막, 호흡기 등을 격하게 자극하므로 주의가 필요하다.[41]

이원화 추진제는 연료와 산화제로 별도의 탱크에 저장되어 있으며 연소실에서 혼합시켜 연소하는 추진제이다. 이원화 추진제의 연료에는 메탄올(CH_3OH), 등유(kerosene), 하이드라진, 모노메틸하이드라진(mono methyl hydrazine, CH_6N_2), 비대

39 https://www.sciencedirect.com/topics/mathematics/burn-in

40 https://www.rocket-propulsion.com/index.htm

41 https://en.wikipedia.org/wiki/Methanol_(data_page)

칭 디메틸히드라진(UDMH, Unsymmetric Dimethyl Hydrazine, $NH_2N(CH_3)_2$) 등이 있다.[42] 모노메틸하이드라진은 독성이 매우 강하며 휘발성이 높은 하이드라진 화학물질이다. 특히 이 물질은 발암 물질이기 때문에 주의해야 한다. 등유는 원유로부터 분별 증류하여 얻는 끓는점의 범위가 180~250℃인 석유를 말한다. 주성분은 데칸($C_{10}H_{22}$)에서 헥사 데칸($C_{16}H_{34}$)까지 동족계열에 속하는 동족체인 유기 화합물이다. UDMH는 한쪽 질소에 있는 두 개의 수소가 두 개의 메틸기로 치환된 무색의 액체 화합물이다. 이 물질은 가연성과 맹독성이 있다. 산화제는 일반적으로 질산(nitric acid, HNO_3)과 사산화이질소(DNTO, dinitrogen tetroxide, N_2O_4) 기반의 산화제를 사용하고 있다. 실온에서 기체 상태인 일부 이원화 추진제는 액체 상태가 되도록 낮은 온도에서 저장하고 사용해야 한다. 예를 들어 수소와 산소의 이원화 추진제 혼합물이 있다. 이런 이원화 추진제는 비추력이 매우 높아서 인공위성 발사 등에 사용되고 있다.[43]

표 7.17 액체 로켓 추진제의 비추력과 화염 온도

단일화 추진제			이원화 추진제		
종류(연료/산화제)	비추력 [N · s/kg]	화염 온도[K]	종류(연료)	비추력 [N · s/kg]	화염 온도 [K]
과산화수소	1,186	900	수소	2,735	3,557
산화에틸렌	1,167	1,250	등유	2,245	2,509
하이드라진	1,863	1,500	메탄올	–	2,402
질산이소프로필	1,569	1,300	하이드라진	2,441	2,646
나이트로메테인	2,127	2,400	UDMH	2,686	2,892

한편 단일화 추진제와 이원화 추진제의 비추력과 화염 온도를 비교해보면 〈표 7.17〉과 같다. 표에서 보는 바와 같이 이원화 추진제가 단일화 추진제보다 비추력이 크고 화염 온도가 높은 것을 알 수 있다.

---

42 https://en.wikipedia.org/wiki/Monomethylhydrazine

43 https://en.wikipedia.org/wiki/Liquid-propellant_rocket

제6절 지연제, 발화제 등 기타 화약의 특성과 적용

1. 지연제

(1) 폭발 계열과 지연제(지연 화약)

포탄이나 미사일이 표적이 충돌하거나 접근하면서 탄두에 들어있는 작약이 폭발하려면 〈그림 7.35〉와 같은 폭발 계열(explosive train, 폭발물 연쇄 과정)이 필요하다. 작약은 매우 둔감하여 순간적으로 매우 큰 에너지를 가해야 폭발하기 때문이다. 따라서 〈그림 7.35〉 ❶에서 보는 바와 같이 외부의 작은 충격(충격, 마찰, 전기, 화염, 레이저빔, 격발신관 등)으로 민감한 뇌관 화약을 폭발시킨다. 이때 발생한 충격파 에너지가 민감한 기폭약을 폭발시켜 더 큰 에너지를 발생하면서 더 많은 에너지를 작약에 가하여 다량의 작약을 폭발시킨다. 이러한 과정이 순간적으로 연쇄반응이 발생하는 과정을 폭발물 연쇄 과정이라고 부른다. 이 과정에서 사용되는 폭발물은 고성능 폭발물이지만 제1 고성능 폭발물은 제2 고성능보다 더 민감하다. 하지만 폭발에너지는 제2 고성능 폭발물이 상대적으로 크다.

한편 외부충격이 가해져도 일정한 시간 동안은 작약이 폭발하지 않도록 하려면 〈그림 7.35〉 ❷와 같이 폭발물 계열에 지연제를 추가한다. 그림에서 보는 바와

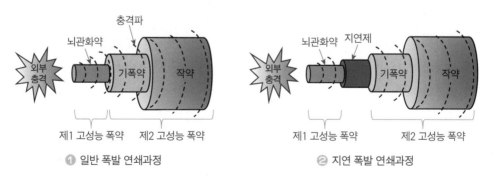

그림 7.35 일반 및 지연 폭발 연쇄 과정

같이 뇌관 화약이 폭발하면서 발생한 충격파 에너지로 일정한 시간 동안 지연제가 연소하면서 발생한 화염에 의해 기폭약과 작약이 연쇄적으로 폭발시키는 과정이 지연 폭발 연쇄 과정이다.

(2) 주요 적용 사례

지연제는 폭발 계열(explosive train)에 관여하여 시간적 지연을 제공하는 화학적 시계(chemical timers)이다. 지연제는 연료와 산화제로 구성되는데 텅스텐계, 지르코늄-니켈계, 크로뮴계 등 연료의 종류에 따라 구분할 수 있다. 이러한 화학적 지연제는 값이 저렴하고 구조가 간단하여 항력 감소 탄약, 박격포탄, 연막탄 등과 같이 일반 탄약의 신관에 적용하고 있다.

일반적으로 폭발 계열은 뇌관의 아지드화 납(lead azide, $Pb(N_3)_2$), 스티픈산 납 (lead styphnate, $C_6HN_3O_8Pb$) 등과 같이 민감한 화약의 작고 약한 폭발로 시작하여 TNT, RDX 등과 같이 상대적으로 둔감한 화약의 크고 강한 폭발의 순서로 진행되며, 이러한 과정은 매우 짧은 시간에 연속적으로 일어난다. 이 폭발 계열 내에서 지연제가 있으면 연소하는 중에는 연속적인 폭발이 일어날 수 없고 지연제가 연소하는 일정 시간 동안 폭발 계열의 작동은 멈추는 것과 같은 효과가 있다. 이 시간을 지연시간이라고 한다. 지연시간이 필요한 이유는 예를 들어, 수류탄 사용자는 폭발 계열이 중단되는 이 지연시간 동안 투척한 수류탄으로부터 엄폐할 수 있는 시간을 가지며 수류탄이 폭발하여야 하는 목적지까지 비행하는 시간을 갖도록 한다. 또 다른 예로서 박격포탄용 신관의 경우 박격포탄이 포구로부터 떠나 특정 거리에 도달하기까지 폭발 계열의 진행을 중단시켜 고성능 폭약이 점화되지 못하도록 하여, 사격자의 안전이 확보된다. 즉, 사용자가 탄약을 사용한 직후 지연제의 지연시간으로 인하여 폭발 계열을 진행하지 못하도록 일정 시간 중단시켜 사용자의 안전이 확보되는 것이다. 그러므로 지연제의 지연시간이 불규칙적이고 예측이 불가하면 사용자의 안전이 확보가 어려워 지연시간은 매우 균일하여야 하고 높은 신뢰도가 필요하다.[44]

---

44 Ho-Sub Kim1 etc, "A Study on the Change of Burning Rate of Zirconium-Nickel Delay Elements Depending on the Ambient Temperature" Journal of the Korea Academia-Industrial cooperation Society, Vol. 21, No. 7 pp. 82~89, 2020.

지연시간을 결정하는 요소는 지연제가 생산되는 중에 대부분 결정된다. 그러나 지연제 주변 환경 온도에 따른 지연시간 변화의 경우 탄약의 사용 환경에 따라 언제나 변화될 수 있다. 특히 연평균 최고 최저 온도의 차이가 상당한 때에는 탄약의 주변 온도에 따른 지연시간의 변화가 발생할 수 있다.[45]

(3) 연소 속도

지연제의 연소특성은 연소 속도(burning rates)로 나타내며, 연소 속도는 연소 질량 유량(burning mass rates, [g/s])과 선형 연소 속도(linear burning rates, [cm/s]) 값으로 나타낼 수 있다.

지연제는 크게 가스 발생이 없는 화약과 가스 발생이 있는 유형으로 분류한다. 가스가 발생하지 않는 지연제는 주위 압력이 작용하지 않는 정상적인 조건이나 고도가 높을 때 사용하고 있다. 하지만 가스 발생이 있는 지연제는 통풍이 잘거나 고도가 낮은 곳에서 사용한다. 흑색화약은 가스 지연으로 사용되는 반면 금속 산화물 또는 금속 크로뮴산 염과 원소 연료의 혼합물은 가스가 없는 지연에 사용하고 있다. 현재 사용 중인 대표적인 지연제의 종류와 성분은 〈표 7.18〉에서 보는 바와 같다.

표 7.18 대표적인 지연제의 종류 및 성분

분류	화학적 조성	지연 작용
가스(gassy) 발생 지연제	흑색화약(질산칼륨(산화제) + 탄소(연료) + 황(촉매제))	–
	Tetranitrocarbazole($C_{12}H_5N_5O_8$), 질산칼륨(KNO_3)	
무가스(gasless) 지연제	붕소(B), 규소(Si), 중크로뮴산 칼륨($K_2Cr_2O_7$)	붕소
	붕소(B), 이산화납(PbO_2)	
	붕소(B), 크로뮴산 바륨($BaCrO_4$)	
	붕소(B), 크로뮴산 바륨($BaCrO_4$), 산화제이크롬(Cr_2O_3)	
	텅스텐(W), 크로뮴산 바륨($BaCrO_4$), 과염소산칼륨($KClO_4$)	텅스텐
	망간(Mn), 크로뮴산 납($PbCrO_4$), 크로뮴산 바륨($BaCrO_4$)	망간

---

45 https://doi.org/10.1080/07370650903193299

분류	화학적 조성	지연 작용
무가스(gasless) 지연제	몰리브덴(Mo), 크로뮴산 바륨($BaCrO_4$), 과염소산칼륨($KClO_4$)	–
	크로뮴(Cr), 크로뮴산 바륨($BaCrO_4$), 과염소산칼륨($KClO_4$)	크로뮴
	셀레늄(Se), 과산화 바륨(BaO_2)	–
	지르코늄(Zr), 산화제이철(Fe_2O_3)	
	지르코늄(Zr), 이산화납(PbO_2)	
	지르코늄(Zr) 티타늄(Ti), 산화제이철(Fe_2O_3)	
	지르코늄(Zr)-니켈(Ni), 바륨(Ba), 크로뮴(Cr), 과염소산칼륨($KClO_4$)	Zr-Ni

지연제의 연소 속도에 따라 적용되는 탄약의 종류가 다르며, 대표적인 사례는 〈표 7.19〉와 같다. 예를 들어, 연소 속도가 1mm/ms 이상이면 발사체(projectiles)에 사용하고, 1~6mm/s이면 연막 수류탄, 최루탄 등에 사용하고 있다. 그리고 연소 속도가 25~1,000mm/ms인 경우에는 채석장 발파용 등에서 민수용으로 사용하고 있다.

표 7.19 지연제의 조성비에 따른 연소 속도 비교

지연제 종류 및 조성	혼합 중량비	연소 속도 [mm/s]
Si : 적색 산화납 : 나이트로셀룰로스	15 : 85 : 1.8	17.0
B : $BaCrO_4$	5 : 95	17.0
	10 : 90	42.0
Mn : $PbCrO_4$: $BaCrO_4$	55 : 45 : 0	11.7
	37 : 33 : 30	1.5
	33 : 37 : 30	3.0
Zr-Ni : Ba, $KClO_4$	17 : 80 : 3	1.6
W : $BaCrO_4$: $KClO_4$	20 : 70 : 10	0.6
Zr : PbO_2	72 : 28	50.8 이하

지연제의 연소 속도는 화학적, 물리적 또는 화학 및 물리적 영향이 복합적으

로 작용하여 조절될 수 있다. 그리고 지연시간은 연료와 산화제의 종류, 연료와 산화제의 혼합비율, 지연제의 입자 크기와 형상, 지연제의 주변 온도, 지연제가 충전되어있는 형상(크기, 높이) 등에 의해 결정된다. 특히 지연시간을 결정하는 주요 요소는 지연제가 생산되는 중에 결정된다. 따라서 지연제의 원료와 생산 공정에 품질문제가 없다면 지연시간은 균일하다.

(4) 연소 반응과정

지연제의 연소는 산화와 환원 반응의 일종이다. 연료와 산화제로 구성된 지연제는 연료가 환원제의 역할을 한다. 이때 연료는 산화제와 반응하여 산소를 얻게 된다. 이 반응은 발열 반응이므로 반응 중 열을 발생시키고, 반응 중 기체상(gas phase)의 생성물을 발생시켜 제한된 공간에서 반응이 일어나면서 압력이 높아지게 된다. 즉, 붕소, 규소, 텅스텐 지연은 식 [7-24, 25, 26]과 같다.

$$4B + BaCrO_4 \rightarrow 4BO + Ba + Cr \quad \text{[7-24]}$$

$$2Si + Pb_3O_4 \rightarrow 2SiO_2 + 3Pb \quad \text{[7-25]}$$

$$8W + 3KClO_4 \rightarrow 8BaCrO_4 \rightarrow 8WO_3 + 3KCl + 4Cr_2O_3 + 8BaO \quad \text{[7-26]}$$

2. 발연제

(1) 종류 및 조성

발연제(smoke-generating composition)는 배합에 따라 흰색, 검은색, 빨간색, 녹색, 주황색 등과 같은 다양한 색상의 연기를 생성시킬 수 있다. 이러한 혼합물은 연기를 분산시키는 다량의 가스를 생성하며 유기 염료를 분해하지 않기 위해 저온에서 연소한다.

발연제는 연기의 색에 따라 크게 다섯 가지가 있다. 첫째, 흰색 연기는 아연(Zn), 산화아연(ZnO), 규조토(SiO_2), 사염화탄소(CCl_4)의 혼합물을 연소시켜 발생시킬 수 있다. 둘째, 노란색 연기는 초석(KNO_3), 계관석(AsS)의 혼합물 또는 오라민(C_{17}H_{22}ClN_3)과 염소산칼륨(KClO_3)의 혼합물을 연소하면 발생하며 자연발화의 위험이 있다. 셋째, 푸른색 연기는 젖당(C_{12}H_{22}O_{11}), 녹말(C_{12}H_{22}O_{11}), 메틸렌블루(C_{16}H_{18}N_3ClS), 인디고

($C_{16}H_{10}N_2O_2$) 등과 염소산칼륨의 혼합물을 연소시키면 발생시킬 수 있다. 넷째, 붉은 색 연기는 로다민($C_{28}H_{31}ClN_2O_3$), 파라레드($C_{16}H_{11}N_3O_3$) 등과 염소산칼륨의 혼합물을 연소하면 발생시킬 수 있다. 다섯째, 검은색 연기는 피치(ptich), 안트라센($C_{14}H_{10}$) 등을 불완전 연소시켜 발생시킬 수 있다.[46]

(2) 일반적인 특성

유색 연기 조성에서 휘발성 유기 염료(volatile organic dye)는 승화한 다음 공기 중에서 응축되어 작은 고체 입자가 된다. 염료는 가시광선을 강력하게 흡수하며 염료의 특성에 따라 특정 파장의 빛만 반사 시키는 특성이 있다. 예를 들어, 적색 염료는 입자에서 반사되는 적색 영역의 주파수를 제외하고 가시 스펙트럼의 모든 영역에서 빛을 흡수하는 특성이 있다.

(3) 적용 사례

발연제의 적용 분야는 지상 풍향 표시기, 플레어, 차장 및 위장, 극장 및 영화의 특수 효과, 군사 훈련 보조 장치 등 다양한 분야에 사용하고 있다.

대표적인 사례로 백린 연막탄(white phosphorus, P_4)이 있다. 이 탄약은 인 (phosphorus) 동소체로 만든 발화용 폭탄이나 포탄을 말한다. 백린은 발화점이 약 60℃ 정도로 낮아서 공기에 노출되면 자연 발화할 수 있으며 고체로서 각종 포탄의 발연제로 사용되며 소이 효과도 있다. 백린이 피부에 닿으면 심한 화상을 유발하고, 연기를 많이 흡입하면 고통스럽게 사망할 수 있다. 산소가 있으면 하얀 연기를 생성한다. 이러한 특성 때문에 예광탄, 조명탄의 충전제로 사용하고 있다. 참고로 동소체란 한 종류의 원소로 이루어졌으나 그 성질이 다른 물질을 말한다. 이는 원소 하나가 다른 여러 방식으로 결합이 되어있다. 예를 들면, 탄소의 동소체에는 다이아몬드(탄소 원자가 사면체 격자 배열로 결합), 흑연(탄소 원자가 육각형 격자구조 판처럼 결합), 그래핀(흑연의 판 중 하나) 및 풀러렌(탄소 원자가 구형, 관형, 타원형으로 결합)이 포함된다. 또한, 인(P) 원소는 백린(white phosphorus), 붉은 인(red phosphorus), 흑인(black phosphorus), 황린(scarlet phosphorus), 보라 인(violet phosphorus)이 있으며, 산소는 산소 (O_2), 오존(O_3), 사산소(O_4)가 있다. 동소체라는 말은 원소에만 사용하고 화합물에는

---

46 https://en.wikipedia.org/wiki/Pitch_(resin)

그림 7.36 특정 지역에 백린 연막의 살포 장면(이스라엘)

사용하지 않는다.

한편 백린 연막탄을 저장할 때 백린이 녹아 흘러내린다는 단점을 보완하기 위하여 가소성 백린(plasticized white phosphorus) 연막탄이 개발되었다. 이 탄은 백린을 합성 고무 용액(에탄올 벤젠 등과 같은 유기 용매(organic solvent)에 회색 연질고무(soft rubber) 40% 녹인 용액)에 녹인 연막탄이다.[47] 백린 연막탄은 〈그림 7.36〉과 같이 지상의 표적을 향해서 특정한 각도로 백린을 살포하여 인원에 피부에 화상이나 호흡기에 심각한 피해를 줄 수 있다. 따라서 연막효과보다는 화학적 효과가 있는 화학무기에 가까워서 국제적으로 사용을 금지하고 있다.

3. 조명제

조명제에서 방출되는 빛의 강도는 연소온도에 의해 결정되며, 이는 구성 요소에 따라 다르다. 예를 들어 2,180℃에서 2,250℃의 온도 범위에서 연소하는 조명 혼합물은 산화제로 염소산염($HClO_3$과 과염소산염(ClO_4), 셀락(shellac, 깍지벌레의 분비물에 얻는 천연수지) 또는 로진(rosin, 송진을 정류하여 만든 천연수지) 등과 같은 유기 연료

---

[47] https://viableopposition.blogspot.com/2018/11/white-phosphorus-americas-weapon-of.html

가 함유되어 있다. 만일 화염 온도를 2,500℃에서 3,000℃의 온도로 높이려면 마그네슘과 같은 금속 분말이 첨가해야 한다. 그리고 조명제를 이용한 탄약을 조명탄(illuminating shell)이라 한다. 조명탄은 탄체 속에 낙하산과 조명제를 충전시켜 시한신관에 의해서 일정한 고도에서 폭발하면 낙하산에 매달린 조명탄 속에 있는 조명제가 점화되고 밝은 불빛을 내면서 서서히 낙하하도록 설계된 탄약이다. 이때 사용되는 조명제는 주로 마그네슘이나 알루미늄 분말 또는 질산나트륨 등이 있다.

(1) 유색광(color light)

적색광을 만들려면 불꽃 혼합물(pyrotechnic compositions)에 스트론튬 화합물을 추가하면 된다. 고온에서 스트론튬 화합물은 분해되어 산화제의 염소와 반응한다. 즉 반응식 [7-27, 28, 29]에서 보는 바와 같이 과염소산염(ClO_4^-) 분자에서 $SrCl^{+*}$을 생성한다. 참고로 불꽃 혼합물은 전자기 스펙트럼의 적색 영역인 파장이 600nm에서 690nm에서 빛을 방출하는 것은 $SrCl^+$분자이다. 녹색 빛은 불꽃 혼합물에 바륨 화합물을 추가하면 된다. 파장이 505nm에서 535nm인 녹색 빛은 $BaCl^+$분자에서 빛이 방출된다. 청색광은 구리 화합물을 과염소산칼륨과 반응시켜 $CuCl^+$을 형성하여 가시 영역의 청색 영역 파장인 420nm에서 460nm의 빛이 방출된다.

$$KClO_4 \rightarrow KCl + 2O_2 \quad\cdots\cdots\cdots\cdots\cdots\cdots\cdots\cdots\cdots\cdots\cdots\cdots\cdots\cdots\cdots\cdots\cdots\cdots \text{[7-27]}$$

$$KCl \rightarrow K^+ + Cl^- \quad\cdots\cdots\cdots\cdots\cdots\cdots\cdots\cdots\cdots\cdots\cdots\cdots\cdots\cdots\cdots\cdots\cdots \text{[7-28]}$$

$$Cl^- + Sr^{2+} + \; \rightarrow SrCl^{+*} \quad\cdots\cdots\cdots\cdots\cdots\cdots\cdots\cdots\cdots\cdots\cdots\cdots\cdots\cdots \text{[7-29]}$$

(2) 백색광

불꽃 혼합물이 고온에서 연소할 때 백색광(white light)이 형성한다. 고온의 고체와 액체 입자는 전자기 스펙트럼의 가시 영역에서 광범위한 파장의 빛을 방출하여 백색광을 발생시킨다. 즉, 백색광은 흰색의 빛을 말하며 빛의 합성 원리에 따라 모든 파장의 빛이 균등하게 혼합되면 그 빛은 흰색으로 보인다. 이때 빛의 방출 강도는 여기 상태(excited state)가 되는 원자와 분자의 양에 따라 차이가 있다. 온도가 높을수록 상당한 양의 원자와 분자가 여기 되어 높은 강도의 방출이 발생한다. 이러한 고온을 달성하기 위해 마그네슘과 알루미늄이 불꽃 혼합물에 사용된다. 여기서 여기 상태란 원자 또는 분자가 외부에서 빛, 방사선 등에 의해 에너지를 흡수하여 궤도 전자의 에너지 준위가 상승한 상태를 말한다. 여기 상태는 과도적인 것으로 일단 여기 된 전자는 약 10^{-8}초 만에 원래 상태로 되돌아가며 들뜬 상태라고도 부르고 있다.

한편 이러한 금속의 산화는 발열 과정이며 상당한 양의 열이 방출한다. 티타늄 및 지르코늄 금속도 백색광 불꽃 구성에 좋은 원소이며, 〈표 7.20〉과 같이 다양한 빛을 내는 조명제가 있다.

표 7.20 조명의 조성비에 따른 연소 속도

발광 효과		불꽃 혼합물(분자식)	파장역 [nm]
백색광		마그네슘(Mg), 질산바륨($Ba(NO_3)_2$), 질산칼륨(KNO_3)	380~780
유색광	녹색광	과염소산칼륨($KClO_4$), 질산바륨($Ba(NO_3)_2$), 결합제(binder)	505~535
	적색광	과염소산칼륨($KClO_4$), 옥살산 스트론튬(SrC_2O_4), 결합제(binder)	600~690
	황색광	과염소산칼륨($KClO_4$), 옥살산 나트륨($Na_2C_2O_4$), 결합제(binder)	570~600
	청색광	과염소산칼륨($KClO_4$), 탄산구리(CuCO3), 폴리염화비닐(C_2H_3Cl)	420~460
	적색 예광탄	마그네슘(Mg), 질산스트론튬($Sr(NO_3)_2$), 결합제(binder)	570~600

4. 소음 발생 혼합물

(1) 쾅 소음(bang noise) 발생

불꽃 혼합물은 폭발음이나 휘파람과 같은 두 가지 유형의 소음을 발생시킬 수 있다.

쾅 하는 폭발음은 흑색화약과 같이 밀봉된 마분지 튜브(cardboard tube) 내부에서 가스를 생성하는 불꽃 혼합물에서 발생한다. 불꽃 혼합물은 도화선을 통해 점화되고 다량의 가스가 생성되면서 튜브가 파열되어 큰 소리가 발생한다. 이 원리는 폭죽이나 공중 투하 폭탄 또는 불꽃놀이 등에 사용하고 있다. 이때 도화선은 흑색화약의 분말을 심약으로 하여 삼실(삼 껍질에서 뽑아낸 실), 무명실(목화로부터 얻어진 면으로 짠 실), 방수지(판지에 아스팔트를 적셔서 만든 물막이 종이) 등으로 싼 후 겉에 칠을 하여 긴 줄 모양으로 만든 것을 말한다. 연소 속도에 따라 연소 속도가 120±10초/m)인 완연(slow-burning) 도화선과 1/30~1/300초/m인 속연(quick burning) 도화선이 있다.

한편 불꽃 섬광 분말을 사용하면 더 큰 소리를 발생시킬 수 있다. 섬광 분말(flash powder)은 흑색 분말보다 더 높은 온도에서 더 빠르게 반응하여 고압가스를 더 빠르게 방출한다. 여기서 섬광 분말로는 마그네슘과 과염소산칼륨을 각각 2대 1 비율로 혼합시켜 만든 분말을 사용하고 있다. 이 분말은 소량이라도 발화시키면 순간적으로 다량의 빛과 가스를 발생시키는 혼합물이다.

(2) 휘파람 소음(whistle noise) 발생

어떤 불꽃 혼합물은 개방된 튜브 속에 넣고 압축한 상태로 연소시키면 휘파람 소리가 발생한다. 이때 사용하는 혼합물은 주로 방향족 고리를 가지고 있는 벤조산(benzoic acid, $K(C_7H_5O_2)$칼륨 유도체 등과 같은 방향족 산, 2,4-다이나이트로페놀(2,4-dinitrophenol, $C_6H_4N_2O_5$), 피크르산(picric acid, $C_6H_3N_3O_7$), 살리실산나트륨(sodium salicylate, $NaC_7H_5O_3$)을 혼합한 물질이다. 여기서 유도체란 어떤 화합물 일부를 화학적으로 변화시켜서 얻어지는 유사한 화합물이다.

불꽃 혼합물은 점화하면 불규칙하게 연소하며 연소 표면에서 작은 폭발이 일어나 공진(resonance)이 일어나면서 정상파(standing wave)가 발생하여 휘파람 소리가 나게 된다. 여기서 정상파란 파동이 한정된 공간 안에 갇혀서 제자리에서 진동하는 형태를 말한다. 예를 들어, 기타 줄을 퉁기면 고정된 양쪽 끝이 마디가 되는 정

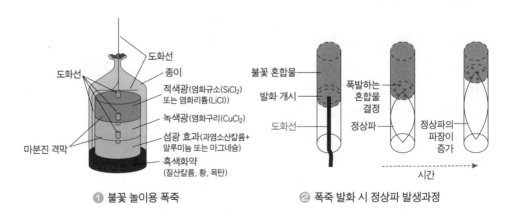

① 불꽃 놀이용 폭죽　　　　② 폭죽 발화 시 정상파 발생과정

그림 7.37 불꽃놀이용 폭죽의 구성과 정상파 발생 원리

상파가 만들어진다. 이는 기타 줄의 파동이 고정된 한쪽 끝으로 진행하다가 반사되어서 진행하는 진행파(progressive wave)와 반사된 반사파가 중첩되면서 간섭을 일으켜서 발생하는 현상이다. 일반적인 불꽃놀이용 폭죽의 구성은 〈그림 7.37〉 ❶에서 보는 바와 같이, 폭발 시 요구되는 발광의 색깔에 따라 혼합물 조성을 차이가 있으며, 이들 혼합물을 연소시키기 위해 흑색화약을 사용하고 있다.

한편 소음 발생의 원리를 살펴보면, 〈그림 7.37〉 ❷에서 보는 바와 같다. 그림에서 불꽃 혼합물이 연소로 감소함에 따라 정상파의 파장(wavelength)이 증가하여 결과적으로 휘파람의 주파수가 낮아진다. 그리고 휘파람 소리를 낼 수 있는 불꽃 합성물은 매우 민감하고 다루기 위험하다.

1. 고에너지 반응의 등급을 연소, 폭연, 폭발로 구분하는데 그 기준과 각각의 혼합물이나 화합물의 종류와 적용 사례를 비교하시오.

2. 일반적인 폭발의 형태는 물리적 폭발, 화학적 폭발, 핵폭발이 있는데 이들 현상과 적용 사례를 설명하시오.

3. 화학적 폭발물은 제1 고성능 폭발물, 제2 고성능 폭발물, 저성능 폭발물로 분류하고 있다. 이들 폭발물의 차이점과 용도 그리고 분류기준을 설명하시오.

4. 연소와 폭열의 차이점과 폭연의 연소율을 설명하시오. 그리고 밀폐되지 않은 대기압($9.869 \times 10^{-2} N/mm^2$) 상태에서 추진제의 선형 연소율 r이 3.5mm/s이고, 연소율 지수 가 0.528인 경우에 연소율 계수 β와 선형 연소 속도를 계산하시오. 그리고 이들 값의 물리적 의미를 설명하시오.

5. 폭발물의 폭발압력과 연소율의 관계와 폭연에서 폭발로의 천이 과정을 그림을 그려서 설명하시오.

6. 고성능 폭발물의 폭발 과정과 폭발속도를 나타낸 〈그림 7.8〉을 설명하시오.

7. 일반적으로 폭발물은 비폭발성 물질과 폭연 폭발물 그리고 폭발 폭발물로 구분한다. 이들 폭발물을 반응 조건에 따라서 어떠한 차이점이 있는지 비교하시오.

8. 미사일에 사용되는 폭발물의 종류와 특성을 간략히 설명하시오.

9. 폭발물의 위력을 나타내는 위력 지수와 상대 위력 지수의 정의와 물리적 개념과 적용 사례를 설명하시오.

10. 무기 화합물과 유기 화합물의 차이점과 나이트로화 반응을 설명하시오. 그리고 벤젠의 나이트로화 반응의 과정을 나타낸 〈그림 7.12〉를 설명하시오.

11. HNB[$C_6N_6O_{12}$] 폭발물과 RDX[$(CH_2)_3N_3(NO_2)_3$] 폭발물의 산소 균형을 계산하고 이들 폭발물의 산소 균형과 폭발 강도의 관계를 비교하시오.

12. 로켓 추진제(저성능 폭약) 중에서 나이트로셀룰로스의 제조 과정을 나타낸 〈그림 7.20〉을 설명하시오. 그리고 단기 추진제, 복기 추진제, 삼기 추진제, 고에너지 추진제의 성분과 특성을 비교하시오.

13. 폭발물의 주조 및 형상 가공방법과 환경에 미치는 영향을 예를 들어 설명하시오.

14. 미사일 탄두의 종류와 발전과정 및 적용 사례와 AI 탄두의 개념과 작동과정을 도표와 그림을 그려서 설명하시오.

15. 미사일 탄두의 파편 속도에 미치는 영향 요소와 미사일의 속도와 파편 속도의 관계를 벡터로 나타내어 설명하시오.

16. 고체 로켓 모터의 구성과 작동원리 그리고 고체 추진제의 형상이 추력에 미치는 영향을 설명하시오.

17. 액체 추진제의 종류와 특성을 나타낸 〈표 7.17〉에서 단일화 추진제와 이원화 추진제의 차이점과 그 특성인 비추력과 화염 온도의 관계를 설명하시오.

18. 지연제와 발연제, 조명제의 주요 성분과 특성 그리고 적용 사례를 설명하시오.

19. 소음 발생 혼합물의 주요 성분과 적용 사례 그리고 소음 발생 원리를 설명하시오.

제8장
미사일과 미사일
방어체계

제1절 현대전에서의 미사일과 전투기

1. 미사일의 특성과 활용사례

최초의 미사일에 의한 위협으로 2차 세계대전 중 독일이 V-1 순항 미사일(cruise missile)과 V-2 탄도 미사일(ballistic missile)로 영국을 공격한 사례가 있다. 당시에 사용하였던 미사일은 정확도는 낮았으나 수만 명의 사상자를 발생시켰으며, 오늘날에도 여전히 중대한 위협으로 작용하는 무기 중 하나이다. 미사일은 유인 항공기를 이용한 공격 시 비용이 너무 소요되거나 강력한 방공 시스템을 갖춘 적군을 공격할 때 효과적인 수단이다. 그뿐만 아니라 적의 공격을 억제하거나 방어하는데에도 유용하다. 특히 유인 항공기보다 유지 보수, 훈련 및 군수지원 소요가 적다는 장점이 있으며, 화생방 또는 핵탄두를 탑재하면 치명적인 무기로 활용할 수 있다.

2차 세계대전 이후 전술 미사일에 의한 군사 작전은 꾸준히 증가하였고, 미래에도 여전히 화력의 상당한 부분을 차지할 것이다. 미사일 기술의 발전으로 사거리, 기동성, 정확도, 치명성, 악천후 극복 등의 능력이 개선되었기 때문이다. 미사일의 중요성을 알 수 있는 사례로 1965년 베트남전쟁 당시 미사일로 하노이에서 남쪽으로 150km 떨어진 곳에 있던 타인호아(Thanh Hoa) 철교를 폭격한 사례가 있다. 당시 미군은 6년 동안 항공기만 무려 971회 출격하여 일반 폭탄으로 폭격하였으나 교량을 파괴하지 못했다. 그러나 1972년 5월 13일에 미군의 전투기에서 발사한 레이저 유도 폭탄으로 철교의 중앙부와 교각을 명중시킴으로써 비로소 파괴하였다. 당시에 유도기능이 없는 일반 폭탄을 투하하기 위해 동원된 전투기 중에서 총 11대가 베트남군에 의해 격추되었다. 반면에 정밀 유도 폭탄을 투하한 전투기는 총 4회 출격하였고 손실도 전혀 없었다. 이와 유사한 전과는 최근까지 다수의 사례가 있다. 최근 사례로 우크라이나 전쟁(2022)에서 우크라이나군은 넵튠 지대함 미사일 2발로 3중의 대공 방어시스템을 탑재한 러시아군의 모스크바 순양함을 침

로켓과 미사일 기술

미사일

간접사격(미래)

간접사격(현재)

그림 8.1 기술발전에 따른 포병 화력의 변화 추세

몰시켰다.

참고로 2017년 기준으로 20여 개 국가에서 탄도 미사일을 보유하고 있으며, 최근 우크라이나전 등의 사례에서 볼 수 있듯이 미사일 사용량이 증가하는 추세이다. 또한, 〈그림 8.1〉에서 보는 바와 같이, 화포와 로켓 기술의 사거리가 늘어남에 따라 미사일의 표적도 점차 증대될 전망이다.[1]

2. 전략 미사일의 특성

전략 미사일이란 주로 도시 및 전략병력을 목표로 사정거리가 길고 파괴력이 크며, 적의 방어망에 대한 돌파능력이 우수한 미사일을 말한다. 주로 대륙간 탄도 미사일(ICBM, Intercontinental Ballistic Missile)이나 새롭게 등장하는 극초음속 미사일이 이에 속하며, 일반적으로 탄두에는 수 메가톤급(Mt)의 핵탄두나 수 톤의 고폭탄두(high explosive warhead)가 들어있다. 대표적으로 미국은 〈그림 8.2〉와 같이 적의 공격에 대한 선제공격 또는 보복 공격수단으로 전략 미사일과 장거리 폭격기를 전략군(strategic forces)에 배치하여 운용 중이다.

핵전략이란 핵무기의 개발과 운용에 관한 교리와 전략을 의미하며, 미국의 핵

---

1 https://en.wikipedia.org/wiki/R-360_Neptune; Eugene L. Fleeman, "Tactical Missile Design", American Institute and Astronautics, Inc. Education Series, 2001.3; Michael Frankel, "The New Triad: Diffusion, Illusion, and Confusion in the Nuclear Mission", The Johns Hopkins University, 2012.2

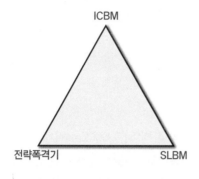 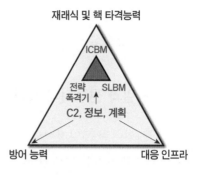

❶ 전통적인 핵전략 삼위일체　　　**❷ 냉전 시대 이후 핵전략**

그림 8.2 미국의 핵무기 전략의 변화

전략은 냉전 시대와 그 이후로 구분할 수 있다. 미국의 핵전략 목적은 적의 선제 공격 억제, 적에 대한 강압, 설득, 전쟁의 조기 종전 등이다. 미국은 냉전 시대에는 〈그림 8.2〉 ❶에서 보는 바와 같이 ICBM, 잠수함 발사 탄도 미사일(SLBM, Submarine Launched Ballistic Missile), 전략 폭격기(B-29 폭격기, B-1 스텔스 폭격기, B-21 스텔스 폭격기 등) 를 전통적인 핵전략의 전략 무기로서 보유하였다. 그리하여 이들 세 가지 무기는 모두가 선제공격이나 각각의 시스템 장애로 동시에 손상될 수 없도록 유지할 수 있었다.[2]

　냉전 시대 이후에는 〈그림 8.2〉 ❷와 같이 재래식 및 핵 타격 능력, 방어, 대응 인 프라(responsive infrastructure)의 세 가지 핵심 요소로 핵무기 전략을 전환하였다. 먼저, 그림에서 보는 바와 같이 재래식 핵전략인 ICBM, 전략 폭격기, SLBM을 지휘 · 통제(C2, Command Control)와 정보시스템을 이용하여 통합시켜 '재래식 및 핵 타격 능력(장거리 정밀 재래식 무기, 공격 정보 작전, 특수 작전 부대 등을 포함)'으로 발전시켜 새로 운 핵전략 3요소 중 하나가 되었다. 두 번째 요소로는 미사일과 항공기에 대한 능 동적 방어, 방어진지 견고화, 은폐, 민방위 및 기타 전술과 같은 수동적 방어, 적의 적대적 정보 작전에 대한 방어 등을 포함한 '방어 능력'이다. 끝으로 전략적 기업의 유지 및 현대화를 가능하게 할 산업 및 인적 자본을 포괄하는 활성화된 연구, 개발, 시험/평가 및 생산 능력을 포함하는 '대응 인프라' 요소이다. 그리고 핵전략 3요소

2　http://www.usip.org/strategic_posture/final.html; U.S. Joint Chiefs of Staff, "Doctrine for Joint Nuclear Operations", Joint Publication pp. 3~12, U.S. JCS, 2005

의 기능이 유지되기 위해 C2, 정보, 계획(planning)과의 네트워크 연결성과 사이버 공격 등에 의한 안정성이 더욱 중요해졌다.

3. 전술 미사일과 전투기의 특성 비교

전술 미사일이란 제일전선의 로켓포와 전선의 후방 약 1,000km 이내의 군사목표를 공격하는 미사일을 의미한다. 로켓에는 무(無) 유도 또는 관성 또는 GPS 유도 로켓이 사용된다. 그리고 군사목표 공격에는 순항 미사일과 탄도 미사일이 있다.[3]

한편 전술 미사일과 전투기는 〈표 8.1〉과 같이 특성이 상이하며, 세부적인 내용은 다음과 같이 다섯 가지로 요약할 수 있다.

표 8.1 일반적인 전술 미사일과 전투기의 특성 비교

상대적 비교 요소	전술 미사일	전투기
조종기술 적용 여부	필요 없음	조종사의 조종기술 필요
기동성(가속도와 비행속도)	전투기보다 우수	일반적으로 미사일보다 느림
비행체에 가해지는 동적 하중	전투기보다 큼	전술 미사일보다 작음
무기의 크기	전투기보다 작고 가벼움	일반적으로 전술 미사일보다 크고 무거움
유지비용	재사용 불가	유지비용은 많이 소요되나 재사용 가능

첫째, 전투기는 조종사의 조종기술이 필요하나 전술 미사일에는 조종기술 영역이 필요가 없다. 둘째, 전술 미사일의 횡 방향과 종 방향의 가속도가 전투기보다 빠르다. 일반적으로 전술 미사일의 횡 방향과 종 방향의 기동성은 중력가속도의 30배 이상(30G+) 수준이다. 예를 들어, 러시아의 단거리 공대공 R-73 미사일, 미국의 공대지 AGM-88 미사일, 지대공 PAC-3 미사일 등이 있으며, 일반적으로 미사일이 전투기의 속도보다 빠르다. 셋째, 전술 미사일에 가해지는 동적 하중이 전투기보다 크다. 넷째, 전술 미사일의 크기와 무게는 전투기보다 작고 가볍다. 예를 들어 미국의 Javelin 미사일, Stinger 미사일, 독일의 Spike-LR, 대한민국의 현궁 등

---

3 http://www.doopedia.co.kr

그림 8.3 Javelin 미사일의 사격장면

이 있다. 여기서 Javelin 미사일(그림 8.3)은 중량이 11.8kg이고 최대 사거리는 2.5km 이며, 발사 후 망각방식이다. 미사일의 탄두에는 적외선 영상탐색기(imaging infrared seeker)가 장착되어 있어서 미사일에 내장된 컴퓨터로 영상을 분석하여 스스로 영상 을 인식하고 추적할 수 있다. 따라서 사수는 미사일 발사 전 표적을 조준하고 그 영 상정보를 재블린에 입력하면 이후 전 과정이 자동으로 작동된다. 다섯째, 전투기 는 유지비용이 많이 소요되지만 재사용할 수 있는 반면에 전술 미사일은 재사용이 불가하다.[4]

4. 전술 미사일의 설계 시 고려 요소

미사일의 형상과 크기를 결정하는데 다음과 같이 세 가지를 고려할 필요가 있 다. 첫째, 미사일의 지름, 길이, 탄두의 형상, 안정화 장치의 크기와 형상, 조종면 (control surface)의 크기와 형상 등이다. 여기서 조종면이란 미사일의 세 개의 축에 대 해서 운동하도록 조종실에서 움직일 수 있는 항공역학적인 표면을 말한다. 둘째, 공기역학적 안정성과 제어, 공기역학적 비행성능, 추력, 구조, 무게, 탄두, 비행거 리 오차(range error) 이다. 셋째, 비용, 표적 추적장치, 발사대, 통제장치, 네트워크장 치, 기타 요소 등이다.

---

[4] https://en.topwar.ru/172879-kiev-sobiraetsja-razvernut-amerikanskie-ptrk-dzhavelin-na-don basse.html

제2절 순항 미사일

순항 미사일은 장거리에 걸쳐 폭발성 탄두를 운반하고 높은 정밀도로 목표물을 타격할 수 있는 모든 무인 공중추진 시스템을 말한다. 추진시스템은 펄스제트, 터보 제트, 고체 추진제, 로켓 추진, 램제트 등 다양하다. 비행 제어는 날개를 이용한 공기역학적 제어, 추력 벡터 제어 등 다양하다. 최신 유도 방법에는 레이더, 적외선 탐지기, 인공위성 등이 있다.

일반적으로 지상 발사 순항 미사일의 경우 사거리가 1,000km의 범위이고 초음속 비행과 레이더 탐지를 회피하기 위해 저고도로 비행하며 스텔스 설계를 적용한 모델도 있다. 그리고 탄두의 중량이 1ton이고 정확도가 6m 이내이면 견고한 표적을 파괴하는데 이상적이다.

1. 주요 장치와 작동원리

일반적인 순항 미사일의 형상과 구성은 〈그림 8.4〉와 같다. 그림에서 보는 바와 같이 적외선 카메라, 위치 정보장치(GPS, INS 등), 지형대조장치, 탄두, 날개, 연료탱크, 공기 흡입구, 터보제트 엔진, 날개제어장치 및 방향 제어 날개, 로켓 부스터 등으로 구성되어 있다.

미사일이 발사되면 접이식 날개가 펼쳐져 양력(lift force)을 발생하여 고도를 유지하며, 지상 또는 해상에서 발사하는 경우에는 로켓 부스터로 일정한 고도까지 상승한다. 이후 터보 제트엔진이 작동시켜 추력(thrust, propulsion force)을 얻어 비행하며, 비행 제어 장치로부터 방향 제어 날개를 조종하여 항로를 변경하면서 비행한다. 그리고 미사일 앞쪽에 있는 센서와 위치 정보장치, 지형대조장치로 실시간 비행 고도와 방향을 제어한다. 그리고 표적의 특성에 따라서 재래식 탄두나 핵탄두 등의 다양한 탄두를 탑재할 수 있다.

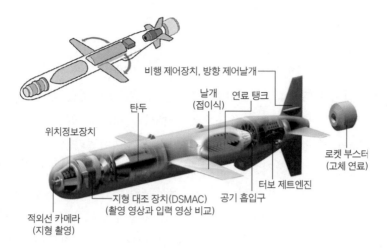

비행 제어장치, 방향 제어날개

날개
(접이식)

연료 탱크

탄두

위치정보장치

로켓 부스터
(고체 연료)

지형 대조 장치(DSMAC)
(촬영 영상과 입력 영상 비교)

공기 흡입구

터보 제트엔진

적외선 카메라
(지형 촬영)

그림 8.4 순항 미사일의 주요 장치

2. 시대별 주요 발전과정

(1) 1차 세계대전

1차 세계대전 이전 동력 항공기에도 무인 자동 제어 "비행 폭탄(flying bomb)" 또는 "항공 어뢰(aerial torpedo)"에 대한 아이디어가 여러 국가에서 퍼졌다. 이후 자이로스코프(gyroscope)가 항공기에 탑재되면서 순항 미사일로 발전할 수 있었다.

최초의 순항 미사일 개발 시도는 1915년 4월 수은등을 개발한 미국의 Peter C. Hewitt가 Sperry Gyroscope Company의 Elmer A. Sperry에게 "비행 폭탄"에 대한 아이디어를 제안하면서 시작되었다. 그리고 이들은 Curtiss 비행 보트(Curtiss flying boat)와 쌍둥이 엔진 비행기(twin-engine aircraft)로 시험비행을 하여 가능성을 확인하였다. 이후 1916년 9월에 수상 이착륙 항공기로 미리 결정된 고도로 상승하고 예정된 경로로 비행하였으나 비둘기 떼와 충돌 직전에 시험비행을 중지하였다.[5] 이후 1917년 7월 영국의 SE-5 추격기(pursuit aircraft)의 설계자인 H. P. Folland가 Royal Aircraft Factory에서 제작한 항공기(폭 6.1~6.7m, 무게 227kg, 35hp 엔진)로 3번 시험 발사를 했으나 실패하였다.

---

5   https://en.wikipedia.org/wiki/Sperry_Corporation

(2) 2차 세계대전

전쟁에서 순항 미사일을 최초로 사용한 사례는 〈그림 8.5〉에 제시된 독일의 V-1 로켓이다. 이 미사일의 V는 독일어로 보복 무기라는 'Vergeltungs waffe'의 첫 글자를 나타낸 것이다. 이 로켓은 1944년 6월 13일부터 런던을 공격할 때 사용하였다. 이 로켓의 길이는 8.2m, 전폭은 5.4m, 전고는 1.4m, 중량은 2.13ton, 비행 고도 600m~900m, 순항 속도는 644km/h, 사거리 250km이었다.

V-1 로켓은 공기역학적으로 방향타(rudder)의 제어 각도가 작아서 제한된 비행 제어만 가능하였다. 그리고 탄두 중량이 826kg의 펄스제트 추진방식이었기 때문에 경사로와 부스터 보조(booster assist) 장치를 이용하여 이륙 속도에 도달 후 펄스제트 엔진을 작동하여 추진하였다. 그리고 펄스제트 엔진을 작동하기 위해 흡기 셔터를 초당 약 50회 정도 개폐를 반복하면서 순항 속도에 도달하였다. 이러한 작동방식 때문에 엔진소리가 윙윙거리는 소리를 내는 폭탄이라고 해서 'Buzz Bomb'라고도 불렀다. 펄스 제트엔진의 특성상 연소가 간헐적으로 일정한 주기로 작동하여 비행 중에 윙윙거리는 소리가 났기 때문이다. 그리고 로켓의 앞머리의 작은 프로펠러가 있어서 회전수로 거리를 측정하였고 일정한 회전수에 도달하면 엔진에 연료 공급을 차단하여 로켓이 낙하하게 되어있다.

이처럼 당시에 종말 유도라는 개념은 사실상 없었으며 명중률이 매우 낮아 오늘날 순항 미사일과 같은 정밀 공격을 할 수 없었다. 따라서 영국군은 전투기로 프랑스군 비행장을 폭격하였고 고속 스핏파이어(Spitfire) 전투기로 비행 중인 V-1을 격추하거나 발사기지를 폭격할 수 있었다.

그림 8.5 독일의 V-1 로켓의 형상과 구성품

(3) 1950~1980년대

2차 세계대전 이후에는 미국 등 여러 국가에서 V-1을 개선한 순항 미사일을 개발하였다. 대표적인 사례로 1955년에 개발된 미국의 레굴루스(Regulus) 미사일이 있다.[6] 이 미사일은 길이는 9.1m, 날개의 폭은 3.0m, 지름은 1.2m, 중량은 4,500kg~5,400kg이었다. 형상은 F-84 전투기와 유사했으나 조종석이 없었고 시제품에는 회수하여 재사용할 수 있도록 착륙 장치가 장착되어 있었다. 이 미사일은 유도 장비가 장착된 부상한 잠수함이나 수상함에서 발사하여 목표물로 유도하는 방식이었다. 하지만 미국과 소련의 냉전 시대에 접어들면서 순항 미사일에서 장거리 핵미사일로 관심이 바뀌었고, 그 결과 미국, 소련, 중국 등은 핵탄두를 탑재한 ICBM을 개발하여 수천 개의 미사일로 무장하게 되었다.

1980년대 후반에 냉전 시대가 끝나면서 순항 미사일과 단거리 고체 추진 미사일의 관심이 다시 높아졌다. 대표적인 사례로 1982년 포클랜드 전쟁에서 아르헨티나 전투기에서 발사된 프랑스제 엑조세(Exocet) 순항 미사일로 영국군 구축함을 격추하였다. 당시 영국군은 아군으로 오인하여 엑조세 미사일에 대응 사격을

그림 8.6 잠수함 발사 레굴루스 순항 미사일(1956)

---

6   https://en.wikipedia.org/wiki/SSM-N-8_Regulus

하지 않았다. 그리고 미사일이 구축함에 명중하고 탄두가 폭발하지 않았으나 함정에 화재를 발생시켜 침몰하였다. 이를 계기로 세계적으로 순항 미사일의 관심이 크게 높아졌다.[7]

한편 미국은 1983년에 토마호크 순항 미사일을 개량하여 현재까지 사용하고 있다. 이 미사일은 터보팬 추진시스템을 갖추고 있으며 중량은 1588kg, 탄두는 450kg이며 885km/h의 속도로 2,400km까지 비행할 수 있다. 하지만 〈그림 8.6〉에서 보는 바와 같이 당시에는 수중에서 미사일을 발사할 수 있는 기술이 부족하여 잠수함이 완전히 해수면까지 부상한 상태에서 미사일을 발사해야만 했다.

(4) 1990~2020년대

1 프랑스

프랑스는 1974년부터 최근까지 엑조세 순항 미사일을 생산하고 있으며 〈그림 8.7〉 ❶에서 보는 바와 같이 구성되어 있다. 이 미사일의 종류는 〈그림 8.7〉 ❷와 같이 크게 세 가지가 있으며 주요 특징은 다음과 같다.

첫째, AM39 공대함 미사일은 전투기, 해상초계기, 헬리콥터에서 발사할 수 있으며, 사거리는 최대 70km이다. 미사일의 중량은 670kg, 길이는 4.69m, 지름은 35cm이고 터보 제트엔진으로 추진하며 1,130km/h로 비행한다. 그리고 저고도 공격을 수행할 때 적의 레이더 탐지 밖에서 발사하여 아군 항공기가 적의 방공망을 회피할 수 있다. 미사일이 발사되면 해수면에서 매우 낮은 고도를 유지한 채 관성항법장치와 능동 RF 호밍(active RF homing) 방식으로 목표물에 접근하는 해면 저고도 비행(sea skimming) 기능이 있으며, 발사 후 망각(fire and forget)방식 미사일이다.[8]

둘째, SM39 잠수함 발사 미사일은 수중에서 추진되고 유도하기 위해 고강도 재질의 탄체로 구성되어 있다. 추진방식은 2단 고체 추진방식이며 미사일이 발사관에 들어있고 종말 단계에서 능동 RF 호밍유도 방식이다. 즉, 탐색기(seeker)로 표적을 추적하는 방식이며 탄두와 비행속도는 MM30 Block 3 미사일과 비슷하다.

셋째, MM40 Block 3 미사일은 차세대 장거리 대함미사일인데 악천후에도 다수의 이동 표적을 타격할 수 있다. 이 미사일에는 능동 RF 추적기(active RF seeker)

---

7 https://en.wikipedia.org/wiki/Exocet

8 https://www.mbda-systems.com/product/exocet-am-39

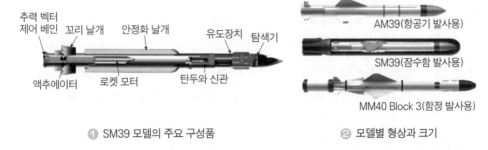

① SM39 모델의 주요 구성품　　　　　　**②** 모델별 형상과 크기

그림 8.7 엑조세 미사일의 구성과 종류

가 있어서 악천후에도 이동 표적을 추적할 수 있고 명중률이 높다. 그리고 적의 방공망에 대한 침투 능력이 우수하고 적의 다양한 대응 공격에 대처할 수 있는 기능이 있다. 또한, 낮은 적외선 신호와 레이더 반사 면적(RCS, Radar Cross Section)이 작고 복합 항법(INS/GPS)을 기반으로 한 3차원 경유 지점 탐색 기능과 초저공비행 기능이 있어 지상 표적도 공격할 수 있다. 미사일 탄두에는 각각 둔감 화약, 성형 작약, 성형 파편 탄약이 있으며 충격 신관 또는 감응 신관을 사용할 수 있다. 따라서 주로 근해의 해상전과 지상공격용에 적합하다.[9]

② 러시아

러시아는 2015년 10월에 카스피해의 소형 함정에서 26기의 순항 미사일(SS-N-30A)을 발사하여 약 1,500km 떨어진 시리아의 IS 기지를 타격하였다. 이 미사일은 터보 제트엔진으로 추진하며 탄두 중량은 450kg이고, 최대 사거리는 2,500km이며 재래식 또는 핵무기를 탑재할 수 있고 정확도는 2.5m 이내로 초정밀 미사일이다. 사거리와 탄두 중량은 동급인 미국의 토마호크 미사일과 거의 같으나 터보팬 제트로 구동하여 최고 890km/h의 속도로 비행할 수 있고 적의 방공망 회피 능력은 떨어진다. 하지만 러시아의 순항 미사일은 목표물에 초음속으로 접근할 수 있어서 대공 방어가 어렵다. 최근에는 미국, 중국 등에서는 장거리 초음속 또는 마하 5 이상의 극초음속 순항 미사일을 개발하고 있다.[10]

9　https://www.mbda-systems.com/product/exocet-sm-39/

10　https://www.seoul.co.kr/news/newsView.php?id=20151009015007; http://brahmos.com/content.php?id=10&sid=10

인도와 러시아가 공동으로 2017년에 최초의 초음속 순항 미사일인 BrahMos 미사일을 개발하였으며, 지상이나 함정에서 발사할 수 있다. 1단계 고체 추진제 부스터로 마하 3의 속도에 도달한 후 부스터가 분리되고 액체 추진제를 사용하는 2단 추진시스템인 램제트 엔진이 작동하여 마하 3의 속도로 순항 비행한다. 그리고 스텔스 기능과 내장 소프트웨어로 유도되며 초음속으로 229km까지 비행할 수 있다. 그리하여 적이 대응할 시간과 기회를 획기적으로 감소시켜 미사일의 생존 가능성을 높였다. 발사 후 망각방식이고 탄두의 중량은 300kg으로 표적에 충돌하여 파괴력을 높였으며, 고도는 15km에서 10m까지 비행이 가능하다. 그 결과 아음속 순항 미사일보다 속도는 3배, 비행거리는 2.5배에서 3배, 탐색기 탐지거리는 3배에서 4배 이상, 충돌 에너지는 9배 이상 증가시켰다. 만일 초음속 순항 미사일에 핵탄두를 탑재하면 전략적으로 강력한 수단이 될 것이다.[11]

③ 미국

미국은 〈표 8.2〉에서 보는 바와 같이 1950년대부터 다양한 모델의 순항 미사일을 개발하였다. 초기 모델의 미사일에는 터보제트 엔진(turbo jet engine)을 사용하였으나 1980년대 이후에는 터보팬 엔진(turbofan engine)을 사용하고 있으며 사거리를 증가시키기 위해 고체 추진제 로켓 부스터를 추가로 장착하고 있다.

터보팬 엔진은 〈그림 8.8〉에서 보는 바와 같이 1개의 팬(fan)과 2개의 기류(air flow)가 있는 제트엔진이다. 1차 기류는 연소실을 통과하고, 2차 기류는 연소실을 우회하게 만든 제트엔진이다. 이 방식은 일반 터보엔진보다 아음속에서의 연료가 절약되고, 배기 소음도 큰 폭으로 감소시킬 수 있다. 그리고 2차 기류로 연소실에서 발생하는 열을 차단할 수 있어서 적외선 탐지장치에 의한 탐지를 어렵게 할 수 있다. 그밖에 작동원리는 터보 제트엔진과 거의 같다.

한편 유도방식은 초기에는 레이더 직접 지령방식이나 ATRAN(Automatic Terrain Recognition And Navigation) 방식을 사용하였다. 하지만 1980년대 이후부터는 반도체와 디지털 카메라 기술 등을 유도장치에 적용하여 정밀도를 높였다. 대표적인 사례로 라이다와 관성항법장치, GPS, 지형대조항법(TERCOM, TERrain COntour Matching), 디지털영상대조항법(DSMAC, Digital Scene-Mapping Area Correlator)을 모두 적

---

11 https://en.wikipedia.org/wiki/TERCOM

표 8.2 미국의 순항 미사일 개발 현황

모델명(전력화 시기)	발사방식	주요 특징	탄두 위력
MGM-1 Matador (1952~1962)	이동식 지상 발사대	터보 제트엔진(마하 0.85), 사거리 1,000km, 레이더 직접 지령 유도 방식, CEP 820~490m	50kt 핵탄두
MGM-13 Mace (1959~1970)	지상 발사대	터보 제트엔진(마하 0.85), ATRAN(자동지형 인식 및 항법) 시스템을 이용한 지형대조 레이더 유도 또는 관성항법 유도방식, 사거리 2,300km,	1Mt 핵탄두
SSM-N-8 Regulus (1955~1964)	잠수함	터보 제트엔진(마하 0.85), CEP 4.6km, 능동 레이더 유도방식, 사거리 930km	1.4t 고폭탄두 또는 2Mt 핵탄두
SM-62 Snark (1959~1961)	차량 발사대	터보 제트엔진(마하 0.85) + 고체 추진 부스터 2개, CEP 2.4km, 능동 레이더 유도방식, 사거리 10,200km	3.8Mt 핵탄두
AGM-28 Hound Dog (1960~1978)	B-52 폭격기	터보제트 엔진(마하 2.1), 비행 고도 61m~17km, 천체 및 관성항법 유도방식, CEP 3.5km, 사거리 1260km	1.45Mt 핵탄두
BGM-109G (1983~1991)	차량 발사대	터보팬 엔진(마하 0.72) + 고체 추진 부스터 1개, TERCOM 유도방식, CEP 30m, 사거리 2,500km	150kt 핵탄두
AGM-86 ALCM (1982~현재)	B-52H 폭격기	터보팬 엔진(마하 0.73), TERCOM + 관성항법 + GPS 다채널 유도방식, CEP 30m, 사거리 2,400km	1.4t 고폭탄두, 540kg 관통탄두 또는 150kt 핵탄두
BGM-109 Tomahawk (1983~현재)	지상, 함정, 잠수함	터보팬 엔진(마하 0.74) + 고체 추진 부스터 1개, GPS + INS + TERCOM + DSMAC 능동 레이더 유도방식, CEP 10m, 수직 발사 방식, 사거리 2,500km	450kg 고폭탄두, 540kg
AGM-129 ACM (1990~2012)	B-52, B-2A 폭격기	터보팬 엔진(마하 0.74), INS + Lidar + TERCOM 유도방식, CEP 30m~90m, 사거리 3,700km	150kt 핵탄두

용한 다채널 유도방식이 있다. 그 결과 미사일의 오차인 원형공산오차(CEP, Circular Error Probability) 값을 10m 이내로 초정밀 타격이 가능한 것으로 알려져 있다.[12]

초기의 순항 미사일은 인공위성에서 촬영한 사진을 저장하지 않고, 정찰기가

---

12 https://en.wikipedia.org/wiki/SSM-N-8_Regulus; http://www.military-today.com/missiles/agm_129_acm.htm

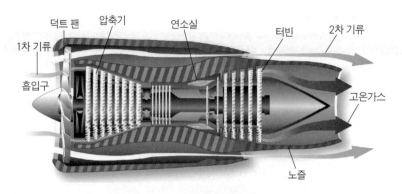

그림 8.8 터보팬 엔진의 구조 및 작동원리

촬영한 사진을 미사일에 저장하여, 짧은 시간 간격으로 다음 사진을 선택하면서 사진과 미사일에 탑재한 카메라가 촬영하는 영상과 대조하는 방식을 사용하였다. 이 방법은 비교속도가 매우 느려서, 실전에 사용할 수 없어 TERCOM 방식을 사용하였다. TERCOM 방식은 미사일에 탑재된 전파 고도계로 비행하는 지역의 고도를 측정하여, 미리 입력된 경로의 디지털 고도 정보와 비교하면서 비행하는 방식이다. 이 방식은 순항 미사일이 저공비행을 할 수 있어, 적의 레이더에 탐지될 확률이 낮다. 한편 1980년대부터 컴퓨터기술과 중앙처리장치(CPU, Central Processing Unit)의 큰 발전에 힘입어 CCD(Charge-Coupled Device) 카메라(일반적으로 적외선 카메라 사용)로 찍은 방대한 디지털 영상정보를 미사일에 탑재한 카메라로 찍은 영상과 대조하는 DSMAC를 사용하게 되었다. 특히 종말 유도단계에는 DSMAC와 TERCOM를 함께 사용함으로써 명중률을 높일 수 있게 되었다. 그 결과 최근에는 CEP 3m 이하 수준까지 도달함으로써 수천 km 떨어진 표적에 초정밀 타격이 가능하다. 그리고 발사방식도 지상, 해상, 수중, 공중에서 발사할 수 있으며 특히 지상에서는 차량 발사대(TEL, Transporter Erector Launcher)를 사용하여 생존 가능성을 높였다.[13]

끝으로 1950년대부터 2010년대까지 미국이 개발한 주요 순항 미사일의 발사

---

13 https://koreajoongangdaily.joins.com/2019/07/26/politics/Pyongyang-develops-new-missile/3066020.html; https://en.wikipedia.org/wiki/9K720_Iskander; http://www.military-today.com/missiles/iskander.htm; https://www.38north.org/2019/05/melleman050819/; https://www.38north.org/2019/10/melleman100919/

방식과 주요 특징 그리고 탄두 위력을 요약하면 〈표 8.2〉와 같다. 표에서 보는 바와 같이 1980년대 이후부터 초정밀 공격과 재래식 또는 핵탄두를 장착할 수 있는 다목적 미사일이 개발되었다.

3. 항법기술의 주요 발전과정

(1) 1차 세계대전부터 1960년대(아음속 시대)

1950년대와 1960년대의 순항 미사일은 신뢰성과 정확성이 낮았으나 1970년대부터 엔진, 연료, 소재, 유도 기술이 크게 발전하면서 순항 미사일의 신뢰성과 정확성이 크게 개선되었다. 이들 기술 중에서 유도 기술은 미사일의 명중률을 높이는데 가장 중요한 기술이다. 이 때문에 관성항법 시스템(INS, Inertial Navigation System)과 컴퓨터를 이용한 TERCOM 항법기술이 개발되었다. 예를 들어, 1958년에 관성항법 시스템의 고유 오차는 시간당 약 0.03도이었으나 1970년에 이르러 시간당 약 0.005도(시간당 1/3 nm)로 크게 개선되었다. 동시에, 관성항법 시스템의 크기, 무게, 소비 전력이 줄어들어 1960년에 약 136kg이었으나 1970년에는 13kg으로 크기가 감소했다. 그리고 순항 미사일에 탑재된 유도장치(컴퓨터와 레이더 고도, 관성항법 시스템)의 무게는 52kg이었고, 부피는 0.00973m^2 수준으로 소형화와 경량화를 이루었다. 특히 초당 617m(990km/h) 속도로 3,005.8km의 거리를 비행하는 미사일의 경우 약 1.852km 오차가 발생할 정도로 정확도가 크게 향상되었다.

(2) 1970년대(아음속 시대)

1970년대 초반에 마이크로프로세서와 반도체 메모리가 등장하고 컴퓨터의 성능이 크게 향상되면서 유도장치가 소형화되었다. 그 결과 새로운 개념의 미사일 항법장치가 등장했다. 1950년대 중반에 Mace와 Triton에서 레이더 매칭 시스템(RMS, Radar Matching System)을 사용한 초기 시스템은 대부분 실패하였다. 특히 1958년에 LTV-Electro Systems Company에서 개발한 지형대조 시스템은 특허를 획득하였으나 1960년대까지 기술적 한계로 미사일에 적용할 수 없었다. 이 시스템은 〈그림 8.9〉에서 보는 바와 같이, 미사일에 사전에 입력된 지표면의 고도 데이터를 입력하여 이 데이터를 기준으로 미사일이 비행하면서 미사일에서 실제 측정된 고도 데이터와 비교하면서 일정한 고도로 비행하는 항법 유도방식이다.

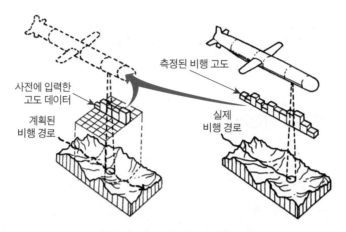

측정된 비행 고도

사전에 입력한
고도 데이터

계획된
비행 경로

실제
비행 경로

그림 8.9 순항 미사일의 지형대조항법

그리고 당시에 개발된 순항 미사일은 〈그림 8.10〉과 같이 표적까지 비행한다. 먼저 미사일이 지상 또는 공중, 해상, 잠수함 발사대에서 발사되면 '⊗'모양으로 사전에 지정한 주요 경로 지점을 통과하면서 비행 오차를 줄여 표적까지 비행한다. 이때 발사 전에 미사일에 입력된 비행경로 데이터와 주요 경로 지점을 통과할 때 지형을 촬영하여 사전에 입력된 정보와 대조하여 탄도를 수정할 수 있게 설계되었다. 따라서 비행거리가 증가하여도 명중률에는 큰 차이가 없는 방식이다.

TERCOM은 관성항법 시스템(INS)과 결합하여 TAINS(TERCOM Aided Inertial

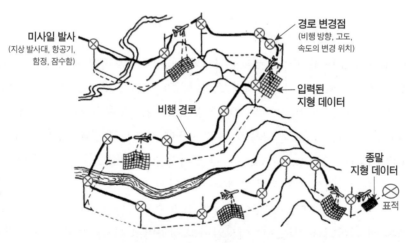

미사일 발사
(지상 발사대, 항공기,
함정, 잠수함)

경로 변경점
(비행 방향, 고도,
속도의 변경 위치)

입력된
지형 데이터

비행 경로

종말
지형 데이터

표적

그림 8.10 순항 미사일의 작동 개념

System)로 알려져 있으나 일반적으로 'TERCOM'이라 한다. 유도방식은 〈그림 8.10〉에서 보는 바와 같이, INS는 표적까지 가는 경로에 있는 여러 개의 경로 지점(path point)으로 미사일을 유도하고 경로 지점 사이를 통과할 때는 TERCOM에 의해서 유도한다. 이때 TERCOM은 각각의 경로 지점에서 INS에 위치 정보를 최신화하면서 미사일의 경로를 수정한다. TERCOM의 이론적 정확도는 셀 크기의 0.4배이며 거리가 짧고 셀 크기가 작을수록 정확도가 높아진다. 하지만 당시에 지도 제작과 계절의 변화에 따라 눈이나 단풍 또는 평지가 많은 경우에 정확도가 낮은 특성이 있다.

(3) 1980, 1990년대(초음속 미사일 시대)

대표적인 순항 미사일로는 1984년 러시아에서 개발한 Moskit-MVE 초음속 대함 순항 미사일이 있으며, 주요 구성품은 〈그림 8.11〉에서 보는 바와 같다. 이 미사일의 용도는 대형 수상함이나 고속 상륙함을 파괴할 목적으로 개발되었다. 따라서 초음속으로 해면 저고도 비행을 하면서 적의 레이더 등에 의한 탐지 및 추적이 어렵게 만들었으며 초당 20m의 강풍이나 주·야간, 비, 눈, 안개, 번개 등의 악천후에도 사전에 입력된 6개의 경로 변경지점을 지정하여 순항 비행을 할 수 있다. 그리고 사거리는 저고도 비행(10~20m) 시에는 140km, 고고도(10~12km) 및 저고도

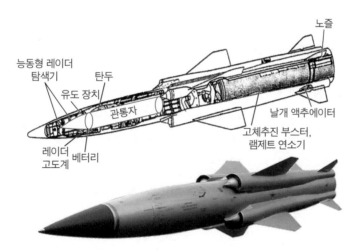

그림 8.11 러시아의 Moskit-MVE 초음속 대함 순항미사일

혼합 비행 시에는 240km 가능하며 최저 사거리는 2km이다.[14]

한편 이 미사일의 주요 제원을 살펴보면 연료를 충전하는 시간은 50초이고 긴급 시에는 11초로 단축할 수 있다. 그리고 탄두 중량은 300kg(관통탄두 150kg, 고폭약 150kg 또는 120kt의 TNT(trinitrotoluene) 기폭방식의 핵탄두), 미사일의 기체 길이는 9.8m, 날개 길이는 2.1m이다. 그리고 4개의 램제트 엔진(공대지 미사일의 경우에는 고체 로켓을 사용)으로 추력을 얻고 관성항법 후 종말 단계에서는 능동 레이더 호밍유도 방식이며 지상, 해상, 공중에서 발사할 수 있다.[15]

(4) 2000년대 이후 미래(극초음속 미사일 시대)

2000년대 이후에는 모든 방향에서 탐지가 어려운 스텔스 기능(all-aspect low observability)을 갖춘 극초음속 순항 미사일이 개발될 것이다. 그리고 사거리 연장 순항 미사일(ERCM, Extended Range Cruise Missile)과 장거리 순항 미사일(LRCM, Long Range Cruise Missile)의 생존 가능성을 높인 미사일이 개발될 전망이다. 항공기에 발사된 미사일이라도 표적을 다시 지정할 수 있는 쌍방향 데이터링크 기능이 장착되고, 탄두의 크기가 대형화되고 사거리가 증가할 것이다. 이미 미 해군은 비행 중 미사일을 표적을 변경할 수 있는 양방향 데이터링크 기능이 있는 전술 토마호크 미사일을 개발하여 운용하고 있다. 이들 미사일은 다양한 표적에 사용할 수 있도록 주간, 야간 및 악천후 작전에 GPS/INS 유도방식을 사용하고 있다.

4. 지형대조 항법의 원리와 특성

(1) 주요 구성품과 특성

TERCOM(Terrain Contour Matching)이란 미사일이 날아가는 지형에 대한 미사일의 위치를 결정하기 위한 기술이다. 이 기술은 비행 중에 전파 고도계, 레이더 등을 사용하여 지형을 관측하고 그 결과를 사용하여 자신의 위치를 확인하며 관성항법장치의 오차를 보정시켜 미사일의 정확도를 높여 줄 수 있다.

---

14 https://en.topwar.ru/927-moskit-ss-n-22-sunburn-asm-mss-protivokorabelnyj-raketnyj-kompleks-s-krylatoj-raketoj-3m-80.html; https://en.wikipedia.org/wiki/P-270_Moskit

15 http://roe.ru/eng/catalog/naval-systems/shipborne-weapons/moskit-mve/

TERCOM 프로파일(종단면, profile) 획득 시스템은 미사일이 비행하면서 지형 프로파일을 측정하는 시스템이다. 이 시스템은 레이더 지형 센서(RTS, Radar Terrain Sensor) 또는 전파 고도계(RA, Radar Altimeter)와 기준 고도 센서(RAS, Reference Altitude Sensor) 또는 기압고도계(BA, Barometric Altimeter)로 구성되어 있다.[16]

이들 구성품의 원리와 특성을 살펴보면 다음과 같다. 첫째, RTS는 지형 위의 미사일(또는 항공기) 간격을 측정하여 저고도에 적합하나 고고도(8km 이상)에서는 오차가 커서 레이더 고도계 등을 조합하여 사용하고 있다. 둘째, RA는 전자기파를 이용하여 영상 자료의 형태가 아닌 프로파일을 생성하며 2~4cm의 정확도로 표고를 관측할 수 있다. 셋째, RAS는 기압고도계와 수직 가속도계를 조합하며 관성항법 시스템(INS)의 수직 채널이다. INS는 출발점으로부터 이동 경로에 따른 순간의 가속도를 구하여 위치를 결정하는 방식이다. 이때 3차원 위치 중에서 수직 방향으로의 위치를 INS의 수직 채널이라 하며, 이는 고도와 같다. 넷째, BA는 기압계의 원리를 이용하며 표고를 측정할 수 있게 만든 표고 측정기이다.[17]

(2) 비행 고도의 측정원리

참조 지형 표고 원천 자료(RTESD, Reference Terrain Elevation Source Data)는 미사일에 탑재된 컴퓨터에 저장되는 고정 지점 영역의 상대적 고도 데이터를 말한다. 참조 데이터를 얻으려면 관심 있는 지표면 프로파일을 사전에 측정해야 한다. 이 데이터는 수평으로 배열된 디지털화된 표고 숫자 행렬이며 지형의 등고선을 나타낸다. 등고선 프로파일의 길이는 지형 거칠기의 함수이고 그 범위는 6km에서 10km이며 곡선 경로일 수 있다.

한편 미사일이 〈그림 8.12〉에서 보는 바와 같이 사전에 입력된 고도 데이터 중에서 지형대조 데이터 스트립(data strip) 영역을 비행한다. 이때 미사일은 고도측정 시스템으로 실제 지형의 프로파일 데이터를 획득한다. 그리고 이 프로파일과 컴퓨터에 저장된 행렬 프로파일과 비교하여 위치 측정(position location)을 한다. 이와

---

16 https://en.wikipedia.org/wiki/Altimeter

17 https://www.researchgate.net/publication/224969497_Principles_of_GNSS_Inertial_and_Multisensor_Integrated_Navigation_Systems_Second_Edition; Paul D. Groves, "Principles of GNSS, Inertial, and Multi-sensor Integrated Navigation Systems", Second Edition pp. 776, Cambridge University Press: 2013.10; https://www.sciencedirect.com/topics/engineering/inertial-navigation-system

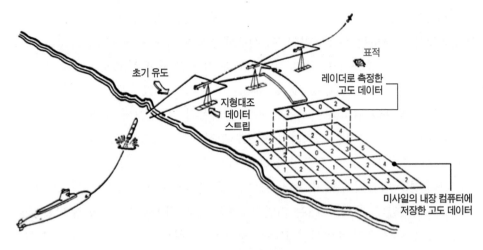

그림 8.12 지형대조항법의 개념도

같은 방법은 아음속 순항 미사일의 중간 단계 유도시스템(midcourse guidance system)에 적용하고 있다.[18]

　　TERCOM 프로파일 획득 시스템은 평시에 RTESD가 입력되어 있으면 전시에 미사일을 곧바로 사용할 수 있다. 이 시스템은 자율적으로 작동되는 정밀유도 및 항법장치이며 순항 미사일, 무인 항공기, 항공기, 대기권 재진입 비행체 등 적용이 가능하다. 즉, 전술 및 전략 시스템 모두 적용이 가능하다. 따라서 적의 ECM(전자방해책, electronic countermeasures)이나 주 · 야간 및 악천후에도 지형 표고(terrain elevation)부터 일정한 고도를 유지하면서 저고도로 비행하거나 고고도 비행에 적합한 항법 시스템이다. 여기서 지형 표고란 해수면 위의 지형 높이이다.

(3) 지형대조법의 절차

　　지형대조법의 절차는 데이터 준비단계, 데이터 획득단계, 데이터 상관관계 분석단계로 이루어진다. 이들 단계의 개념을 그림으로 나타내고 〈그림 8.13〉과 같으며 세부 내용은 다음과 같다.[19]

　　첫 번째 데이터 준비단계는 〈그림 8.13〉 ❶에서 보는 바와 같이 미사일 궤적

18　https://en.wikipedia.org/wiki/TERCOM

19　https://www.navalgazing.net/Tomahawk-Part-1

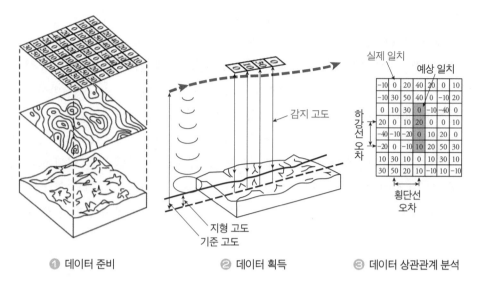

그림 8.13 지형대조법 단계별 절차

① 데이터 준비   **②** 데이터 획득   **③** 데이터 상관관계 분석

을 따라 특정 지역에 대한 일련의 디지털화된 고도 지도를 미사일에 탑재된 컴퓨터에 저장하는 단계이다. 이때 등고선 정보가 포함된 소스 자료를 확보한 다음 의도된 비행경로를 따라 지향된 데이터 "셀(cells)" 행렬을 지정한다. 이 셀에는 지형 높이(평균 해수면 위)를 나타내는 숫자 배열로 구성되어 있다. 이를 발사 전에 미사일에 탑재된 컴퓨터 메모리에 저장시킨다. 이때 미사일이 비행하는 경로에 있는 '셀'을 참조 행렬로 지정한다. 참고로 미국은 DMAAC(Defense Mapping Agency Aerospace Center)에서 지구 전체의 지형 데이터를 획득하고 관리하고 있다.[20]

두 번째, 데이터 획득단계는 〈그림 8.13〉 **②**와 같이 미사일이 데이터 준비단계에서 지정한 영역을 비행할 때 기준 지도의 셀 크기(cell size)와 같은 간격으로 바로 아래의 지형에 대한 미사일의 고도를 측정하여 데이터를 획득한다. 이를 감지 고도(sensed altitude)라고 하며 고도계로 측정한 고도를 말한다. 동시에 기압고도계와 수직 가속도계의 조합으로 미사일의 해수면 위의 고도를 측정하여 시스템의 기준 고도를 제공한다. 한편 획득한 지형 고도 데이터는 미사일의 컴퓨터 메모리 파일에 저장되며 미사일의 지적선(ground track, 미사일의 비행경로의 지표면에 대한 투영선)과 일

---

20 https://www.nga.mil/Defense_Mapping_Agency.html

치하는 선을 따라 형성된 지형의 고도 프로파일이다.

세 번째, 데이터 상관관계 분석단계는 〈그림 8.13〉 ❸에서 보는 바와 같이 지형 고도 파일의 데이터와 기준 행렬(reference matrix)의 각 열 간의 상관관계를 분석한다. 지형 고도 파일과 가장 큰 상관관계가 있는 기준 열(reference column)은 미사일이 비행한 아래쪽 열(column)이다. 항법 오류가 없는 경우에 일치 열(match column)은 지도의 중앙 열이 된다. 이는 항법 시스템이 조향하는 지적선이기 때문이다. 그러나 하강선(down track) 및 횡단선(cross track) 오차에 의해 중심이 아닌 다른 열이 아래로 날아갈 가능성이 있다. 이 경우 시스템은 지도 중앙에서 하강선 거리와 횡단선 거리를 계산하여 산출한 오차를 사용하여 미사일의 항법의 오류를 수정할 수 있다.

(4) 지형 고도의 측정원리

지형 고도의 측정원리는 〈그림 8.14〉에서 보는 바와 같다. 먼저 〈그림 8.14〉 ❶은 지형 고도의 측정 과정을 나타낸 그림이다. 그림에서 보는 바와 같이 실제 지형을 미사일에 탑재된 전파 고도계로 고도를 측정한다. 이 측정된 고도값을 레이더 고도 또는 감지 고도라고 한다. 그리고 미사일의 항법 시스템(GPS 등)은 일정한 기준 고도 값과 레이더 고도의 차이를 계산하여 측정된 지형 고도를 지형도 데이터 파일로 컴퓨터에 저장한다.

이 미사일이 〈그림 8.14〉 ❷에서 보는 바와 같이 사전에 지정된 영역 위로 날아갈 때 미사일에 내장된 전파 고도계로 지형 위의 미사일 고도를 측정하여 표본

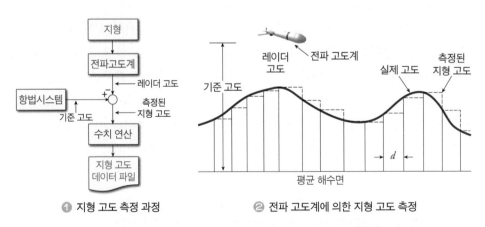

❶ 지형 고도 측정 과정   ❷ 전파 고도계에 의한 지형 고도 측정

그림 8.14 지형 고도의 측정 과정과 전파 고도계의 측정원리

데이터(sampling data)를 획득한다. 그림에서 레이더 고도는 이동한 각 셀 거리 d에 대해 수행되는 최소 고도측정이다. 미사일의 지적선을 따라 균일한 거리에서 샘플링된다. 그러나 일반적으로 각 행렬 영역 셀을 통과하는 동안에 여러 번 측정되고 이들 측정값의 평균값을 해당 셀의 레이더 고도의 데이터로 저장한다.

5. 추진시스템의 종류와 작동원리

(1) 추진시스템의 종류 및 특성

1903년 라이트 형제가 인류 최초로 동력 비행에 성공한 이후 1, 2차 세계대전을 거치면서 항공기의 추진기관은 비약적으로 발전하였다. 1939년 터보 제트엔진(turbo jet engine), 1940년 램제트 엔진, 1943년 고성능 대형 액체 로켓 엔진, 1960년 재사용 가변 추력 로켓을 이용한 유인 비행 성공, 2004년 스크램제트 엔진의 비행 성공을 하였다. 특히 램제트 엔진 개발 후 스크램제트 엔진이 개발되기까지 상당한 시간이 흘렀을 정도로 극초음속 비행이 가능한 스크램제트 추진기관은 기술적으로 매우 어려운 기술임을 알 수 있다.[21]

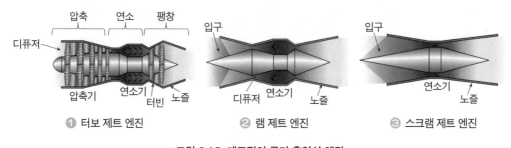

압축　연소　팽창

디퓨저

압축기　　연소기　　노즐
터빈

❶ 터보 제트 엔진

입구

디퓨저　연소기　노즐

❷ 램 제트 엔진

입구

연소기　노즐

❸ 스크램 제트 엔진

그림 8.15 대표적인 공기 흡입식 엔진

초음속 비행을 가능하게 하는 공기 흡입식 추진기관의 종류와 구조는 〈그림 8.15〉와 같다. 이들 초음속 엔진은 대기 중에 공기를 흡입시켜 압축한 후 연료와 혼합하여 연소시켜 발생한 연소 가스를 노즐을 통해 팽창시켜 추력을 얻는 방식

21　https://www.sciencedirect.com/topics/earth-and-planetary-sciences/turbojet-engine; https://assets.cambridge.org/97811074/02522/excerpt/9781107402522_excerpt.pdf

이다. 하지만 이들 추진기관은 비행속도에 따라서 〈그림 8.16〉에서 보는 바와 같이 각각 다른 방식을 적용해야 효율적이다. 그림에서 비추력(specific impulse)의 값과 비행체의 추진 효율은 비례한다. 즉 로켓 추진이 가장 효율이 낮으며, 공기 흡입식 추진기관이 상대적으로 높다. 그리고 터보 제트엔진이 효율이 가장 높고 램제트 엔진, 스크램제트 엔진 순이다. 특히 로켓 추진방식은 추진 효율이 낮고 항속거리가 짧아서 순항 미사일의 추진방식으로는 적합하지 않다.

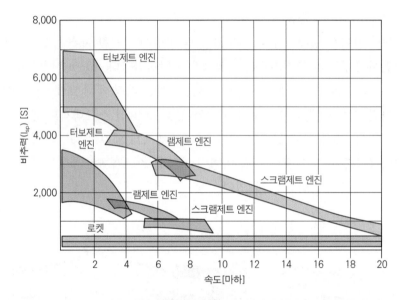

그림 8.16 비행속도에 따른 효율적인 추진방식

한편 속도 영역별로 적합한 추진기관으로는 마하 2~3(초음속 영역)인 경우에는 터보 제트엔진, 마하 4~6(초음속~극초음속 천이 음속 영역)인 경우에는 램제트 엔진, 마하 5 이상(극초음속 영역)에서는 스크램제트 엔진을 사용하는 것이 효율적이다. 스크램제트 엔진을 이용한 성공 사례로 미국의 X-43A 극초음속 비행체가 있으며, 이 비행체는 마하 7의 속도였다. 당시 마하 6 이상의 속도에 도달할 수 있는 수단은 로켓 추진방식이 유일하였다. 마하 10의 속도로 순항 비행이 가능하다면 2시간 이내에 세계 어느 곳이든 도달할 수 있다. 따라서 신속대응을 위한 유도 또는 전투기 추진기관으로 스크램제트 엔진은 유용한 추진방식 중 하나이다. 로켓 엔진이나 스크램제트 엔진이 탑재된 극초음속 비행체는 음속의 5배(마하 5) 이상의 속도로 비행하고, 탄도 미사일보다 낮은 고도로 고기동성이 있으면서도 비행 중에 경로를 변경할 수 있어서 적의 방공망을 무력화시킬 수 있는 획기적인 공격용 무기 중 하나이다. 이러한 특성 때문에 2010년부터 러시아, 중국, 미국을 중심으로 극초음속 비행체 개발 연구가 활발히 진행 중이다.

(2) 터보제트 엔진

아음속 또는 초음속 순항 미사일의 추진기관은 터보제트 엔진을 적용하며 작동원리와 특성을 살펴보면 다음과 같다. 터보 제트엔진은 〈그림 8.17〉에서 보는 바와 같이, 압축기와 연소기, 터빈으로 구성되어 있으며 항공기에도 많이 사용하는 방식이다.

먼저 대기 중의 공기를 압축기에서 흡입(①)하여 압축(②)한 아음속 공기를 연소기에 공급하고 연료를 분사하여 연소(③)시켜 고온·고압의 연소 가스를 생성한다. 이때 생성한 연소 가스는 압축기 구동에 필요한 터빈을 회전시키고 남은 에너지는 노즐을 통하여 팽창(④)하여 추력을 발생시킨다. 이 방식은 앞서 언급한 바와 같이 미사일의 속도가 마하 2~3의 범위에서 적합하다. 하지만 그 이상의 속도에서

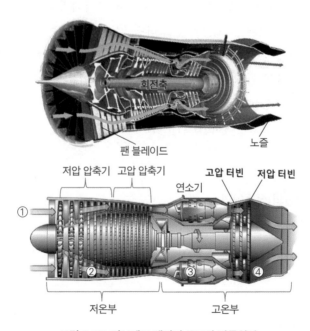

그림 8.17 **터보제트 엔진의 구조와 작동원리**

는 터빈 입구 온도의 상승에 따른 소재의 내열성(thermal resistance) 한계에 도달하기 때문에 작동을 시킬 수 없다. 따라서 마하 3 이상에서는 터빈이 없는 램제트 방식이 효율이 높다.

(3) 램제트 엔진

1 램제트 엔진의 구조

램제트 엔진은 터보제트 엔진과 비교해볼 때 구조가 매우 단순하며 회전부가 없다. 램제트 엔진은 흡입구, 디퓨저, 연소기, 노즐로 구성되어 있다.[22]

작동과정을 살펴보면, 먼저 흡입구를 통해 들어온 압축공기는 디퓨저에서 감속되어 고온 고압 상태로 연소기로 들어간다. 연소기에 들어온 공기에 연료를 분사하여 연소시키면 고온 고압의 연소 가스가 발생하며 아음속의 연소 가스가 축소-확대 노즐을 통과하면서 운동 에너지로 변화되어 추력을 얻는다. 하지만 극초음속 영역에서는 유입되는 공기가 아음속으로 감속되면서 운동에너지가 열에너지로 변환되어 연소기에 공급되는 공기 온도가 단열 화염 온도(adiabatic flame temperature) 이상으로 상승하는 문제가 발생하게 된다. 이러한 온도에서는 가스의 열해리(thermal dissociation)가 발생하여 연소에 의한 화학적 열의 발생을 무의미하게 한다. 그리고 추력 손실이나 효율이 감소하며 엔진의 과도한 냉각이 발생하는 문제가 일어난다. 여기서 단열 화염 온도란 연소하면서 생성된 열이 외부로 유출되지 않고 모두 생성물의 가열에 사용된다고 가정하고 이론적으로 계산한 연소온도(화염 온도)이다. 그리고 열해리 현상은 열을 가함으로써 하나의 분자가 그보다 작은 분자, 원자, 이온 등으로 분해하며, 더구나 상황에 따라서는 그 분해가 역행할 수 있는 현상이다.

2 램제트 엔진의 작동원리

대표적인 램제트 엔진으로는 〈그림 8.18〉에서 보는 바와 같이, 단순 램제트 엔진(simple ramjet engine)과 아임계 유동 램제트 엔진(subcritical flow ramjet engine)이 있다.

단순 램제트 엔진은 〈그림 8.18〉 ❶에서 보는 바와 같이 파이프 형태로 구조가

---

22 https://www.okieboat.com/How%20the%20ramjet%20works.html

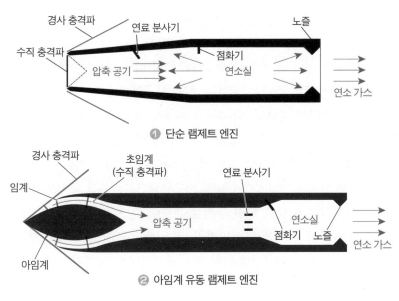

① 단순 램제트 엔진

② 아임계 유동 램제트 엔진

그림 8.18 램제트엔진의 구조와 작동원리

매우 단순하여 단순 램제트 엔진이라 부르고 있다. 램제트 공기흡입 엔진을 안정적으로 작동하기 위한 설계에 가장 중요한 요소가 초음속 충격파이다. 이 충격파속에 있는 공기 분자의 속도는 음속으로 이동하고 있다.

〈그림 8.18〉 **①**에서 파이프 형태의 엔진이 초음속으로 대기 중을 날아가면 공기 분자를 밀어내면서 개구부(흡입구, air intake)의 가장자리에 경사 충격파가 발생한다. 이는 탄환이 초음속으로 날아갈 때 탄두에서 발생하는 경사 충격파와 비슷하다. 그리고 엔진 내부에서는 점선으로 표시된 바와 같이 개구부 주변의 모든 충격파는 수렴이 된다. 개구부의 안쪽 가장자리에서 멀어지는 공기 분자는 안쪽으로 움직이는 다른 분자와 충돌하면서 압력파는 더 전진할 수 없게 되고, 충격파 뒤에 압력이 형성되어 엔진 내부의 공기를 압축하면서 속도가 감소하게 된다. 또한, 공기는 튜브의 외부보다 내부로 통과하는 공기가 상대적으로 속도가 느리게 통과하게 된다. 그 결과 공기가 튜브를 통과하여 노즐 쪽으로 빠져나갈 수 있는 유량보다 빨리 구멍으로 공기가 유입된다. 공기 분자가 튜브 내부에 쌓이고 점점 더 많이 채워질수록 튜브 내부의 압력이 증가한다. 압력이 증가함에 따라 튜브 전면(tube front)을 통해 공기를 다시 밀어내려고 한다. 그리고 유입되는 공기의 압력과 튜브 내 공기의 압력 사이에 평형에 도달하고 유입구의 초음속 충격파가 유입구를 가로질러

평평하도록 재형성된다. 이 충격파는 튜브의 내부 표면에 수직이므로 수직 충격파라고 부르고 있다. 이러한 방식은 낮은 속도에서는 항력이 추력보다 크기 때문에 엔진이 공기를 통해 스스로 추진할 수 없다. 대략 마하 0.8의 속도에서 단순 램제트 엔진에 의해 생성되는 추력은 공기를 통과하는 항력과 같다. 물론 미사일이 얼마나 유선형인지에 따라 다르다. 이 속도보다 빠른 속도의 단순 램제트 엔진에 의해 생성된 추력은 항력보다 세기 때문에 엔진은 앞쪽으로 날아갈 수 있다. 따라서 단순 램제트 엔진을 실제 미사일 등의 추진기관으로 적용하기에는 한계가 있다. 튜브 내부의 압력이 너무 많이 상승하면 개구부에 있는 수직 충격파가 튜브 밖으로 날아가고, 압축공기가 튜브 전면 주위로 유출이 된다. 이는 튜브를 통과하는 공기의 유량을 감소시켜 추력을 떨어뜨린다. 결론적으로 이러한 단순 램제트 엔진은 느린 최고속도가 약 마하 1.2로 터보 제트엔진보다도 느리다. 즉, 더 빠른 속도를 얻으려면 램제트 공기 흡입구로 유입되는 공기를 더 효율적으로 압축할 수 있는 〈그림 8.18〉 ❷에 제시된 아임계 유동 램제트 엔진과 같은 방식이 필요하다.

〈그림 8.18〉 ❷에서 개구부 앞의 원뿔 끝에 충격파가 형성된다. 이 충격파는 원뿔형 경사 충격파이며 단순한 일반 충격파보다 표면적이 훨씬 더 크다. 원뿔형 충격파의 전단부는 단순한 평면 충격파의 전단부보다 더 많은 공기가 개구부로 통과한다. 이 충격파 전면 뒤의 공기는 전면으로 들어오는 공기보다 느리게 유동하기 때문에 압력이 증가한다. 또한, 이 공기는 원뿔형 내부 몸체(inner body)로 인해 흡입구로 유입되기 전에 압축되어 공기의 질량 유량(mass flow rate)을 증가시킨다. 또 다른 충격파는 내부 몸체와 공기 흡입구의 표면에 수직으로 형성된다. 정상적인 충격 전면에서 사전에 압축된 공기는 흡입구로 들어갈 때 아음속 속도로 느려진다. 이처럼 공기가 음속보다 느린 속도로 엔진을 통과하기에 아음속 유동 램제트 엔진이라도 부르고 있다.

한편 원뿔형 경사 충격파의 전면 각도는 미사일의 속도에 따라 달라지며 이로 인해 충격파 전면부의 최적 위치가 속도에 따라 변경되어 엔진 효율에 영향을 미친다. 램 제트엔진의 최적 설계는 공기 흡입구로부터 더 멀리 수직 충격파의 전면부가 있도록 초임계 상태에서 엔진을 작동하는 것도 가능하다. 하지만 이는 더 낮은 내부 압력과 더 희박한 연료-공기 혼합비, 그리고 더 낮은 출력이 발생한다. 예를 들어, 미국의 Talos 미사일은 효율적인 연소를 촉진하기 위해 더 높은 내부 압력으로 아임계(subcritical) 상태에서 작동하도록 설계되어 있다.[23] 이 상태에서 높은 내부 압력으로 인해 수직 충격파의 전면부가 앞쪽에 있는 경사 충격파와 합쳐진다. 공기가 수직 충격파를 통과함에 따라 아음속 속도로 감속하고 다시 압력이 높아진다.

③ 램제트 엔진의 주요 특성

램제트 엔진은 공기를 흡입하고 더 높은 속도로 공기를 노즐로 팽창시켜 흡입된 공기의 속도보다 상대적으로 빠르게 하여 이 속도의 차이로 추진력을 얻는 방식이다. 엔진 내부에서 연료가 연소하여 더 높은 압력을 생성하여 더 빠른 속도로 배기가 된다. 이때 엔진 추력의 세기는 엔진을 통해 흐르는 공기 유량(flow rate)에 비례한다. 연소하는 공기-연료 혼합물이 아무리 온도가 높고 압력이 높더라도 엔진 전면(front of engine)으로 공기가 많이 흐르지 않으면 추력이 많이 생성되지 않는다.

만일 램제트 효율을 증가시키려면 엔진을 통과하는 공기의 유속을 증가시켜야 한다. 즉 공기 유량을 더 크게 하면 미사일이 더 빨리 비행할 수 있다. 엔진 내부의 공기에 더 많은 연료를 추가하면 더 많은 양의 열이 생성되고 연소하는 공기와 연료의 혼합물 온도가 높아진다. 더 많은 열이 발생하면 압력을 증가시켜 더 빠른 속도의 배기가스를 생성한다. 따라서 더 많은 연료를 태우면 배기가스의 속도가 증가하여 미사일이 더 빨리 날아간다. 하지만 연소할 수 있는 연료량은 한계가 있다. 공기-연료 혼합물의 농도가 크면(연료가 공기보다 상대적으로 많은 경우) 연소가 되지 않는다. 따라서 최대 지속 가능한 연소율을 유지하려면 엔진을 통과하는 공기 유량과 연료 유량을 일치시켜야 한다. 더 많은 연료를 추가하면 추력은 커지나 최대 추력은 공기량에 의해 제한된다. 이러한 문제를 해결하려면 엔진 내부의 공기압력을 높여 연소 효율(combustion efficiency)을 높이고 더 많은 양의 연료를 소비할 수 있다. 여기서 연소 효율이란 연소로 인해 실제 발생한 열량과 엔진에 공급된 연료가 완전연소하여 발생할 수 있는 열량과의 비율이며, 통상 연료의 저 발열량(kcal/kg)으로 나타낸다.

---

23 https://www.okieboat.com/Ramjet%20history.html; https://www.okieboat.com/How%20the%20ramjet%20works.html; https://www.okieboat.com/Talos%20W30.html

(4) 터보-램제트 엔진

터보-램제트 엔진(turbo-ramjet engine)은 〈그림 8.19〉에서 보는 바와 같이 터보 제트엔진과 램제트 엔진을 합친 엔진이다. 즉, 램제트 내부에 장착된 터보 제트로 구성된 하이브리드 엔진이다. 주요 구성품은 압축기, 기어박스, 수소 및 산소 라인, 가스 발생기, 터빈, 램 버너 연료 분사기, 주 연소기, 노즐 등으로 구성되어 있다. 이 때문에 저속 비행 중에는 터보 제트 모드로 작동한 후 비행속도가 빨라진 후에는 램제트 모드로 전환되어 미사일을 극초음속에 도달시킬 수 있다.[24]

터보-램제트 엔진의 작동원리는 디퓨저 바로 하류에 있는 바이패스 플랩(by-pass flap)을 사용하여 제어된다. 저속 비행 중에는 바이패스 플랩이 우회 덕트를 닫아 공기를 터보 제트에 있는 압축기로 유입시킨다(〈그림 8.19〉 ❶). 그러나 고속비행 중에는 바이패스 플랩이 터보 제트로의 흐름을 차단하고 후미 연소실에 연료를 분사하여 연소시켜 추력을 생성하는 램제트처럼 작동한다(〈그림 8.19〉 ❷). 엔진은 이륙 중 및 고도로 상승하는 동안 터보 제트로 작동하기 시작하고 초음속 속도에 근접하면 터보 제트 하류의 엔진 부분은 초음속 이상으로 가속하기 위한 재연소장치(after burnner)로 사용된다. 참고로 비행속도가 마하 3과 3.5 사이가 되면 터보 제트

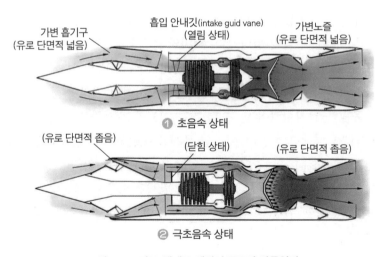

그림 8.19 터보-램제트 엔진의 구조와 작동원리

---

24 https://www.aeroflap.com.br/propulsores-ramjet/; Heiser, William H. etc, "Hyper sonic Air breathing Propulsion", AIAA Education Series, 1992.

엔진의 터빈 블레이드가 열에 의해 견딜 수 없다. 따라서 그 이상의 속도에서는 램제트 방식으로 추력을 얻는다. 한편 터보 램제트 엔진은 별도의 램제트 및 터보 제트엔진보다 공간을 덜 차지하므로 공간이 협소할 때 적합하고, 따라서 순항 미사일이나 전투기 등에 적합하다. 램제트는 작동을 시작하기 전에 이미 고속으로 이동하고 있어야 하므로 램제트 동력을 이용하는 항공기는 자체 동력으로 활주로에서 이륙할 수 없다.

6. 탄두와 로켓 모터의 설계

(1) 탄두 및 추진시스템의 설계 사례

대표적인 순항 미사일로는 미국의 Talos 순항 미사일이 있다. 이 미사일은 1958년에 전력화하였으며 함정에서 마지막으로 발사된 것은 1979년 11월 1일 USS Oklahoma City(CG-5)이다. 이후 RIM-8H 대-레이더 기지 파괴용 미사일로도 개발되었다. 이 미사일은 베트남전쟁 당시에 함정에서 발사하여 많은 레이더 기지를 파괴하였다. 또한, 92.6km 거리에 접근한 월맹군의 Mig-17 전투기 2대를 요격하기도 했으나 이후 1980년 말까지 MQM-8 Vandel 이라는 이름으로 명명되어 무기개발 시 표적 드론으로 사용되었다.

▮ Talos 미사일의 구성과 특징

Talos 미사일(미국)은 〈그림 8.20〉에서 보는 바와 같이 날개, 유도장치, 램제트 엔진, 추진제 부스터 로켓으로 구성되어 있다. 미사일 기체는 램제트 엔진을 형성하는 중공의 긴 튜브(long hollow tube) 형태이고 앞쪽 끝에서 탄두 내부 몸체는 4개의 받침대(struts)가 있으며 볼트로 기체에 고정되어 있다.

탄두 뒤에는 중앙 튜브를 둘러싸고 있는 원통형으로 배치된 전자장치가 있다. 그 뒤에는 공기 터빈, 발전기, 유압펌프가 포함된 기계장치가 날개 소켓 사이에 장착되어 있다. 그리고 유압펌프로 발생한 유압으로 작동되는 액추에이터가 조향을 위한 제어 날개를 움직여서 비행을 제어한다. 또한, 램제트 튜브를 감싼 연료 탱크는 RIM-8C 모델 미사일의 경우에 약 85갤런의 JP-5 연료를 저장하여 사거리가 최대 240km이다. 또한, 연료 탱크 뒤쪽에는 엔진의 내부 튜브가 뒤쪽 끝에 노즐이 있는 배기관으로 확장되었다. 그리고 램제트 튜브 내부에는 미사일 모델에 따

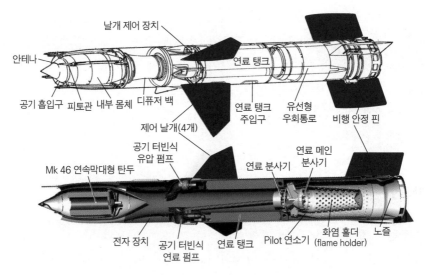

그림 8.20 Talos 미사일의 주요 구성품

라 램제트 엔진 또는 연소기가 있다. 연소기에서 방출되는 고온 고압가스는 미사일 후면의 배기 노즐을 통해 팽창한다. 미사일의 꼬리 끝에는 4개의 비행 안정 핀과 부스터를 장착하기 위한 플랜지가 있다. 안정 핀 위치 사이에는 발사 초기 단계에 작동하는 부스터에 부착된 상태에서 램제트를 통해 공기가 흐를 수 있도록 하는 여러 개의 구멍이 있다. 이것은 부스터가 분리되기 전에 공기류가 파이프 오르간처럼 공명이 발생하는 것을 방지하기 위해서이다. 끝으로 유도 및 원격 측정용 안테나는 미사일의 후미에 장착되어 있다.

② Talos 미사일의 탄두 종류와 탄두부의 구성품

Talos 미사일의 탄두의 종류는 핵탄두(〈그림 8.21〉 ①)와 연속막대형 재래식 탄두(〈그림 8.21〉 ②)가 있다. 내부 몸체는 램제트 엔진의 흡입 공기를 압축시키도록 유선형으로 되어있다. 이때 엔진 덮개(cowling)는 가압실(compression chamber) 기능을 하고, 엔진 덮개 전면에는 피토관(pitot tube)과 비행 유도제어용 안테나(homing antennas)가 장착되어 있다. 4개의 가변형 날개가 미사일의 방향을 제어하고 후방에 4개의 고정핀이 비행의 안정성을 제공하도록 설계된 순항 미사일이다.

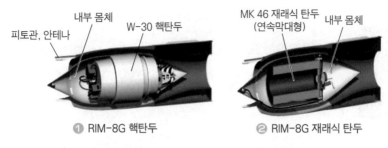

피토관, 안테나　내부 몸체　W-30 핵탄두　　　　　MK 46 재래식 탄두　내부 몸체
　　　　　　　　　　　　　　　　　　　　　　　　　　　(연속막대형)

❶ RIM-8G 핵탄두　　　　　　　　❷ RIM-8G 재래식 탄두

그림 8.21 Talos 미사일의 탄두의 종류와 형상

① 전자 제어 장치

제어 유압 장치의 동력은 대기 중을 비행하는 미사일의 운동에 압축된 압축공기에 의해서 구동되는 공기 터빈에서 발생한다. 그리고 램제트 흡입구의 고압 공기 중 일부는 터빈을 통과하여 외부로 배출하게 설계되어 있다. 전자장치는 램제트 튜브를 감싸는 날개 바로 앞에 탑재되어 있다.

② 탄두 신관(충격 신관, 근접 신관)

재래식 고폭탄두의 신관에는 두 개의 융합 시스템이 장착되어 있다. 탄두의 탄도 모자의 끝부분에는 미사일이 표적과 물리적으로 충돌하면 탄두를 폭발시키는 충격 신관이 있다. 하지만 마하 2.7의 속도로 표적에 충돌하는 무게가 1.54ton인 이 미사일은 일반적으로 표적을 파괴하기에 충분한 운동에너지가 있어서 충격 신관(point detonating fuze)이 없어도 파괴력에 큰 차이가 없다. 하지만 가연성(combustibility) 마그네슘 합금으로 되어있는 기체와 제트 연료를 추가하면 표적에 충돌 시 폭발에너지는 크게 높아진다. 그리고 이 미사일에는 동체 측면을 따라 4개의 근접 신관(proximity fuze)이 있어서 탄두가 표적에 일정한 거리에 도달하면 신관이 작동하면서 탄두가 폭발하게 되어있다.

③ 연속막대형 탄두(Continuous-rod Warhead)

Talos 미사일(SAM-N-6cl)에 적용된 탄두 중 하나인 연속막대형 탄두는 〈그림 8.22〉 ❶에서 보는 바와 같이 힌지 조인트(hinge joint)를 만들기 위해 강철 막대의 끝부분을 용접한 후 〈그림 8.22〉 ❷와 같이 주조 폭발물이 폭발하면서 이들 강철 막대가 원형으로 가속되어 파편이 흩어지게 되어있으며, 팽창하는 원형 패턴으로 고

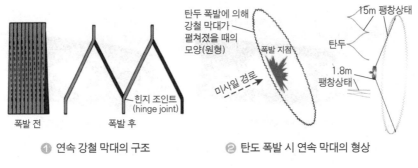

❶ 연속 강철 막대의 구조　　　**❷ 탄도 폭발 시 연속 막대의 형상**

그림 8.22 지그재그식 연속막대형 고리와 폭발 과정

속으로 날아가는 강철 막대의 충격으로 표적을 구조적으로 파괴할 수 있다. 이러한 유형의 탄두는 중폭격기와 같은 유인 항공기에 매우 효과적이지만 정밀 신관을 사용하여야 한다. 연속형 강철 막대가 표적을 타격할 수 있도록 폭발 지점을 제어해야 하기 때문이다. 연속막대형 탄두는 유인 항공기에 결정적인 살상 효과를 높이기 위해 개발한 탄두 형태이다.[25]

이 탄두는 긴 막대가 항공기 구조에 충분히 손상을 입혀서 정상적인 비행이 어렵게 하여 항공기를 격추한다. 일반 파편은 표적의 주요 구성 요소에 손상을 입힐 수는 있으나 항공기 구조물에 심각한 결함을 발생시킬 수는 없다. 하지만 연속 막대는 항공기의 구조적 결함을 입히기에 적합하다. 연속막대 개념은 1952년에 미국이 개발된 방법이다. 이 방법은 막대가 끝에서 끝까지 연결되어 표적의 표면에 구조적 손상인 연속적인 "선 모양의 균열"을 가할 수 있다.

한편 Talos 미사일에 탑재하는 Mk 46 재래식 탄두에는 가늘고 긴 강철 막대를 양파처럼 다층 껍질 형태로 속이 빈 원통형 모양의 고성능 폭약(102kg)에 둘러쌓았다. 이때 강철 막대는 〈그림 8.22〉 ❶에서 보는 바와 같이 '지그재그(zig-zag)' 또는 '데이지체인(daisy chain)' 방식으로 서로 연결되어 있다. 그리하여 폭발물이 폭발했을 때 팽창하는 가스는 막대의 껍질을 바깥쪽으로 밀어내고 각 막대와 막대의 연결은 〈그림 8.22〉 ❷와 같이 지름이 약 36.5m의 원형의 연속적인 금속 고리 형태가 유지하도록 구부려진다. 그리고 일정한 거리를 초과하면 고리가 부러지면서

25　Charles R. Brown & Charles F. Meyer, "The Talos Continuous-Rod Warhead", Johns Hopkins A PL Technical Digest, Volume 3, 1982.11.

하나 이상의 "끈"이 계속 바깥쪽으로 움직이게 된다. 그 결과 탄두가 폭발할 때 확장하는 막대가 표적을 절단할 수 있다.

만일 비행 중에 탄두가 폭발하면 미사일의 전진 운동과 탄두의 폭발로 인한 외부 운동이 동시에 작용한다. 그 결과 팽창하는 연속형 막대 링이 공중에서 원뿔 모양으로 표적의 비행을 차단한다. 이 원뿔형 궤적은 접근신관 안테나에 의해 투영된 원뿔형과 같은 효과를 얻을 수 있다. 결과적으로 〈그림 8.22〉 ❷에서 보는 바와 같이 18.3m 미만의 범위에서 근접 신관으로 탄두를 폭발시키면 확장 막대는 모든 표적을 거의 100% 명중시킬 수 있다. 보통 항공기는 경량 구조물로 되어있어서 연속막대형 탄두를 사용하면 효과적이다.

④ Mk 30 핵탄두

Talos는 약 0.5kt의 핵탄두를 탑재할 수 있다. 이 탄두는 하나의 미사일로 원거리에 있는 다수의 폭격기를 파괴할 목적으로 개발되었다. 이 탄두는 폭발 시 발생하는 섬광에 의해 폭발 방향을 바라보는 조종사의 눈을 멀게 한다. 그뿐만 아니라 발생하는 전자기 펄스(electromagnetic pulse)로 항공기의 전자장치에 손상을 입히며 폭발 지점으로부터 800m 이내에 있는 항공기를 파괴할 수 있다. 하지만 고고도에서 폭발하면 선박이나 차량에는 피해를 줄 수 없다. 물론 이 핵탄두는 선박이나 해안 시설과 같은 지상 표적에 대해서도 공중에서 폭발하는 것과 같은 효과를 얻을 수 있다.

핵탄두에는 사용하는 핵분열 물질은 우라늄 235의 함유율을 인공적인 방법으로 높인 우라늄인 Oralloy와 우라늄(U235)을 사용하고 있다. 탄두 에너지의 대부분은 우라늄 핵분열 폭발의 삼중수소 부스트(tritium boost)에서 나왔다. 삼중수소는 12.3년의 비교적 짧은 반감기를 가지고 있어서 삼중수소를 탄두에 재충전하기 위해 주기적인 정비가 필요하다.

③ Talos 미사일 탄두의 폭발 과정[26]

Talos 미사일 탑재용으로 개발된 Mk 46 연속막대형 탄두의 구조는 〈그림

---

26 https://www.okieboat.com/Warhead%20history.html; https://www.okieboat.com/Talos%20missile.html

8.23)과 같다. 탄두는 사각 봉(지름 0.25인치, 길이 19.25인치)의 끝부분을 전기용접하여 힘 모멘트가 작용하지 않도록 하는 구조인 힌지 조인트(hinge joint)로 제작하였다. 힌지 조인트란 연결된 두 개의 부재가 접합점을 중심으로 서로 회전에 구속되지 않도록 체결하는 이음이다.

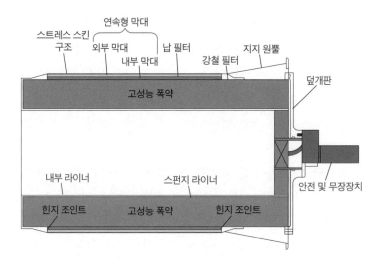

그림 8.23 Talos 6c1 Mk 46 탄두의 구조

한편 Talos 6c1 Mk 46 탄두는 그림에서 보는 바와 같이 속이 빈 원통형 구조이다. 이중 층으로 배열이 되어있으며 고성능 폭발물인 작약을 둘러싸고 있는 1/4인치 막대는 힌지 조인트를 형성하기 위해 끝단에 용접이 되어있다. 그리고 폭발물에 두 개의 필터층(0.062인치 강철 필터와 0.025인치 납 필터)은 강철 로드에 대한 폭발 효과를 줄이는 데 도움이 된다. 이 탄두에는 사이클로톨(cyclotol, RDX 25%와 TNT 75%)라는 고성능 폭발물이 들어있으며, 강철 내부 라이너에 실리콘 재질의 스펀지 라이너를 사용하여, 주조(casting) 과정에서 냉각으로 인한 폭발물이 수축하면서 발생하는 균열을 방지했다. 그리고 탄두의 전체 무게는 약 210kg이고, 폭발물의 무게는 약 30kg이다.[27]

27 Cooper, Paul W, "Explosives Engineering". Wiley-VCH. ISBN 0-471-18636-8, 1996; https://www.jhuapl.edu/Content/techdigest/pdf/V03-N02/03-02-Brown.pdf

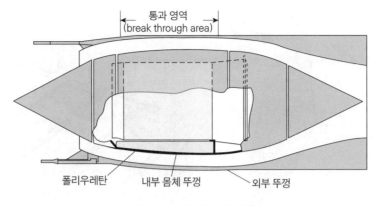

폴리우레탄　　　내부 몸체 뚜껑　　　외부 뚜껑

그림 8.24 탄두의 통과 영역

〈그림 8.24〉는 Talos 6c1 Mk 46 탄두의 구조와 통과 영역을 나타낸 그림이다. 그림에서 통과 영역(break trough area)은 탄두 성능에 가장 큰 영향을 미치는 구간이다. 탄두 사이에는 폴리우레탄(lock foam)으로 되어있어서 막대가 마그네슘 뚜껑을 손상하는 것을 방지하기 위한 완충 역할을 하게 되어있다. 그리고 내부 몸체 뚜껑(innner body cowl), 동축 케이블(coaxial cables), 피토관(pitot tube)은 연속형 막대의 파손을 최소화하기 위해 원주 방향으로 균일하게 질량을 분배시키도록 설계되어 있다. 참고로 피토관은 유체 흐름의 전압력(total pressure)과 정압(靜壓, static pressure)의 차이를 측정하여 유속을 측정하는 센서이다. 참고로 이때 유체가 관 내를 흐르고 있을 때 흐름과 직각 방향으로 작용하는 압력을 정압이라 하고, 흐름에 상대되는 압력을 동압(動壓, dynamic pressure)이라 하며, 그 합이 전압이다. 피토관은 주로 풍속이나 항공기, 선박 등의 속도계, 유속의 측정을 바탕으로 흐름의 양을 재는 유량계 등에 사용되고 있다.[28]

탄두의 폭발 과정은 〈그림 8.25〉 ❶에서 보는 바와 같다. 이때 탄두 폭발 위치는 연속막대 탄두의 최대 효과를 얻을 수 있게 제어하도록 설계되어 있다. 또한, 일정한 시간 내에 펄스 전파를 끊어서 방사하고 되돌아오는 전파를 분석하여 물체의 특성을 파악하는 펄스 탐지 레이더(pulse detection Radar)에 표적이 탐지된다. 탐지에

---

28 https://www.engineeringtoolbox.com/pitot-tubes-d_612.html; https://en.wikipedia.org/wiki/Pitot_tube; https://en.wikipedia.org/wiki/Dynamic_pressure; https://www.omega.com/en-us/resources/pitot-tube

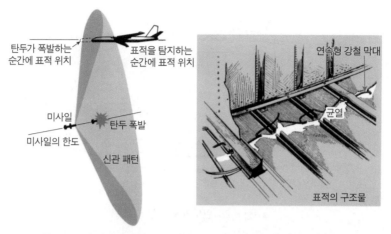

① 탄두의 폭발과정 개념도　　② 연속 강철 막대 파편에 의한 표적주조물의 균열

그림 8.25 탄두 폭발 과정과 연속 강철 막대

서 폭발까지의 지연시간은 미사일과 표적의 접근속도에 의해 제어하게 되어있다. 그리고 연속형 강철 막대가 표적에 충돌하면 〈그림 8.25〉 ②와 같이 표적의 구조물에 균열이 발생시켜 표적의 기능을 상실시킨다. 이처럼 막대가 표적의 표면을 통과하는 연속적인 절단 작업에 의해 표적의 구조를 파괴함으로써 표적을 격추할 수 있다.[29]

④ Talos 미사일의 로켓 부스터

Talos 미사일은 〈그림 8.26〉과 같은 Mk 11 고체 추진제 부스터(solid propellant booster) 로켓을 사용하고 있다. 그림에서 보는 바와 같이 로켓의 구조는 단순하며, 점화기가 작동하면서 추진제가 점화되고 연소 가스가 노즐을 통해 분출되면서 추력이 발생한다. 이때 로켓 모터 케이스와 추진제 사이는 단열재로 단열시켜 연소열에 의해 모터 케이스가 변형되지 않게 되어있고, 고체 추진제가 진동이나 충격으로부터 변형되지 않도록 추진제 고정장치가 있다. 그리고 공진현상이 추진제에 주는 영향을 최소화하기 위한 맞떨림대(resonance rod)가 있다. 추진제가 연소하면 화염은 노출된 표면의 전체 길이를 따라 타지 않고 공동(cavity)의 중간과 끝 사이에서

---

29 https://en.wikipedia.org/wiki/Pulse-Doppler_radar; https://www.radartutorial.eu/02.basics/Pulse%20Radar.en.html; https://www.radartutorial.eu/02.basics/Pulse%20Radar.en.html

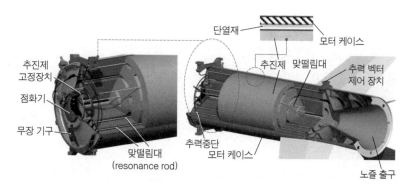

단열재

모터 케이스

추진제 고정장치

점화기

무장 기구

맞떨림대
(resonance rod)

추진제 맞떨림대

추력 벡터
제어 장치

추력중단
모터 케이스

노즐 출구

그림 8.26 로켓 부스터의 구성과 구조

진동하여 추진제를 깨뜨릴 수 있는 강한 공진현상이 발생한다. 따라서 추진제에 균열이 발생하면 연소 표면적이 갑자기 증가하여 부스터를 폭발시키기에 충분할 정도로 내부에 압력이 발생하는 공진현상이 발생한다. 이러한 공진현상을 줄여주기 위해 맞떨림대가 설치되어 있다. 그리고 노즐의 각도를 조절하여 추력 벡터를 제어하는 장치가 있다.

한편 로켓 부스터는 함정에서 발사된 미사일을 램제트 엔진이 작동할 수 있는 고도와 속도에 도달할 수 있도록 하는 역할을 한다. 이 구성품은 약 2초 만에 미사일을 마하 1까지 추진시킬 수 있는 추력을 발생하며 약 5초 동안 연소하면서 미사일을 마하 2.2로 가속한다. 그리고 부스터에 있는 고체 연료(나이트로셀룰로스, 면화약(gun cotton), 나이트로글리세린)를 모두 소모한 후 미사일 기저부(base) 주변의 연결 링(clamp ring)이 개방되면서 미사일과 부스터가 분리하게 된다. 부스터의 앞쪽 끝에는 미사일과 부스터를 부착하는 연결 링이 있다. 부스터 후면에는 움직이지 않는 고정식 핀을 고정하는 4개의 소켓이 있다. 참고로 부스터에 있는 고체 연료는 천천히 화학적으로 붕괴하면서 가연성이 매우 높은 물질인 에틸에테르(ethyl ether, $C_4H_{10}O$)가 방출된다. 따라서 이 폭발성 에테르가 축적되지 않도록 미사일 발사관에 신선한 공기가 지속적인 순환이 되도록 해야 안전하다.

한편 부스터에 있는 1.27t의 고체 연료에는 연소율을 높이기 위해 성형 모양(star-shaped)의 공동(cavity)이 있는 추진제가 부스터 연소실에 채워져 있다. 그리하여 연료가 소진될 때까지 약 5초 동안 점화 후 내부 연소실의 압력이 $70.3kg_f/cm^2$까지 상승하며, 마하 2.2에 도달했을 때 추력은 약 50,000hp이다.

(2) 순항 미사일의 개발 현황 및 특성

1 순항 미사일의 탄도학적 특성

일반적으로 순항 미사일은 지상 공격 순항 미사일(LACM, Land Attack Cruise Missiles), 대함 순항 미사일(ASCM, Ant-Ship Cruise Missiles) 등 주어진 임무에 따라 분류하고 있다. 또는 발사 플랫폼에 따라 항공기, 선박, 잠수함 또는 지상에서 발사하는 순항 미사일로도 분류할 수 있다.

LACM은 고정 또는 재배치가 가능한 표적을 공격하도록 설계된 무인-무장 항공 발사체이다. 이 발사체는 사전에 정해진 표적에 대해 사전에 준비된 프로그램된 경로를 따라 대부분의 임무를 일정한 고도로 비행하며 추진체는 소형 가스터빈 엔진을 주로 사용하고 있다. 일반적으로 LACM의 비행 과정은 발사, 중간 과정, 종말 단계로 진행이 된다. 먼저 발사 단계에서는 INS(Inertial Navigation System)만을 사용하여 미사일을 유도한다. 다음으로 중간 단계에서 항법 시스템은 INS에 다음의 시스템 중 하나 이상이 추가로 작동하도록 설계되어 있다. INS에 추가로 적용하는 시스템에는 미국의 위성 항법 시스템(GPS, Global Positioning System)과 러시아의 GLONASS(Global Navigation Satellite System)가 있다. 그리고 지형대조(TERCOM, Terrain

그림 8.27 미국의 Tomahawk 순항 미사일

Contour Matching) 유도시스템 또는 레이더 또는 광학 지형대조(radar or optical scene matching) 시스템이 있다. 끝으로 종말 유도단계는 미사일이 표적 지역에 진입하고 초정밀 지형대조 시스템이나 종말 탐색기(광학 또는 레이더 기반 센서)를 사용할 때부터 시작된다. 일부 고급 LACM에는 의도된 표적에서 수십 센티미터 이내에 명중시킬 수 있으며 〈그림 8.27〉의 사례에서 알 수 있듯이 정밀타격이 가능하다.

이러한 특성 때문에 LACM은 방공 무기체계의 표적이 될 수 있으며, 순항 미사일은 레이더의 탐지를 회피하기 위해 저고도에서 비행할 수 있다. 그리고 산이나 계곡, 빌딩 등 등등과 같은 지형지물을 이용하여 레이더의 탐지를 회피할 수 있다. 그리고 LACM은 레이더 및 방공 시설을 회피하여 표적을 우회하여 비행할 수도 있다. 여러 방향에서 동시에 표적에 접근하기 위해 미사일을 일제히 발사할 수도 있어서 적의 대공 방어망을 압도할 수 있다.

특히 일부 미사일에는 레이더와 적외선 탐지장치에 의한 탐지 또는 추적이 곤란하게 스텔스 기능을 추가하고 있다. 순항 미사일의 주요 방어 수단으로 순항 미사일의 공격시스템을 기만하거나 혼란 시키기 위한 모의 표적인 디코이(decoys) 또는 레이더 탐지기를 교란하기 위한 방해 물체인 채프(chaff)는 순항 미사일의 여전히 위협적인 대응 수단이다.[30]

② 순항 미사일의 개발 현황 및 특징

대표적인 공중발사 순항 미사일의 개발 현황은 〈표 8.3〉에서 보는 바와 같으며, 발사 플랫폼은 주로 항공기이고 사거리는 100km~2,800km이며 정밀타격용에 맞게 주로 관통형 탄두를 사용하고 있다.[31]

---

30 http://www.ausairpower.net/Analysis-Cruise-Missiles.html; http://roe.ru/eng/catalog/naval-systems/shipborne-weapons/moskit-mve/; "2017 Ballistic And Cruise Missile Threat" Defense Intelligence Ballistic Missile Analysis Committee, NASIC-1031-0985-17, 2017.6; "2020 Ballistic And Cruise Missile Threat" Defense Intelligence Ballistic Missile Analysis Committee, NASIC-1031-0985-17, 2020.7.

31 https://www.pinterest.co.kr/pin/746119863246304209/

표 8.3 대표적인 공중발사 순항 미사일의 주요 제원(2022 기준)

개발국	모델 명칭	발사 플랫폼	탄두 종류	최대 사거리[km]
영국	Storm Shadow	항공기	관통형 탄두	205+
프랑스	APACHE-AP	항공기	자탄	100+
	SCALP-EG	항공기, 함정	관통형 탄두	250+
	Naval SCALP	해상, 잠수함	관통형 탄두	250+
독일	KEPD-350	항공기	관통형 탄두	350+
이스라엘	Popeye Turbo	항공기	재래식 탄두	300+
러시아	AS-4	항공기	재래식 또는 핵탄두	300+
	AS-15	항공기	핵탄두	2,800+
	SS-N-21	잠수함	핵탄두	2,400
	3M-14	함정, 잠수함	재래식 또는 핵탄두	2,500
	3M-55	지상, 함정, 잠수함	핵탄두 가능	400+
인도, 러시아	Brahmos 2	지상, 항공기, 함정, 잠수함	재래식 탄두	300+
중국	CJ-10	지상	재래식 탄두	1,500
	CJ-20	항공기	재래식 탄두	2,000+
대만	Wan Chen	항공기	재래식 탄두	150
UAE	BLACK SHAHEEN	항공기	관통형 탄두	250+
파키스탄	RAAD	항공기	재래식 또는 핵탄두	350
	Babur	지상	재래식 또는 핵탄두	350

제3절 탄도 미사일

1. 미사일의 탄도와 전술적 특성

(1) 탄도 미사일의 용어 정의

탄도 미사일(ballistic missile)은 사전적 의미로는 내부 유도기능이 있고 자체 동력으로 상승 후 자유 낙하 궤적을 갖는 발사체로 정의하고 있다. 일부 최신 탄도 미사일은 내부 유도와 순수한 탄도 궤적뿐만 아니라 비행 중에 기동과 정확성을 높인 발사체이다.

2020년대에는 〈그림 8.28〉의 점선으로 표시된 탄도와 같이 비행하는 탄도 미사일과 순항 미사일의 특성을 모두 가진 미사일도 개발되었다. 최신 탄도 미사일에는 발사 단계, 중간 또는 종말 비행단계에서도 기동이 가능한 미사일도 있다. 일부 탄도 미사일은 항공기처럼 대기 중에서 대부분의 비행을 할 수 있다. 비행하는 동안에 기동성이 있으면 미사일 방어 수단이나 표적에 대한 명중률을 높일 수 있다. 특히 비행 중에 유도가 가능한 탄도 미사일은 정밀타격무기가 될 수 있다. 그리

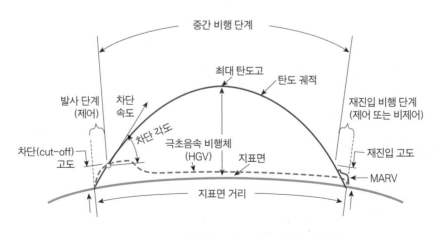

그림 8.28 탄도 미사일과 극초음속 비행체(미사일)의 탄도

고 적의 미사일 방어 작전을 복잡하게 만드는 다양한 기능을 탄도 미사일에 추가하고 있다.

전통적인 미사일 요격에 대한 대응책에는 채프(chaff), 기만(decoy), 방해전파기(jammer) 등이 있다. 다중 재진입발사체(Multiple RV)는 단일 RV가 표적에 명중시킬 확률을 높이기 위해 사용되는 방식이다.

(2) 탄도 미사일의 전술적 특성

탄도 및 순항 미사일은 재래식 또는 비-재래식 탄두로 무장할 수 있다. 재래식 탄두는 주로 폭발물의 폭발 및 파편 효과 등과 같이 다양한 용도로 설계될 수 있다. 비-재래식 탄두에는 대량살상용 무기(핵무기, 생화학 무기)와 인명을 해치기보다는 장비를 무력화시키도록 설계된 비살상 탄두도 있다.

재래식 무기와 생물학 무기 그리고 화학무기는 단일 탄두와 자탄 탄두(일정한 고도에서 발사되어 소형 자탄이 넓은 지역에 살포)가 있다. 재래식 탄두는 특정 유형의 표적에 최적화될 수 있다. 예를 들어, 소형 자탄은 비행장 활주로에 분화구 형태로 파괴하거나 장갑차를 파괴하는 데 사용할 수 있다. 비교적 적은 양의 폭발물을 사용하는 관통탄두는 벙커와 같은 견고한 구조물을 관통하여 내부에 있는 장비나 시설을 파괴할 수 있다.

탄도 미사일과 여러 유형의 공중발사 순항 미사일이 핵탄두를 탑재하고 있다. 이러한 탄두의 대부분은 제2차 세계대전에서 사용된 원자폭탄보다 수십 배에서 수백 배 더 강력한 폭발력을 가지고 있다. 화학 및 생물학 무기는 핵무기보다 생산하기가 훨씬 쉽고 대규모 군사력을 상대로 사용할 때 이러한 무기의 정확도는 그다지 중요하지 않다. 화학무기와 생물 무기는 1개의 모탄에서 분리된 다수의 자탄을 넓은 지역에 분산시켜 막대한 사상자를 내고 민간인에게 공황과 혼란을 주로 군사 작전을 심각한 영향을 줄 수 있다.

2. 다탄두 탄도 미사일

(1) 대상 표적과 주요 성능

탄도 미사일은 고체 또는 액체 추진 로켓 추진시스템을 사용할 수 있다. 현대 미사일 시스템의 추세는 군수지원 소요가 적고 작동이 간편한 고체 추진체를 대부분 사용하고 있다. 하지만 일부 국가에서는 액체 추진제 기술을 더 많이 이용할 수 있으며, 계속해서 새로운 액체 추진 미사일을 개발하고 있다. 액체 추진제 미사일은 고체 추진제 미사일보다 탑재 중량이 큰 효율적인 방식이다. 대표적인 사례로 러시아의 SS-18과 중국의 CSS-4 액체 추진제 ICBM이 있다.

각 단계에 자체 추진시스템(로켓 모터)이 있는 다단계 미사일은 장거리 미사일에 적합한 방식이다. 일반적으로 ICBM은 강력한 액체 추진 엔진 또는 고체 추진 모터와 함께 2단계 또는 3단계로 구성되어 있다. 그리고 표적을 향해 훨씬 더 작은 추진시스템이 장착된 PBV(Post boost Vehicle)가 있다. PBV는 RV의 정확도를 개선하는 데 사용한다. MIRV 미사일의 경우 PBV는 RV를 방출하는 데 사용되어 RV가 각각의 표적을 다른 궤적을 따라 공격할 수 있다. 일부 MIRV 미사일은 단일 미사일로 1,500km 이상 떨어진 목표물을 공격할 수 있다. 많은 탄도 미사일은 RV가 탄도 미사일 방어시스템에 대한 침투 가능성을 높이기 위해 침투용 보조 장치를 탑재하고 있다. 침투 보조 장치는 미사일과 RV를 탐지하고 추적하는 데 사용되는 센서를 무력화하거나 기만 또는 방해하기 위한 장치이며 탄도 미사일 개발 시 이러한 기능을 갖추는 것이 매우 중요하다. 미사일 방어 작전을 복잡하게 만드는 또 다른 기술에는 탑재(탄두)부를 분리하고 다중 RV, 궤적의 감소, 초기 발사 단계, 중간 비행경로 또는 종말 기동 등의 기술을 적용하고 있다.

고성능 관성 유도시스템을 갖춘 ICBM은 10,000km를 비행한 후 표적으로부터 수백 미터 이내에 RV를 운반할 수 있고, 위성 항법을 활용하여 정확도를 크게 높이고 있다. 그리고 미사일은 매우 높은 정확도를 달성하기 위해 종말 센서가 있는 기동 RV를 사용할 수 있다. 향상된 유도 기술 및 기동력은 재래식으로 무장한 탄도 미사일이 해상의 선박과 같은 이동 표적뿐만 아니라 고정 표적에 대해 효과적으로 사용될 수 있다. 특히 핵탄두나 생화학 탄두를 탑재한 미사일은 엄청난 사상자를 낼 수 있다.

(2) MIRV의 구성과 작동원리

다탄두 각개 목표 설정 재진입 미사일(MIRV, Multiple Independently-targetable Reentry Vehicle)은 하나의 탄도 미사일에 여러 개의 탄두(일반적으로 핵탄두 탑재)를 포함하고 각각 다른 표적을 공격하는 탄도 미사일을 말한다. 핵미사일의 배치 수를 늘리지 않고 공격력을 높일 수 있는 획기적 수단이다.

MIRV의 탄두는 PBV(Post Boost Vehicle)라는 소형 로켓이 장착된 RV(Re-entry Vehicle)가 탑재된다. 그러나 탄도 미사일은 로켓 추진이 종료되면, 이후부터는 포물선을 그리듯 중력 비행을 한다. PBV는 소형 로켓이라서 추진제가 소량이므로 탄도 미사일의 포물선 궤도의 연장선에서 크게 벗어나는 여러 목표지점을 동시에 공격할 수는 없다. 그러나 분사 제어를 할 수 있어서 MIRV 탄두의 정확도를 높일 수 있다.

MIRV의 구조는 일반적으로 〈그림 8.29〉에서 보는 바와 같이, 추진 로켓, 제어 장치, 탄두, 로켓 연결장치로 구성되어 있다. 추진 로켓에는 사거리에 따라 2~3단 추진 로켓이 있는 다단 추진 로켓이 탑재되어 있다. 이들 로켓은 1단 로켓 추진이 종료되면 2단, 3단 순으로 작동시켜 사전에 입력된 지점까지 탄두를 운반한다. 이때 로켓 모터에 장착된 노즐 조종장치를 제어 장치의 지령으로 제어하여 탄도를 수정하면서 날아가게 된다. 표적에 근접한 종말 단계에서는 〈그림 8.29〉의 위쪽 그림과 같이 탄두만 남는다. 탄두는 제어 장치(비행 제어 전기장치, 전력공급장치, 열교환기, 유도용 짐벌(gimbal), 자이로스코프(gyroscope), 유도장치)와 자탄과 연결하는 하부 프레임(base frame) 등으로 구성되어 있다.[32]

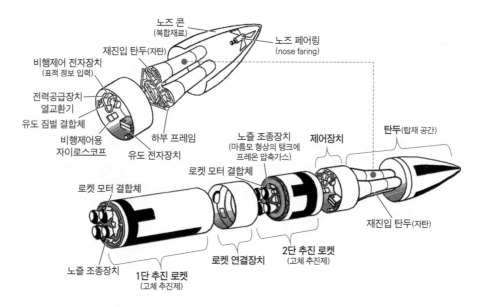

그림 8.29 MIRV의 구조 및 구성품(미국, Polaris A3T SLBM)

32 https://digitalcommons.usu.edu/cgi/viewcontent.cgi?article=2688&context=smallsat;https://de.wikipedia.

한편 탄두의 작동과정은 〈그림 8.30〉에서 보는 바와 같이 크게 3가지로 요약할 수 있다. 첫째, 미사일은 공기저항을 줄이고 마찰열을 차단하여 탄두를 보호하기 위해 〈그림 8.30〉 ❶에서 보는 바와 같이 노즈 콘(nose cone)이 결합이 된 상태로 비행한다. 만일 RV를 분리해야 하는 위치에 도달하면 탄두 속에 탑재된 소형 로켓을 작동시켜 노즈 콘을 여러 조각으로 탄두에서 벗겨 낸다. 둘째, 소형 로켓이 작동할 때 발생하는 열로부터 RV를 보호하기 위해 설치된 단열 덮개가 〈그림 8.30〉 ❷와 같이 탄두 하부 프레임으로부터 침투용 보조 운반체(PAC, Penetration Aids Carrier)와 RV가 약 30°의 각도로 분리된다. 그리고 PAC와 자탄에 장착된 로켓이 작동하여 추진되면서 자탄들이 각기 다른 표적을 향해 비행한다. 셋째, PAC은 〈그림 8.30〉 ❸에서 보는 바와 같이 다수의 로켓에 의해 불규칙적으로 운동할 수 있다. 그 결과 적의 방공망의 탐지 및 추적시스템을 교란하여 자탄의 추적을 방해하게 된다. 이

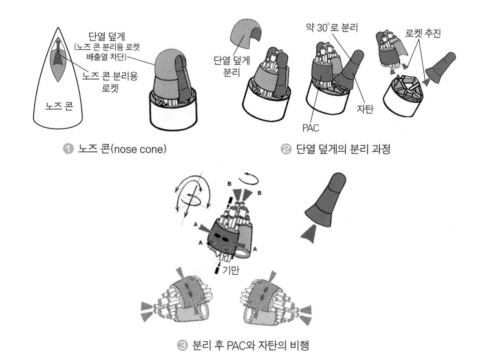

그림 8.30 탄두부의 분리 및 자탄과 PAC의 비행 원리

org/wiki/Multiple_independently_targetable_reentry_vehicle; http://nuclearweaponarchive.org/Usa/Weapons/Mmiii.html

때 PAC에는 기만탄, 채프(chaff) 등을 살포할 수 있다. 그리고 사전에 입력시킨 표적 위치 정보를 향해 유도 비행하도록 설계되어 있다.[33]

(3) 적용 사례 및 발전추세

MIRV에 핵을 탑재하려면 소형 핵탄두 기술이 필요하며, 현재 미국, 러시아, 프랑스, 영국, 중국만 전력화에 성공하였다. 프랑스는 SLBM인 M45 미사일에서 MIRV 화에 성공했다. 영국은 Trident II에 MIRV화 된 SLBM과 미국산 PBV를 활용하여 핵탄두를 장착하고 있다. 중국은 2002년에 중거리 탄도 미사일에서 자탄이 3발인 MIRV 화에 성공하였다. 이후 자탄이 3~5발인 사거리 8,000km인 DF-31A를 전력화하였다. 최근 러시아는 2015년에 〈그림 8.31〉과 같이 Bulava 30(SS-NX-30) MIRV SLBM을 개발하였으며, 이 미사일에 6~10개의 자탄을 탑재할 수 있다. 그리고 탄두 중량은 1.15t, 미사일의 중량은 36.8t, 사거리는 8,000km이다. 다탄두의 작동과정은 미국의 A3T MIRV와 비슷하다.[34]

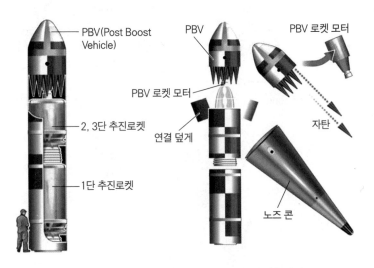

그림 8.31 Bulava 30(SS-NX-30) MIRV의 작동원리

33 https://en.wikipedia.org/wiki/File:Polaris_A3T_missile_PNG.png

34 http://www.russianspaceweb.com/bulava.html

3. 탄도 미사일의 종류와 개발 현황

탄도 미사일은 미사일 격납고, 잠수함, 수상함, 도로 또는 철도 이동식 발사대, 항공기 등에 배치할 수 있다. 이동식 미사일은 발사하기 전에 생존 가능성을 보다 높일 수 있다. 일부 단거리 미사일은 탄두가 표적에 도착하여 폭발할 때까지 단일 탄두의 형태를 그대로 유지하지만, 다탄두 미사일은 탄두에 추진 로켓에서 분리되는 재진입 발사체(RV)에 탄두를 가지고 있다. 대부분의 장거리 탄도 미사일의 경우에 탄두는 RV를 분리하여 표적에 명중하게 되어있다. 일부 장거리 탄도 미사일은 미사일당 최대 10개의 RV를 탑재한 MIRV를 탑재하고 있다. RV는 ICBM 범위에서 초당 6~8km 정도의 초고속으로 대기권으로 재진입한다. 일부 RV는 미사일 방어망을 회피하거나 정확도를 높이기 위해 탄도를 변경하는 기동기능도 있다.

최근에는 러시아와 중국 등이 신개념의 탄도 미사일인 극초음속 활공 발사체(HGV)를 개발하였다. 이 비행체는 극초음속(마하 5 이상) 속도로 이동하고 대부분의 비행을 일반적인 탄도 미사일보다 훨씬 낮은 고도에서 유지하는 기동이 가능한 발사체이다. 그리하여 고속 기동성을 가지며 일반 탄도 미사일보다 낮은 고도로 비행한다. 이 때문에 기존의 미사일 방어체계로 요격하기 매우 어렵다.

(1) 근거리 탄도 미사일(CRBM, Close-Range Ballistic Missiles)

CRBM은 정확도, 사거리, 치명률 향상에 중점을 두고 발전시키고 있다. 예를 들어, 중국은 최대 사거리가 300km 미만인 다양한 모델을 생산하고 있다. 이들 모델 중에 대-레이더 호밍유도 탐색기(anti-radiation homing seeker)를 장착한 B611MR 미사일이 있다. 현재 개발된 CRBM의 재래식 탄두는 이중목적 탄두(DPICM, Dual-Purpose Improved Conventional Munition), 열 압력 탄두(TBX, thermobaric warhead), 고폭탄두(HE, High Explosive) 등이 있다.[35]

열 압력 탄두와 HE 탄두가 탑재된 CRBM은 장갑차, 자주포, 병력 등과 같은 고정 또는 이동 표적을 파괴하는데 로켓포탄보다 더 효과적이다. 그리고 유도장치가 없는 일반 로켓포(unguided rocket)와 비교하여 정확도가 향상되어 표적으로부터의 오차 거리를 줄이고 CRBM 탄두에 의한 폭발 충격파나 파편으로 인한 무력화

---

35 https://www.globalsecurity.org/military/world/dprk/kn-9.htm

확률을 높였다. 그리고 CRBM에 탑재된 위성 항법 시스템(GPS)을 사용할 경우 오차 거리를 수십 미터 이내로 감소할 수 있고 우선순위가 높은 표적에 대한 정밀타격 능력을 제공할 수 있다.

표 8.4 대표적인 근거리 탄도 미사일의 주요 제원(2022 기준)

개발국	모델 명칭	외경 [mm]	탄두의 종류	탑재량 [발]	최대 사거리 [km]
미국	MGM-52	500	HE, W50 핵탄두, 화학탄두	1	120
	MGM-31	1,000		1	140
러시아	SS-21 Mod 2	650	HE, 지뢰	1	70
	SS-21 Mod 3	650	TBX, 화학탄두	1	120
중국	WS-22	122	HE, TBX, DPICM	16	40
	A100-111	300	HE, TBX, DPICM(	10	80
	WS-2	400	HE, TBX, DPICM	6	200
이스라엘	MLRS-TCS	227	HE, Cluster	12	45
	ExTRA	306	HE, Cluster, Penetrator, MIMS(Multiple Independently Maneuvering Sub-munitions)	2~16	150
북한	Toksa	650	HE, 지뢰(Sub-munition)	1	120
	KN-SS-X-9	300	TBX, 화학탄두	8	190

(2) 단거리 탄도 미사일(SRBM, Short-Range Ballistic Missiles)

SRBM의 대표적인 사례는 러시아의 SCUD B 미사일과 SS-1C Mod 1 미사일이 있다. 이들 무기는 다양한 기능과 적응력이 뛰어나서 가장 많은 국가에서 운용하여 성능이 입증된 미사일이다. 예를 들어, 1991년 걸프 전쟁 중에 사용된 이라크 SCUD 미사일은 사거리가 두 배로 증가하도록 수정되었다. 북한은 SCUD B와 SCUD C, SCUD ER(사거리 연장) 미사일을 보유하고 있다. 특히 SRBM 중 해상 표적용은 정확도를 높이기 위해 주로 탐색기가 탑재되어 있으며, 최근에는 기동 탄두 재진입체(MaRV, Maneuverable Reentry Vehicle) 탄도 미사일로 미사일 방어망을 뚫고 침투

할 수 있도록 발전하고 있다.[36]

　　MaRV 탄도 미사일은 표적 명중도를 높이고 미사일 방어망 침투를 위하여 대기권 재진입 시 기동 비행하며 작동과정은 〈그림 8.32〉에서 보는 바와 같다. 즉, 이동형 발사대에서 발사한 미사일은 일반적인 탄도 미사일처럼 발사 및 중간 단계까지는 포물선 형태로 비행한다. 하지만 종말 단계에서는 표적의 위치를 추적하여 최초의 위치에서 표적이 이동하였을 경우 표적의 위치를 변경할 수 있다.

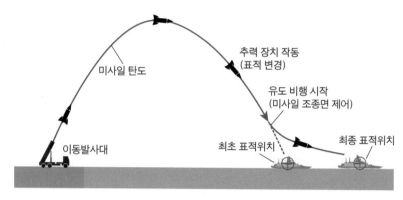

그림 8.32 MaRV 탄도 미사일의 작동 개념도

　　〈표 8.5〉는 대표적인 단거리 탄도 미사일의 주요 제원을 나타낸 그림이다. 표에서 보는 바와 같이 단거리 미사일을 탄두는 사거리는 300km 에서 800km이며 탄두는 탄도학적 특성 상 단일 탄두이다. 발사대는 적의 대응이 어렵도록 차량탑재형을 주로 적용하고 있다.

표 8.5 대표적인 단거리 탄도 미사일의 주요 제원(2022 기준)

개발국	모델 명칭	로켓	탄두[개]	추진제	탑재 플랫폼	최대 사거리[km]
러시아	SCUD B(SS-1c Mod 1)	1단	1	액체	차량	300
	SS-26(Iskander-M/E)	1단	1	고체	차량	350
중국	CSS-6 Mod 2	1단	1	고체	차량	850

---

36 https://missilethreat.csis.org/missile/kn-09-kn-ss-x-9/; https://irp.fas.org/threat/missile/bm-2020.pdf

개발국	모델 명칭	로켓	탄두 [개]	추진제	탑재 플랫폼	최대 사거리 [km]
중국	CSS-7 Mod 1	1단	1	고체	차량	300
	CSS-7 Mod 2	1단	1	고체	차량	600
	CSS-11 Mod 2	2단	1	고체	차량	700
북한	SCUD B	1단	1	액체	차량	300
	SCUD C	1단	1	액체	차량	600
이란	Fateh-110	1단	1	고체	차량	300
	Shahab 2	1단	1	액체	차량	500
	Qiam-1	1단	1	액체	차량	750
인도	Agni I	1단	1	고체	차량	700
파키스탄	Ghaznavi	1단	1	고체	차량	300
	Shaheen I	1단	1	고체	차량	750

(3) 중거리 및 중간거리 탄도 미사일

중거리 탄도 미사일(MRBM, Medium-Range Ballistic Missiles)과 중간거리 탄도 미사일(IRBM, Intermediate-Range Ballistic Missiles)은 주로 핵탄두를 탑재하는 형태로 중국, 북한, 이란, 인도 및 파키스탄에서 개발 중이다. 이들 국가는 이란을 제외하고 모두 핵무기를 실험한 것으로 알려져 있다.[37]

중국은 동북아 지역의 핵 억지력을 유지하기 위해 핵무장 MRBM을 계속 배치하고 있으며, 대표적으로 CSS-5 Mod 2가 있다. 그리고 정밀타격을 수행하기 위해 재래식 탄두가 탑재된 CSS-5 Mod 4, Mod 5 MRBM을 보유하고 있다. 이들 중에서 CSS-5 Mod 4(DF-21C) 미사일은 군수 지원시설이나 통신 시설, 비행장, 항만 등의 군사 기지 공격용이다. CSS-5 Mod 5(DF-21D) 미사일은 항공모함 공격용인 대함 탄도 미사일(ASBM, Anti-ship Ballistic Missile)이다. 그 밖에 북한은 2017년에 고체 추진제 북극성-2 SLBM, 액체 추진제 화성 12형 IRBM 등을 비행시험하였다.[38]

---

37 https://en.wikipedia.org/wiki/Intermediate-range_ballistic_missile

38 https://www.britannica.com/technology/intermediate-range-ballistic-missile

표 8.6 대표적인 중거리 및 중간거리 탄도 미사일의 주요 제원(2022 기준)

개발국	모델 명칭	로켓	탄두[개]	추진제	탑재 플랫폼	최대 사거리[km]	비고
중국	CSS-5 Mod 2	2단	1	고체	차량	1,750	MRBM
	CSS-5 Mod 4	2단	1	고체	차량	1,500	MRBM
	CSS-5 Mod 5	2단	1	고체	차량	1,500	MRBM
	DF-26	2단	1	고체	차량	3,000	IRBM
북한	Bukkeukseong-2	2단	1	고체	차량	1,000	MRBM
	ER SCUD	1단	1	액체	차량	1,000	MRBM
	No Dong Mod 1/2	1단	1	액체	차량	1,200	MRBM
	Hwasong-12	1단	1	액체	차량	3,000	IRBM
북한	Hwasong-10 (Musudan)	1단	1	액체	차량	3,000	IRBM
이란	Shahab 3	1단	1	액체	지하저장고, 차량	2,000	MRBM
	Emad-1	1단	1	액체	차량	2,000	MRBM
	Sejjil (Ashura)	2단	1	고체	차량	2,000	MRBM
인도	Agni II	2단	1	고체	기차	2,000	MRBM
	Agni III	2단	1	고체	기차	3,000	IRBM
	Agni IV	2단	1	고체	차량, 기차	3,500	MRBM
	Agni V	3단	1	고체	차량	5,000	IRBM
파키스탄	Ghauri	1단	1	액체	차량	1,250	MRBM
	Shaheen-2	2단	1	고체	차량	2,000	MRBM
	Shaheen-3	2단	1	고체	차량	2,750	MRBM

(4) 대륙간 탄도 미사일

대륙간 탄도 미사일(ICBM, Inter Continental Ballistic Missile)은 대양을 횡단하여 대륙 간 사격이 가능한 사정거리 5,500km 이상의 전략 미사일이다. 따라서 일반적으로 사거리가 5,500km 이상이며 주로 핵탄두를 탑재하고 있다. 이 미사일은 대기권으로 재진입이 가능한 우주 로켓 기술을 응용한 전략 무기로서 어떠한 상황에서도

표 8.7 대표적인 장거리 미사일(ICBM)의 개발 현황(2020)

개발국	모델 명칭	로켓	탄두[개]	추진제	탑재 플랫폼	최대 사거리 [km]
미국	Minuteman III	3단	1	고체	차량	14,000
	Trident I	3단	1	고체	차량, 잠수함	7,400
	Trident II	3단	1	고체	차량, 잠수함	12,000
러시아	SS-18 Mod 5	2단 + PBV	10	액체	지하저장고	10,000
	SS-19 Mod 3	2단 + PBV	6	액체	지하저장고	9,000
	SS-25	3단 + PBV	1	고체	차량	11,000
	SS-27 Mod 1	3단 + PBV	1	고체	지하저장고, 차량	11,000
	SS-27 Mod 2	3단 + PBV	다수	고체	지하저장고, 차량	11,000
	SS-X-28	최소 2단	다수	고체	차량	5,500
	SARMAT	2단 + PBV	다수	액체	지하저장고	10,000
중국	CSS-3	2단	1	액체	차량	5,500
	CSS-4 Mod 2	2단	1	액체	지하저장고	12,000
	CSS-4 Mod 3	2단 + PBV	다수	액체	지하저장고	12,000
	CSS-10 Mod 1	3단	1	고체	차량	7,000
	CSS-10 Mod 2	3단	1	고체	차량	11,000
	CSS-X-20	3단 + PBV	다수	고체	차량	NA
북한	Taepo Dong 2	3단	1	액체	지하저장고	NA
북한	Hwasong-13	3단	1	액체	차량	12,000
	Hwasong-14	2단	NA	액체	차량	10,000
	Hwasong-15	2단	NA	액체	차량	12,000

적국에 피해를 강요하기 위해 보유하는 비대칭 전력의 대표적인 무기 중 하나이다. 현재 미국, 중국, 러시아 등 다수의 국가에서 여러 유형의 ICBM을 전력화하였고 성능 개량사업을 진행하고 있으며 이란, 북한 등도 ICBM을 개발 중인 것으로 알려져 있다.[39]

---

39 https://en.wikipedia.org/wiki/Submarine-launched_ballistic_missile; https://www.jstor.org/stable/pdf/

그림 8.33 러시아의 SARMAT ICBM

대표적인 사례로 2022년에 개발한 러시아의 SARMAT ICBM이 있다. 이 미사일은 〈그림 8.33〉에서 보는 바와 같이 차륜형 차량에 탑재되어 있다. 로 켓은 액체 연료를 사용하며 탄두는 10~15개의 MIRV를 탑재하였고, 관성 및 GLONASS(GLObal NAvigation Satellite System) 그리고 천체-관성 유도장치를 모두 적 용한 복합 유도방식이다.

(5) 잠수함 발사 탄도 미사일(SLBM)

SLBM은 잠수함에 탑재되어 어떤 수역에서나 자유롭게 잠항하면서 발사할 수 있다. 따라서 고정된 기지에서 발사되거나 항공기에서 발사하는 미사일에 비해 서 은밀성이 보장된다. 특히 공격목표에 근접해서 발사할 수 있어서 사거리가 비 교적 짧다. 그 결과 적의 방공망을 돌파하는 데 유리하고 발사기지가 이동하기 때 문에 적의 전략 공격에도 생존성이 높은 전략 무기이다.[40]

SLBM의 특징을 살펴보면 〈표 8.8〉과 같이 잠수함 발사 순항 미사일은 취급 이 쉬운 고체 추진 로켓이 대부분이다. 그리고 다수의 표적을 동시에 타격할 수 있 는 다탄두 미사일은 주로 대형 잠수함에서 발사하며 사거리도 ICBM과 비슷한 5,500km~12,000km이다.[41]

---

resrep13939.25.pdf; https://en.wikipedia.org/wiki/RS-28_Sarmat

40 https://www.pinterest.co.kr/kj6781/trident-missile/

41 https://minutemanmissile.com/nuclearwarheads.html

표 8.8 대표적인 잠수함/함정 발사 탄도 미사일의 주요 제원(2022 기준)

개발국	모델 명칭	로켓	탄두	추진제	탑재 플랫폼	최대 사거리 [km]	적재량
미국	Trident Ⅰ	3단	1개	고체	잠수함	7,400	NA
	Trident Ⅱ	3단	4개	고체	오하이오급 잠수함 (SSGN)	12,000	NA
러시아	SS-N-18	2 + PBV	3개	액체	DELTA Ⅲ급 잠수함	5,500+	96발
	SS-N-23 Sineva	3 + PBV	4개	액체	DELTA Ⅳ급 잠수함	8,000+	96발
	SS-N-32 Bulava	3 + PBV	6개	고체	돌고르키급 잠수함	8,000+	48발
중국	CSS-N-14	3단	1개	고체	JIN급 잠수함	7,000+	48발
북한	Pukguksong-1	2단	1개	고체	신포급 잠수함	1,000	개발 중
	Pukguksong-3	2단	?	고체	잠수함	1,000	개발 중
인도	K-15	2단	1개	고체	ARIHANT급 잠수함	700	12발

대표적인 사례로 1990년에 전력화한 미국의 Trident Ⅱ 순항 미사일이 있다. 발사 중량은 65ton이고 탄두에는 4개의 자탄이 있으며 MK 4 또는 MK 5 자탄을 최대 8발까지 탑재할 수 있다. 이들 자탄은 각각 다른 표적으로 향해 공격할 수 있어서 이러한 미사일을 '다탄두 독립 목표 재진입 탄도탄(MIRV, Multiple Independently Targeted Reentry Vehicle)'이라고도 부르고 있다. 한편, 이 미사일은 W88 핵탄두를 탑재할 수 있으며 〈그림 8.34〉에서 보는 바와 같이 오하이오급 잠수함(SSGN)에 20발을 탑재할 수 있는 전략 미사일이다.[42]

한편 과학기술의 발전에 따라서 SLBM은 정확성, 은밀성, 적에 대한 접근성 그리고 미사일방어체계의 회피 등의 전략적 가치가 더욱 커졌다. 특히 핵무기 보유국가들은 SLBM을 적의 핵 시설을 타격해서 핵 능력을 무력화시키는 수단 등에 사용할 것이다.

---

42 https://en.wikipedia.org/wiki/UGM-133_Trident_II; https://en.wikipedia.org/wiki/W88

그림 8.34 미국의 Trident D-5 순항 미사일[43]

43 https://www.lockheedmartin.com/en-us/products/trident-ii-d5-fleet-ballistic-missile.html; https://
www.navy.mil/Resources/Fact-Files/Display-FactFiles/Article/2169285/trident-ii-d5-missile/

제4절 극초음속 미사일

1. 미사일의 종류와 개발 목적

극초음속 무기는 마하 5 이상으로 고속 기동하며 탄도를 불규칙적으로 바꿀 수 있도록 선회나 회전 등 각종 운동능력을 갖춘 기동성을 갖춘 미사일로 비행체를 탐지해도 탄착점을 예측할 수 없다. 그리고 〈그림 8.35〉에서 보는 바와 같이 극초음속 활공 비행체(HGV, Hypersonic Glide Vehicle)와 극초음속 순항 미사일(HCM, Hypersonic Cruise Missile)로 분류할 수 있다.[44]

HGV는 로켓에 의해 대기 최상층으로 발사된 후 극초음속으로 표적을 향해 활공하는 비추진 미사일이다. HCM도 기존 부스터 로켓을 사용하여 발사체를 초음속으로 가속한 후 미사일이 극초음속 상태로 유지할 수 있도록 하는 스크램제트 추진시스템으로 전환하는 방식이다.[45]

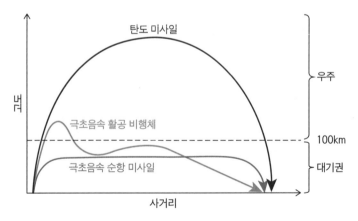

그림 8.35 극초음속 미사일의 탄도 비교

---

44 https://www.globalsecurity.org/military/world/japan/hypersonic.htm

45 Ki-Young Hwang1 & Hwanil Huh, "Research and Development Trends of a Hypersonic Glide

극초음속 미사일은 특별히 새로운 무기는 아니다. 예를 들어 일반적으로 탄도 미사일은 재진입 시 최대 마하 25에 도달할 수 있다. 하지만 탄도 미사일은 어느 정도 예측 가능한 비행경로를 따르기 때문에 적의 탄도 미사일이 발사되는 경우, 미사일 방어시스템이 미사일의 재진입 위치를 추정하고 탄도를 예측하여 요격하기 쉽다. 그리고 극초음속 미사일은 상승기동(pull-up) 등 훨씬 더 불규칙한 비행경로를 따라 비행한다. 따라서 현대 미사일 방어시스템의 요격방식으로 요격하기가 거의 불가능하다. 그뿐만 아니라 재래식 전력(conventional forces) 투사를 방어하는 데 거리, 시간을 극복한 게임체인저 무기가 될 수 있는 획기적인 무기이다. 특히 속도, 사거리, 민첩성, 정확성 측면에서 전술과 전략적 이점이 많은 공격수단이다. 현재 극초음속 무기의 개발은 러시아, 중국, 미국이 주도하고 있다.[46]

한편 전술적 수준에서 이 미사일은 시간에 민감한 표적을 공격하기 유용한 속도로 비행할 수 있다. 그리고 적의 방공망을 뚫을 수 있어서 중요 표적에 대한 전략적 공격을 한 번에 수행하여 적을 교란하고 무력화할 수 있는 효율적인 수단이다. 특히 상대적으로 저비용으로 중요 목표물 공격이 가능하여 적의 공격을 억제하거나 보복공격이 가능한 전략적 가치가 높은 무기이다.[47]

2. 작동원리와 주요 특성

(1) 극초음속 비행체의 구조와 작동원리

일반적으로 극초음속 순항 미사일(HCM)의 구조는 〈그림 8.36〉에 제시된 미국에서 개발 중인 X-51A와 비슷하다. HCM은 〈그림 8.36〉 ❶에서 보는 바와 같이 극초음속 활공 비행체(HGV, Hypersonic Glide Vehicle)와 이 비행체를 발사 초기에 가속하기 위한 로켓 부스터로 구성되어 있다. HGV는 극초음속 비행으로 발생하는 마찰열을 견딜 수 있도록 텅스텐이나 복합소재 등의 소재로 제작한 노즈(nose)와 스크램제트 엔진과 날개로 구성되어 있다.

Vehicle(HGV)", J. Korean Soc. Aeronaut. Space Science. Vol. 48(9), pp. 731~743, 2020.8; https://www.militairespectator.nl/thema/strategie/artikel/impact-hypersonic-missiles-strategic-stability

46 R. Hallion, C.M. Bedke, M.V. Schanz, "Hypersonic Weapons and US National Security", The Mitchell Institute for Aerospace Studies, 2016.8.

47 https://fas.org/nuke/intro/missile/

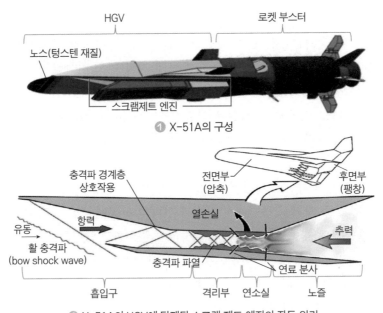

① X-51A의 구성

② X-51A의 HGV에 탑재된 스크램 제트 엔진의 작동 원리

그림 8.36 X-51A 극초음속 비행체의 구조와 작동원리

HCM의 작동과정을 단계별로 살펴보면 다음과 같다. 먼저 발사 초기 단계에서는 로켓 부스터의 추력으로 비행체를 약 마하 4~5의 극초음속 상태로 가속한다. 그다음 스크램제트(또는 램제트) 엔진으로 더 가속하여 극초음속 상태를 유지하면서 날개로 탄도를 수정하면서 표적까지 날아간다. 이때 HCM의 스크램제트 엔진은 〈그림 8.36〉 ②에서 보는 바와 같이 외부 공기가 흡입구를 통해 유입되면서 초음속에 의한 충격파가 발생하면서 상호작용을 하게 된다. 그리고 연소실에 연료와 혼합 및 폭발하고 노즐로 급격하게 연소 가스가 팽창하면서 추력이 발생한다. 이 때문에 적절한 흡기 압력을 유지하기 위해 20~30km 고도에서 순항 비행할 수 있다.

(2) 극초음속 비행체의 주요 특성

■ 탄도학적 측면

HCM은 〈그림 8.37〉 ①에서 보는 바와 같이 로켓 부스터에 의해 고고도로 상승하여 부스터에서 분리된 후 대기권 내에서 비행 방향을 바꾸면서 약 30~70km 고도에서 마하 5 이상의 극초음속으로 활공하는 비행체를 말한다. 따라서 속도가

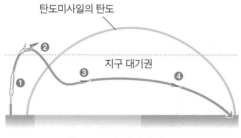

❶ 극초음속 비행체 탄도   ❷ 극초음속 비행체의 형상

그림 8.37 극초음속 비행체의 탄도와 비행체 형상

빠르고 고도가 일반 순항 미사일보다 높아서 요격하기 어렵다. 이 때문에 러시아, 중국, 미국 등 많은 국가에서 극초음속 미사일을 개발하고 있다. 또한, HCM은 탄도 미사일과 다르게 포물선 궤적이 아닌 예측 불가능한 비행경로(진행 방향과 탄착점)로 비행한다. 이 때문에 탄착점을 예측하기 어렵고 탄도 미사일보다 비행 고도가 매우 낮고 지상 레이더는 시야각(viewing angle)이 제한되기 때문에 근거리에서만 탐지할 수 있다. 그리고 인공위성은 배경 산란(background clutter)으로 탐지가 어려워 기존의 미사일 방어 방어체계로는 요격하기가 매우 어렵다. 배경 산란은 지면, 바다, 강우, 장해물, 방해전파 등으로 레이다 화면에 불필요하게 생기는 반사상이며, 극초음속 비행체를 탐지하는 데에 방해 요소이다.[48]

한편 HGV는 미사일을 부스터로 활용하기 때문에 'Boost-Glide Missile'이라고도 부르며 〈그림 8.37〉 ❷와 같이 극초음속 비행체에 최적화된 형상과 마찰 및 고온에 강한 복합소재로 되어있다.[49]

한편 극초음속 비행체의 비행 개념은 〈그림 8.38〉에서 보는 바와 같으며, 미국의 극초음속 비행체 중 하나인 X-51A 극초음속 비행체와 일반적인 탄도 미사일의 탄도는 다르다. 즉 일반적인 탄도 미사일은 발사 및 중간 단계에서 거의 포물선 모양으로 예측이 가능한 탄도비행을 한다. 하지만 X-51A의 경우에는 발사 초기 단계에서는 거의 직선으로 상승하다가 중간 단계에서부터 극초음속에 도달한 후 고

---

48 John J. Bertin & Russell M. Cummings, "Critical Hypersonic Aero thermodynamic Phenomena", Annual Review of Fluid Mechanics 38(1), 2006.1.

49 https://www.graphicnews.com/en/pages/38225/CHINA-Hypersonic-waverider-vehicle

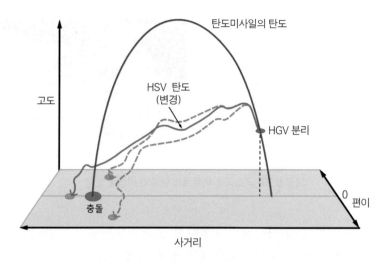

탄도미사일의 탄도

그림 8.38 탄도 미사일과 극초음속 비행체의 탄도 비교

도와 방향이 불규칙한 극초음속 비행을 하게 된다. 그 결과 탐지하였어도 요격이 매우 어렵다.[50]

② 무기의 효과성 측면

군사 전략적 관점에서 극초음속 활동 비행체(마하 5 이상)의 특징을 요약하면 다음과 같이 크게 세 가지로 요약할 수 있다. 첫째, 핵 또는 재래식 탄두로 불과 몇 시간 이내에 전 세계의 어떤 표적에도 신속하게 선제적으로 공격할 수 있는 잠재력을 가지고 있다. 둘째, 대륙간 탄도 미사일보다 신속하게 발사할 수 있고 고속, 저고도 및 더 높은 기동성으로 인해 기존의 대공 방어시스템으로 탐지 및 요격이 어렵다. 셋째, 극초음속 무기를 보유한 국가는 적의 핵무장을 해제하고 선제공격에 사용할 가능성이 있다. 이 때문에 적의 핵무기 사용을 억제할 수 있을 것으로 전망하고 있다.

HGV는 전원이 공급되지 않고 로켓에 의해 처음 발사된 후 고고도에서 표적 방향으로 활공 비행하며 고도는 60~96km 사이이다. 하지만 HCM은 모든 비행을 엔진의 추력으로 비행하며 고도는 19~30km 사이이다. 대부분의 HCM은 로켓 엔

---

50 https://www.researchgate.net/publication/44219156;   https://www.gao.gov/products/gao-19-705sp;
https://www.globalsecurity.org/military/world/japan/hypersonic.htm

진의 추력을 이용하여 마하 3~4로 가속한 다음 탑재된 램제트 또는 스크램제트 엔진(초음속 연소 램제트)이 작동하여 더 가속한다. 참고로 극초음속 비행체와 소총탄, HCM, 초음속 탄도 미사일, HGM, ICBM의 평균 비행속도는 〈표 8.9〉와 같다. 표에서 보는 바와 같이 HGM은 소총탄의 약 13.3배 이상의 빠른 속도로 비행하고 ICBM보다 훨씬 낮은 고도로 표적에 접근하기 때문에 탐지 및 요격이 어렵다. 이 때문에 아직 까지는 이를 방어할 탐지 및 방어하기 어려운 실정이다.[51]

표 8.9 무기별 비행속도의 상대비교

구분	돌격 소총탄	스크램제트 HCM	초음속 탄도 미사일	HGM	ICBM
평균 속도[km/s]	0.37	1.66	3.32	4.92	11.44
상대비교	1.00	4.49	8.97	13.30	30.92

③ 군사 전략적 측면

극초음속 비행체의 군사적 위협에는 의사결정자의 결심시간이 매우 짧고 고가치 표적(HVT, High Valuable Target)에 대한 심각한 위협, 군사적 긴장을 고조시키며, 군사력의 격차를 감소, 미사일 방어 능력의 저하 등이 있다. 한편 탄도 미사일과의 특성을 비교해보면 〈표 8.10〉과 같이 요약할 수 있다.

특히 극초음속 비행체를 보유하며 군사적 긴장을 고조시키고 군사력의 격차를 감소시키는 요인은 다음과 같다. 예를 들어, 미국, 러시아, 중국과 같은 군사 강국 사이의 군사적 충돌에서 상대국가의 방공 시스템을 파괴할 목적으로 재래식 탄두가 탑재된 극초음속 미사일을 발사했을 경우이다. 이 경우에 공격을 받은 국가는 높은 기동성과 예측 불가능한 경로로 비행할 수 있는 특성을 가진 극초음속 발사체가 자국의 핵무기 시설에도 공격을 받을 수 있다는 두려움을 느끼게 될 것이다. 따라서 핵무기를 사용하여 반격을 개시할 수도 있다. 또한, 극초음속 비행체는 탄도 미사일보다 요격하기 어렵다. 따라서 기존의 미사일 방어체계의 방어 능력이 저하되기 때문에 우주, 지상, 해상, 공중 기반의 탐지 및 추적시스템과 요격시스템이 필요하다.

---

51 https://theconversation.com/how-hypersonic-missiles-work-and-the-unique-threats-they-pose-an-aerospace-engineer-explains-180836; https://www.semanticscholar.org/paper/Slowing-the-Hypersonic-Arms-Race-A-Rational-to-an/0eb3b0b3557e0399a9cb8b9c6ca17a327bb688b2/figure/0

표 8.10 극초음속 비행체의 주요 위협 요소

비교 요소	탄도 미사일	극초음속 비행체	위협 요소
추적 및 탐지	• 일반적으로 예측 가능한 비행궤도를 유지하여 비행 초기에 탐지하여 대응할 수 있음	• HGV는 발사 단계에서는 적외선 탐지시스템으로 탐지될 수 있으나 이후 종말 단계까지 높은 기동성 때문에 레이더로 탐지가 어려움 • HCM은 발사 초기 단계에도 탄도가 낮고 불규칙하여 탐지가 매우 어려움	의사결정자의 결심시간 감소
HVT에 대한 공격 효과	• 기존의 다층방어체계로 대부분은 HVT에 대한 방어 가능	• 예측이 어려운 비행궤도와 속도 때문에 항공모함 또는 미사일 발사대 등 HVT를 방어하기 어려움	HVT에 대한 심각한 위협
국가 차원의 군사력	• 핵무기 탑재 탄도 미사일을 제외하고 군사력에 미치는 영향이 적음	• 극초음속 비행체의 보유 여부에 따라 기존의 군사적 능력의 격차를 크게 줄일 수 있으며 의도하지 않은 긴장을 야기 가능성이 있음	군사적 긴장의 고조
미사일의 방어 능력	• 대부분의 탄도 미사일은 기존의 미사일 방어체계로 방어 가능	• 우주, 지상, 해상, 공중 기반의 탐지 및 추적 시스템과 요격시스템이 필요	미사일 방어 능력 저하 우려

3. 개발 사례와 발전추세

(1) 극초음속 비행체의 개발 사례

부스트 활공(boost-glide) 개념은 고도가 높을수록 화살촉(arrow shell)이 훨씬 더 멀리 이동하는 것을 독일의 포병 장교들이 발견하면서 시작되었다고 전해진다. 그들은 공기가 희박한 고고도에서 궤적이 길어지는 것은 초음속에서 공기역학적 양력이 발생하는 받음각(Angle of Attack)을 가진 화살촉에서 발생한다는 것을 알았다. 부스터 활공 방식은 1932년 독일의 Eugen Sänger가 극초음속에서 사거리 연장을 위해 활공할 수 있는 재진입 비행체(re-entry vehicle) 발사용으로 로켓에 최초로 적용하였다. 하지만 본격적인 연구는 2차 세계대전 이후 미국의 주도하에 1950년대와 1960년대에 이루어졌다. 오늘날 마하수 5 이상의 극초음속 기술은 다양한 무기, 항공기, 우주선 등에 이용되고 있다. 대표적인 사례로는 극초음속 순항 미사일, 극초음속 활공 비행체, 탄도 미사일 등이 있다.

한편 극초음속 비행체의 개발은 〈표 8.11〉에서 보는 바와 같이 러시아, 중국, 미국 등이 주도하고 있으며 이들 국가의 개발 사례를 살펴보면 다음과 같다.

먼저 러시아는 구소련 시절부터 연구하였으나 실패를 거듭했고 최근 Avangard

표 8.11 극초음속 비행체 개발 현황

개발 연도	국가	모델명	개발 내용 및 적용 사례	최대 속도 (비행시간)
2004	미국	X-43A(NASA) 비행체	• 스크램제트 엔진(수소 연료 사용)	마하 7
2011	러시아	Zircon 미사일	• 스크램제트 엔진, 고도 30~40km	마하 7~8
2013	미국	X-51A 비행체 (DARPA, AFRL)	• 스크램제트 엔진(탄화수소 연료 사용) • 충격파를 이용하여 양력을 얻는 방식(Waverider 형상)	마하 5.1
2018	중국	Xing Kong-2 미사일	• 스크램제트 엔진 • 2019년에 DF-17 미사일에 탑재	마하 5.5~6
2018	러시아	Kinzhal 미사일	• skander 미사일을 개량(고체 로켓 엔진) • MiG-31K 전투기에 탑재	마하 10
2019	러시아	SS-19 ICBM	• Avangard(Yu-71) HGV(독립 엔진이 없이 순수한 활공 비행체) • RS-28 Sarmat heavy ICBM을 발사체로 사용	마하 20~27

(Yu-71) 활공 비행체를 SS-19 ICBM에 탑재하여 비행시험에 성공하였다. 중국은 DF-ZF(WU-14) 활공 비행체를 2014년부터 비행시험을 한 후 DF-17 미사일에 탑재하여 운용하고 있다. 끝으로 미국은 2010년대 초에 HTV(Hypersonic Technology Vehicle)-2와 AHW(Advanced Hypersonic Weapon) 비행시험을 수행하여 극초음속 활공 비행 가능성을 확인했고, 최근에 장거리 극초음속 무기(LRHW, Long Range Hypersonic Weapon), 공중발사 신속대응 무기(ARRW, Air-Launched Rapid Response Weapon) 등 극초음속 활공 비행체 시스템을 개발하고 있다. 특히 2014년부터는 공기흡입 극초음속 무기개발(HAWC, Hypersonic Air-breathing Weapon Concept) 프로그램을 통해 공중발사 극초음속 순항 미사일용 핵심기술을 개발하고 있다.[52]

한편 극초음속 비행체는 탄도 미사일보다 고도가 낮고 중간 단계부터 불규칙한 탄도로 극초음속을 날아가기 때문에 〈그림 8.39〉에서 보는 바와 같이 다수의 레이더를 설치해야 한다. 만일 그림과 같이 표적 위치에 지상 레이더를 설치하면 지표면이 곡면이기 때문에 탄도 미사일보다 훨씬 더 늦게 탐지된다. 따라서 대양

---

52 Ki-Young Hwang, Hwan-il Huh, "Research and Development Trends of a Hypersonic Glide Vehicle (HGV)", JKSAS Vol 48-9, pp. 73-739, 2020.9.

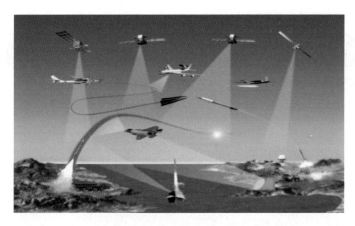

그림 8.39 미래의 극초음속 비행체 요격시스템 개념도

을 가로지르는 극초음속 비행체를 적시에 탐지하려면 수많은 레이더나 인공위성 등과 같은 탐지장치가 필요하다. 이에 비해 탄도 미사일은 고도가 높아서 기존에 배치한 X-band 해상 및 지상 레이더로도 조기에 탐지할 수 있어 중간 단계와 종말 단계에서 요격할 수 있는 시간적 여유가 있다. 결론적으로 극초음속 비행체를 조기에 탐지하고 추적하여 요격하려면 중간 단계부터 다양한 수단을 동원하여 조기에 추적하거나 발사 단계에서 표적을 제거할 수 있는 방어체계가 필요하다. 하지만 미국, 러시아 등도 극초음속 방어체계를 구축하지 못했다. 역사적으로 볼 때 공격 무기가 출현하면 방어 무기가 개발되듯이 창인 '극초음속 비행체'도 가까운 미래에 방패인 '극초음속 방어체계'가 개발될 전망이다. 즉, 이 무기체계도 군사과학기술의 발전과 세계정세 등을 고려해 볼 때 모순(矛盾)이 반복되는 무기체계 발전과정을 밟을 것이기 때문이다.[53]

(2) 극초음속 비행체 방어체계의 개발 전망

미래의 극초음속 비행체를 방어하기 위해 〈그림 8.39〉에서 보는 바와 같이 인공위성과 레이더 기지와 대공 무기, 이지스함 등 해상 무기, 정찰 및 공중조기경보기, 고고도 무인 비행체 등 공중 무기의 탐지 및 추적시스템을 네트워크로 링크시켜 조기에 극초음속 비행체를 탐지 및 추적할 수 있는 (Command, Control,

53 https://www.sandboxx.us/blog/hypersonic-hype-overestimates-modern-missile-defense-capabilities/

Communications, Computers, Intelligence-Surveillance, Reconnaissance) 체계가 개발될 전망이다. 또한, 탐지된 표적을 실시간으로 추적하고 자동으로 표적을 할당하여 미사일, 전투기, 대공포, 레이저 무기 등 다양한 요격 또는 파괴 수단으로 방어할 수 있는 방어체계가 구축될 전망이다.[54]

그림 8.40 미국의 극초음속 비행체 방어체계 개념도(2020)

최근 미국은 극초음속 발사체의 공격에 대한 방어체계를 〈그림 8.40〉과 같이 구상하고 있는 것으로 알려져 있다. 만일 적군이 ICBM 기반의 극초음속 미사일로 공격하면 감시, 탐지, 추적시스템으로부터 표적의 위치 정보를 획득하여 우주 기반의 요격시스템과 지상 기반의 요격 미사일로 요격하는 개념이다. 이때 표적은 발사(상승) 단계의 감시 및 추적시스템, 우주 기반의 감시 및 추적시스템, 지상 기반의 감시 및 추적시스템(지상에서 발사한 발사체에 탑재), 지상 기반의 레이더로 극초음속 비행체를 단계별로 감시, 탐지, 추적, 요격할 수 있도록 다층 방어망 구축을 추진할 것으로 알려져 있다.[55]

---

54 https://en.wikipedia.org/wiki/Avangard_(hypersonic_glide_vehicle); https://www.airforcemag.com/article/hypersonics-defense/; https://www.northropgrumman.com/c4isr/; https://www.baesystems.com/en/productfamily/c4isr-systems

55 https://www.armscontrol.org/taxonomy/term/142; https://missilethreat.csis.org/homeland-missile-defense-illustrations/; https://www.airforcemag.com/article/hypersonics-defense/

제5절 대공미사일과 미사일 방어체계

1. C-RAM 체계와 요격 미사일의 특성

미사일은 표적에 따라서 C-RAM(Counter Rocket, Artillery and Mortar) 체계, 탄도미사일요격용, 순항 미사일 요격용으로 분류하기도 하며, 다음과 같은 특성이 있다.

첫째, 'C-RAM 체계'란 로켓, 곡사 포탄, 박격포탄을 요격할 수 있는 무기체계를 뜻한다. 대표적으로 이스라엘이 개발한 아이언돔(Iron dome) 미사일, 독일의 MANTIS 구경 35mm 대공포, 미국의 구경 20mm Phalanx 근접방어무기, 러시아의 구경 30mm AK-630 근접방어무기 등이 있다. 하지만 이들 무기 중에서 C-RAM 미사일은 아이언돔이 유일하며, 여러 나라에서 개발 중인 것으로 알려져 있다. 둘째, 탄도 미사일을 요격하려면 초고속 비행과 불규칙 및 다탄두 공격 등의 특성을 갖는 탄도 미사일보다 우수한 기동성과 탐지 및 추적 능력, 그리고 정확성이 요구된다. 특히 요격 준비시간이 짧고 요격기회가 적어 발사 단계, 중간 단계, 종말 단계별 탐지 및 요격체계가 필요하다. 그리고 종말 단계에서도 고도별 다층방어(고고도, 중고도, 저고도)를 위한 미사일 방어체계가 필요하다. 셋째, 순항 미사일 요격에는 주로 저고도 대공미사일이나 전투기 또는 대공포, 레이저 무기 등이 있다. 특히 순항 미사일의 위협에는 사각지대가 없는 저고도 탐지 및 추적시스템을 구축하는 것이 중요하다.

2. C-RAM 체계

현재 운용 중인 CD-RAM 체계로는 이스라엘에서 2011년부터 실전에 배치한 로켓포 및 야포 방어시스템인 아이언돔이 있다.

이 미사일의 작동방식은 〈그림 8.41〉과 같이 크게 4단계로 이루어진다. 제1단계는 적지에서 박격포탄, 로켓탄, 미사일 등과 같은 발사체가 발사된다. 제2단계는

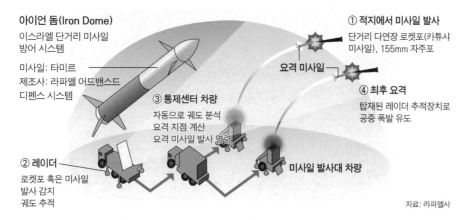

자료: 라파엘사

그림 8.41 아이언돔 미사일의 시스템 구성과 작동 개념도

레이더에서 발사체의 궤도(방향, 고도, 속도)를 추적하여 통제센터에 전송한다. 제3단계는 통제센터 차량에서 탄도를 분석하여 요격 지점을 계산하여 만일 아군에게 위협이 되는 표적이라 판별되면 자동으로 요격 미사일을 발사한다. 4단계는 요격 미사일에 탑재된 레이더 추적장치로 발사체를 추적하여 공중폭발 방식으로 요격하며, 이 모든 과정은 자동으로 작동된다. 그리하여 이 미사일은 4~70km 거리에서 발사된 단거리 로켓포와 구경 155mm 포탄을 요격할 수 있다. 중량은 90kg, 크기는 길이 3m, 지름 16cm, 최대 속도는 마하 2.2이고 중간 단계는 지령 유도방식이며, 종말 단계는 적외선 유도방식이다. 미사일의 탄두의 기폭은 근접 신관(proximity fuze) 방식이다.

대표적인 실전 사례로는 2011년 4월에 이스라엘의 가자지구에 있는 하마스로부터의 로켓 공격에 아이언돔을 발사하여 최초로 요격에 성공하였다. 그리고 2012년 11월 15일부터 17일까지 하마스가 발사한 가자지구에서 이스라엘을 향해 발사된 로켓 737발 중 273발에 대해 격추를 시도해 245발을 요격시켜 약 90%의 높은 요격률을 보였다. 당시 요격하지 않은 464발은 중요한 위협이 아니어서 요격이 시도되지 않았다. 참고로 〈그림 8.42〉는 2021년에 하마스 무장단체가 이스라엘에 3,000발 이상의 로켓을 발사했으며, 이를 아이언돔 미사일로 요격하는 장면이다.[56]

---

56 https://www.bbc.com/news/world-middle-east-20385306

그림 8.42 아이언돔에 의한 로켓포탄 요격 장면(2021.5.21.)

3. 항공기와 탄도탄 요격 미사일

(1) PAC-2, PAC-3 미사일(미국)

1 미사일 시스템의 주요 구성 및 운용

일반적으로 패트리어트(PAC-2, PAC-3) 1개 대대는 4~6개의 포대로 구성되며, 각 포대는 자체능력으로 방공임무를 실시한다. 이 모든 시스템은 자동 방공체계와 연동되어 자동 또는 수동으로 작동할 수 있다.[57]

한편 패트리어트 미사일은 〈그림 8.43〉에서 보는 바와 같이 작전통제소(ICC, Information Coordination Central), 통신중계소(CRG, Communication Relay Group), 교전통제소(ECS, Engagement Control Station), 다목적 위상배열레이더(AN/MPQ-53), 발사대 등으로 구성된다. 작전통제소에서는 작전 통제, 정보수집 및 협조, 포대별 표적 할당을 담당하며, 통신중계소는 예하 포대, 인접 부대, 상급부대 간 모든 무선통신을 중계한다. 교전통제소는 레이더에 포착된 표적에 대하여 자동으로 사격 제원을 계산하고 발사대의 미사일 사격을 자동 통제하여 방공 작전을 수행한다. 일반적으로 1개 교전통제소에서 16개(64기)의 발사대를 통제할 수 있으며 VHF 무선과 광케이블로 연결되어 있다. 레이더는 트레일러에 탑재되어 차량으로 견인하며, 미사일 탐색, 추적, 중간 및 종말 단계에서 유도를 가능하게 해준다. 하나의 발사대에 PAC-2 미

---

57 https://en.wikipedia.org/wiki/MIM-104_Patriot

사일은 4기를 장착할 수 있고, PAC-3 미사일의 경우에는 발사대 하나에 16기의 미사일을 장착할 수 있다. 하지만 16기의 미사일을 동시에 발사할 수 없으며 1발씩 발사된다. 미사일의 발사는 교전통제소에서 발사대를 무선 데이터망에 의해서 통제하며, 발사대 방향은 자동체제로 초당 3°의 속도로 360° 회전할 수 있다. 그리고 유도방식은 반능동 호밍유도 방식 기반의 미사일 경유추적(TVM, Track Via Missile) 방식이다.

② PAC-2와 PAC-3의 주요 차이점

패트리어트 미사일은 1975년부터 다양한 모델이 개발되었으며 크게 〈표 8.12〉와 같이 세가지 유형으로 구분할 수 있다. 그리고 모델에 따라 제원의 차이가 있으며 현재 운용 중인 대표적인 모델에 대해 살펴보면 다음과 같다.

표 8.12 대표적인 패트리트 미사일의 주요 제원

주요 제원 (모델 명칭)	PAC-1 (MIM-104A/B)	PAC-2 (MIM-104 GEM)	PAC-3 (MIM-104F, MSE)
전장 [m] × 외경 [mm]	5.3 × 406	5.18 × 406	5.2 × 300
중량 [kg]	914	914	315
최대 속도 [마하]	2.8	5.0	5.0+
미사일 탄두	파편형 고폭탄두	파편형 고폭탄두(32kg) 또는 지향성 폭발 탄두	직격 탄두 + 파편형 고 폭탄두(11kg)
사거리 [km] / 고도[km]	160 / 24	160~180 / 24.2	16~90 / 40
탄도탄 요격 고도 [km]	불가	15~20(일부 가능)	30
유도방식	TVM	TVM	능동형 레이더 유도

먼저 1995년에 PAC-2 미사일의 개량형인 GEM(Guidance Enhanced Missile) 모델은 레이더의 성능과 소프트웨어를 발전시켜 탄도 미사일, 항공기 및 순항 미사일 등을 요격할 수 있다. 그리고 PAC-3는 패트리어트의 여러 버전 중 가장 크게 성능 개량을 한 미사일이다. 기존의 PAC-1과 PAC-2가 표적에 근접하여 폭발하는 방식이지만 PAC-3는 탄두의 운동 에너지로 표적을 직접 타격하는 방식이다. 따라서 PAC-1과 PAC-2가 실전에서 적의 탄도 미사일을 격추한 사례는 있으나 기본

적으로 직접타격 방식이 아닌 근접 폭발 방식으로 표적을 격추하였기 때문에 탄도탄요격용 미사일이라고 하기 어렵다. 하지만 PAC-3는 직접 타격방식을 도입함과 동시에 미사일의 기동성 역시 크게 향상된 탄도탄 요격 미사일이다. 이 미사일에는 AN/MPQ-65 레이더가 채택되어 피아식별, 탐지 및 추적 능력도 크게 향상되었다.

❸ PAC-2, PAC-3 미사일의 교전 절차

일반적인 PAC-2, PAC-3 미사일의 교전 절차를 살펴보면 〈그림 8.43〉에서 보는 바와 같다. 첫 번째, 탐지 레이더가 표적을 탐지한다. 두 번째, 통제소에서 표적을 식별한다. 세 번째, 발사대에 발사 지령을 하달한다. 끝으로 기본형을 비롯하여 PAC-3, GEM 등의 다양한 형식의 패트리어트 미사일이 TVM 유도방식에 따라 표적까지 유도된다. 특히 PAC-3는 능동형 레이더로 표적을 추적하여 요격한다.

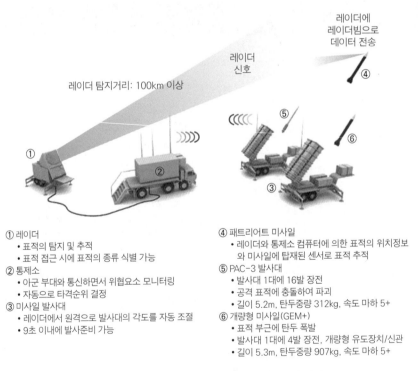

① 레이더
 • 표적의 탐지 및 추적
 • 표적 접근 시에 표적의 종류 식별 가능
② 통제소
 • 아군 부대와 통신하면서 위협요소 모니터링
 • 자동으로 타격순위 결정
③ 미사일 발사대
 • 레이더에서 원격으로 발사대의 각도를 자동 조절
 • 9초 이내에 발사준비 가능

④ 패트리어트 미사일
 • 레이더와 통제소 컴퓨터에 의한 표적의 위치정보와 미사일에 탑재된 센서로 표적 추적
⑤ PAC-3 발사대
 • 발사대 1대에 16발 장전
 • 공격 표적에 충돌하여 파괴
 • 길이 5.2m, 탄두중량 312kg, 속도 마하 5+
⑥ 개량형 미사일(GEM+)
 • 표적 부근에 탄두 폭발
 • 발사대 1대에 4발 장전, 개량형 유도장치/신관
 • 길이 5.3m, 탄두중량 907kg, 속도 마하 5+

그림 8.43 PAC-3 미사일의 시스템 구성과 교전 절차

(3) S-300, S-400, S-500(러시아)

① S-300 계열 미사일의 주요 성능과 특성

S-300은 구소련에 의하여 미국의 패트리어트 미사일과 비슷한 시기인 1979년에 처음으로 실전에 배치되기 시작하였다. 최신형인 S-300VM 미사일은 PAC-3 미사일의 성능을 능가하였다. S-300VM 미사일에는 PAC-2와 PAC-3 두 종류의 미사일을 각각 항공기 및 순항 미사일용과 탄도탄요격용으로 운용하는 것처럼 S-300의 9M83ME 모델과 9M82ME 모델 미사일이 있다. 9M83ME 모델은 사거리가 75km이고 최대 요격 고도는 25km이다. 9M82ME 모델은 사거리는 200km이고 요격 고도는 30km이며, 최대 속도는 마하 4~7이다.

한편 S-300은 자체의 성능도 우수하나 미국의 전자전과 스텔스 기술, 순항 미사일 등에 효과적으로 대응하기 위해 최첨단 기술이 접목되었다. 패트리어트 시스템이 항공기와 탄도탄요격에 초점을 맞추고 있다면 S-300 계열은 저고도의 전투기와 순항 미사일, 중고도 및 고고도의 탄도 미사일과 정찰기 등에 효과적으로 대응할 수 있도록 설계되었다.

그리고 패트리어트 시스템이 자체 레이더 1기로 탐색 및 추적을 모두 수행하는 반면에 S-300은 특화된 3개의 레이더가 각각, 전방위 감시, 구역 수색 및 표적 유도의 임무를 수행하였다. S-300은 자체 시스템만으로도 대단히 광범위한 지역을 방어할 수 있다. 또한, 패트리어트 시스템은 자체 레이더 이외에 외부로부터 입력되는 다양한 표적 정보에 의존하는 점이 가장 큰 단점이며, 인공위성과 공중조기경보통제기 등에 의해 수집되는 정보가 원활하게 제공되어야만 최고의 성능을 발휘할 수 있다. 이런 측면에서 단일 시스템상으로 S-300VM 모델이 더 우수할 것으로 알려져 있다.

② S-400, S-500 미사일

최근 러시아는 이러한 S-300을 더욱 개량하여 S-400 시스템을 배치 중이며, S-400은 최대 400km 밖의 항공 표적까지 격추할 수 있는 것으로 알려져 있다. 실제로 현재 운용 중인 S-300V 모델은 사거리와 고도, 탐지거리, 대응시간 등의 항목에서 패트리어트 PAC-3를 완전히 능가하는 것으로 알려져 있다. 기타 제원은 '제2장 3절의 대공미사일의 종류와 특성'의 내용을 참고하기 바란다.

4. 미사일 방어체계

(1) 일반적인 미사일 방어체계의 작동원리

일반적으로 탄도 미사일 방어체계(BMDS, Ballistic missile defense systems)는 발사대, 탐지 및 추적용 레이더, 지휘·통제장치로 구성되어 있다. 또는 인공위성, 무인기, 비행선 등 다양한 탐지 또는 추적시스템과 연동시켜 요격 능력을 높일 수 있다.[58]

BMDS 작동과정은 〈그림 8.44〉에서 보는 바와 같이 크게 5단계로 이루어진다. 첫째, 적의 미사일이 아군을 향해 발사되면 탐지 및 추적 레이더에 의해 미사일의 위치(고도, 방위각)와 속도를 ① 지점에서부터 ② 지점까지 탐지하여 추적한다. 둘째, BMDS의 지휘·통제 시스템은 레이더로부터 얻은 표적 정보로 예상 요격 영역(intercepting zone)을 계산한 후 미사일 발사대에 발사 신호를 지령한다. 이때 '예상 요격 위치'는 적군 미사일(표적)의 비행 궤적 정보(탄도 정보)를 '탄도해석 모델'에 적용하여 계산하여 산출한다. 이때 '예상 요격 위치' 정보는 갱신(update)되어 요격 미사일에 전송된다. 넷째, 적 미사일이 ③ 위치를 통과할 때까지 요격 미사일은 실시

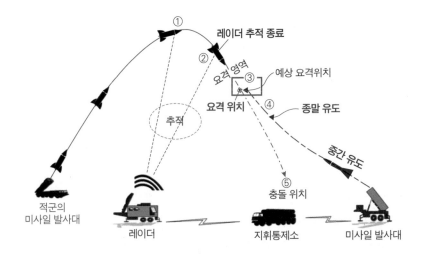

그림 8.44 탄도 미사일 방어체계의 작동 개념도

---

58 Dang-An Nguyen1 etc, "Analysis of the Optimal Frequency Band for a Ballistic Missile Defense Radar System", Journal Of Electromagnetic Engineering And Science, Vol. 18, No. 4, pp. 231~241, 2018.10.

간 갱신되는 '예상 요격 위치'를 향해 유도 비행을 한다. 만일 요격 미사일이 ④ 위치에 도달하면, 미사일에 탑재된 추적 센서(전파 또는 적외선 등)의 유도로 '최종 요격 위치'까지 비행하면서 적 미사일과 충돌 또는 일정 거리 내에서 폭발하게 된다. 대표적인 사례로 미국의 PAC-2 미사일은 표적 미사일이 접근 후 탄두를 폭발시켜 발생하는 파편으로 적의 미사일을 파괴한다. 한편 PAC-3 미사일은 표적 미사일과 직접 충돌하여 파괴할 수 있는 직격 방식(hit to kill)이다.

(2) 대표적인 개발 사례[59]

미사일방어체계는 모든 대기권 밖의 영역까지 포함하는 대규모로 네트워크화된 무기체계이다. 즉, 지구의 전 영역을 활용하여 적국의 탄도 미사일을 방어하는 방어시스템이다. 대표적으로 〈그림 8.45〉에 제시된 미국의 미사일 방어체계가 있으며, 세부 내용은 다음과 같다.[60]

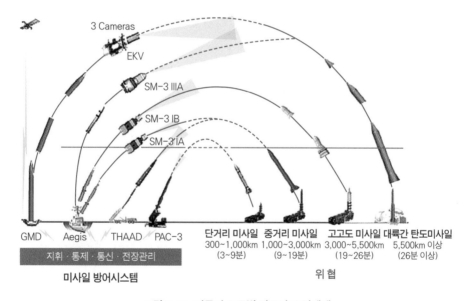

그림 8.45 미국의 고도별 탄도탄 요격체계

59 이진호, 김우람, "무기 체계(제4편)", 북코리아, 2020.12.

60 https://www.cfr.org/backgrounder/ballistic-missile-defense

미국은 사거리별로 매우 다양한 탄도 미사일의 위협에 대응하기 위해 미사일 복합체계(system of systems)를 구축하고 있다. 사거리가 수천~1만 km을 초과하는 ICBM에서부터 1,000km 이내인 다연장로켓(MLRS)에서 발사하는 육군 전술 미사일(ATACMS)까지 다양한 탄도 미사일을 하나의 방어체계로 대응하기에는 한계가 있다. 따라서 미국은 패트리어트 PAC-3를 이용하여 사거리 1,000km 이내의 탄도 미사일 위협에 대해 방어할 수 있도록 대비하고 있다. 그러나 PAC-3은 대기권 내에서만 비행하기 때문에 비행시간이 비교적 짧아 요격할 수 있는 여유시간이 10분 이하이다. 그리고 사거리 1,000~3,000km의 중거리 탄도 미사일을 요격시키기 위해 지상 발사형 THAAD(Terminal High Altitude Area Defense) 체계와 이지스함에 탑재된 SM-3 미사일을 연동시킨 방어체계를 구축하였다. 또한, PAC-3보다 무겁고 최대 작전 범위는 200km 이상인 개량형 THAAD를 개발하고 있다. 이 미사일의 중량은 900kg이고 속도는 마하 7로 PAC-3보다 빠르다.

한편 ICBM이나 IRBM과 같은 장거리 탄도 미사일은 다단계 로켓을 이용하여 성층권 또는 그 이상의 고도까지 상승하고 탄두가 분리되어 대기권으로 재진입하는 형태의 탄도특성을 가지고 있다. 따라서 탄도 미사일을 방어하기 위해서는 혁신적인 요격시스템이 요구되었다. 현재 미군의 전력 중에서 이러한 임무를 수행하기에 가장 적합한 것 중에서 이지스함 요격체계가 있다. 이 방어체계의 SM-3 미사일은 이지스함의 고성능 레이더를 이용하여 성층권 이상의 고도에서도 탄도 미사일을 요격할 수 있다. 탄도 미사일이 최대고도에 도달할 때 오히려 속도가 가장 느리다. 따라서 이때 요격을 시도하는 것이 유리하다.

따라서 미국은 〈그림 8.46〉과 같이 GMD(Ground-Based Midcourse Defense) 체계를 이지스함 요격체계 등 다양한 요격체계와 연동하여 ICBM을 방어하기 위한 복합체계를 구축하고 있다.

GMD는 지상에서 미사일을 발사하여 진입단계에 돌입한 탄도 미사일의 탄두를 요격하는 시스템이다. 하지만 기술적으로 탄도 미사일의 탄두를 요격하기는 매우 어렵다. 특히 1개의 ICBM에는 여러 개의 탄두가 장착된 경우가 많은데 이들 탄두는 각각의 다른 표적을 공격할 수 있다. 이 탄두들은 대기권으로 재진입 시 운동 에너지가 증가하여 속도가 마하 10 이상이며, 탄두의 크기도 소형이고 탄두 분리 시에 발생한 잔해물도 함께 대기로 진입한다. 이 때문에 탄두와 잔해물을 수천 km 밖에서 탐지 및 추적시스템으로 탐지 및 식별이 매우 어렵다. 따라서 GMD

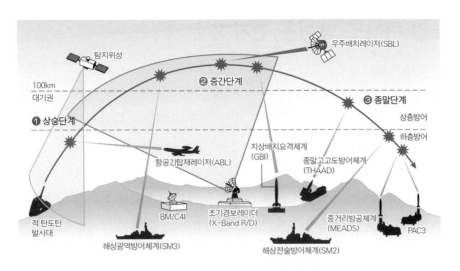

그림 8.46 미국의 해상 및 지상의 미사일방어체계 작동 개념

체계는 KV(Kill Vehicle)를 탄두에 장착하여 정확한 요격이 가능하도록 고안되었으며, 인공위성과 지상 및 해상에 설치된 대형 X-밴드 레이더를 이용하여 표적을 추적하여 요격할 수 있게 설계되어 있다. GMD 체계는 핵, 화학, 생물학 또는 재래식 탄두를 탑재한 ICBM을 중간 단계에서 요격하기 위한 체계이며, 1999년부터 체계성능을 향상하기 위해 연구를 지속하고 있다. 이 체계의 단발 격추 확률(SSKP, Single-Shot Kill Probability)은 56%, 4발의 미사일을 발사했을 경우 단일 표적에 요격할 확률은 97% 정도로 알려져 있다.[61]

---

61 https://en.wikipedia.org/wiki/Ground-Based_Midcourse_Defense

제6절 미사일 방어용 전자전 무기

전자 기술의 발전에 따라 군사 작전에서 전자전은 점점 더 중요한 역할을 하게 되었다. 초기에는 플랫폼 위치를 제공하기 위해 무전기와 무선 방향 탐지기가 처음 사용되었다. 이어서 적의 플랫폼을 탐지하고 각도 및 거리를 파악하기 위한 레이더를 도입하여 포병의 사격 정확도를 높일 수 있었다. 그리고 미사일의 정밀 유도가 가능해져 살상률을 크게 높였으며, 결과적으로 이제 거의 모든 효과적인 무기에는 전자 유도 장치를 사용한다. 그러나 오늘날의 무기 시스템은 전자 회로가 제대로 작동하지 않으면 무용지물이 될 정도로 정교하게 되어 이를 방해하려면 대-전자전 시스템을 개발하는 것이 필수적인 요소가 되었다.

1. 전자전의 개념과 주요 기능

(1) 전자전의 개념
전자전(electric warfare)이란 전자기 스펙트럼을 통제하거나 적을 공격하기 위해 전자기와 지향성 에너지의 이용 등을 포함한 제반 군사 활동을 말한다. 전자전은 현대 군사 작전에서 전자기 스펙트럼의 장악은 전쟁의 승패를 좌우하는 중요한 요소이다. 특히 지휘 · 통제과정에서 감시 · 정찰, 표적 획득, 통신, 정보체계를 효과적으로 운용하는데 전자기 스펙트럼에 의존하고 있기 때문이다. 따라서 이들 시스템이 파괴되거나 성능이 감소하거나 적으로부터 기만을 당하면 전쟁을 수행하기 어렵게 될 것이다. 따라서 전자전 무기(resource)는 전자기 스펙트럼으로 적을 활동을 감시하고 의도에 대한 경보를 전달해주고 적의 센서와 지휘 · 통제과정을 기만하거나 혼란을 줄 수 있다. 즉, 적의 지휘 · 통제과정을 탐지, 감시, 감청, 기만, 방해, 무력화하는 역할을 담당한다. 동시에 아군에게 전자기 스펙트럼 사용에 대한

안정성을 높일 수 있다.[62]

(2) 전자전의 분류 및 기능

일반적으로 전자전은 전자 공격, 전자전 지원, 전자 보호로 분류할 수 있으며 이들은 사이버전과 중첩되어 있다. 이들의 세부 내용은 다음과 같다.[63]

전자 공격(EA)은 통신망, 레이더, 각종 센서 등을 재밍(jamming) 하여 레이더의 성능을 떨어뜨리고 무력화하는 공격 방법과 그에 대한 대응책이다. EA는 전자방사선을 사용하거나 여기에 영향을 받는 적의 장치 및 전술효과를 방해하거나 저하하기 위하여 취하는 수단으로서 강력한 전자파나 미세한 금속 파편을 발사하여 방해하는 방식이다. 예를 들어 재밍은 레이더의 성능을 크게 떨어뜨리는 방법인데 제거하기 어려운 백색 잡음(white noise)을 사용하거나 디지털 기법으로 만든 잡음을 사용한다. 레이더의 경우 자동 응답기를 조작하여 거짓 신호(false targets)를 만들어 속이거나 날아오는 미사일의 탄도를 변경(missile stealing)할 수도 있다. 또한 채프(chaff) 살포나 잡음 재밍(noise jamming) 등과 같은 방해 신호로 응답을 거부하여 정상적인 레이더 작동을 중단시키는 방법도 있다. 채프는 레이더 영상에 혼란을 주기 위한 목적으로 전자파를 반사 시키는 얇고 좁은 모양의 금속성이나 도금한 종이 또는 플라스틱 조각 등의 물체이다. 채프의 길이는 방해하고자 하는 장비의 주파수에 따라 결정되는데 통상 파장의 1/2의 길이로 만들며 저주파보다는 300MHz 이상의 고주파에 방해 효과가 더 크다. 그 밖에 강력한 전자파 신호로 회로를 물리적으로 파괴하는 EMP 공격(Electromagnetic Pulse attack)이 있다. EMP는 핵폭발 시에 발생하는 핵 EMP(nuclear EMP)와 핵폭탄을 사용하지 않는 비핵 EMP(non-nuclear EMP)가 있다. 비핵 EMP는 고성능 폭약의 폭발에너지를 이용해 발생시킨 강력한 전자기파를 안테나에 방사함으로써 적의 첨단무기의 전자부품을 순식간에 파괴하거나 오동작하도록 만든다. 심지어 지하 수백 미터의 표적에도 환기통이나 전력선 등을 통해 유입시킬 수 있다. 이러한 비핵 EMP탄을 미사일 탄두나 항공기 투하용 폭탄에 장착시키면 통신망이나 지휘 · 통제 시스템 등을 첨단 전자장치를 무력화

---

62 https://en.wikipedia.org/wiki/History_of_radar; https://www.hanwhasystems.com/kr/business/defense/c5i/communication05.do

63 Filippo Neri, "Introduction to Electronic Defense Systems", 2nd Edition, SciTech Publishing, Inc, 2006.

시킬 수 있다.

전자전 지원(ES)은 아군의 군사 작전을 지원하기 위하여 적의 전파를 수신·분석·식별하는 전자전 중의 일부이다. 반면에 대-전자전 지원(Anti-ES)은 적의 전자전 지원 능력을 감소 또는 무력화시키기 위한 아군의 대응책이다. 예를 들어 무선 침묵, 전자파 발사통제 등의 소극적 대책과 전파방해, 기만 등의 적극적 대응책이 있다. 전자파 발생원의 방향을 탐지하고 획득한 거리, 방위각, 고각 정보를 이용하여 발생원의 위치를 탐지하는 방향 탐지가 있다. 전자 공격으로부터 전자파원 또는 장비를 보호해 장비를 정상적으로 운용할 수 있도록 전자파 발생 장비 파악 및 활동 추적하는 스펙트럼 관리, 탐지된 신호에 대해 EA를 적절히 제어하는 전자기 간섭 제어와 신호 정보가 있다.

전자 보호(EP)는 적의 전자 공격(EA)에도 방해를 받지 않고 아군의 전자파 에너지를 효과적으로 사용하도록 하여 본연의 임무 또는 기능을 수행할 수 있도록 하는 모든 대응책을 말한다. 예를 들어 스펙트럼 관리와 전자기 간섭 제어, 송·수신 신호의 방향이나 출력을 제어하는 방사 제어가 있다.

2. 주요 적용 분야

전자전의 적용 분야는 전자장치가 탑재된 거의 모든 무기에 적용되며 대표적인 적용 사례를 살펴보면 〈표 8.13〉에서 보는 바와 같다.

표 8.13 전자전의 분류

전자 공격(EA, Electronic Attack)		전자전 지원(ES, Electronic Support)	전자 보호(EP, Electronic Protection)
비파괴	• 전자기 재밍(점, 소인, 광대역) • 전자기 기만(Electromagnetic Deception), (거리, 속도, 각도) • 플레어(Flare) • 기만기(Decoy)	• 감시 • 위협 경보 • 전자전 공격 제어 (EA Control) • 방향 탐지	• 스펙트럼 관리(spectrum management) • 전자기 간섭 제어(EM interference Control)
파괴	• 지향성 에너지(Directed Energy) • 대방사 미사일(Ant-Radiation Missile) • HRRF, HEL, EMP	※ 신호 정보(SIGnel INTelligent)	• 방사 제어(Emission Control)

(1) 육군 무기

육군은 방어 작전 시 적군의 전투력을 약화하여 공격을 격퇴하거나 저지하는 임무를 수행한다. 따라서 지상군은 유도 지대지 미사일과 장거리 포병을 동원하여 적의 종심을 공격하여 적이 주도권을 갖지 못하게 막아야 한다. 지상전에서 전자전의 중요성의 대표적인 사례를 살펴보면 기갑전을 들 수 있다. 기갑전에서 적의 전차 공격에 대항하려면 이에 대항할 전차나 미사일 등이 있을 것이다. 만일 전차로 대응한다면 전차에는 레이저 거리 측정기와 사격 통제장치로 구성된 전차포로 적을 명중할 수 있어야 한다. 만일 이들 장치가 적의 전자전 공격을 받아 작동이 멈추거나 오동작이 발생한다면 심각한 문제가 발생할 것이다.

다음으로 적의 지상 공격을 막기 위한 지대공 미사일, 대공포에 있는 레이더, 전자-광학 추적시스템(EOTS, Electro Optical Tracking System), 적외선 탐지 및 추적시스템(IRST, Infrared Search And Tracking System) 등도 전자전 공격 대상이다. 여기서 EOTS는 전자-광학 센서를 이용하여 표적의 영상을 획득 및 추적하고 표적까지의 거리를 측정하여 방위, 고각, 거리 등 표적 정보를 제공해 주는 시스템이다. IRST는 저고도로 침투하는 미사일, 항공기 등과 같은 표적에서 발생하는 적외선 신호를 탐지하고 추적하는 기능을 수행하는 탐지시스템이다. 이 시스템은 장(長)파장 적외선(파장 8~12㎛)과 중(中) 파장 적외선 신호(3~5㎛)를 추적하며, 대공포나 대공미사일 등에 적용하고 있다.[64]

한편 전장을 통제하는 항공기나 드론과 같은 감시 및 정찰 그리고 적 포병 공격 시 사격원점을 정밀타격하기 위해 곡사포나 박격포 위치를 파악할 수 있는 탐지체계인 대-포병 레이더, 대-박격포 레이더 등도 전자전 공격 대상이다. 끝으로 현대전에서는 고속 기동전을 위해 감시 및 탐지체계와 타격체계와 연동된 C4I 시스템이 필수적이다. 이 시스템도 컴퓨터와 통신장비 등으로 구성되어 있어 전자전 핵심 표적 중 하나이다. 향후 무인 전투차량, 드론 등 첨단 전자장치가 탑재된 무기들의 증가에 따라 이들에 대한 전자전 공격과 해킹 등 사이버전의 중요성이 증가할 것이다.

---

64 https://www.hanwhasystems.com/en/business/defense/isr/electronic01-irst.do; https://core.ac.uk/download/pdf/333720225.pdf

표 8.14 대표적인 육·해·공군의 전자전 적용 분야

구분	감시 및 탐지체계	타격체계	지휘·통제체계
육군 무기	• 무기 위치 탐지 레이더 • 대포병레이더(박격포, 곡사포) • 지상 공격용 항공기 탐지 및 추적 레이더 • 도청 및 감청 시스템	• 미사일(SSM, SAM, AAA 등) • 포병시스템, 장갑차, 전차, 대공포 • 유선, 적외선 유도미사일을 탑재 한 헬기 • 대-드론 무기체계	• 고정 또는 이동식 지휘·통제 시스템(C4I)
해군 무기	• 함정용 탐지 및 추적 레이더 • 적외선, 레이저 탐지시스템	• 미사일(SAM, SSM 등) • 근접방어무기시스템(CIWS) • 함포, 어뢰 등	• 지휘·통제 시스템(C4I)
공군 무기	• 항공기 탑재용 탐지 및 추적 레 이더 • 적외선, 레이저 탐지시스템	• 미사일(AAM, ASM 등) • 근접 전투를 위한 항공기용 유도 폭탄 등	• 지휘·통제 시스템(C4I)

(2) 해군 무기

해군도 방공무기 시스템의 전자전 요구사항은 육군과 유사하다. 해군의 함정은 비교적 공격하기 쉬운 표적이라 적으로부터 탐지를 피하려면 함정에 탑재된 레이더 등 전자기 방출을 최대한 줄이거나 없어야 한다. 특히 함대함 교전이 발생하면 주로 함대함 미사일(SSM, Ship to Ship Missile)을 발사하거나 근접 시에는 함포 등으로 공격할 것이다. 이때 SSM은 탐지 레이더에 포착되지 않기 위해 초저고도 비행인 '해면 저고도 비행' 방식으로 표적에 접근하며, 이때 상대측 함정은 적절한 대응수단이 없을 수 있다. 따라서 요격 미사일보다 함포 시스템으로 대응할 수밖에 없다. 따라서 스키밍 방식의 대함 미사일은 요격 확률이 낮고 탐지하기 어려워서 방어하기 매우 어려운 표적이다. 물론 함정에는 함대공 미사일(SAM)과 근접방어 무기체계(CIWS, Close-In Weapon Systems), 단거리 요격시스템(레이더 무기 등)이 있으나 이들 무기는 종말 단계에서 모두 요격할 수 없는 한계가 있다.

따라서 전자전 공격으로 이들 무기를 무력화하거나 오작동을 발생시키면 함정을 효과적으로 보호할 수 있을 것이다. 참고로 CIWS는 대함 미사일이나 항공기 등으로 함정을 근거리 방어용으로 개발한 무기를 말한다. 이 무기는 통상 구경 20mm에서 40mm의 화포로 분당 2천 발에서 3천 발의 고속으로 발사하며 유효사거리는 2~4km이다. 자체적인 표적 탐지 센서와 자동화된 사격 통제 시스템이 있어 탐지, 추적, 위협, 평가, 발사, 격추, 피해 평가 등을 자동으로 수행할 수 있다. 대표적으로 미국의 팔랑스(Phalanx), 네덜란드의 골키퍼(Goalkeeper) 등이 있다.

(3) 공군 무기

공군에서는 방공무기와 항공기의 공중전 시 탐지시스템과 타격시스템이 전자
전의 공격 대상이다. 특히 항공기에 탑재된 레이더와 피아식별장치(IFF, Identification
Friend or Foe)로 적을 자동으로 식별한다. 이 장치는 아군과 적군을 자동으로 인식하
는 장치로 〈그림 8.47〉과 같이 질문기와 응답기로 구성되어 있다. 질문기가 전파
또는 레이저 등의 신호로 IFF 요청을 하면 요청받은 무기는 IFF 응답 신호를 전송
하여 피아를 식별하는 원리이다. 만일 적으로 식별되면 표적을 고정하고 항공기나
방공무기로 표적을 공격하게 된다. 그다음 피해를 평가하여 표적의 피해 정도에
따라 재공격 여부를 결정한다. 만일 전투기나 지상에서 중·장거리 미사일을 발사
하였는데 표적이 명중되지 않으면 아군 전투기는 적에게 더 가까이 접근하여 단
거리 미사일이나 기관포를 발사해야 한다. 이러한 근접 전투에 사용되는 미사일은
주로 적외선 유도장치를 장착하고 있다. 따라서 이에 대응하려면 적외선에 대한
전자전 무기가 필요하다.[65]

그림 8.47 각종 피아식별기의 작동 개념도

폭격기는 일반적으로 매우 낮은 고도로 표적에 접근하여 은밀하게 기습 공격
을 한다. 폭격기는 레이더와 전자-광학 센서를 사용하여 지상의 표적을 탐지하고
식별할 수 있는 전투기의 지원을 받는 경우가 많다. 그리고 전투기로 지상군과 합

---

65 https://www.hanwhasystems.com/kr/business/defense/c5i/communication02.do

동작전을 수행하여 적의 전차나 장갑차 등으로 구성된 기동부대를 저지하거나 지상 표적을 폭격하는 임무를 수행한다. 그뿐만 아니라 비행장이나 방공기지 등 자체 방어를 위해 지상 기반의 감시 및 탐지 레이더를 운용하고 있다. 이때 레이더는 설치 위치가 낮으면 레이더의 탐지거리가 짧아 주로 고도가 높은 산이나 언덕에 설치해야 한다. 또는 공중조기경보기와 같이 레이더를 항공기에 탑재하여 운용해야 한다. 이와 같은 탐지체계도 모두 전자전 공격 대상이다.

1. 미국의 핵무기 전략의 개념과 냉전 시대 이전과 이후로 전략적 변화를 설명하시오. 그리고 미래의 강대국가의 핵전략에 대해 논하시오.

2. 일반적인 전술 미사일과 전투기의 특성을 조종기술, 기동성, 비행체에 가해지는 동적하중, 무기의 크기, 유지비용 측면에서 비교하시오.

3. 미사일의 형상과 크기를 결정하는데 고려해야 할 세 가지 요소를 설명하시오.

4. 순항 미사일과 탄도 미사일의 구성 요소와 작동원리 그리고 특성을 그림과 도표를 이용하여 비교하시오.

5. 순항 미사일의 항법기술 중에서 지형대조법의 원리와 특징을 설명하시오.

6. 지형 고도의 측정 과정과 전파 고도계의 측정원리를 나타낸 〈그림 8.14〉을 설명하시오.

7. 대표적인 공기 흡입식 엔진의 종류와 작동원리를 그림을 그려서 설명하고, 이들 엔진의 비행 속도에 따른 비추력의 관계를 〈그림 8.16〉에서 설명하시오. 또한, 비추력의 정의와 물리적인 개념을 설명하시오.

8. 공기 터보-램제트 엔진(air turbo-ramjet engine)의 구조와 작동원리 그리고 주요 특성과 적용 사례를 설명하시오.

9. 순항 미사일의 탄두 중에서 연속막대형 탄두(Continuous-rod Warhead)의 구조와 작동원리를 그림을 그려서 설명하시오.

10. 탄도 미사일과 극초음속 비행체의 탄도의 차이점을 그림을 그려서 설명하고, 극초음속 미사일과 전술 미사일의 특성을 비교하시오.

11. 다탄두 미사일의 작동원리와 특성 그리고 이들 방어하기 위한 미사일 방어체계의 사례를 설명하시오. 그리고 미사일 방어용 전자전의 개념과 원리를 설명하시오.

찾아보기